Julius Scheiner

Die Photographie der Gestirne

bremen
university
press

Julius Scheiner

Die Photographie der Gestirne

ISBN/EAN: 9783955622435

Auflage: 1

Erscheinungsjahr: 2012

Erscheinungsort: Bremen, Deutschland

@ Bremen-university-press in Access Verlag GmbH, Fahrenheitstr. 1, 28359 Bremen. Alle Rechte beim Verlag und bei den jeweiligen Lizenzgebern.

bremen
university
press

DIE

PHOTOGRAPHIE DER GESTIRNE

VON

Dr. J. SCHEINER

A. O. PROFESSOR DER ASTROPHYSIK AN DER UNIVERSITÄT BERLIN UND ASTRONOM
AM KÖNIGL. ASTROPHYSIKALISCHEN OBSERVATORIUM ZU POTSDAM

MIT 1 TAFEL IN HELIOGRAVÜRE UND 52 FIGUREN IM TEXT
NEBST EINEM ATLAS VON 11 TAFELN IN HELIOGRAVÜRE MIT TEXTLICHEN
ERLÄUTERUNGEN

LEIPZIG

VERLAG VON WILHELM ENGELMANN

1897.

VORWORT.

Aehnlich wie die vor sechs Jahren in gleichem Verlage erschienene
»Spectralanalyse der Gestirne« soll »Die Photographie der Gestirne«
hauptsächlich als Lehrbuch für den Studirenden der Astronomie dienen.
Hoffentlich wird dasselbe auch für den ausgebildeten Astronomen als
Handbuch nicht ohne Nutzen sein.

Die Bearbeitung des Stoffes ist eine ähnliche wie bei dem erwähnten
Buche; jedoch habe ich mich in allen Fällen, wo dies überhaupt thunlich
war, bemüht, den historischen Entwickelungsgang zu berücksichtigen.
Besonders betrifft dies den dritten Abschnitt des Buches, der als eine
kurzgefasste Geschichte der Himmelsphotographie zu betrachten ist.

Von zusammenfassenden Werken über die cölestische Photographie,
die noch einigermassen die neueren Ergebnisse enthalten, ist mir nur
eins bekannt, die »Anleitung zur Himmelsphotographie« von N. v. Konkoly. Wegen seiner populären Abfassung kann dieses Werk wohl nicht
als Lehrbuch betrachtet werden; der Haupttheil desselben ist einer
detaillirten Beschreibung einzelner Instrumente gewidmet, und wenn ich
mich mit den hierbei ausgesprochenen Principien auch nicht immer
einverstanden erklären kann, so habe ich doch geglaubt, im Hinblicke
auf das v. Konkoly'sche Buch in dem vorliegenden Werke die Instru-
mentenbeschreibung auf ein Minimum beschränken zu sollen.

In dem als Anhang gegebenen Verzeichnisse der Litteratur habe ich
möglichst nach Vollständigkeit gestrebt; doch bin ich mir durchaus be-
wusst, dies bei dem grossen Umfange der photographischen Litteratur
nicht annähernd erreicht zu haben. Es lag übrigens der Gedanke nahe,
einen grossen Theil dieser Litteratur als wissenschaftlich minderwerthig
oder auch ganz unbrauchbar von dem Verzeichnisse auszuschliessen; ich
habe dies indessen nicht gethan, da gerade derartige Publicationen geeignet sind, bei historischen und kritischen Studien wichtige Aufschlüsse

über die Fähigkeiten der betreffenden Autoren zu geben, und für diese
Zwecke wird daher ein möglichst vollständiges Verzeichniss von Nutzen sein.

Der dem Buche beigefügte Atlas enthält Reproductionen in Heliogravüre aus allen Zweigen der Himmelsphotographie und gewährt so in
directer Anschauung ein Bild von den jetzigen Leistungen dieser Special-
wissenschaft, besonders für diejenigen Leser dieses Buches, die ausser
Verbindung mit einer grösseren Sternwarte stehen, und denen Himmels-
photographien daher nicht ohne Weiteres zugänglich sind.

Die Schwierigkeiten bei der Herstellung der »Photographie der Gestirne« sind wesentlich erleichtert worden durch die thatkräftige Unterstützung, welche mir in liebenswürdigster Weise von vielen Collegen und
Freunden zu Theil geworden ist. Ihnen allen möchte ich an dieser Stelle
meinen verbindlichsten Dank aussprechen.

In nicht geringerem Masse gebührt dieser Dank auch der Verlags-
buchhandlung von Wilhelm Engelmann, die in uneigennütziger Weise
für eine gediegene äussere Ausstattung des Werkes, besonders bei der
Herstellung des Atlasses, Sorge getragen hat.

Potsdam im October 1896.

J. Scheiner.

INHALTSVERZEICHNISS.

Einleitung.

Die Photographie hat auf die Probleme der Astronomie und Astrophysik in den letzten Decennien eine immer vielseitigere und fruchtbringendere Anwendung gefunden. Schon jetzt ist sie zu einem unentbehrlichen Hülfsmittel geworden, und es scheint der Zeitpunkt nicht mehr ferne zu liegen, wo sie in vielen Zweigen der astronomischen Wissenschaft die früheren Beobachtungsmethoden in den Hintergrund gedrängt haben wird.

Die Photographie lässt sich in der Astronomie auf zweifache Weise verwerthen; bisher hat jedoch nur die eine davon die eingangs geschilderte Bedeutung gewonnen, während die andere über vereinzelte, im übrigen aber geglückte Versuche noch nicht hinausgekommen ist. Der Unterschied in diesen beiden Anwendungen ist ein ganz wesentlicher. Im ersteren Falle dient die Photographie zur Erzeugung einer möglichst getreuen Darstellung der im Gesichtsfelde des Fernrohres befindlichen Objecte. Die wissenschaftliche Verwendung dieses Bildes, sei es durch blosse Betrachtung, sei es durch exacte Ausmessung, findet nachher unter geeigneter Vergrösserung — unter dem Mikroskope — statt. Hiermit ist eine völlige Umwälzung der früheren Beobachtungsmethoden gegeben. Die Fernrohre zur Aufnahme der cölestischen Objecte bedürfen im allgemeinen besonderer Einrichtungen, die sie von den zur rein optischen Verwendung bestimmten Refractoren unterscheiden. Die Beobachtungskunst am Fernrohre sowohl, wie behufs Ausmessens am Mikroskope ist eine völlig andere, vor allem ist der Einfluss der Luftunruhe auf das Messen ein total anderer geworden. Die wesentlichste Aenderung durch die Einführung der photographischen Methoden betrifft aber die zeitliche Verwerthung des Fernrohres. Während bei der directen Beobachtungsmethode die Ausführung einer mikrometrischen Messungsreihe am Refractor z. B. die angestrengte Thätigkeit eines Beobachters für ein Jahr in Anspruch nahm, lässt sich bei Zuhülfenahme der Photographie dieselbe Arbeit am Fernrohr in vielleicht einigen

Tagen, ja Stunden erledigen, und die eigentlich zeitraubende, aber immerhin noch verhältnissmässig beträchtlich verkürzte Messungsarbeit wird unter dem Mikroskope ausgeführt. Damit ist die Benutzungsfähigkeit des für eine Sternwarte kostspieligsten Apparates, des Fernrohres, ganz ausserordentlich gesteigert; während früher ein Fernrohr die Thätigkeit eines oder zweier Astronomen zu absorbiren im Stande war, kann es heute mit Leichtigkeit die Arbeit von zwanzig und mehr Gehülfen in Anspruch nehmen.

Die zweite Anwendung der Photographie in der Astronomie ist diejenige als registrirendes Hülfsmittel bei Kreis- und Schraubenablesungen oder bei Sterndurchgängen. Sie vermag hier gewissermassen die Persönlichkeit des Beobachters und damit eine Reihe von individuellen Fehlerquellen zu eliminiren; eine wesentliche Aenderung der Beobachtungsart, im Sinne wie bei der ersterwähnten Anwendung, ist aber hierdurch nicht gegeben; die Photographie ist hier nur ein rein technisches Hülfsmittel.

Die ausserordentlich wichtige und umfangreiche Anwendung der Photographie in der Spectralanalyse sei hier nur der Vollständigkeit halber erwähnt; sie ist mit diesem Zweige der Astrophysik so innig verbunden, dass sie nicht davon abgetrennt werden kann.

Wie stets nach Einführung neuer, epochemachender Erfindungen in die naturwissenschaftlichen Probleme, so hat auch die Himmelsphotographie anfangs mit spielender Leichtigkeit wichtige Ergebnisse geliefert; selbst heute noch vermag z. B. ein einziger Blick auf eine zum ersten Male erhaltene Photographie eines Nebelfleckes ein wichtiges wissenschaftliches Resultat zu liefern, welches vielleicht früher trotz Anwendung vieler Arbeit nicht hatte gewonnen werden können. Diese Leichtigkeit der Ausbeute hat aber noch immer zu einem gewissen Nachlassen der Exactheit der Forschungen geführt, zur Herrschaft der Phantasie an Stelle des nüchternen Verstandes, und die ersten Anzeichen eines derartigen Verfalles sind bereits deutlich in der Geschichte der Himmelsphotographie zu erkennen. Ein weiteres Vorschreiten in dieser Richtung kann nur dadurch verhindert werden, dass die in dieser Beziehung bereits begangenen Sünden schonungslos aufgedeckt werden, und dass jedem, der sich mit der Himmelsphotographie beschäftigt, das Bewusstsein eingeprägt wird, dass nur dann ein dauernder Fortschritt der wissenschaftlichen Himmelsphotographie möglich ist, wenn jeder einzelne nach besten Kräften bestrebt ist, die Exactheit der Astronomie im Bessel'schen Sinne auch in dem neu aufblühenden Zweige derselben aufrecht zu erhalten. Vor allem muss auch jeder sich bemühen, die theilweise geradezu beleidigende Unwissenschaftlichkeit, welche einen grossen Theil der photographischen Fachlitteratur beherrscht, und die sich z. B. in einer Menge falsch gebrauchter technischer Ausdrücke verräth, von der cölestischen Photographie fern zu halten.

Nach dem Gesagten ist als unerlässliche Bedingung festzustellen, dass nur derjenige mit dauerndem Erfolge sich der Himmelsphotographie widmen kann, der mit der Astronomie theoretisch und praktisch soweit vertraut ist, dass er die Exactheit derselben im Bessel'schen Sinne sich zu eigen gemacht hat.

Es ist das lebhafte Bestreben des Verfassers gewesen, diesen Standpunkt in dem vorliegenden Buche möglichst hervorzukehren und so seinerseits nach Kräften dazu beizutragen, die Himmelsphotographie zu einer strengen und exacten Wissenschaft heranzubilden.

I. Theil.

Die Herstellung und Verwerthung von Himmelsaufnahmen.

Capitel I.

Allgemeine Vorbemerkungen.

Die photographische Technik in der Himmelsphotographie.

Es muss vorausgesetzt werden, dass jeder, der sich mit der Himmels-photographie beschäftigen will, sich vorher die nöthigen Kenntnisse und auch die nothwendigen praktischen Erfahrungen in der Kunst oder Technik des Photographirens erworben hat. Hierzu gehört auch ein gewisser Einblick in die Chemie, wenigstens in die unorganische; denn nur der kann sich selbst weiter vervollkommnen, der im Stande ist, die im all-gemeinen höchst einfachen chemischen Vorgänge beim Entwickeln etc. zu verstehen, und der in jedem einzelnen Falle genau weiss, aus welchen Gründen er eine gewisse Manipulation vornimmt. Auch ist es eines Ge-lehrten nicht würdig, für seine Zwecke ein Verfahren zu verwenden, über welches er nicht vollständig im Klaren ist. Er stellt sich sonst auf den Standpunkt eines nicht vorgebildeten Rechners, der zwar im Stande ist, nach einem genau vorgeschriebenen Formelschema z. B. eine Planeten-ephemeride zu rechnen, jedoch die Bedeutung der einzelnen Formeln, welche er verwendet, nicht versteht.

Bei der kurzen Besprechung, welche in diesem Buche der photo-graphischen Technik gewidmet werden möge, sollen nur diejenigen Ver-fahren berücksichtigt werden, die eine Anwendung auf die Himmels-photographie gefunden haben, und auch dies hier nur so weit, dass der Leser einen Ueberblick über die verschiedenen Methoden in Bezug auf ihre relativen Vortheile und Nachtheile erhält; im übrigen muss auf die sehr umfangreiche Fachlitteratur verwiesen werden, aus welcher als be-

sonders praktisch und reichhaltig das »Handbuch der Photographie« von
J. M. Eder empfohlen werden möge.

Nach der jetzt am meisten verbreiteten physikalischen Anschauungs-
weise hat man anzunehmen, dass bei den Molekülen eines jeden Körpers, dessen Temperatur oberhalb des absoluten Nullpunktes liegt, ein
Schwingungszustand vorliegt. Ein Theil der Atome des alle Körper
durchdringenden Aethers nimmt an diesen Schwingungen theil, zieht
die benachbarten Atome in Mitleidenschaft und dient so als Erregungs-
centrum für Wellen, welche sich im Aether ohne merklichen Verlust
an Energie fortpflanzen. Je höher die Temperatur des Körpers ist,
um so mehr ist derselbe im allgemeinen befähigt, den Aether in sehr
schnelle Schwingungen zu versetzen, d. h., da die Fortpflanzungsge-
schwindigkeit der schnelleren und langsameren Schwingungen dieselbe
ist, Wellen von kürzerer Länge auszusenden. Befindet sich der Körper
nicht im gasförmigen Zustande, sondern im flüssigen oder festen, so ist die
untere Grenze der Wellenlänge für alle Körper dieselbe und allein abhängig von der Temperatur; ob nach oben in der Wellenlänge eine Grenze
besteht und wie dieselbe von der Temperatur abhängig ist, ist vorläufig
nicht bekannt. Ein specifischer Unterschied in den Wellen von verschiedener
Länge existirt also an und für sich nicht; wohl aber tritt derselbe sofort
ein, wenn die Welle auf einen anderen Körper trifft, d. h. wenn die
Energie, welche sie mit sich führt, theilweise oder ganz in eine andere
Form umgesetzt wird. Nach der specifischen Wirkung der Wellen unterscheidet man die Strahlen und legt ihnen eine Bezeichnung nach derselben zu. Soweit sie im Stande sind, die Nervenenden des Sehnerven
in der Netzhaut zu erregen und uns als Licht in die Erscheinung zu
treten, bezeichnet man sie als Lichtstrahlen oder optische Strahlen; ihr
Gebiet ist für verschiedene Augen verschieden und erstreckt sich im Mittel
ungefähr von der Wellenlänge 380 Milliontel Millimeter ($\mu\mu$) bis 750 $\mu\mu$.
Treffen diese Strahlen auf einen absorbirend wirkenden Körper, so wird
ihre Energie in Wärme umgesetzt. Für die Strahlen der kürzeren Wellenlängen ist aber die Intensität der Strahlung (die Amplitude der Schwingungen) zu gering, als dass die resultirende Temperaturerhöhung mit unseren
Hülfsmitteln noch nachgewiesen werden könnte; diese Nachweisbarkeit
beginnt erst etwa in der Mitte des optischen Spectrums, erstreckt sich aber
sehr weit über die rothe Grenze desselben, und das Gebiet der bei der
Absorption temperaturerhöhend wirkenden Strahlen nennt man das Gebiet
der Wärmestrahlen. Die obere Grenze der Wellenlängen dieses Gebietes
ist nicht bekannt; wir wissen heute, dass es anschliesst oder übergeht
in diejenigen Strahlen sehr grosser Wellenlängen (nach Centimetern und
Metern zu rechnen), welche specifisch elektrische Wirkungen erzeugen.

Von besonderem Interesse für die Photographie ist nun der Strahlen-
complex, der etwa bei der Wellenlänge 490 $\mu\mu$ im optischen Gebiet be-
ginnend, sich weit in das Ultraviolett erstreckt, der trotz der verhältnissmässig geringen Energie speciell zur Einleitung chemischer Processe
geeignet ist, und den man daher kurz als den Complex der chemischen
oder photographischen, richtiger als den der chemisch oder photograpisch
wirksamen Strahlen bezeichnet. Bis zu welcher unteren Grenze der
Wellenlängen sich dieses Gebiet erstreckt, ist nicht angebbar, da schliesslich alle Medien (besonders unsere atmosphärische Luft für die Strahlen der
kürzeren Wellenlängen undurchsichtig werden, jedenfalls lange bevor die
Grenze der chemischen Wirksamkeit erreicht ist. Uebrigens ist die chemische Wirkung von Strahlen keineswegs auf dieses Gebiet beschränkt;
es giebt eine Anzahl von Körpern, meist ziemlich complicirte chemische
Verbindungen, auf welche auch die anderen, optische und sogar ultra-
rothe Strahlen, eine chemische Wirkung ausüben.

Die Kenntniss von der chemischen Wirkung des Lichtes ist schon
eine sehr alte, besonders diejenige der bleichenden, die allerdings im
allgemeinen keine reine Wirkung des Lichtes darstellt, sondern durch
gewisse, in der Atmosphäre vorhandene oxydirende Stoffe unterstützt wird.
Eine der bekanntesten und wichtigsten chemischen Einwirkungen des
Lichtes findet bei der Bildung des Chlorophylls in den Pflanzen statt.
Dass gewisse Metallverbindungen sich besonders auffällig im Lichte verändern, ist bereits seit dem 16. Jahrhundert bekannt; eine genauere Untersuchung über das Verhalten des Chlorsilbers ist im Jahre 1777 von Scheele
veröffentlicht worden, und von dieser Zeit an beginnen die eigentlich
wissenschaftlichen Arbeiten auf dem Gebiete der Photographie, die bald zu
einer Reihe von Verfahren führten, durch welche Copien von Kupferstichen
und Glasgemälden hergestellt werden konnten. Bei allen diesen Verfahren
muss das Licht noch die ganze Zersetzung der betreffenden Verbindungen
besorgen, wie noch jetzt bei den meist gebräuchlichen Copirverfahren; es
ist also eine sehr lange Wirkung einer sehr intensiven Lichtquelle erforderlich. Praktische Bedeutung erlangte die Photographie erst, als man
lernte, das Licht nur zur Einleitung des chemischen Processes zu benutzen (latente Bilder), die eigentliche Zersetzungsarbeit aber auf rein
chemischem Wege zu leisten. Damit fand eine ganz enorme Abkürzung
der nothwendigen Belichtungszeit statt, und nun wurde es erst möglich,
die Bilder der schon lange bekannten Camera obscura festzuhalten. Auf
dem Principe der Erzeugung von latenten Bildern beruhen auch heute
noch alle directen photographischen Verfahren, und die Bestrebungen sind
im wesentlichen nur darauf gerichtet gewesen, die zur Erzeugung des
latenten Bildes nothwendige Lichtarbeit auf ein Minimum zu reduciren.

Der erste, der ein solches Verfahren erfand (1839), ist Daguerre, nachdem er sich Jahre lang mit Vorversuchen, zum Theil in Gemeinschaft mit Niépce, beschäftigt· hatte.

Das Verfahren bei der Daguerreotypie ist das folgende. Eine Silberplatte oder meist eine stark versilberte Kupferplatte wird nach vorhergegangener Politur und sorgfältiger Reinigung in einem geschlossenen Kasten den Dämpfen von Jod, Brom oder Chlor ausgesetzt. Zuerst verwandte Daguerre nur Jod zu diesem Zwecke, später wurde mit Vortheil Jod und Brom gleichzeitig benutzt. Die Platte überzieht sich hierdurch mit einer dünnen Schicht von Jod- resp. Bromsilber, deren Lichtempfindlichkeit von der Dauer der Einwirkung der Dämpfe, also von der Dicke der gebildeten Schicht abhängt.

An der Färbung der Platte (Farben dünner Plättchen) erkennt man die Dicke, bei welcher erfahrungsgemäss die grösste Empfindlichkeit resultirt, und die Platte behält diese Empfindlichkeit während einiger Stunden. Nach der Exposition wird die Platte in einen zweiten Kasten gebracht, in welchem sich erwärmtes Quecksilber befindet. Die Dämpfe des Quecksilbers rufen in wenigen Minuten das latente Bild hervor, indem sie sich auf den Stellen, wo das Jodsilber der Lichteinwirkung ausgesetzt war, in Form von sehr feinen Tröpfchen niederschlagen. Durch Baden der Platte in einer Lösung von unterschwefligsaurem Natron wird das nicht zersetzte Jodsilber entfernt und das Bild hierdurch vorläufig fixirt. Das definitive Fixiren der Bilder geschieht durch Einlegen der Platte in eine Chlorgoldlösung, wodurch die Lichtstellen des Bildes, die vorher bläulich waren, rein weiss werden. Die eigentlichen chemischen Vorgänge beim Daguerreotypprocesse sind nicht bekannt. Man nahm ursprünglich an, dass das Jodsilber unter der Einwirkung des Lichtes zu metallischem Silber reducirt werde, und dass dieses metallische Silber unter Bildung eines weissen Amalgames das Quecksilber aufnähme. Später wurde der Vorgang als ein rein mechanischer betrachtet, indem man glaubte, dass durch die Lichteinwirkung der Zusammenhang der Jodsilberschicht gelockert würde, so dass nur an diesen Stellen die Quecksilberdämpfe bis zur Oberfläche der Platte vordringen könnten. Eine gewisse Bestätigung fand diese Theorie durch die Thatsache, dass man die latenten Bilder auf kurze Zeit auch durch blosses Anhauchen hervorrufen kann, indem sich der Wasserdampf auf den belichteten Stellen leichter niederschlägt als auf den anderen; man wurde. hierdurch an die Hauchbilder erinnert. Für einen chemischen Process spricht dagegen der Umstand, dass man Daguerreotypbilder auch in Pyrogallussäure entwickeln kann.

Die geringe Empfindlichkeit der Platte und die grosse Umständlichkeit des Daguerre'schen Verfahrens bedingen seine geringe Verwerthbarkeit

für die Zwecke der Astronomie; indessen besitzt das Verfahren einen
sehr wesentlichen Vorzug vor allen anderen gerade für astronomische
Aufnahmen, das ist die völlige Stabilität der Platte. Das Daguerre'sche
Verfahren ist das einzige, bei dem eine feste Metallschicht als Träger
des Bildes dient, während bei allen anderen eine sehr wenig feste, im
Wasser aufquellende Schicht irgend einer organischen Substanz zur Aufnahme der lichtempfindlichen Materialien benutzt wird, die ihrerseits nur
mehr oder weniger fest auf einer Glasplatte haftet. Das Ideal eines
Verfahrens für die Ausführung feinster astronomischer Messungen würde
das Daguerre'sche sein, wenn seine Empfindlichkeit den heutigen Verfahren gleichgestellt werden könnte.

Das Verfahren mit nassem Collodium wurde im Jahre 1850
von Le Gray vorgeschlagen, aber in einer für die Praxis nicht brauchbaren Form; eingeführt wurde es erst von Archer im Jahre 1851, und
es verdrängte die Daguerreotypie bald gänzlich.

Eine sehr sorgfältig gereinigte Glasplatte wird mit Collodium, einer
Lösung von Schiessbaumwolle (Pyroxylin) in Aether und Alkohol, übergossen. Das Lösungsmittel verdunstet sehr rasch und hinterlässt das
Pyroxylin als eine sehr feine, structurlose Haut, die als Träger des photographischen Processes dient. Die Bereitungsweise der Schiessbaumwolle
und die Zusammensetzung des Lösungsmittels ist von sehr merklichem
Einflusse auf das Aussehen des Bildes; es ist eine grosse Erfahrung erforderlich, um für die verschiedenen Zwecke der Aufnahmen die beste
Bereitungsweise des Collodiums zu kennen. Das Collodium enthält eine
geringe Quantität Jodkalium in Lösung; letzteres befindet sich also in
sehr fein vertheiltem Zustande in dem Pyroxylinhäutchen. Sobald das
Häutchen eben angetrocknet ist, wird die Platte einige Minuten in eine
Lösung von salpetersaurem Silber gelegt, wodurch sich in dem Häutchen
ein äusserst feiner Niederschlag von Jodsilber bildet, der dasselbe undurchsichtig weiss erscheinen lässt. Damit das neugebildete Jodsilber
sich nicht im Silberbade wieder löst — es entsteht ein Doppelsalz —,
muss letzteres bereits mit Jodsilber gesättigt sein. Die aus dem Silberbade genommene Platte muss unmittelbar verwendet werden, denn sie
unctionirt nur, so lange sie noch feucht ist; auch darf sie nicht abgespült
werden, da die anhaftende Lösung von salpetersaurem Silber bei der
nun folgenden Entwickelung eine wichtige Rolle spielt. Zum Entwickeln
hat man fast ausschliesslich Eisenvitriol angewendet, dem Eisessig oder
einige Tropfen Schwefelsäure sowie Alkohol zugesetzt wird, damit die
Collodiumhaut den Entwickler gut annimmt.

Ist das Bild nach dem Entwickeln nicht kräftig genug, so kann man
dasselbe sofort verstärken durch Uebergiessen mit einer unmittelbar vor-

her frisch hergestellten Mischung von Eisenentwickler und salpetersaurem Silber. Die Entwickelung geht dadurch vor sich, dass an den Stellen, wo das Licht gewirkt hat, das Jodsilber durch das Eisensalz zu Silber reducirt wird, welch letzteres sich in sehr fein zertheiltem Zustande in dem Collodiumhäutchen als schwarzer Niederschlag ausscheidet. Das Fixiren erfolgt durch Auflösen des nicht zersetzten Jodsilbers in unterschwefligsaurem Natron oder in Cyankalium.

Nach dem Fixiren muss die Platte sehr sorgfältig ausgewaschen werden, um die letzten Spuren der benutzten Salze zu entfernen. Auch nach dem Fixiren kann das Bild noch verstärkt werden, und zwar entweder auf genau dieselbe Weise wie vor dem Fixiren, oder nach anderen Methoden, von denen wohl die einfachste in der Umsetzung des metallischen Silbers in Quecksilberoxyd besteht. Zu dem Zwecke wird die Platte in eine Lösung von Quecksilberchlorid gelegt, wobei sich an Stelle des metallischen Silbers ein Gemenge von Chlorsilber und Quecksilberchlorür bildet. Durch Uebergiessen mit Ammoniak wird das ganz weisse Chlorsilber und Quecksilberchlorür in ein tief schwarzes Gemenge von Silber- und Quecksilberoxyd umgesetzt. Es muss noch bemerkt werden, dass man zum Collodiumprocess gewöhnlich nicht allein Jodkalium benutzt, sondern auch Jodcadmium und Jodammonium zusetzt, ausserdem auch noch Bromsalze, z. B. Bromkalium oder Bromcadmium. Die Collodiumplatten sind beträchtlich empfindlicher als die Daguerreschen, auch ist das Verfahren selbst weit bequemer und einfacher, und so sind denn mit demselben schon sehr bemerkenswerthe Resultate in der astronomischen Photographie erzielt worden; aber in zwei Punkten liess das Verfahren noch viel zu wünschen übrig, einmal darin, dass durch die unter allen Umständen nothwendige Vermeidung des Eintrocknens die Expositionszeit eine sehr beschränkte ist — es dürfen zwischen Herstellung der Platten und der Entwickelung höchstens 15 Minuten verfliessen —, und zweitens darin, dass zuweilen sehr starke Verzerrungen des äusserst feinen Collodiumhäutchens während des Processes eintreten. Auf diesen letzteren Punkt wird an einer anderen Stelle dieses Buches noch näher einzugehen sein; hier möge nur erwähnt werden, dass man es gelernt hat, die Collodiumschicht dadurch viel stabiler zu erhalten, dass sie nicht unmittelbar auf dem Glase hergestellt wird, sondern dass die Glasplatte zunächst mit einer dünnen Schicht von Guttapercha überzogen wird.

Der erstere Punkt wurde erledigt durch die Erfindung der Collodium-Emulsionen. Den Gedanken hierzu hatte Gaudin bereits im Jahre 1853 ausgesprochen, während seine ersten praktischen Erfolge in das Jahr 1861 fallen. Zu dieser Zeit entstanden eine ganze Reihe von

Emulsionsverfahren, bis 1864 von Sayce und Bolton die Bromsilber-Emulsion mit Collodium als das beste derartige Verfahren eingeführt wurde. Das Wesen der verschiedenen Emulsionsmethoden besteht darin, das lichtempfindliche Silbersalz für sich darzustellen und dann in fein vertheiltem Zustande in dem dickflüssigen Collodium mechanisch zu suspendiren. Mit diesem Collodium, der Emulsion, werden die Platten übergossen und können nach dem Trocknen mehr oder weniger lange Zeit aufbewahrt werden, ohne zu verderben. Für das Haltbarmachen der Platten giebt es eine grosse Menge von Vorschriften; in sehr häufigem Gebrauch ist das Baden der Platten in Lösungen von Tannin, Gallussäure etc. Diese Stoffe wirken übrigens nicht nur auf die Haltbarkeit der Emulsionsplatten, sondern hauptsächlich auch auf ihre Empfindlichkeit, sie steigern dieselbe beträchtlich; indessen erreichen die Emulsionen nur selten die Empfindlichkeit des nassen Collodiums.

Gleichzeitig mit dem Collodium-Emulsionsverfahren wurden auch Methoden gefunden, Collodiumplatten, welche wie beim nassen Collodium durch Baden in salpetersaurem Silber hergestellt werden, nach sorgfältigem Abspülen des Silbernitrates zu trocknen und für längere Zeit haltbar zu machen. Alle so hergestellten Platten sind aber sehr unempfindlich. Fothergill fand, dass die gleichzeitige Verwendung von Collodium und Albumin zu sehr guten Resultaten führt. Die allerdings höchst unempfindlichen Fothergill-Platten zeichnen sich aber durch eine ausserordentliche Feinheit des Silberkornes aus, so dass dasselbe erst unter Anwendung sehr starker Vergrösserungen sichtbar wird; sie eignen sich also sehr gut zur Verwendung bei Sonnenaufnahmen, wo geringe Empfindlichkeit nur günstig wirkt.

Schon im Jahre 1847 sind von Niépce Versuche angestellt worden, Gelatine als Träger der empfindlichen Stoffe zu benutzen; aber erst im Jahre 1871 erfand Maddox das Bromsilber-Emulsionsverfahren mit Gelatine, welches nach einer Reihe von weiteren Verbesserungen eine solche Bequemlichkeit und dabei so ausserordentliche Empfindlichkeit bietet, dass es alle anderen Negativverfahren fast vollständig verdrängt hat. Vor allem ist die Einführung dieses Verfahrens in die Himmelsphotographie von höchster Bedeutung für letztere gewesen; seit dieser Zeit beginnt überhaupt erst die Himmelsphotographie eine Rolle in der Astronomie zu spielen. Wir müssen uns daher mit diesem Verfahren etwas ausführlicher beschäftigen.

Zu den Gelatine-Emulsionen wird fast ausschliesslich das Bromsilber benutzt, weil dasselbe die höchste Lichtempfindlichkeit besitzt. Die Bildung des Bromsilbers geschieht in der flüssigen Gelatine; durch längeres Erwärmen der Emulsion wird dieselbe immer empfindlicher, bis sie schliesslich durch zu langes Kochen auch ohne vorhergegangene Lichtwirkung durch den Entwickler zersetzt und also zum Photographiren unbrauchbar wird. Nach dem Erstarren der Gelatine muss dieselbe einer sehr sorgfältigen Waschung zur vollständigen Entfernung des noch von der Herstellung des Bromsilbers her in der Gelatine gelösten salpetersauren Kalis unterzogen werden. Alsdann wird sie durch Erwärmen wieder gelöst und nach erfolgter Reinigung durch Filtriren auf Glasplatten gegossen. Auf diesen ist die Emulsion nach dem Trocknen als dünne, aber sehr feste und widerstandsfähige Schicht vorhanden. In geeigneter Verpackung bleiben diese Platten viele Jahre lang haltbar; sie werden zunächst während einiger Monate immer empfindlicher, nehmen dann aber allmählich an Empfindlichkeit ab. Die eigentliche Wirkung des Lichtes auf das Bromsilber ist, wie auch bei den anderen photographischen Processen, nicht bekannt. Bei sehr intensiver und langer Belichtung wird das Bromsilber unmittelbar unter Ausscheidung von Silber durch das Licht zersetzt; eine sehr geringe Lichtwirkung genügt aber bereits, um das Bromsilber in einen solchen Zustand zu versetzen, dass die vollständige Ausscheidung des Silbers bei Anwesenheit reducirender Substanzen erfolgt. Nach dem Entwickeln wird das nicht reducirte Bromsilber durch Auflösung in unterschwefligsaurem Natron entfernt, das Bild also fixirt, und alsdann werden die noch in der Gelatine vorhandenen Salze durch längeres Waschen herausgebracht. Ein Baden der Platte in Alaunlösung macht die Gelatine härter und gleichzeitig klarer.

Mit der Präparation der Bromsilber-Platten befasst sich der Astronom am besten nicht selbst. Zu deren Herstellung gehört grosse Uebung und ein grosser Aufwand an Zeit, und der einzelne, der im allgemeinen nur mit beschränkten Mitteln arbeiten kann, ist überhaupt nicht im Stande, so gute und besonders so gleichmässig empfindliche Platten herzustellen, wie die grösseren Fabriken dies vermögen. Selbst wenn es sich zu besonderen Zwecken um die Anfertigung von Platten mit speciellen Eigenschaften handelt, empfiehlt es sich, dieselben bei einer Fabrik zu bestellen. Dagegen soll man eine genaue Prüfung der Platten vornehmen, die sich nicht bloss auf die Empfindlichkeit und auf Feinheit des Kornes bezieht, sondern sich vor allem auch auf die Reinheit der Schicht zu erstrecken hat. Für astronomische Aufnahmen ist nichts unangenehmer, als wenn die Gelatine mit kleinen Verunreinigungen durchsetzt ist, die, da sie beim Entwickeln gewöhnlich einen stärkeren Niederschlag um sich herum erzeugen, selbst unter dem Mikroskope manchmal nicht von Sternen zu unterscheiden sind. Spätere Verunreinigungen durch Staub, der sich auf die Platten, während sie noch feucht sind, aufsetzt, sind zwar nicht so unangenehm, da sie leichter als solche zu erkennen sind;

aber immerhin verunzieren dieselben die Aufnahmen und können auch beim Messen schädlich wirken, wenn sie sich gerade auf einem Sterne oder einem zu messenden Punkte der Platte befinden.

Staub oder Niederschläge aus dem Entwickler und dem Fixirer lassen sich leicht entfernen, besonders wenn die Platten nach der Fixirung kurze Zeit in einer Alaunlösung gebadet worden sind, indem man die Gelatineschicht unter Wasser mit der Spitze der Finger leicht abreibt, wobei man natürlich grosse Vorsicht gebrauchen muss, nicht mit den Nägeln die Schicht zu berühren. Nach diesem Abreiben spült man die Platte mit einem kräftigen Wasserstrahle ab; sie ist alsdann völlig frei von äusserlich hinzugekommenen Verunreinigungen. Viel gefährlicher ist der Staub, der sich während des Trocknens aufsetzt; derselbe kann überhaupt nicht mehr entfernt werden, selbst nicht beim nochmaligen Aufweichen der Schicht. Da das Trocknen sogar im Sommer mehrere Stunden in Anspruch nimmt und Staub selbst in wenig betretenen Räumen nicht zu vermeiden ist, so müssen die Platten in besonders dazu bestimmten Kästen getrocknet werden, ein Verfahren, welches auf dem Observatorium in Potsdam seit einiger Zeit eingeführt ist und sich vorzüglich bewährt hat. Dort werden die Platten sofort nach beendigtem Waschen in einen Kasten eingesetzt, dessen Seitenwände und Deckel aus einer doppelten Lage von sehr feinem Mousselin bestehen; dieser Kasten wird in den Wind oder in den Luftzug gestellt, so dass das Trocknen nicht mehr Zeit in Anspruch nimmt, als wenn die Platten frei stehen; die Platten bleiben hierbei völlig staubfrei.

Die Art der Entwickelung ist naturgemäss von Einfluss auf das resultirende Negativ, aber durchaus nicht in dem Masse, wie man leicht glauben könnte, wenn man die Anpreisungen über die in jedem Jahre neu erfundenen organischen Entwickler liest. Gerade in Bezug auf die beiden für die astronomische Photographie wichtigsten Factoren, auf die Empfindlichkeit der Platten und auf die Feinheit des Korns, ist, entgegen der Ansicht der meisten Fachphotographen, die Art der Entwickelung fast ganz ohne Einfluss, was sich sehr leicht beweisen lässt.

Durch die Belichtung werden an einer bestimmten Stelle der Schicht die Bromsilbertheilchen so modificirt, dass sie bei der Berührung mit reducirenden Substanzen leichter in ihre Bestandtheile zerfallen, als die nicht belichteten Theilchen. Jede Reductionsflüssigkeit (Entwickler) also, welche im Stande ist, bei genügend langer Einwirkung schliesslich auch die unbelichteten Theilchen zu zersetzen, hat natürlich vorher schon die am schwächsten belichteten Partikel reducirt, d. h. das Bild vollständig hervorgerufen. Diese Eigenschaft aber besitzen alle überhaupt brauchbaren Entwickler vom oxalsauren Eisen an bis zu den complicirten organischen Entwicklern, die in den letzten Jahren eingeführt worden sind. Es besteht nur ein Unterschied in der Zeit, innerhalb welcher die vollständige Entwickelung stattgefunden hat.

Diese Bemerkung bezieht sich natürlich nur auf das Hervorbringen der schwächsten, nur eben wirksam gewesenen Lichteindrücke. Handelt es sich z. B. darum, eine Sternaufnahme so zu entwickeln, dass die Anzahl der auf derselben aufgenommenen Sterne ein Maximum wird, so kann man hierzu jeden beliebigen der gebräuchlichen Entwickler benutzen; man entwickele nur so lange, bis die unbelichteten Stellen der Platte beginnen, sich dunkler zu färben, also, wie der technische Ausdruck lautet, bis zur Schleierbildung. Es ist dann das Maximum des Contrastes zwischen unbelichteten Stellen und den am schwächsten belichteten Stellen erreicht; eine weitere Entwickelung kann durch Verdunkelung des Hintergrundes diesen Contrast nur wieder vermindern.

In diesem Sinne verstanden, ist also die Empfindlichkeit der Platte unabhängig von der Art des Entwicklers, sofern nur seine volle Kraft ausgenutzt wird. Die Ansicht, dass verschiedenartige Entwickler einen Unterschied in der Empfindlichkeit bedingen, hat aber doch eine gewisse Berechtigung, sobald es sich darum handelt, Negative herzustellen, von denen Copien gemacht werden sollen. Einige Entwickler, z. B. der Pyrogallussäureentwickler, färben den Silberniederschlag braun; letzterer ist infolge dessen für blaues und violettes Licht weniger durchlässig, als die bläulichen Niederschläge, welche beim oxalsauren Eisen entstehen; beim Copiren wirken braune Negative also so, als ob sie kräftiger wären als die anderen.

Das Silberkorn ist von der Entwickelung völlig unabhängig. Dasselbe ist gegeben durch die betreffende Emulsion. Das Bromsilber ist in kleinen Theilchen innerhalb der Gelatine ausgebreitet, und nach der Entwickelung befinden sich an der Stelle dieser Theilchen die entsprechenden Silberkörner. Die Zahl der Silberkörner ist also gegeben durch die Zahl der ursprünglich in der Schicht vorhandenen Bromsilberkörner, also unabhängig vom Entwickeln. Ein etwaiges Zusammenbacken der Silberkörner während des Entwickelns und damit ein scheinbares Gröberwerden des Korns ist ausgeschlossen, da die Gelatine sehr zähe ist. Dagegen bewirkt eine nachträgliche Verstärkung der Negative durch Quecksilberchlorid und Ammoniak ein Gröberwerden des Korns, weil jedes Silbertheilchen in Quecksilberoxyd umgesetzt wird, welches einen grösseren Raum einnimmt als das Silber.

Auf dieser Volumvermehrung der einzelnen Körnchen und der dadurch bedingten stärkeren Uebereinanderlagerung derselben beruht überhaupt die Verstärkungsmethode durch Quecksilberchlorid.

Man kann demnach bei der Wahl eines Entwicklers für Himmelsaufnahmen vom Silberkorne gänzlich absehen — dieser Gesichtspunkt
muss bei der Wahl der Platten erörtert werden —, dagegen richtet sich
die Entwickelungsmethode nach der Art des Objectes, welches man aufgenommen hat, und nach den besonderen Zwecken der Aufnahme. Es
müssen hier folgende Richtungen unterschieden werden.

1) Man beabsichtigt, nach Möglichkeit die schwächsten Lichteindrücke
hervorzurufen (Aufnahmen mit langer Expositionszeit von schwachen
Sternen, schwachen Nebelflecken, Cometen u. s. w.).

Man benutze einen beliebigen, möglichst kräftig angesetzten Ent-
wickler ohne Verzögerungszusatz (Bromkalium) und entwickele, bis die
ersten Spuren einer Verschleierung sichtbar zu werden beginnen. Bei der
Wahl des Entwicklers berücksichtige man nur seine Eigenschaften in
Bezug auf Bequemlichkeit und Sicherheit des Functionirens. In ersterer
Beziehung wird jeder seine besondere Ansicht haben und denjenigen
Entwickler mit Recht bevorzugen, mit dem er am meisten gearbeitet hat.
In letzterer Beziehung verdient der Eisenentwickler zweifellos den Vor-
rang vor allen anderen, und Verfasser kann denselben nur auf das wärmste
empfehlen. Die Lösung des oxalsauren Kalis hält sich unbegrenzt lange,
diejenige des schwefelsauren Eisens ebenfalls, wenn sie beständig am
Lichte steht, oder wenn man von Zeit zu Zeit, sobald eine grünliche
oder gar gelbliche Färbung eintritt, der Lösung einige Tropfen Schwefelsäure zusetzt, bis nach dem Schütteln wieder die schwach blaue Färbung
eintritt. Es ist dies die einzige Vorsichtsmassregel, welche zu beachten
ist; der Entwickler functionirt dann durchaus sicher, und es genügt eine
Entwickelung von 4 bis 5 Minuten, um die schwächsten Lichteindrücke
hervorzurufen. Länger fortgesetzte Entwickelung hat keinen Zweck mehr,
sie wirkt nur allmählich verschleiernd. Die Temperatur des Entwicklers
hat innerhalb der in einem Laboratorium in Frage kommenden Grenzen
von etwa 25° bis 10° C. keinen Einfluss, und man kann deshalb
gänzlich ohne Betrachtung der Platten, auf denen ja bei der schwachen
Beleuchtung ohnehin meistens gar nichts zu sehen ist, entwickeln, ganz
allein nach der Zeit.

Für die gleich zu besprechenden anderen Arten von Aufnahmen
können andere Entwickler grösseren Vortheil bieten; Verfasser muss aber
gestehen, dass er auch hier stets wieder zu modificirten Eisenentwicklern
zurückgekehrt ist, weil nach seinen Erfahrungen die anderen Entwickler
keine Vorzüge zeigten, dagegen in Bezug auf Bequemlichkeit und Sicherheit
hinter dem Eisenentwickler zurückstanden. Verfasser besitzt daher mit
anderen Entwicklern nur geringe Erfahrungen, mit Eisenentwicklern dagegen sehr grosse und kann nur die letzteren hier vorbringen.

2) Man beabsichtigt, Aufnahmen hellerer Sterne zu Messungszwecken herzustellen, die Sterne sollen also möglichst scharf und gut begrenzt sein.

Man exponire so lange, dass auf der Platte bei normaler Entwickelung mindestens eine, am besten $1^1/_2$ bis 2 Grössenclassen mehr erscheinen, als zur Messung benutzt werden sollen. Man setze dem in voller Stärke angesetzten Eisenentwickler ziemlich viel Bromkalium zu — auf 100 ccm des Entwicklers mindestens 10 bis 15 Tropfen einer zehnprocentigen Lösung von Bromkalium — und entwickele ebenfalls 5 Minuten. Bei diesem sehr gedämpften Entwickler kann man die Platte der Lampe ohne Schaden so nähern, dass man die Sternpunkte erkennen und das Ende der Entwickelung beurtheilen kann. Bei dieser Art der Entwickelung werden die Sternscheibchen äusserst schwarz und sind, soweit dies nach dem Luftzustande möglich ist, scharf begrenzt.

3) Aufnahmen der Sonne, bei denen die Flecke möglichsten Contrast gegen die Umgebung zeigen, nur zu Messungszwecken.

Man exponire länger als für ein gutes Bild erforderlich ist, und benutze denselben Entwickler wie bei 2). Man entwickelt, bis die Kerne der Flecken zu verschleiern beginnen. Dieselben erscheinen dann fast glashell auf dem dunklen Grunde; auch der Sonnenrand ist möglichst scharf begrenzt.

4) Aufnahmen von Sonne, Mond und helleren Nebelflecken, auf denen sich die Einzelheiten möglichst contrastreich abheben sollen, ohne dass die schwachen Lichteindrücke verloren gehen.

Man exponire nur wenig länger, als für ein normal entwickeltes Bild nothwendig ist, setze dem kräftigen Entwickler etwa 5 Tropfen Bromkalium nach dem unter 2) angegebenem Verhältnisse zu und entwickele sehr lange, bis zu einer halben Stunde und darüber. Der Bromkaliumzusatz verhindert eine Verschleierung der Platte.

Diese kurzen Andeutungen werden jeden in den Stand setzen, wenigstens die Richtung, in welcher er je nach den Aufnahmen beim Entwickeln zu gehen hat, zu wissen. Erst eine längere Uebung kann die nöthige Sicherheit zur Erzielung der gewünschten Erfolge in jedem einzelnen Falle gewähren.

Die theoretische Begründung der hier gegebenen Regeln wird in dem Capitel über photographische Photometrie gegeben werden; es möge aber noch besonders darauf hingewiesen werden, bei Himmelsaufnahmen eine Dämpfung des Entwicklers niemals durch Verdünnung des Entwicklers oder durch Verminderung des Eisenzusatzes vorzunehmen, weil hierdurch in den dunklen Partien eine Verminderung der Schwärze entsteht, ein sogenanntes »Flauwerden« der Bilder, welches beim Messen sehr schädlich ist, und welches bei Dämpfung oder Verzögerung durch Bromkalium niemals auftritt.

Im allgemeinen sind die Silbersalze nur für die blauen und violetten Strahlen empfindlich; bei den Bromsilberplatten liegt das Maximum der Empfindlichkeit ungefähr bei der Wellenlänge 430 $\mu\mu$. Durch den Zusatz gewisser Farbstoffe werden die Platten aber auch für andere, weniger brechbare Strahlen empfindlich, indessen nicht in der Weise, dass sich die Empfindlichkeitsgrenzen continuirlich nach dem Roth zu verschöben, sondern es bilden sich neue Empfindlichkeitsbezirke, die meistens durch eine grosse Lücke von dem ursprünglichen getrennt sind. Man kennt bereits eine grosse Menge derartig wirkender Farbstoffe; am meisten Verwendung finden Eosin und Erythrosin, die roth- und gelb-empfindlich machen. Die früher aufgestellte Behauptung, dass diese Farbstoffe die Platten gerade für diejenigen Strahlen empfindlich machten, welche sie selbst absorbiren, ist nicht richtig.

Man kann sich die roth- oder gelb-empfindlichen Platten aus den gewöhnlichen Bromsilberplatten durch Baden in den betreffenden sehr verdünnten Lösungen selbst präpariren. Derartig hergestellte Platten sind aber nur wenige Tage haltbar und müssen möglichst gleich nach dem Trocknen benutzt werden, wodurch eine gewisse Umständlichkeit für den vom Wetter abhängigen Astronomen entsteht. Es ist deshalb empfehlenswerth, auch die roth-empfindlichen, unrichtig als orthochromatische bezeichneten Platten von Fabriken zu beziehen, die sie jetzt für mehrere Monate haltbar herstellen können.

Selbst ganz frische Platten neigen sehr zur Schleierbildung; man muss daher stets dem Entwickler Bromkalium zusetzen und längere Zeit entwickeln; sonst ist die Behandlung genau wie bei den gewöhnlichen Platten.

Bei den Manipulationen, welche nach der Entwickelung mit den Platten anzustellen sind, berücksichtige man den Umstand, dass eine Himmelsphotographie wie ein Beobachtungsbuch sehr lange Zeit hindurch aufbewahrt werden wird, dass also eine möglichste Haltbarkeit anzustreben ist. Man lasse demnach die Platte recht lange im unterschwefligsauren Natron liegen, damit eine völlige Lösung des nicht reducirten Bromsilbers stattfindet. Alsdann lege man die Platte einige Minuten in eine concentrirte Alaunlösung, wodurch nicht bloss die Schicht fester und reiner wird, sondern auch eine bessere Entfernung des unterschwefligsauren Natrons erzielt wird. Hiernach ist die Platte mindestens sechs Stunden lang in fliessendem Wasser zu waschen; wenn es angeht, nehme man hierzu aber lieber zwölf Stunden; denn die völlige Befreiung der Gelatine von den Salzen, welche in dieselbe eingedrungen sind, ist nach der vollständigen Lösung des Bromsilbers der wichtigste Factor zur Haltbarmachung der Platten. Ein Lackiren der Platten ist nicht anzurathen, da die streifige Structur, welche der Lack gewöhnlich annimmt, beim Messen störend wirkt. Jedenfalls müsste man in der Wahl der Lacksorte hierzu sehr vorsichtig sein auch aus dem Grunde, weil gewisse Sorten, besonders, wenn sie etwas stark aufgetragen sind, nach einer Reihe von Jahren springen und hierbei die Gelatine mit zerreissen.

Die Platten müssen in einem gegen Staub dicht schliessenden Schranke, der in einem durchaus trockenen, im Winter womöglich heizbaren Raume steht, aufbewahrt werden.

Da für die meisten Zweige der Himmelsphotographie eine möglichst hohe Empfindlichkeit sehr erwünscht ist, so hat es ein Interesse, die relative Empfindlichkeit der verschiedenen Verfahren kennen zu lernen. Es ist nicht leicht, hierüber ein Urtheil zu gewinnen, da einmal die verschiedenartige Präparation innerhalb ein- und desselben Verfahrens häufig zu beträchtlichen Schwankungen in der Empfindlichkeit führt, während andererseits die relative Empfindlichkeit sich je nach der Art der Lichtquelle ändert. Letzteres kommt daher, dass der Spectralbezirk, welcher photographisch wirksam ist, je nach der Art der empfindlichen Schicht sehr verschiedene Ausdehnung besitzt. Immerhin mögen hier einige Angaben nach Eder*) Platz finden.

Bezeichnet man die Empfindlichkeit des nassen Jod-Bromcollodiums mit 1, so kommt der Daguerre'schen Platte etwa die Empfindlichkeit von $1/15$ bis $1/30$ zu. Für die verschiedenen Verfahren der trockenen Collodiumplatten resultiren Zahlen von $1/2$ bis $1/10$ oder $1/20$. Im Gegensatze hierzu stehen die Bromsilber-Gelatineplatten mit Empfindlichkeitszahlen von etwa 3 bis 30. Die in neuerer Zeit in Anwendung gekommenen Gelatineemulsionen mit ausserordentlich feinem Korn sind dagegen wieder sehr unempfindlich. Ihre Empfindlichkeitscoëfficienten dürften vielleicht weit unter $1/100$ liegen.

Es möge noch bemerkt werden, dass bei farbenempfindlichen Platten die Empfindlichkeit der hinzugekommenen Spectralbezirke diejenige im blauen und violetten Theile nicht erreicht.

———

Zur Ausmessung können nur die Originalnegative benutzt werden, da selbst bei der sorgfältigsten Copirung zum mindesten die Verzerrungen der zweiten Schicht hinzukommen, also unter allen Umständen eine Verminderung der Genauigkeit eintritt. Dagegen sind gute Reproductionen

———

*) Handbuch der Photographie. II. Theil, p. 41.

einzelner Aufnahmen von Wichtigkeit, sofern man die gewonnenen Resultate einem grösseren Kreise zugänglich machen will. Bei grosser Auflage der Reproduction bleibt schliesslich nichts Anderes übrig, als hierzu eins der photomechanischen Druckverfahren zu benutzen. Es ist nicht möglich, im allgemeinen Rathschläge über die Wahl des Verfahrens zu geben, da dasselbe von dem zu vervielfältigenden Objecte und ganz besonders auch von der Leistungsfähigkeit der betreffenden Kunstanstalt abhängt. Während manche der bisher angewandten Druckverfahren für gewisse Zwecke, z. B. zur Reproduction von Landschaften, Porträts, Mikrophotographien und dergl., sehr gut brauchbar sind, hat sich keins derselben für astronomische Aufnahmen bewährt. Die zarten Uebergänge, wie sie sich in den Negativen von Nebelfleckaufnahmen darstellen, werden hart und unwahr, alle feineren Objecte, wie die schwächsten Sterne, gehen verloren, kurz, völlig befriedigende Reproductionen durch ein Druckverfahren sind mir bisher noch nicht zu Gesichte gekommen. Am besten bewährt sich für astronomische Zwecke noch die Heliogravüre. vermittels welcher auch die im Atlas gegebenen Reproductionen hergestellt sind. Für wirklich getreue Darstellungen bleibt nur das directe Copirverfahren übrig, und von diesem können eigentlich auch nur drei verschiedene Arten in Frage kommen: Diapositive auf Glas, Copien auf Aristopapier und auf gewöhnlichem Albuminpapier.

Die Diapositive nehmen entschieden den ersten Rang ein. Man verwende zu denselben möglichst feinkörnige, unempfindliche Platten, am besten die sogenannten kornlosen Platten, die zur Erzielung einer schönen Farbe mit Gold getönt werden müssen, und die eine ausserordentliche Kraft besitzen. Das Copiren geschieht wie bei Papier im Copirrahmen, bei nicht zu unempfindlichen Platten am besten mit einer Kerze oder Petroleumflamme in einigen Meter Abstand; bei den kornlosen Platten muss man aber gedämpftes Tageslicht benutzen. Bei der Herstellung von Diapositiven empfiehlt es sich, in allen Fällen etwas stärker zu belichten, als unbedingt nothwendig ist, und mit einem durch Bromkalium gedämpften Entwickler zu entwickeln. Die hellsten Stellen müssen völlig glashell bleiben, die dunkelsten bei kornlosen Platten gegen Tageslicht undurchsichtig. Die Diapositive erscheinen am schönsten, wenn sie gegen eine fein mattgeschliffene Glasplatte angedrückt werden.

Durch ein etwas umständliches und schwieriges Verfahren, welches grosse Geduld verlangt, kann man durch fortgesetztes Umcopiren auf Glas auf dem Negativ kaum sichtbare Objecte schliesslich recht kräftig erhalten. Wenn es sich z. B. darum handelt, einen ausgedehnten schwachen Nebelfleck, der auf dem Negativ als ein kaum deutlich begrenzter Schleier erscheint, nach Möglichkeit zur Sichtbarkeit zu bringen, so verfahre man folgendermassen. Zunächst wird das Negativ durch Quecksilberchlorid und Ammoniak verstärkt. Dann copire man bei sehr schwachem Lichte — Expositionszeit bis eine Stunde und mehr — ein schwaches Diapositiv, auf welchem die dunkelste Stelle des Nebels (im Negativ) noch glashell erscheint; der Hintergrund hat dann dieselbe Schwärzung wie diese dunkelste Stelle im Negativ. Durch Verstärkung des ersten Positivs wird die glashelle Stelle nicht afficirt, wohl aber wird der Hintergrund dunkler, der Contrast also vermehrt. Von dem ersten Positiv wird in gleicher Weise ein zweites Negativ hergestellt und verstärkt, von diesem ein zweites Positiv u. s. w. Die Schwierigkeit des Verfahrens beruht im wesentlichen auf der Einhaltung der richtigen Expositionszeit resp. auf der Ausgleichung derselben durch die Entwickelung. Nur so lange, als die am wenigsten belichtete Stelle noch wirklich glashell bleibt, bei im übrigen möglichst kräftiger Belichtung (lange Expositionszeit, geringe Intensität) hat eine Fortsetzung des Verfahrens Zweck.

An zweiter Stelle würde das Copirverfahren auf Aristopapier und verwandten Papiersorten zu erwähnen sein. Dieses Papier zeichnet sich vor allen anderen Positivpapieren durch das feine Korn aus, da die empfindliche Schicht aus einem dünnen Häutchen von Collodium oder Gelatine besteht und also völlig unabhängig ist von der Structur des eigentlichen Papiers; letzteres dient nur als Stütze für das sonst zu zarte Häutchen. Man kann daher Copien auf Aristopapier mit Vortheil noch durch die Lupe betrachten. Ein weiterer Vorzug des Aristopapiers besteht darin, dass sich demselben durch Aufpressen auf eine polirte Fläche ein sehr hoher Glanz ertheilen lässt, durch welchen die dunklen Töne eine ausserordentliche Kraft erlangen. Durch langsames Copiren in schwachem Lichte lässt sich auf diesem Papier eine Contrastwirkung erzielen, die der auf Diapositiven nahe kommt, so dass die Feinheiten des Negativs nur in geringem Masse verloren gehen.

Copien astronomischer Objecte auf Albuminpapier, Platinpapier und dergleichen zeigen wegen der groben Structur zwar grosse Weichheit, aber nur noch wenig Detail. Zu empfehlen sind sie aber sehr bei Vergrösserungen, wobei durch die gröbere Structur kein Verlust von Einzelheiten mehr eintritt und dann die Weichheit des Bildes sehr angenehm wirkt.

Für viele Zwecke erscheint es wünschenswerth, Copien nicht in derselben Grösse wie die Originalnegative herzustellen. Fast immer wird man Vergrösserungen erstreben, und bei nicht hohen Ansprüchen können solche leicht mit Hülfe einer gewöhnlichen, nur etwas weit ausziehbaren photographischen Camera hergestellt werden. Wirklich gute Resultate lassen sich aber bei primitiven Einrichtungen nicht erzielen, und man hat daher besondere Vergrösserungsapparate construirt. Ein solcher, für

alle Zwecke geeigneter Reproductionsapparat ist nach meinen Angaben
von O. Toepfer für das Potsdamer Observatorium gebaut worden. Derselbe erlaubt auch Verkleinerungen, während sich die Vergrösserungen
bis zu etwa 10000fach linear treiben lassen, wie sie allerdings nur zu
anderen als den hierher gehörigen Zwecken verwendet werden. Auf dem
Untergestelle U (Fig. 1) ist eine Schlittenführung S eingelenkt, deren
Neigung gegen den Horizont durch das gezähnte Kreisstück K und die
Bremse A beliebig geändert werden kann. Dadurch ist es ermöglicht,
den ganzen Apparat gegen den freien Himmel zu richten, wodurch allein

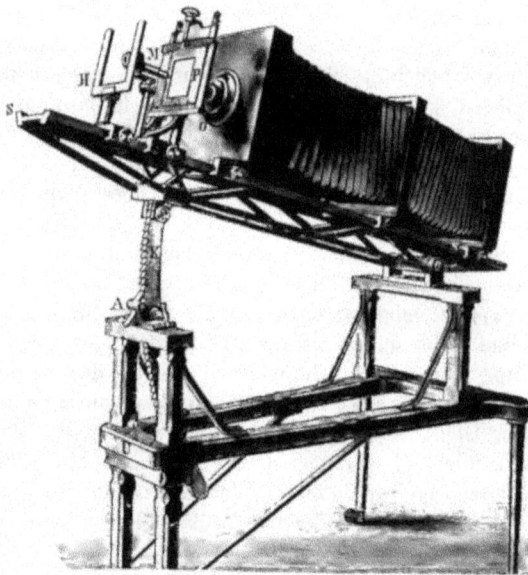

Fig. 1.

bei grösserer abzubildender Fläche eine gleichmässige Beleuchtung erreicht werden kann. Um diese Gleichmässigkeit zu erhöhen, kann in den
Halter H eine mattgeschliffene Glasplatte eingesetzt werden; ausserdem
dient derselbe noch zur Aufnahme gefärbter Glasplatten, um besonders
bei sehr hellem Himmel eine, wie vorher auseinandergesetzt, für viele
Zwecke vortheilhafte Verlängerung der Expositionszeit zu erreichen.

Auf der in Millimeter eingetheilten Schlittenführung sind, ausser dem
erwähnten Halter H, die drei Unterstützungspunkte der Camera C, der
Plattenhalter P und der Beleuchtungsapparat M verschiebbar angebracht.

In die Camera können bei O die verschiedensten photographischen Objective eingeschraubt werden, die in Verbindung mit den gegenseitigen Entfernungen von P bis O und O bis zur Cassette Verkleinerungen und Vergrösserungen bis zu etwa 25 fach linear gestatten. Ausserdem aber können mit Hülfe von Zwischenringen Mikroskopobjective eingesetzt werden, bei deren Benutzung der Beleuchtungsapparat M in Function tritt, der sonst abgenommen ist.

Der Plattenhalter P ist so eingerichtet, dass jeder Punkt der Platte in die optische Axe des Apparates gebracht werden kann, ohne dass die Senkrechtstellung der Platte zu dieser Axe merklich geändert wird.

Bei der Reproduction von Sternaufnahmen tritt eine bedeutende Schwierigkeit durch die Feinheit der schwächeren Sternscheibchen ein. Selbst bei dem besten Reproductionsverfahren gehen diese Sterne verloren, und die kleinsten Fleckchen und Unreinlichkeiten der photographischen Schichten lassen sich nicht von den schwächeren Sternen trennen. Die Construction e x a c t e r Karten durch photographische Verfahren direct nach den Negativen ist daher vorläufig noch eine Unmöglichkeit, sofern man auf die Realität .der schwächeren Sterne Werth legt.

Nach dem Vorschlage der Herren Henry fallen diese Uebelstände zum grössten Theile fort, wenn man zur Construction von Karten drei Aufnahmen dicht neben einander auf derselben Platte anfertigt, so dass das Bild eines schwachen Sternes als kleines Dreieck erscheint, bestehend aus drei kleinen, sich eben berührenden Scheibchen. Hierdurch sind einmal die Bilder der schwächsten Sterne so gross geworden, dass sie bei der Reproduction im allgemeinen nicht mehr verschwinden; dann aber lassen sie sich auch leicht von zufälligen Fleckchen durch ihre ausgeprägte Form unterscheiden. Es tritt aber mit dieser Methode ein neuer Uebelstand hinzu: es ist naturgemäss nothwendig, dreimal so lange zu exponiren als sonst, und damit ist für viele Fälle dieser Methode eine Grenze gesetzt.

Man wird also häufig gezwungen sein, überhaupt von directen Reproductionsverfahren bei der Herstellung von Karten nach photographischen Aufnahmen abzusehen, und sich auf indirectem Wege helfen müssen, und dies kann auf zweierlei Weise geschehen, entweder durch Ausmessung und nachheriges Zeichnen der Karte nach den gemessenen Coordinaten oder durch Benutzung eines storchschnabelähnlichen Instrumentes. Das erstere, sehr umständliche Verfahren wird man anwenden, wenn man gleichzeitig genauere Positionen der Sterne zu haben wünscht, also bei rein kartographischen Zwecken nicht, vielmehr wird alsdann das zweite Verfahren von Vortheil sein.

dingung auf seitlich gelegene Bilder ausübt, hat Steinheil a. a. O. die
Berechnung für das Königsberger Heliometerobjectiv ausgeführt. Es soll
ein Strahlencylinder von 25 Einzelstrahlen auf das Objectiv auffallen,
wie Fig. 3 zeigt. Der Strahl *1* entspricht dem Hauptstrahle, die Strahlen
2 bis *9* fallen am Rande des Objectivs ein, die von *10* bis *17* in ⅔ Entfernung von der Mitte, die von *18* bis *25* in ⅓ Entfernung. Für das Königsberger Heliometerobjectiv erhält man nun
in der Einstellebene bei 48′ Abstand von
der Hauptaxe folgendes Bild von der Vertheilung der Strahlen (Fig. 4).

Es ist aus dieser Figur zu ersehen, dass
sie gegen die Richtung zur Axe (*2, 1, 6*)
symmetrisch ist, dagegen in Bezug auf die
hierauf senkrechte Richtung vollständig un-
symmetrisch. Der Hauptstrahl (*1*) liegt also
nicht in der Mitte der Figur, sondern viel
tiefer, so dass die Vertheilung der Helligkeiten eine sehr ungleiche ist; denn die
Linie *8, 16, 24, 1, 20, 12, 4*, welche in Fig. 3
die Menge des auffallenden Lichtes halbirt,
theilt das Licht im Bilde des Sterns zwar
auch in zwei Theile von gleicher Helligkeit,
aber von sehr ungleicher Ausdehnung, so
dass der über dieser Linie liegende Theil
des Bildes viel weniger intensiv erscheint,
als der unterhalb gelegene.

Auf der photographischen Platte würde
bei einem derartigen Objective das Bild
eines Sternes seitlich der Hauptaxe als eine
ellipsenähnliche Scheibe erscheinen, deren
Maximalhelligkeit nahe einem der Bren-
punkte der Ellipse liegt. Ist die Helligkeit
des Sternes nicht ausreichend gewesen, um
in der Gegend der Punkte *5, 6, 7, 14* eine
merkliche Wirkung auszuüben, so fehlt das
eine Ende der Ellipse. Die Bilder werden denen von Cometen ähnlich.

Damit nun die auf der Platte gemessenen Distanzen von Sternen
auch thatsächlich den Distanzen am Himmel — unter Berücksichtigung
der regelmässigen Distorsion — entsprechen, muss auf den Punkt *1*,
den Durchschnittspunkt des Hauptstrahles mit der Plattenebene, eingestellt werden. Dieser Punkt ist wegen seiner excentrischen Lage

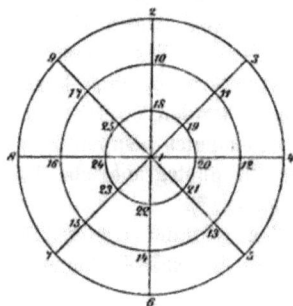

Fig. 3.

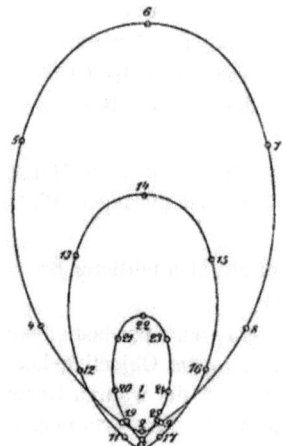

Fig. 4.

nicht mit Sicherkeit zu erkennen; mit einer gewissen Annäherung wird man ihn erhalten, wenn man auf das Maximum der Schwärzung bei den seitlich gelegenen Sternscheibchen einstellt. Die Sichtbarkeit dieses Maximums wird aber um so schwieriger, je heller der entsprechende Stern ist, je mehr also das elliptische Scheibchen von gleicher Schwärzung erscheint. Man wird ihn im allgemeinen immer mehr nach der Mitte der Figur verlegen, und bei völlig ausexponirten Scheibchen wird man, wenn man nicht zu ganz unsicheren Taxirungen greifen will, überhaupt nur noch die geometrische Mitte des Scheibchens einstellen können. Die Unsicherheit der Einstellungen ist also im allgemeinen vermehrt, und es tritt eine von der Helligkeit der Sterne und von der Expositionszeit abhängige Distorsion auf, die sich rechnerisch nicht streng verfolgen lässt.

Ist aber die Bedingung 4 erfüllt, so geht die Fig. 4 in Fig. 5 über. Das Sternscheibchen ausserhalb der optischen Axe wird zwar elliptisch, aber alle Strahlen liegen symmetrisch um den Hauptstrahl herum; das Maximum des Silberniederschlages entsteht unter allen Umständen in der geometrischen Mitte des Scheibchens, genau in dem Punkte, in welchem der Hauptstrahl die photographische Platte schneidet, die Messungen sind frei von Distorsion. Je grösser ein Objectiv ist, um so wichtiger ist es, dass seine Construction eine streng richtige ist, da die Fehler mit der Grösse des Objectivs wachsen, die Empfindlichkeit der Messung aber mindestens dieselbe bleibt, meistens beträchtlich zunimmt.

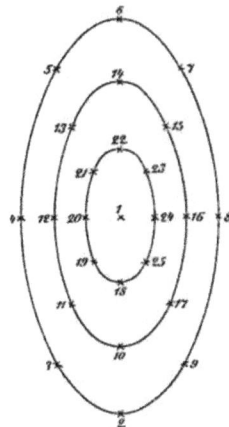

Fig. 5.

Die Verwendung von Spiegelteleskopen in der Himmelsphotographie ist für viele Zwecke derselben, z. B. für die Aufnahme von Nebelflecken, von grossem Nutzen, die Bilder sind völlig frei von chromatischer Aberration; dagegen findet in den seitlich der optischen Axe gelegenen Bildpunkten infolge der nicht aufzuhebenden sphärischen Abweichung eine durchaus unsymmetrische Vertheilung der Randstrahlen um den Hauptstrahl statt, ganz ähnlich wie bei einem fehlerhaft construirten Objective. Für exacte Messungen sind daher Aufnahmen mit sphärischen Spiegeln sehr viel ungeeigneter als solche mit richtig construirten Objectiven.

In neuerer Zeit hat man mit grossem Vortheile Objective mit verhältnissmässig sehr kurzer Brennweite zu Aufnahmen von Nebelflecken, Darstellungen der Milchstrasse etc. benutzt. Zur Erzielung eines grossen Gesichtsfeldes bei sehr kurzer Brennweite reicht die Combination zweier

28   I. Die Herstellung und Verwerthung von Himmelsaufnahmen.

Linsen nicht mehr aus, und man hat daher drei oder noch häufiger vier
Linsen mit einander verbunden. Alle diese Systeme sind aplanatisch
construirt, d. h. die Brennpunkte in den Nebenaxen liegen nicht auf einer
Kugelfläche, sondern sie befinden sich auf einer in dem Hauptbrennpunkt
auf der optischen Axe senkrechten Ebene, der photographischen Platte.
Das ist natürlich nur annähernd zu erreichen, die Brennfläche hat vielmehr eine recht complicirte Gestalt und schmiegt sich der Ebene je nach
den verschiedenen Constructionen nur mehr oder weniger gut an. Bei
diesen Objectiven ist die Sinusbedingung nicht erfüllt; die Bildpunkte
seitlich der optischen Axe zeigen daher häufig sehr eigenthümliche Figuren,
und für exacte Messungen sind Aufnahmen mit den verschiedenen Arten
dieser Objective, die als Porträtlinsen, Euryskope, Aplanate etc. im Handel
vorräthig sind, nicht geeignet, sofern man nicht in der Nähe der optischen
Axe bleibt, also von dem Hauptvortheil, dem grossen Gesichtsfelde, keinen
Gebrauch macht.

Ich gehe nun zur Betrachtung des Verhaltens der verschiedenen
Objective in Bezug auf die Lichtstärke über.

Es ist hierbei zuerst der Begriff der photographischen Lichtstärke
festzustellen, da von einer absoluten Lichtstärke wie in der Optik nicht
die Rede sein kann, wegen der Zunahme der Lichtstärke mit wachsender
Expositionszeit und Empfindlichkeit der Platte. Im Folgenden ist daher
beim Gebrauche des Wortes Lichtstärke stillschweigend vorausgesetzt,
dass nur relative Angaben in Bezug auf eine gegebene Expositionszeit
und Platten-Empfindlichkeit gemacht werden.

Beim idealen photographischen Objective ist die Lichtstärke für Abbildung von Punkten (Fixsternen) proportional der vierten Potenz der
Oeffnung. Dieser paradox erscheinende Satz wird folgendermassen klar.
Wird unter Beibehaltung der Brennweite die Oeffnung grösser, so wird
die Lichtmenge proportional dem Quadrate der Oeffnung vermehrt; gleichzeitig aber wird der Durchmesser des mittleren Diffractionsscheibchens
proportional der Vergrösserung der Oeffnung kleiner, die Dichtigkeit des
Lichtbündels wird also nochmals proportional dem Quadrate der Oeffnung
stärker, im Ganzen ist also die Lichtintensität mit der vierten Potenz der
Oeffnung gewachsen.

Vergrössert man bei gegebener Oeffnung die Brennweite, so nimmt
die Lichtstärke für Abbildung von Punkten proportional mit dem Quadrate der Brennweite ab. Der Grund hierfür liegt darin, dass bei zunehmender Brennweite der Durchmesser des Diffractionsscheibchens zwar
nicht im Winkelwerthe wächst, wohl aber im linearen Betrage proportional mit der Brennweite; die Dichtigkeit des Lichtbündels beim Auffallen
auf die Platte ist also proportional mit dem Quadrate der Brennweite

verringert. Bezeichnet man den Durchmesser der Oeffnung mit d, die Brennweite mit f, mit c eine Constante, so ist allgemein die Lichtstärke $L = c \dfrac{d^4}{f^2}$.

Für optische Instrumente ist bekanntlich $L = cd^2$. Bei der directen Betrachtung von kleinen Lichtscheiben ist nämlich unterhalb einer gewissen Grenze eine weitere Abnahme des Durchmessers und der damit verbundenen Zunahme der Dichtigkeit des Strahlenbündels ohne Einfluss, weil das Auge hierin keinen Unterschied mehr merkt, theils wegen der Unvollkommenheit des optischen Apparates im Auge, theils wegen der eigenthümlichen facettenartigen Structur der Retina. Die photographische Platte besitzt zwar auch eine ähnliche Structur, das Silberkorn; dasselbe ist indessen im Verhältnisse zur Grösse selbst der kleinsten Scheibchen in Fernröhren so fein, dass noch mehrere Hunderte von Elementen auf dieselben kommen, eine Zunahme der Dichtigkeit des Lichtbündels also noch durchaus wirksam ist. Der Formel $L = c \dfrac{d^4}{f^2}$ ist aber auch für photographische Aufnahmen eine Grenze der Gültigkeit gesetzt; sie gilt nur für das Erscheinen der allerschwächsten Lichtpunkte und ihre Anwendbarkeit hört immer mehr auf, je mehr die Lichtintensität genügend ist, eine vollständige Schwärzung des Scheibchens herbeizuführen; es tritt dann die Formel $L = cd^2$ ein.

Bei ausgedehnten Objecten ist kein Unterschied zwischen optischer und photographischer Abbildung vorhanden. Die Lichtintensität eines abgebildeten Flächenelementes hängt nur noch vom Verhältnisse der Oeffnung zur Brennweite ab, es ist $L = c \dfrac{d^2}{f^2}$; die absolute Grösse des Instrumentes ist gänzlich gleichgültig.

In der Praxis wird nun bei der Abbildung von Lichtpunkten die Abhängigkeit der Lichtstärke von den Dimensionen des Objectivs eine völlig andere; es tritt geradezu das umgekehrte Verhalten ein, weil für die Grösse des kleinsten Scheibchens nicht mehr die Diffraction allein massgebend ist, sondern die Abweichungen des Objectivs von den idealen Verhältnissen. Die Abbildung von Punkten wird immer unvollkommener, je grösser die Oeffnung im Verhältniss zur Brennweite ist, lässt man also die Oeffnung wachsen, so wird das kleinste Scheibchen nicht kleiner, wie beim idealen Objective, sondern eher grösser, die Lichtstärke wächst also nicht proportional der vierten Potenz der Oeffnung, sondern kaum proportional der zweiten: in der Praxis verhalten sich die photographischen Objective auch bei der Abbildung von Punkten ziemlich genau so wie die optischen.

Eine möglichst vollkommene Achromasie ist für die Lichtstärke photographischer Objective von grösster Bedeutung. Man hat bei den ersten Versuchen in der Himmelsphotographie häufig die für optische Strahlen achromatisirten Objective benutzt und damit in Bezug auf Lichtstärke nur sehr unvollkommene Resultate erzielt. Nehmen wir als Beispiel den Schröder'schen Refractor von 12 Zoll Oeffnung, der sich im Besitze des Potsdamer Observatoriums befindet, und dessen Objectiv für directe Beobachtung ganz vorzüglich ist.

Die Strahlen sind annähernd für D und F vereinigt; für die übrigen Wellenlängen haben die Abstände der Brennweiten von diesem Vereinigungspunkte folgende Werthe, wobei der letzte Werth für $H\varepsilon$ nicht direct beobachtet, sondern aus den anderen durch Extrapolation abgeleitet ist.

W. L.	Diff.	W. L.	Diff.
	mm		mm
680 $\mu\mu$	$+ 3.6$	F 486 $\mu\mu$	0
C 656 »	$+ 2.4$	473 »	$+ 2.0$
610 »	$+ 0.2$	445 »	$+ 5.3$
573 »	$- 0.6$	$H\gamma$ 434 »	$+ 8.2$
544 »	$- 1.6$	$H\delta$ 410 »	$+ 16.3$
520 »	$- 1.9$	$H\varepsilon$ 397 »	$+ 22$
498	$- 0.7$		

Wie man sieht, ist die Vereinigung der optisch wirksamsten Strahlen, von der Wellenlänge 620 $\mu\mu$ an bis etwa 475 $\mu\mu$, eine sehr gute. Die Maximalempfindlichkeit der photographischen Platten liegt bei $H\gamma$; wollte man das Objectiv für photographische Aufnahmen benutzen, so müsste man zunächst die Platte um 8 mm hinter den optischen Brennpunkt versetzen: dann aber blieben noch für die übrigen wirksamen Strahlen von F an weit ins Ultraviolette hinein grosse Brennweitendifferenzen übrig, für F 8 mm, für $H\varepsilon$ 14 mm und für die äussersten Strahlen im Ultraviolett jedenfalls Werthe bis zu 30 mm. Diesen Abständen entsprechen chromatische Abweichungskreise von resp. 0.44, 0.9 und nahe 2 mm Durchmesser, d. h. die resultirenden Bilder von Sternen sind überhaupt nicht mehr als kleine Scheibchen mit angebbarem Durchmesser zu bezeichnen, sondern sie stellen selbst bei geringen Intensitäten stets grosse Scheiben dar mit allmählichem Lichtabfall von der Mitte nach den Rändern hin. Wegen der Verbreitung des Lichtes über diese grossen Scheiben ist natürlich die photographische Lichtstärke sehr vermindert, und auch die Einstellungsgenauigkeit ist selbstverständlich eine geringe.

Der ausserordentliche Vorzug, den ein gut photographisch achromatisirtes Objectiv besitzt, erhellt aus der vergleichsweisen Betrachtung der Verhältnisse bei dem 13zölligen Objective des Potsdamer Photographischen Refractors. Bei demselben sind die Strahlen von der Wellenlänge

434 $\mu\mu$ ($H\gamma$) und 397 ($H\varepsilon$) vereinigt. Die stärkste Abweichung der Focalweite von allen photographisch wirksamen Strahlen von F bis ins äusserste Ultraviolett findet für die nach der weniger brechbaren Seite gelegenen Strahlen statt und beträgt für die Grenze daselbst bei F $\overset{mm}{2.5}$; der Durchmesser des betreffenden Abweichungskreises für F ist also 0.25. Das ist der grösste Durchmesser, der für ein primäres Scheibchen infolge der mangelhaften Achromasie resultiren kann. Bei diesem Objective ist dagegen die Abweichung der optischen Strahlen entsprechend eine sehr grosse, nämlich

	mm
$H\gamma$	0.0
F	+ 2.5
b	+ 6.5
D	+ 13.3
618 $\mu\mu$	+ 17.2

und der Durchmesser des Abweichungskreises für die Fraunhofer'sche Linie D beträgt bereits $\overset{mm}{1.3}$. Bei Verwendung von farbenempfindlichen Platten, bei denen diese Strahlengattung noch wirksam ist, erscheinen die sonst unveränderten Sternscheibchen mit einem nahe gleichmässig hellen Halo von über 1 mm Durchmesser umgeben. Die Verwendung solcher Platten ist daher bei einem zweilinsigen, für die photographischen Strahlen achromatisirten Objective ausgeschlossen.

Bei den vierlinsigen Objectiven ist infolge der vielen zur Verfügung stehenden Flächen eine sehr viel vollständigere Achromasie zu erreichen, als bei den einfachen Objectiven. Man kann hierbei leicht den grössten Theil aller Strahlen von C bis ins Ultraviolett hinein sehr nahe vereinigen, so dass optischer und photographischer Brennpunkt zusammenfallen. Bei diesen Objektiven können farbenempfindliche Platten ebenso wie bei den Spiegeln mit Vortheil verwendet werden; man erhält hierdurch entschieden einen Gewinn an Lichtstärke.

Rutherfurd hat den Vorschlag gemacht, die für die optischen Strahlen achromatisirten Objective durch eine Vergrösserung des Abstandes der beiden Linsen zu photographischen Zwecken geeigneter zu gestalten, indem hierdurch eine bessere Vereinigung der chemisch wirksamsten Strahlen erreicht wird. Um diesen Zweck bequem zu ermöglichen, hat Grubb dem 27 zölligen Objective des grossen Wiener Refractors direct die Einrichtung gegeben, dass die Linsen bis auf 2 cm von einander entfernt werden können. H. C. Vogel*) hat die Veränderungen, welche durch die

* H. C. Vogel. Einige Beobachtungen mit dem grossen Refractor der Wiener Sternwarte. Publ. d. Astrophys. Obs. zu Potsdam. Band IV, 1. Theil.

Trennung der Linsen in den Brennweiten der verschiedenen Strahlen
hervorgebracht werden, genauer untersucht und ist hierbei zu den folgenden Differenzen derselben gegen den Vereinigungspunkt der Strahlen von der
W.-L. 486 $\mu\mu$ gelangt, wobei in Columne I der Abstand der inneren Linsen-
flächen 8 mm betrug, in Columne II dagegen 20 mm.

Wellenlänge.	I mm	II mm
661 $\mu\mu$	— 3.0	— 1.9
587 »	— 6.2	— 7.9
519 »	— 5.4	— 5.2
483 »	+ 0.7	+ 0.7
454 »	+ 9.6	+ 8.7
434 »	+ 17.5	+ 19.1
421 »	+ 28.3	—
414 »	—	+ 28.6

Legt man in beiden Reihen den photographischen Brennpunkt auf die
Wellenlänge 434 $\mu\mu$, so ist zu erkennen, dass bei Reihe II nach F zu nur
eine geringe Vergrösserung der Brennweitendifferenzen entsteht, nach
dem Violett hin aber eine sehr merkliche Verkleinerung, so dass also im ganzen
das Objectiv thatsächlich für photographische Zwecke besser achromatisirt
erscheint; es steht auch zu erwarten, dass bei noch grösserer Entfernung
der Linsen eine weitere Verbesserung eintreten würde.

Auch M. Wolf[*] ist für ein kleines Instrument zu ähnlichen Resultaten gelangt; es ist indessen zu bemerken, dass unter allen Umständen
die Verbesserung doch nur eine relativ geringe ist, und dass es sehr
fraglich erscheint, ob dieselbe nicht durch die Verschlechterung der
Centrirung und besonders durch die zunehmende sphärische Aberration
überhaupt wieder aufgehoben wird. Untersuchungen hierüber sind meines
Wissens nicht angestellt, so viel aber ist sicher, dass ein so verbessertes
Objectiv unter keinen Umständen mit einem photographisch achromatisirten in Concurrenz treten kann.

Cornu[**] hat folgende theoretische Begründung für die Verbesserung
des Bildes im chemischen Focus durch Auseinanderschraubung der beiden
Objectivlinsen gegeben.

Die Hauptpunkte der Convexlinse werden mit H_1 und H_2 bezeichnet,
diejenigen der Concavlinse mit H_1' und H_2'. Die Entfernung der resp.
Brennpunkte von H_2 sei F, von H_2' sei F'. Die Krümmungsradien und

---

[*] M. Wolf, Trennung der Objectivlinsen f. photographische Zwecke. Astr.
Nachr. 118.
[**] Recueil de Mém. Rapp... Paris 1874. Siehe auch Weinek, die Photogr.
in der messenden Astronomie p. 94.

Brechungsexponenten seien entsprechend r_1, r_2, n und r_3, r_4, n', die Dicken d und d'. Bedeuten ferner noch a und b, resp. a' und b' die Object- und Bildweiten, so ist ganz allgemein:

$$\frac{1}{a} + \frac{1}{b} = \frac{1}{F} = (n-1)\left[\frac{1}{r_1} + \frac{1}{r_2} - \frac{n-1}{n\,r_1 r_2}d\right] = (n-1)\,P \quad \text{und}$$

$$\frac{1}{a'} + \frac{1}{b'} = \frac{1}{F'} = -(n'-1)\left[\frac{1}{r_3} + \frac{1}{r_4} + \frac{n'-1}{n'\,r_3 r_4}d'\right] = -(n'-1)\,Q\,.$$

Für $a = \infty$ wird $b = F$, und dieses Bündel trifft in dem Abstande $H_2 H_1' = e$ die Concavlinse, für welche also $a' = -(F-e)$ wird. Folglich ist

$$\frac{1}{b'} = \frac{1}{F-e} + \frac{1}{F'} = \frac{1}{F}\left(1 - \frac{e}{F}\right)^{-1} + \frac{1}{F'}\,, \quad \text{oder}$$

$$\frac{1}{b'} = \left(1 - \frac{e}{F}\right)^{-1}(n-1)\,P - (n'-1)\,Q\,.$$

Die Bedingung eines vollkommenen Achromatismus würde erfüllt sein, wenn b' constant bliebe für alle Variationen von n und n' von Roth bis Violett, und es soll nun gezeigt werden, dass innerhalb eines gewissen Intervalles diese Bedingung durch die passende Wahl von e erreicht werden kann. Dazu werde in $\frac{e}{F}$ die Brennweite für Strahlen mittlerer Brechbarkeit eingeführt gedacht, so dass bei der Kleinheit dieses Bruches der Factor von $(n-1)\,P$ unabhängig von der Farbe anzunehmen ist. Man construire nun für die verschiedenen Werthe von $n-1 = x$ als Abscissen und $n'-1 = y$ als Ordinaten eine Curve, durch welche der Grad von Achromasie, der für die betreffenden Gläser erreicht werden kann, genähert dargestellt wird. Dann ist der Ausdruck

$$\frac{1}{b'} = \left(1 - \frac{e}{F}\right)^{-1}P_x - Q_y$$

die Projection des Radiusvectors im Curvenpunkte der fraglichen Farbe auf eine Linie, die den Winkel α mit O_x, Fig. 6 (folg. Seite), bildet. Man hat nämlich z. B. für einen im Violett gelegenen Punkt V, wenn V' der Projectionspunkt von V auf die Richtung OA ist,

$$OV' = x \cos \alpha - y \sin \alpha,$$

und die Bedingung lautet daher jetzt, diese Projection für ein gegebenes Stück der Curve so constant wie möglich zu machen. Da nun

$$\operatorname{tg} \alpha = \frac{Q}{P}\left(1 - \frac{e}{F}\right) \quad \text{ist,}$$

so wähle man e, resp. gemäss dieser Beziehung α so, dass für das betreffende Stück die Senkrechte auf OA mit der Tangente oder Sehne dieses Curvenstückes zusammenfällt.

Die Figur giebt, wie es der Wirklichkeit entspricht, von Roth nach Violett wachsende Ordinaten; man erkennt hieraus und aus der Beziehung zwischen a und e, dass durch Vergrösserung von e der Winkel a kleiner und damit die Achromasie weiter nach Violett verlegt wird.

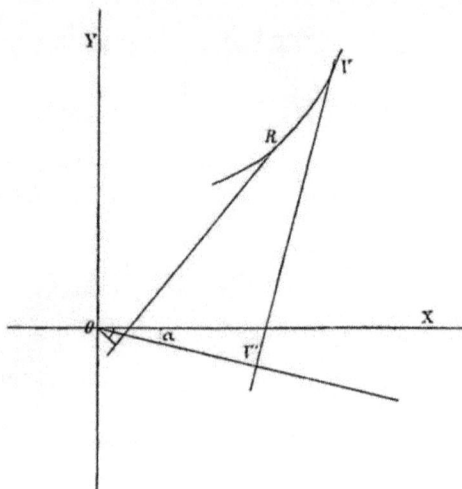

Stokes*) hat einen Vorschlag zur Umwandlung eines optischen Objectivs in ein photographisches gemacht, der vielleicht Beachtung verdient. Das Objectiv soll so construirt sein, dass die beiden Flächen der Crownglaslinse verschiedenen Krümmungsradius besitzen. Für optische Zwecke soll die schwächere Krümmung nach aussen liegen

Fig. 6.

und die beiden Linsen berühren sich. Für photographische Zwecke wird die Verbesserung der Achromasie der chemischen Strahlen durch grössere Entfernung der beiden Linsen erzeugt; die hierdurch herbeigeführte Vermehrung der sphärischen Aberration soll dann durch Umwenden der Crownglaslinse gehoben werden.

Eine für die Güte der Bilder jedenfalls sehr gute Methode, ein optisches Objectiv in ein photographisches zu verwandeln, besteht darin, vor das Objectiv eine dritte Linse von gleicher Oeffnung zu setzen. Für das so entstehende dreilinsige Objectiv lässt sich nicht nur die Achromasie sehr weit treiben, sondern auch die sphärische Aberration auf ein sehr geringes Mass herabdrücken. Dem grossen Refractor der Lick-Sternwarte ist eine derartige Zusatzlinse beigegeben; das Instrument giebt bekanntlich ganz vorzügliche photographische Bilder; die besten Bilder des Mondes sind übrigens bei einer Abblendung des Objectivs auf 8 Zoll Durchmesser erhalten worden. Abgesehen von dem sehr hohen Preise einer solchen Linse bringt deren Verwendung einen weiteren, sehr wesentlichen Nachtheil mit sich: die beträchtliche Verkürzung der Focalweite. Beim Lick-Refractor beträgt diese Verkürzung beinahe 3 m.

---

* Grubb. Fernrohre für Sternphotographie. Zeitschrift für Instrumenten-Kunde 10, 104.

In neuerer Zeit ist von Steinheil u. a. ein sogenanntes Correctionssystem construirt worden, welches an einer bestimmten Stelle in den Strahlengang eines gewöhnlichen Objectivs eingeschaltet, eine vorzügliche Achromatisirung herbeiführt, eine bessere, als mit einer Doppellinse erreicht werden kann, bei gleichzeitiger weiterer Verbesserung der sphärischen Aberration und unter Erfüllung der für die Praxis sehr wichtigen Bedingung, dass die ursprüngliche Brennweite nicht wesentlich geändert wird. Steinheil empfiehlt, dieses Correctionssystem in einer Entfernung von $1/3$ Brennweite vor dem Brennpunkte einzuschalten; es braucht alsdann nur eine Oeffnung von wenig mehr als $1/3$ der Objectivöffnung zu haben und erreicht demgemäss sogar bei sehr grossen Instrumenten einen nicht zu hohen Procentsatz der Kosten für das Objectiv selbst. Es dürfte nicht schwer fallen, eine Einrichtung am Rohre des Instrumentes zu treffen, ein solches System leicht und ein für allemal centrirt einzusetzen und wieder auszuschalten, so dass hierdurch ein optisches Fernrohr unmittelbar für photographische Zwecke brauchbar würde.

Christie*) hat eine Construction für ein Correctionssystem vorgeschlagen, die bedeutend einfacher als die Steinheil'sche ist. Sie kann indessen nur für spectroskopische Zwecke benutzt werden, da sie nur genau in der optischen Axe einigermassen brauchbare Bilder giebt. Huggins hat im Jahre 1887 eine solche Correctionslinse für seinen 15zölligen Refractor mit gutem Erfolge in Anwendung genommen. Später hat Keeler**) die gleiche Construction wieder in Vorschlag gebracht, und jetzt werden derartige Correctionssysteme in Pulkowa und Potsdam zu spectroskopischen Beobachtungen verwendet. Durch sie werden die Strahlen von C bis H nahe vollständig in demselben Punkte vereinigt, bei nur sehr geringer Veränderung der ursprünglichen Brennweite. Für rein photographische Zwecke kann aber die Christie'sche Construction keine Benutzung finden, da selbst für so kleine Scheiben, wie sie die grossen Planeten geben, die Bilder unscharf werden.

Der Einfluss der sphärischen Aberration ist bei den astronomischen Objectiven im allgemeinen gering und für optische Beobachtungen nur von unwesentlicher Bedeutung, dagegen nicht so für photographische. Die sphärische Aberration ist hier die Hauptursache für die unvollkommene Vereinigung der Strahlen, so dass ein grösseres Scheibchen entsteht, als nach der Diffractionswirkung zu erwarten wäre. Nach letzterer müsste z. B. für den Potsdamer Photographischen Refractor der kleinste Durchmesser 0.''6 betragen; in Wirklichkeit beträgt er aber 2'' bis 3'', weil die äussersten Randstrahlen sich in einem Scheib-

---

*) Observatory 1887, July.   **) Astrophys. Journal 1, 101.

chen von 3″ in der wahren Brennweite vereinigen. Diese Strahlen tragen
also nur wenig zur Vermehrung der Intensität des eigentlichen Mittelbildes
bei, und dementsprechend ist der photographische Lichtverlust selbst bei
starken Randabblendungen sehr gering. Blendet man z. B. den Rand
um ¹/₃ des Radius ab, so ist die sphärische Aberration fast gänzlich beseitigt, der Durchmesser des Scheibchens nimmt ab bis auf nahe den durch
Diffraction geforderten Betrag von nunmehr 1″.1. Ein Beispiel möge dies
etwas erläutern, wenngleich nicht in exacter Weise, da die Lichtvertheilung innerhalb der Scheibchen nicht eine gleichmässige ist, sondern Abnahme des Lichtes nach dem Rande zu stattfindet; es möge aber eine
gleichmässige Vertheilung angenommen werden.

Die Intensität des kleinen Scheibchens von 1″.1 Durchmesser denken
wir uns zusammengesetzt aus der Summe zweier Intensitäten. Die erste
kommt her von der Vereinigung der Strahlen der mittleren beiden Drittel
des Objectivs in diesem Scheibchen, die zweite aus der Vereinigung der
Strahlen des äusseren Drittels des Objectivs in einem Scheibchen von
3″ Durchmesser. Es verhalten sich nun die beiden Intensitäten proportional den entsprechenden Objectivflächen und umgekehrt proportional
den Quadraten der Durchmesser der Scheibchen oder

$$\frac{J_1}{J_2} = \frac{0.44 \times 3.0^2}{0.56 \times 1.1^2} = \frac{3.96}{0.67};$$

bei Abblendung des Randes geht also von der ursprünglichen Intensität
des kleinsten Scheibchens $= 4.63$ nur der siebente Theil verloren, d. h.
noch nicht der zehnte Theil einer Grössenclasse. In Wirklichkeit wird
der Betrag wegen der Zunahme der Intensität nach der Mitte hin
grösser ausfallen; durch directe Versuche, die ich in der angegebenen
Weise an Sternen angestellt habe, ergab sich ein Verlust von etwa
0.2 Grössenclassen.

Bei Flächenabbildungen schwacher Objecte wird man natürlich nur
mit voller Objectivöffnung photographiren; bei Sternaufnahmen aber
kann man mit Vortheil Blenden anwenden, wenn es sich nicht darum
handelt, die Lichtstärke nach Möglichkeit auszunutzen, sondern wenn
man lieber möglichst feine Scheibchen erhalten will. Wie weit man
hierbei mit der Abblendung gehen darf, kann nicht allgemein angegeben
werden, sondern ist für jedes Objectiv durch Versuche zu ermitteln;
die Grenze für die Abblendung liegt da, wo die gerade Linie, welche
das Wachsen der Diffractionsscheibchen bei abnehmender Oeffnung darstellt, durch die Curve geschnitten wird, die die Abnahme der Scheibchen durch Verminderung der sphärischen Aberration bei Abnahme der
Oeffnung darstellt.

Von wesentlicher Bedeutung bei photographischen Objectiven sind die **Lichtverluste durch Reflexion und Absorption**; sie sind bedeutender als bei optischen Objectiven, einmal, weil sowohl die Reflexion als auch die Absorption für die brechbareren Strahlen stärker ist als für die weniger brechbaren, dann aber auch, weil bei gewissen photographischen Objectiven häufig mehr als zwei Linsen in Anwendung kommen.

Nach der Fresnel'schen Reflexionstheorie wird die Intensität eines Lichtstrahles nach dem senkrechten Durchgange durch eine ebene Trennungsfläche zweier Medien durch Reflexion vermindert auf die Grösse

$$J = 1 - \left(\frac{n-1}{n+1}\right)^2,$$

wo n den Brechungscoëfficienten zwischen den beiden Medien bedeutet. Empirisch ist festgestellt worden, dass für Glasoberflächen dieses Gesetz im allgemeinen nur unmittelbar nach der Politur gültig ist, und dass allmählich nicht unbeträchtliche Abweichungen eintreten, und zwar meistens im Sinne einer Vermehrung des Reflexionsvermögens. Diese Erscheinung ist jedenfalls durch chemische Aenderungen der Oberflächen zu erklären; sie hat im Gefolge, dass ohne directe Untersuchung das Reflexionsvermögen der Oberflächen von Glaslinsen nicht genau angegeben werden kann.

Der allgemeine Ausdruck für den Lichtverlust durch Reflexion bei beliebigem Einfallswinkel φ und entsprechendem Brechungswinkel ψ lautet:

$$J_1 = \tfrac{1}{2} \frac{\sin^2(\varphi - \psi)}{\sin^2(\varphi + \psi)} \left[1 + \frac{\cos^2(\varphi + \psi)}{\cos^2(\varphi - \psi)}\right],$$

der bei senkrecht auffallendem Lichte für $\varphi = \psi = 0$ in den obigen einfachen Ausdruck übergeht, der nur noch den Brechungscoëfficienten enthält. Aus dieser Form ist zu ersehen, dass bis $\varphi = 30^{\circ}$ nur eine sehr geringe Vergrösserung des Reflexionsvermögens eintritt, dass man also bei Objectiven, bei denen dieser Winkel wohl niemals überschritten wird, stets mit senkrechtem Einfall der Strahlen rechnen darf.

Bezeichnet man nun die Reflexionscoëfficienten verschiedener Glasarten mit $r_1, r_2, r_3 \ldots$, so ist der Betrag des Lichtes nach dem Durchgange durch ein Objectiv, welches aus mehreren nicht miteinander verkitteten Linsen besteht,

$$J = J_0 (1 - r_1)^2 (1 - r_2)^2 (1 - r_3)^2 \ldots \ldots$$

Als Beispiel nehmen wir die Glassorten an, welche beim Objectiv des Potsdamer Photographischen Refractors verwendet worden sind, bei denen die Brechungscoëfficienten für mittlere photographische Strahlen für Flint 1.637 und für Crown 1.532 betragen. Die entsprechenden

Reflexionscoëfficienten würden somit anzunehmen sein zu $r_1 = 0.058$ und $r_2 = 0.014$, und hiernach würde resultiren

$$J = J_0 \cdot 0.811 \,,$$

d. h. durch Reflexion allein gehen 19% Licht verloren. Wären die Linsen verkittet, so müsste man mit einem mittleren Reflexionscoëfficienten zwei Reflexionen in Abzug bringen, und erhielte dann $J = J_0 \cdot 0.901$, man würde also nur 10% Verlust haben. Für photographische Objective, welche aus vier nicht verkitteten Linsen, je zwei Flint- und je zwei Crownglaslinsen bestehen, würde folgen

$$J = J_0 \cdot 0.658 \,,$$

d. h. bei einem solchen Objective geht bereits über ein Drittel des Lichtes durch Reflexion verloren.

Verbindet man hiermit den Lichtverlust, welcher durch Absorption in den Gläsern entsteht, so kommt man unter Umständen zu sehr beträchtlichen Zahlen. Leider sind die bisherigen Untersuchungen über die numerischen Werthe der Absorptionscoëfficienten der in der Optik meist gebräuchlichen Glassorten nur sehr unvollkommen, besonders für die brechbareren Strahlen, und man kann nur ganz approximative Werthe annehmen. Ich wähle als Absorptionscoëfficienten bei bestem hellen Flintglase für die Wellenlänge 434 $\mu\mu$ den Werth*) $m_1 = 0.140$ (Einheit 1 cm) nach H. Krüss, und nehme für Crownglas $m_2 = 0.070$. Nun ist der Betrag des durchgegangenen Lichtes nach dem Passiren verschiedener Medien mit den Absorptionscoëfficienten $m_1, m_2 \ldots$ und den Dicken $d_1, d_2 \ldots$

$$J = J_0 \, (1 - m_1)^{d_1} (1 - m_2)^{d_2} (1 - m_3)^{d_3} \ldots .$$

Nimmt man als mittlere Dicke der Linsen eines 13 zölligen photographischen Objectivs 2 cm an, so resultirt demnach infolge der Absorption der Werth $J = 0.640$, d. h. es findet durch Absorption ein Lichtverlust von 36% statt. Da nun ganz allgemein bei gleichzeitig stattfindender Reflexion und Absorption

$$J = J_0 \, (1 - r_1)^2 (1 - r_2)^2 (1 - r_3)^2 \ldots (1 - m_1)^{d_1} (1 - m_2)^{d_2} (1 - m_3)^{d_3} \ldots . \text{ ist,}$$

so ergiebt sich für dieses Objectiv als Gesammtlichtverlust der Betrag von 48% oder von ungefähr der Hälfte des auffallenden Lichtes.

Für das oben angenommene 4 linsige Objectiv resultirt, falls man die mittlere Dicke der Linsen zu 1 cm annimmt, ein Gesammtlichtverlust von 58%, also von beträchtlich mehr als der Hälfte des Lichtes.

---

* Krüss, H. Ueber den Lichtverlust in sogenannten durchsichtigen Körpern. Abh. d. Naturw. Vereins in Hamburg. **11**, Heft I.

Aus diesen Beispielen ergeben sich ohne Weiteres folgende Regeln für die Construction von Objectiven zu photographischen Zwecken:

1) Die Wahl eines möglichst leichten und für die brechbareren Strahlen durchsichtigen Flintglases.

2) Die Wahl einer Construction, bei welcher möglichst viele der nothwendig vorhandenen Flächen verkittet sind.

Die Berücksichtigung von 1) ist der wichtigste Punkt der beiden Forderungen, denn der Absorptionscoëfficient wird für die schwereren und gelblich gefärbten Flintglassorten so gross, dass schliesslich nur noch geringe Bruchtheile des photographisch wirksamen Lichtes hindurchgehen. Es ist bekannt, dass solche Gläser für die ultravioletten Strahlen überhaupt undurchsichtig sind.

Wir haben gesehen, dass für Flächenabbildungen eine im Verhältniss zur Oeffnung möglichst kurze Brennweite günstig ist; die Lichtstärke wächst proportional mit dem Quadrate dieses Verhältnisses. Sehr kurze Brennweiten, z. B. solche von nur der 3fachen Oeffnung, lassen sich bei guter Schärfe der Bilder nur durch die Combination mehrerer Linsen erreichen, und es kann nun sehr leicht eintreten, dass der hierdurch erzielte Gewinn gänzlich durch die Vermehrung des Lichtverlustes durch Reflexion und Absorption wieder aufgehoben wird. Gerade bei der Construction derartiger Objective ist eine genaue Berechnung dieser Factoren, nach vorheriger praktischer Ermittelung der Absorptionscoëfficienten unbedingtes Erforderniss.

Für Flächenabbildungen, bei denen es wohl auf allergrösste Lichtstärke aber nicht auf grösste Schärfe ankommt, also für die Aufnahme schwacher Nebelflecke, sind Reflectoren von verhältnissmässig kurzer Brennweite den Objectiven entschieden vorzuziehen, besonders wenn man auf kleines Gesichtsfeld beschränkt bleiben kann. Die Reflexionsfähigkeit frisch polirter Silberspiegel ist sehr gross, so dass im Focalbilde nur 8°/₀ bis 10% des ursprünglichen Lichtes verloren gehen, und es fällt nicht sehr schwer, wenn die Dimensionen des Spiegels nicht allzu klein sind, den Lichtverlust durch die Anbringung der Camera ebenfalls auf ein sehr geringes Mass zu beschränken. Man kann dann, wie schon bemerkt, mit noch grösserem Vortheile als bei den 4linsigen Objectiven die farbenempfindlichen Platten verwenden und dadurch einen weiteren Gewinn in der Lichtstärke erzielen.

Die schon besprochene natürliche Distorsion, welche bei allen einfachen Objectiven und bei Benutzung ebener Platten eintritt, giebt auch Veranlassung zu einer Abnahme der Lichtstärke bei Punktabbildungen mit zunehmender Distanz von der optischen Axe; es wird aber besser sein, diesen Punkt im Zusammenhange mit der Grössenbestimmung der Sterne auf photographischem Wege zu betrachten.

Infolge der regelmässigen Reflexionen an den Flächen eines Objectives entsteht eine Anzahl von theils virtuellen, theils reellen Bildern, von denen indessen nur die letzteren von Bedeutung sind, und zwar im allgemeinen auch nur diejenigen, die nicht allzu weit von dem Brennpunkte entfernt liegen.

Diese letzteren sind stets durch zweifache Reflexion entstanden und daher so lichtschwach, dass sie bei optischen Untersuchungen ohne Betracht sind, anders allerdings bei photographischen, speciell bei Sonnenaufnahmen, wo sie leicht störend durch Schleierbildung wirken.

Es ist daher von Wichtigkeit, bei der Bestellung von Objectiven zu astronomischen Aufnahmen, besonders aber bei solchen zu Aufnahmen der Sonne, den Optiker auf diesen Punkt aufmerksam zu machen, damit die Krümmungsradien der Flächen so gewählt werden, dass die durch doppelte Reflexion entstandenen Bilder möglichst weit vom Hauptbilde entfernt liegen. Zur Beurtheilung der Verhältnisse genügt eine einfache Betrachtung, welche mir Herr Wilsing freundlichst zur Verfügung gestellt hat

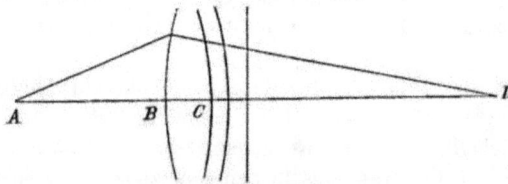

Fig. 7.

Der leuchtende Punkt A (Fig. 7) befindet sich im Abstande a von der Fläche B, deren Krümmungsradius R_1 sei. Das Brechungsverhältniss beim Eintritt des Lichtes in die Fläche B sei n; ist dann d_1 der Abstand des Vereinigungspunktes der gebrochenen Strahlen von D, $BD = d_1$, so ist

$$d_1 = \frac{n a R_1}{(n-1) a - R_1}.$$

Findet jetzt an der Fläche C Reflexion statt, und bezeichnet man mit d_2 den Abstand des Vereinigungspunktes der reflectirten Strahlen von der Fläche C, mit R_2 den Krümmungsradius der letzteren und mit s den Abstand der Flächen B und C, so wird

$$-\frac{1}{d_1 - s} + \frac{1}{d_2} = \frac{2}{R_2} \quad \text{oder} \quad d_2 = \frac{R_2 (d_1 - s)}{2 (d_1 - s) + R_2}.$$

Erfolgt nun die zweite Reflexion an der Fläche B, und ist d_3 der Abstand des Vereinigungspunktes von dieser Fläche, so hat man:

$$-\frac{1}{d_2 - s} + \frac{1}{d_3} = \frac{2}{R_1} \quad \text{oder} \quad d_3 = \frac{R_1 (d_2 - s)}{2 (d_2 - s) + R_1}.$$

Der Abstand der Vereinigungspunkte der einfach gebrochenen und der gebrochenen und zweimal reflectirten Strahlen $d_1 - d_3$ giebt nun einen Massstab ab für die Entfernung von Hauptbild und Nebenbild, und zwar wird diese Entfernung um so grösser sein, je grösser $d_1 - d_3$ wird.

Es ist

$$d_1 - d_3 = d_1 - \frac{R_1 [(R_2 - 2s)(d_1 - s) - R_2 s]}{2 [(R_1 + R_2 - 2s)(d_1 - s) - R_2 s] + R_1 R_2}.$$

Vernachlässigt man den Abstand der beiden Flächen s, so geht dieser Ausdruck über in

$$d_1 - d_3 = \frac{2 d_1^2 (R_1 + R_2)}{R_1 R_2 + 2 d_1 (R_1 + R_2)} = \frac{d_1}{1 + \dfrac{R_1 R_2}{2 d_1 (R_1 + R_2)}}.$$

Soll $d_1 - d_3$ verschwinden, d. h. sollen Hauptbild und Nebenbild zusammenfallen, so muss der Nenner des vorstehenden Ausdruckes unendlich werden, oder es muss sein $R_1 + R_2 = 0$. Die Flächen, an denen die Reflexionen stattfinden, müssen also gleiche und entgegengesetzte Krümmung haben, und das ist bei einem gewöhnlichen achromatischen Objective nur zwischen den beiden Linsen möglich. Es kommen also nur die Krümmungen der beiden einander gegenüber liegenden Flächen der beiden Linsen in Betracht, und es lässt sich demnach nun leicht eine Regel zur Vermeidung der schädlichen Reflexbilder aufstellen:

1) Die beiden inneren Flächen erhalten den gleichen Krümmungshalbmesser, müssen aber dann verkittet werden.

Ist aus Rücksicht auf andere Constructionsbedingungen des Objectivs die Gleichheit der beiden Krümmungshalbmesser und damit die Möglichkeit einer Verkittung ausgeschlossen, so bleibt nur übrig:

2) Die beiden Krümmungshalbmesser müssen möglichst verschieden genommen werden. Es ist aber klar, dass die Erfüllung der ersten Bedingung eine weit grössere Sicherheit vor schädlichen Reflexbildern gewährt.

Die Helligkeit der Reflexbilder lässt sich leicht folgendermassen bestimmen. Die Reflexion findet einmal von Crown- und einmal von Flintglas statt, als mittleren Reflexionscoëfficienten kann man daher 0.050 annehmen; die Flächenintensität eines Reflexbildes, welches nahe beim Hauptbilde liegt, also annähernd die gleiche Ausdehnung besitzt wie dieses, resultirt demnach zu 0.0025 derjenigen des Hauptbildes, also zu $^1/_{400}$. Bei ausgedehnten Flächen, wie z. B. der Sonnenscheibe, ist die Intensität eines dem Brennpunkte nahe gelegenen Reflexbildes auch in der Focalebene noch sehr nahe von obigem Betrage, und es lässt sich daher leicht einsehen, dass unter Umständen von einem in dieser Hinsicht ungünstig construirten Objective überhaupt keine schleierfreien Sonnenaufnahmen zu erhalten sind.

Für Fixsternaufnahmen sind die Reflexbilder sehr viel weniger schädlich, da selbst bei einem Abstande des Reflexbildes vom Hauptbilde von nur wenigen Millimetern in der Focalfläche das Reflexbild bereits auf eine so grosse Scheibe ausgedehnt ist, dass seine Intensität ganz unmerklich wird.

Bei mehr als zweilinsigen Objectiven sind zur Vermeidung der schädlichen Reflexbilder natürlich dieselben Regeln zu befolgen; ganz besondere Aufmerksamkeit aber muss bei der Anwendung von Vergrösserungssystemen, wie sie bei Sonnenaufnahmen fast immer benutzt werden, einer richtigen Construction dieser Systeme zugewendet werden. Gerade bei den schwach vergrössernden Linsencombinationen kommen sehr leicht Reflexbilder in der Nähe der Bildfläche vor, und man sollte nur verkittete Linsen hierzu anwenden.

Wir können nunmehr an der Hand der vorhergehenden kurzen Betrachtungen zur Besprechung der wichtigen Frage nach der Wahl der Dimensionen der für cölestische Aufnahmen bestimmten Objective übergehen. Es muss hierbei streng nach den verschiedenen Zwecken unterschieden werden, und es ist nicht möglich, einen für alle Aufnahmen geeigneten Universal-Apparat zu construiren.

Ich unterscheide die Objective, resp. Spiegel, nach folgenden Zwecken:

1) Zur Aufnahme lichtschwacher Flächengebilde (schwache Nebelflecke, Cometen, Milchstrasse).

2) Zur Aufnahme detailreicher heller Flächengebilde (Sonne, Mond, grosse Planeten).

3) Zur Aufnahme punktförmiger Objecte (Fixsterne). Diese Abtheilung zerfällt noch in Unterabtheilungen.

1) Die Dimensionen der optischen Theile zur Aufnahme lichtschwacher Flächengebilde.

Wir haben gesehen, dass die Lichtstärke eines Objectivs für Flächenabbildungen $L = \dfrac{d^2}{f^2}$ ist; das Instrument wird um so lichtstärker, je grösser die Oeffnung im Verhältniss zur Brennweite ist, die absoluten Dimensionen sind gleichgültig. Wählt man aber die letzteren sehr klein, so erhält man auch einen sehr kleinen Massstab, in welchem alle Details verschwinden, bei dem z. B. kleinere Nebelflecke überhaupt keine ausgesprochene Figur oder Structur mehr zeigen. Nimmt man Objective von grossen Dimensionen, so werden die Glasdicken sehr bedeutend, und es tritt ein sehr merklicher Lichtverlust durch Absorption ein, der unter Umständen die Vortheile der (stets mehrlinsigen) Objective mit verhältnissmässig kurzen Brennweiten wieder aufheben kann. Es bleibt demnach folgende Regel zu beachten: Bei der Benutzung von mehrlinsigen Objectiven zur Aufnahme lichtschwacher Flächengebilde überschreite man mittlere Dimensionen nicht, gehe also nicht weiter als höchstens 6 Zoll Oeffnung bei etwa 20 Zoll Brennweite. Man erhält alsdann einigermassen detailreiche Bilder nur noch bei sehr ausgedehnten matten Nebeln; die feinere Structur geht bei dem kleinen Massstabe verloren. Für diese Zwecke empfiehlt sich daher die Anwendung von Reflectoren und zwar speciell von versilberten Glasspiegeln. Dieselben sind, besonders bei Benutzung farbenempfindlicher Platten, lichtstärker als Objective mit verhältnissmässig kürzerer Brennweite, und man ist, da Lichtverluste durch Absorption fortfallen, in der Wahl der Dimensionen nach oben hin gar nicht beschränkt. Es kann m. E. gar kein Zweifel darüber bestehen, dass die besten Aufnahmen der Nebelflecke und ähnlicher Gebilde mit Hülfe grosser Spiegelteleskope zu erhalten sind.

Um den allgemeinen Zug der Milchstrasse aufzunehmen, dürfen nur kleinere Instrumente benutzt werden, welche dieselbe noch nicht völlig in Sterne auflösen; zu diesem Zwecke sind vorzüglich kleinere mehrlinsige Objective von sehr kurzer Brennweite geeignet.

2) Die Dimensionen der Objective zur Aufnahme detailreicher heller Flächengebilde.

Die photographische Abbildung derartiger Objecte kann eine erfolgreiche nur bei grossem Massstabe der Aufnahmen sein, also zunächst nur bei Refractoren oder Reflectoren mit sehr grosser Brennweite; die Oeffnung braucht nicht gross zu sein, da genügende Lichtstärke der Objecte vorausgesetzt ist; doch darf man hierbei nicht unterhalb einer gewissen Grenze gehen, weil sonst die auflösende Kraft des Instrumentes wegen der stärker werdenden Diffraction leidet. Bei Instrumenten mittlerer Grösse — bis 15 Zoll Oeffnung — genügt der Massstab gewöhnlich noch nicht, besonders nicht zur Aufnahme von Planetenoberflächen, und es ist deshalb erforderlich, am Fernrohre einen Vergrösserungsapparat anzuwenden. Bei Benutzung eines solchen werden aber die Schwankungen der Bilder in Folge der Luftunruhe mit vergrössert, und man kann gute Bilder nur bei ganz vorzüglichen Luftzuständen erhalten. Das Nähere hierüber ist an anderer Stelle auseinandergesetzt.

44   I. Die Herstellung und Verwerthung von Himmelsaufnahmen.

Für die Aufnahme der in Frage stehenden Objecte sind also Objective nur mit grosser Brennweite — auch bei Benutzung eines Vergrösserungsapparates — zu wählen, und es ist überhaupt zu bedenken, dass mit Ausnahme der Sonnenaufnahmen Photographien der übrigen Objecte in unseren Breiten und bei den üblichen Höhenlagen der Sternwarten nur selten Erfolg haben werden.

3) Die Dimensionen der Objective zur Aufnahme der Fixsterne.

Wie schon bemerkt, ist für Aufnahmen punktförmiger Objecte zur Erzielung möglichster Lichtstärke eine möglichst enge Vereinigung der Strahlen im Bildpunkte erforderlich. Wir haben ferner gesehen, dass der Erfüllung dieser Forderung der Einfluss hauptsächlich der sphärischen Aberration und, wie später gezeigt werden wird, der Luftunruhe entgegenwirkt. In ersterer Hinsicht ergab sich als Regel, die Oeffnung im Verhältniss zur Brennweite nicht zu gross zu nehmen, weil dann der Lichtgewinn durch die grössere Oeffnung infolge der weniger engen Vereinigung nahezu wieder verloren wird. In zweiter Hinsicht ergiebt sich naturgemäss die Wahl einer nicht zu grossen Brennweite, weil sonst die Schwankungen der Bilder linear zu gross ausfallen. Es hält schwer, hiernach eine bestimmte Regel für die Wahl der Objective aufzustellen, da unberechenbare Factoren: Luftunruhe, Güte der Objective u. s. w. mitwirken. Nach meinen Erfahrungen werden für mittlere Luftzustände Objective von 20 bis 30 cm Oeffnung und 3 bis 4 m Brennweite für Fixsternaufnahmen die relativ lichtstärksten sein.

Will man Fixsternaufnahmen zu Messungszwecken anfertigen, bei denen es auf äusserste Lichtstärke nicht ankommt, z. B. Aufnahmen hellerer Sternhaufen wie Plejaden, Praesepe u. s. w., so empfiehlt es sich, hierfür Objective mit kleiner Oeffnung — 10 bis 15 cm — aber etwa 3 bis 4 m Brennweite anzuwenden, weil man hiermit die kleinsten Scheibchen erhalten wird.

Für Aufnahmen enger Doppelsterne — unter 2″ bis 3″ Distanz — sind dieselben auch nicht mehr geeignet; man muss alsdann Vergrösserungsapparate anwenden, wird damit aber nur bei exceptionell guter Luft brauchbare, d. h. messbare Aufnahmen erhalten.

Von grösster Wichtigkeit bei allen cölestischen Aufnahmen ist eine genaue Focussirung der Platten. Da nun die Focalweite der Instrumente mit der Temperatur veränderlich ist, so muss die Lage der Brennfläche bei verschiedenen Temperaturen ermittelt werden, und wenn man diese zeitraubende Arbeit nicht beinahe jeden Tag ausführen will, ist eine feine

Einstellungsscala am Cassettenauszuge unumgänglich erforderlich. Man bestimmt dann im Laufe des ersten Jahres die Einstellung für die verschiedenen, und zwar für die möglichst extremen Temperaturen und construirt hiernach eine Einstellungstafel mit den Temperaturen als Argument, nach welcher man später die Platte einstellt. Es ist dann nur noch nothwendig, in grösseren Zeitabschnitten die Focalbestimmungen zu wiederholen zur Prüfung, ob keine Veränderungen am Instrumente eingetreten sind. Da für die Lage der Focalfläche nicht die Lufttemperatur, sondern die wirkliche Temperatur des Rohres und des Objectives massgebend ist, so muss das Thermometer am Rohre selbst befestigt sein, und zwar muss die Kugel des ersteren — am einfachsten durch Einpacken in Stanniol — mit dem Rohre in metallischer Berührung sein. Bei grösseren Instrumenten findet häufig zwischen den Temperaturen des Objectivs und des Cassettenendes eine beträchtliche Differenz statt, und es ist daher vortheilhaft, zwei Thermometer anzubringen, eines am Objectivende und eines am Cassettenende des Rohres. Man kann alsdann entweder das Mittel der Ablesungen der beiden Thermometer als Argument verwerthen, oder man kann durch künstliche Erzeugung starker Temperaturdifferenzen zwischen Objectiv- und Cassettenende die Brennweitenveränderungen des Objectivs und die Ausdehnung des Rohres getrennt studiren.

Bei Instrumenten mit Vergrösserungsapparat, bei denen also von dem reellen Focalbilde ein mehr oder weniger stark vergrössertes reelles Bild auf der Platte erzeugt wird, werden die Veränderungen der Focalweite im Verhältnisse der Vergrösserung merklicher, und gerade bei diesen ist daher eine sehr sorgfältige Focussirung erforderlich.

Die Bestimmung der richtigen Einstellung kann natürlich nach sehr vielen verschiedenen Methoden ausgeführt werden; ich möchte hier nur ein Verfahren angeben, welches für alle Instrumente, auch für solche mit Vergrösserungsapparat, geeignet ist, und welches nach meinen Erfahrungen die sichersten Resultate ergiebt. Es ist die Focalbestimmung durch laufende Sterne.

Man ermittelt zunächst auf irgend einem Wege, z. B. durch Beobachtung durch ein blaues Glas, die genäherte Lage des Focus. Alsdann verstellt man von diesem Punkte aus die Cassette in grösseren Intervallen, z. B. von 2 mm zu 2 mm, und lässt für jede Einstellung bei festgeklemmtem Rohre einen nicht zu hellen Stern durch die tägliche Bewegung über die Platte laufen. Nach dem Entwickeln betrachtet man die Spuren des Sternes — um die Zeit abzukürzen, vor dem Fixiren — durch eine Lupe und kann ohne Weiteres erkennen, welche Spur die schärfste ist. Damit ist man dem wahren Brennpunkte bis auf etwa 1 mm nahe gekommen. Nun wiederholt man das Verfahren, indem man den

Stern in der Nähe der gefundenen besten Stelle bei nur wenig verschiedenen Einstellungen, etwa von 0.2 zu 0.2 mm, durchlaufen lässt. Die Betrachtung dieser Spuren führt zur genauen Kenntniss der Focaleinstellung. Dieses Verfahren ermöglicht es gleichzeitig, die für die ganze Platte günstigste Stellung zu finden, welche sich etwas innerhalb der Brennweite in der Hauptaxe befindet. Zu diesem Zwecke muss man durch längere Exposition Spuren erzeugen, welche etwa die halbe Platte durchziehen; man beurtheile dann die grösste Schärfe dieser Spuren nicht in der Mitte der Platte sondern etwas seitwärts, wodurch man die grösste Schärfe über den grösseren Theil der Platte erhält, bei einer praktisch kaum merkbaren Verschlechterung der Mitte. Wie weit man im einzelnen Falle hiermit gehen kann, lässt sich allgemein nicht angeben; beim Potsdamer Photographischen Refractor liegt die vortheilhafteste Stelle zur Beurtheilung der Schärfe der Spuren in etwa 10′ bis 15′ Abstand von der Mitte. Die Helligkeit der Sterne, welche man zur Brennweitenbestimmung benutzen will, ist so zu wählen, dass die Spuren eben vollständig ausexponirt sind; es ist besser, den Stern etwas schwächer als heller zu nehmen. Da die Wirkung des Sternes für ein gegebenes Instrument nicht nur von seiner absoluten Helligkeit abhängt, sondern auch von seiner Geschwindigkeit auf der Platte, also von seiner Declination, so muss die letztere in Rücksicht gezogen werden. Der Zeitabkürzung halber ist es vortheilhaft, nur nahe dem Aequator gelegene Sterne zu verwenden. Es braucht wohl kaum bemerkt zu werden, dass sichere Focalbestimmungen nur bei recht ruhiger Luft angestellt werden können.

Trépied hat eine Verbesserung des Verfahrens dadurch herbeigeführt, dass er zur Focalbestimmung nicht beliebige Sterne verwendete, sondern enge Doppelsterne, bei denen die Declinationsdifferenz an der Grenze der photographischen Trennbarkeit liegt. Solche Sterne hinterlassen deutlich getrennte Spuren der Componenten nur im wahren Focalabstande. Auch hier richtet sich die Wahl der Objecte in Bezug auf Abstand und Helligkeit nach dem Instrumente; für Instrumente von den Dimensionen des Potsdamer Photographischen Refractors, 3.4 m Brennweite und 34 cm Oeffnung, ist γ Virginis ein vorzüglich geeignetes Object, mit welchem die Brennweite leicht auf 0.1 mm bis 0.2 mm ermittelt werden kann, also auf etwa 0.0003 ihres Betrages.

Das Verfahren der Focalbestimmung durch photographische Aufnahmen ist recht zeitraubend, und man kann bei grösserer Eile mit Hülfe eines Prismensystems ziemlich gute Resultate erhalten. Nach dem Vorschlage von M. Wolf*) bringt man hinter der Cassette ein Ocular an,

---

*) Astr. Nachr. 118, 79.

welches man unter Benutzung eines blauen Glases scharf auf die Vorderseite einer in die Cassette eingesetzten Glasplatte (am besten auf eingeritzte Diamantstriche) einstellt. Nun richtet man das Fernrohr auf einen Stern, setzt einen Prismensatz vor das Ocular und verschiebt die Cassette so lange in der Richtung der optischen Axe, bis die Einschnürung des entstehenden Sternspectrums in die Gegend der $H\gamma$-Linie fällt. Ganz genau ist diese Methode nicht, weil der chromatische Fehler des Systems Ocular + Auge eingeht.

Ebenfalls von hoher Wichtigkeit für die Güte der Bilder, besonders bei grösserem Abstande derselben von der optischen Axe, ist die genaue Centrirung der optischen Theile. Dieselbe wird in der hier als bekannt vorausgesetzten Weise mit Hülfe eines Centrirfernrohrs ausgeführt, und zwar zunächst beim Objective auf eine in der Mitte der Cassette angebrachte Marke. Hat der Mechaniker nicht gleich bei der Verfertigung des Instrumentes und der Cassetten für die Centrirung und Senkrechtstellung der Platten gesorgt, so muss dies dadurch geschehen, dass das Centrirfernrohr auf eine möglichst planparallele, in die Cassette eingesetzte Glasplatte gestützt wird und die Visirung auf eine in der Mitte des Objectivs aufgeklebte Marke erfolgt. Schwieriger gestaltet sich die Centrirung, falls das Instrument ein Vergrösserungssystem besitzt, wie dies z. B. bei den Heliographen der Fall ist. Zunächst muss die Centrirung des Objectivs und der Cassette bei herausgenommenem Vergrösserungssystem in der bereits angedeuteten Weise gesehen*). Ist mit dem Vergrösserungssystem direct ein Fadenkreuz oder ein Gitter verbunden, wie dies z. B. bei den Heliographen der Fall war, die von den deutschen Expeditionen beim Venusdurchgange von 1874 benutzt worden sind, so verfährt man folgendermassen. Das Centrirfernrohr wird so auf das Objectiv aufgesetzt, dass sein Fadenkreuz mit der Marke in der Cassette coïncidirt. Alsdann wird der Vergrösserungsapparat eingesetzt und so lange seitlich verschoben, bis auch dessen Fadenkreuz mit den beiden Marken coïncidirt. Dies kann erreicht werden, ohne dass die optische Axe des Vergrösserungsapparates mit derjenigen des Fernrohrs zusammenfällt; eine gegenseitige Neigung wird erkannt dadurch, dass alsdann die Projection des Fadenkreuzes auf der Visirscheibe nicht mit deren Mittelpunkt zusammenfällt. Durch Kippen des Vergrösserungssystems lässt sich dies beseitigen, wobei aber die erstere Justirung wieder zerstört wird; durch successive Anwendung der beiden Correctionen wird also schliesslich die völlige Justirung erreicht. Ist das Fadenkreuz nicht mit dem Vergrösserungsapparat fest verbunden, so bleibt das Verfahren dasselbe,

---

*) Weinek. Die Photogr. in der mess. Astr. pag. 71.

man wird schliesslich aber nur die Parallelstellung der optischen Axen
am Fernrohr und Vergrösserungssystem erreichen und nicht ihre vollständige Coïncidenz.

Ein sehr einfaches, aber weniger genaues Centrirverfahren, ohne Benutzung eines Centrirfernrohrs, ist von Rutherfurd*) angegeben worden.

1) Das Centriren des Objectivs. Die Visirscheibe der Cassette wird
verdeckt bis auf ein kleines Loch in der Mitte derselben, vor welches
eine Lichtflamme gehalten wird. Visirt man durch den blauen, durchsichtigen Theil der Flamme nach dem Objectiv, während der Vergrösserungsapparat entfernt ist, so sieht man so lange mehrere Spiegelbilder
der Flamme, als nicht die Objectivaxe in den Mittelpunkt der Cassette
geführt ist; erst dann decken sich die verschiedenen Bilder.

2) Das Centriren der Platte. Dazu wird das Objectiv mit einer
Blende verdeckt, welche in der Mitte ein kleines Loch hat, und vor
welches nun die Flamme gehalten wird. Damit für dieselbe die Visirscheibe in geeigneter Weise als Spiegel dienen kann, wird die Rückseite
der Visirscheibe geschwärzt, die vordere Seite aber mit mattem schwarzen
Papier beklebt, welches ebenfalls in der Mitte eine kleine Oeffnung besitzt. Man justirt nun so lange an den Schrauben des Cassettenträgers,
bis das Reflexbild der Flamme genau in der Mitte der Cassette erscheint.

3) Das Centriren des Vergrösserungsapparates geschieht wie bei 2)
vom Objective aus; man corrigirt am Vergrösserungsapparat, bis die von
den Linsen desselben erzeugten Spiegelbilder zusammenfallen.

Der Einfluss der Luftunruhe auf photographische Aufnahmen.

Wie bei den directen astronomischen Beobachtungen, so ist auch bei
den photographischen Aufnahmen am Himmel die Luftunruhe ein Factor,
der auf die Güte der Resultate, besonders aber auf die Verwendbarkeit
der Aufnahmen zu genauen Messungen stets von schädlichem Einflusse
ist. Die Art der Einwirkung ist aber eine gänzlich andere als bei
directen Beobachtungen und für die verschiedenen Objecte und bei verschiedenen Expositionszeiten beträchtlichen Aenderungen unterworfen.

Es ist für die vorliegende Betrachtung vortheilhaft, die Wirkungen
der Luftunruhe auf die Focalbilder von Fernrohren in drei Classen zu
theilen, die sich sowohl bei directen Beobachtungen als auch bei photographischen Aufnahmen in ihrem Einflusse auf die Messungen und auf
die Schärfe der Aufnahmen streng von einander unterscheiden. In jeder

---

*) Papers relating to the transit of Venus 1874. Washington, 1872. Part. 1,
pag. 11.

dieser Classen können natürlich alle Stärkegrade der Luftunruhe vorkommen.

Classe I. Die Bilder erscheinen völlig scharf, befinden sich auch während längerer Zeiträume — bis zu 10 Secunden und darüber — in vollständiger Ruhe, bis mit einem Male eine plötzliche Ortsveränderung aller Bilder im ganzen Gesichtsfelde ohne wesentliche Störung der Schärfe stattfindet. Die Ortsveränderung kann mehrere Bogensecunden betragen und hält während mehrerer Secunden an, bis eine neue Aenderung eintritt. Diese Art der Luftunruhe, die bei völlig windstiller Witterung häufig zu beobachten ist, ist für directe Messungen am Fernrohr die schädlichste; bei Meridianbeobachtungen sind z. B. Declinationseinstellungen kaum möglich, da bei der langen Dauer der Ortsveränderungen der Beobachter nicht im Stande ist, sich ein Urtheil über die Mittellage des Bildes zu erwerben. Die Betrachtung von Objecten mit Flächenausdehnung, z. B. der Mondoberfläche, wird nur wenig durch diese Art der Luftunruhe gestört, da das Gesammtbild während des grössten Theiles der Zeit völlig scharf und ruhig erscheint.

Classe II. Die Bilder von Sternen sind im allgemeinen scharf, verändern aber ihren Ort fortwährend mit solcher Geschwindigkeit, dass das Auge den Bewegungen nicht zu folgen vermag. Wenn der Grad der Unruhe nicht zu bedeutend ist, wenn also die Excursionen der Bilder um ihre Mittellage nicht allzu gross sind, so ist ein directes Messen an Fixsternen nicht so sehr geschädigt, da es verhältnissmässig leicht ist, ein Urtheil über die mittlere Lage des Sternes zu gewinnen. Auf die Beobachtung der Oberflächen von Sonne, Mond oder von Planeten wirkt dagegen dieser Luftzustand äusserst störend, da sich die Bilder benachbarter Punkte fortwährend überdecken — allerdings nur scheinbar, indem das Auge den Bewegungen nicht folgen kann — und so alle Einzelheiten verschwinden.

Classe III. Diese Art des Luftzustandes kommt allein wohl niemals vor, sondern nur in Verbindung mit Classe II. Sie besteht darin, dass die Bilder von Sternen nur sehr selten oder überhaupt gar nicht scharf erscheinen, sondern sich fortwährend aufblähen und dabei die seltsamsten Formen annehmen. Es ist nicht selten zu beobachten, dass die Bilder sich momentan bis zu Scheiben von einer halben Bogenminute Durchmesser ausbreiten, wobei natürlich eine derartige Schwächung des Lichtes stattfindet, dass selbst hellere Sterne momentan verschwinden.

Die Ursache dieses Phänomens ist in mächtigen Luftschlieren mit gekrümmten Oberflächen zu finden, durch welche die Brennweite des Fernrohrs bald vergrössert, bald verkleinert wird. Die häufig auftretende Verzerrung der Bilder bei dieser Unruhe entsteht dadurch, dass die Oberfläche der Luftschliere nicht mehr auf die ganze Ausdehnung des Objectivs als sphärisch zu betrachten ist, so dass die verschiedenen Theile des Objectivs eine verschiedene Aenderung der Brennweite erfahren. Die Verzerrungen treten dementsprechend bei grossen Objectiven häufiger und stärker auf als bei kleinen. Bei nur einigermassen starken Graden der Luftunruhe der Classe III werden sämmtliche Arten der directen Beobachtungen auf das empfindlichste gestört.

Bei photographischen Aufnahmen gestaltet sich der Einfluss der hier kurz charakterisirten Luftzustände folgendermassen.

Für Aufnahmen von Fixsternen bei langen Expositionszeiten — von einigen Minuten bis zu mehreren Stunden — unterscheiden sich die verschiedenen Arten des Luftzustandes nur sehr wenig in ihren Wirkungen. Sobald die Zeitdauer einer Schwingung des Sternbildes um seine Mittellage relativ zur gesammten Expositionszeit klein ist, und das ist sie auch bei Classe I, sobald mehrere Minuten in Frage treten, fällt das Mittel aller Schwingungen genau mit der Mittellage des Sternes zusammen. Die Photographie addirt sämmtliche Phasen, und das Resultat besteht in einem etwas verwaschenen Sternscheibchen, dessen Mittelpunkt genau richtig liegt, und dessen Durchmesser um den Betrag der äussersten Sternexcursionen grösser ist, als er bei ruhiger Luft sein würde. Die stärkere Verwaschenheit des Scheibchens, sein allmählicher Intensitätsabfall nach dem Rande zu, kommt daher, dass die stärksten Excursionen natürlich sehr viel weniger häufig auftreten als die schwächeren. Das Aufblähen der Bilder bei Luftzustand der Classe III hat im wesentlichen dieselbe Wirkung wie die Schwankungen, nur bedingt es einen viel stärkeren Grad der Ausbreitung, ist also schädlicher.

Die Wirkung der Luftunruhe auf die nachherige Ausmessung einer Fixsternaufnahme ist im Verhältnisse zu directen Messungen am Fernrohr nur sehr gering. Die Einstellung auf ein grösseres, verwaschenes Scheibchen ist natürlich etwas ungenauer als auf ein kleines, scharfes; aber die durch die Luftunruhe hervorgebrachte Verbreiterung der Scheibchen vermischt sich so mit der natürlichen, auch bei ruhigster Luft eintretenden, dass von einer eigentlichen Schädigung der Messungsgenauigkeit kaum die Rede sein kann. In dieser Beziehung besitzt also die photographische Messung einen bedeutenden Vorzug vor der directen Messung am Fernrohr. Dass bei sehr eng stehenden Sternen durch die vermehrte Verbreiterung der Scheibchen eine Beeinträchtigung der Messungen eintreten kann, möge hier nur erwähnt sein.

Von viel grösserer Bedeutung als auf die Messungen ist der Einfluss der Luftunruhe bei photographischen Sternaufnahmen auf die photographische Lichtstärke des Instrumentes und auf die Grössenbestimmungen der Sterne. Bei einer absolut ruhigen Luft giebt es für den kleinsten Durchmesser eines Sternscheibchens eine untere Grenze, die von gewissen Eigenschaften des Objectivs abhängt. Hat man diese untere Grenze experimentell durch fortlaufende Verminderung der Expositionszeit und der Lichtintensität erreicht, so wird bei weiterer Verminderung eines dieser Factoren der Durchmesser des Scheibchens nicht mehr weiter verkleinert, sondern es tritt nur eine Verminderung der Schwärzung bis zum völligen Verschwinden des Scheibchens ein. Bei unruhiger Luft ist nun das kleinste Scheibchen grösser als bei ruhiger, sein Durchmesser wird annähernd um den Betrag der grössten Excursionen vergrössert sein, das Gesammtlicht hat sich auf eine grössere Fläche vertheilt, seine photographische Wirkung ist also geringer geworden: die Sichtbarkeitsgrenze bei gegebener Expositionszeit ist herabgedrückt. Nach Untersuchungen*), die ich über die Sichtbarkeitsgrenze bei verschiedenen Luftzuständen angestellt habe, beträgt der Lichtverlust durch schlechte Luftzustände (bei völlig durchsichtiger Luft) bis zu 0.75 Grössenclassen.

In genau umgekehrter Weise wirkt die Luftunruhe auf die Grössenbestimmung bei Aufnahmen von Sternen, die so hell sind, dass bei gegebener Expositionszeit ein völlig geschwärztes grösseres Scheibchen entsteht. Durch unruhige Luft wird der Durchmesser des Scheibchens vermehrt, man ist also geneigt, den erzeugenden Stern für heller zu halten als auf Aufnahmen bei ruhiger Luft. Auf diesen Punkt wird bei der Besprechung der Grössenbestimmungen auf photographischem Wege ausführlicher eingegangen werden.

Von äusserst schädlichem Einflusse sind alle drei Arten von Luftunruhe auf die Aufnahme der Oberflächen von Mond und Planeten bei langer Expositionszeit. Man erhält durch die Photographie ein mittleres Bild aller während der Exposition stattgehabten Zustände, ähnlich wie durch directe Beobachtung beim Luftzustande der Classe II oder III; es ist z. B. nicht möglich, von einem Mondkrater von 10″ Durchmesser ein brauchbares Bild zu erhalten, wenn derselbe während der Aufnahme um mehr als 3″ hin- und hergeschwankt hat. Die besonders bei Planetenaufnahmen nicht zu entbehrende Anwendung directer Vergrösserung des Focalbildes am Fernrohr kann bei unruhiger Luft keine Verbesserung herbeiführen, da die Schwankungen genau so vergrössert werden wie das Object selbst. Man kann ohne Weiteres behaupten, dass brauchbare Aufnahmen der in Frage stehenden Objecte nur unter in unseren Breiten

*) J. S c h e i n e r , Recherches photométriques sur les clichés stellaires. Réunion du comité etc. 1891. Annexe Nr. 5, pag. 89—91.

und Höhenlagen sehr selten vorkommenden abnorm ruhigen Luftzuständen erhalten werden können.

Der Einfluss der Luftunruhe auf Aufnahmen bei sehr kurzer Expositionszeit ist gänzlich anders als bei langen Expositionszeiten. Ich verstehe hier unter kurzen Expositionszeiten solche, welche im Verhältniss zur Schwingungsdauer eines Bildpunktes so klein sind, dass während dieser Zeit eine merkliche Verschiebung nicht stattbat. Diese Expositionszeiten kommen praktisch nur in Frage bei Sonnenaufnahmen, bei denen die Expositionszeit nur nach Tausendsteln der Zeitsecunde bemessen ist, eventuell auch bei Mondaufnahmen in der Focalebene beim Luftzustande der Classe I, wenn die Expositionszeit wenige Zehntel der Secunde beträgt. Beschränken wir uns hier der Einfachheit halber auf Sonnenaufnahmen, so ist es klar, dass beim Luftzustande der Classe I stets ein scharfes Bild entstehen muss, ohne jede Verzerrung, genau so wie bei vollständig ruhiger Luft.

Beim Luftzustande II werden die einzelnen kleinen Theile des Bildes auch scharf, aber das Gesammtbild erleidet wellenförmig verlaufende Verzerrungen, die man am besten am Sonnenrande erkennen kann, und die denselben ausgezackt oder als Wellenlinie erscheinen lassen. Für Messungszwecke ist ein solches Bild unter Umständen nicht brauchbar, auch ganz abgesehen von der Schwierigkeit der Einstellung auf den gezackten Sonnenrand: es kann sehr leicht eintreten, dass das zu messende Object, ein kleiner Sonnenfleck oder die Venus- oder Mercurscheibe vor der Sonne, ohne merkliche Verzerrung der Gestalt im ganzen um ein beträchtliches verschoben ist; eine solche Aufnahme giebt dann ein Resultat, welches im Verhältniss zu den eigentlichen Messungsfehlern ganz enorm stark abweicht.

Kommt die Luftunruhe III noch hinzu, so ist es kaum möglich, eine brauchbare Aufnahme zu erhalten, da es sehr unwahrscheinlich ist, dass man gerade einen solchen Moment erfasst, in dem die Wirkungen der Luftschlieren auf die Aenderung der Brennweite sich für das ganze Bild aufheben.

Da gerade bei Sonnenschein die Luft selten sehr ruhig ist, besonders nicht in der Nähe von der Bestrahlung ausgesetzten Gebäuden, und da ferner unter diesen Umständen gerade die Luftunruhe der Classen II und III vorherrscht, so ist es leicht erklärlich, dass die Aufnahme wirklich guter und scharfer Sonnenbilder nur so sehr selten gelingt.

Wenn auch in einzelnen Fällen, z. B., wie gezeigt ist, bei Fixsternaufnahmen, mittlere Grade von Luftunruhe nicht sehr schädlich sind, so ist es doch naturgemäss stets vortheilhaft, für photographische Aufnahmen eine möglichst ruhige Luft zu wählen, wobei dieselben Regeln geltend sind wie bei directen Beobachtungen: möglichste Höhe des Gestirnes über dem Horizonte, möglichst hohe Lage des Observatoriums in waldreicher Gegend, Vermeidung der Nähe grösserer, industriereicher Städte u. dgl.

Ueber den Einfluss der Luftdurchsichtigkeit auf photographische Aufnahmen wird an anderer Stelle Ausführliches zu bringen sein; hier sei nur darauf hingewiesen, dass auch bei klarster Luft die Absorption der photographisch wirksamen Strahlen mindestens doppelt so stark ist als die der optischen, dass demnach bei Aufnahmen schwacher Objecte eine tiefe Stellung derselben von viel grösserem Einflusse ist als bei der directen Beobachtung.

Aehnlich verhält es sich mit dem Einflusse leichten Dunstes; eine Verschleierung des Himmels durch zarte Cirri macht häufig jede photographische Aufnahme schwächerer Objecte unmöglich, während die gleichen Objecte optisch noch beobachtbar sind.

Nach den in diesem Capitel gegebenen allgemeinen Darlegungen wird man leicht für jeden einzelnen Fall die richtige optische Construction zu wählen vermögen. Es liegt nun die Frage nahe, ob es nicht möglich sein dürfte, durch die Wahl der Dimensionen und vor allem der Brennweitenverhältnisse die Leistungen der photographischen Instrumente immer weiter zu treiben und besonders unter der Zulassung der Möglichkeit noch weiterer wesentlicher Verbesserungen in der Empfindlichkeit der photographischen Methoden ins Ungemessene hinein die Erwartungen zu steigern.

Diese Frage ist leider entschieden zu verneinen, wenigstens in gewissen Beziehungen. Zweifellos sind noch wesentliche Fortschritte zu erwarten; aber in der Sichtbarmachung der schwächsten himmlischen Objecte scheint schon jetzt die Grenze nahe erreicht zu sein; es ist die Erhellung unserer Atmosphäre, welche diese Grenze setzt.

Die Helligkeit des Himmelshintergrundes setzt sich aus zwei Theilen zusammen: einer eigenen, deren Ursache in nordlichtähnlichen Vorgängen liegt, und aus dem reflectirten Sternenlichte. Die eigene Helligkeit ist in unseren Breiten zwar in sehr vielen Nächten vorhanden; doch giebt es zweifellos Nächte, in denen sie gar nicht oder nur unmerklich wenig auftritt, sie ist also durch die Wahl der geeigneten Nächte zu eliminiren und soll hier nicht weiter beachtet werden. Die Erhellung durch das Licht der Sterne ist aber stets vorhanden und kann nur durch Anstieg in sehr bedeutende Höhen verringert werden.

Die Grenze der photographischen Leistungsfähigkeit ist nun gegeben, wenn die durch die Erhellung der Atmosphäre verursachte Verschleierung der Platten beginnt oder einen gewissen Grad erreicht hat.

Für ein gegebenes Verhältniss von Oeffnung zu Brennweite ist der Eintritt der Verschleierung bei ebenfalls gegebener Plattenempfindlichkeit an eine bestimmte Expositionsdauer gebunden. Für punktförmige Abbildung erhält man nun ceteris paribus bei grösseren Dimensionen grössere Lichtstärke, d. h. man erhält bei der durch die Verschleierung gebotenen Grenze der Expositionszeit schwächere Sterne, es lässt sich also die Grenze für die Aufnahme schwächerer Sterne hinausschieben, bis in der Praxis bei Reflectoren durch die Dimensionen selbst oder bei Refractoren durch den Lichtverlust durch Absorption eine neue Grenze gegeben ist.

Bei der Abbildung von Objecten mit Flächenausdehnung (Nebelflecken) ist aber die Grenze künstlich nicht verschiebbar; sie ist in der Natur gegeben und liegt da, wo der Contrast zwischen Helligkeit des Objects und der des Himmelshintergrundes nicht mehr merklich ist, wenn also das Verhältniss der Intensitäten von Himmelsgrund plus Object zum Himmelsgrunde allein sich nicht mehr auf der Platte abbildet; es treten genau dieselben Verhältnisse ein, wie wir sie später bei den Versuchen zur Aufnahme der Corona ausserhalb der totalen Sonnenfinsternisse kennen lernen werden.

Die Construction des Fernrohrs selbst spielt hierbei gar keine Rolle, da hierdurch nur die absolute Flächenhelligkeit, nicht aber das obige Verhältniss geändert wird.

Bei den jetzigen lichtstärksten Instrumenten für Flächenabbildungen, den Euryskopen und den Spiegelteleskopen mit kurzer Brennweite, tritt nun selbst in den dunkelsten Nächten bei Expositionszeiten von mehreren Stunden eine merkliche Verschleierung der Platten ein, infolge deren z. B. die Grenzen schwacher und ausgedehnter Nebelflecke zweifellos bereits eingeengt werden. Hier kann nun weder Vermehrung der Expositionszeit noch grössere Plattenempfindlichkeit oder Vergrösserung der Dimensionen helfen; das einzige Mittel besteht in der Eliminirung eines Theiles der Atmosphäre durch Aufstieg in grössere Höhen, doch ist bekanntlich auch dem bald eine Grenze gesetzt. Es hat daher den Anschein, als ob ein wesentlicher Fortschritt in dieser Richtung nicht mehr möglich sei.

Capitel II.

Die Instrumente zur Aufnahme cölestischer Objecte.

Die Heliographen und verwandten Instrumente.

Die zur Aufnahme der Sonne bestimmten Instrumente, die Heliographen, besitzen im allgemeinen folgende Einrichtung: Das vom Objective
in der Brennfläche erzeugte reelle Bild der Sonne wird durch ein hinter
der Brennfläche befindliches positives Linsensystem in vergrössertem Massstabe auf die photographische Platte projicirt. Zur Erzielung der nothwendig sehr ·kurzen Expositionszeit ist im Focus des Objectivs ein soge-
nannter Momentverschluss angebracht. Beabsichtigt man, nur ein Bild
der Sonnenoberfläche zu erhalten, ohne die Möglichkeit, die Positionen
der aufgenommenen Objecte auf der Scheibe genauer zu bestimmen, so
ist die Art der Aufstellung eines solchen Instrumentes gänzlich gleichgültig. Es genügt, wenn nur die Möglichkeit gegeben ist, das Instrument
überhaupt auf die Sonne richten und in dem Momente der Aufnahme
durch einen Sucher oder dergl. constatiren zu können, ob der Mittelpunkt
der Sonnenscheibe mit dem Mittelpunkte der Platte annähernd zusammenfällt. Wegen der Kürze der Exposition ist ein Uhrwerk gänzlich überflüssig.

Andere Einrichtungen sind dagegen erforderlich, wenn man auf den
Aufnahmen Messungen anstellen will, und da dies der Endzweck aller
photographischen Aufnahmen sein soll, so muss die Theorie der Heliographen etwas genauer besprochen werden.

Um eine Orientirung der Bilder zu ermöglichen, muss irgend eine
im Brennpunkte des Objectivs angebrachte Marke, am besten ein Fadenkreuz oder ein einzelner Faden, mit aufgenommen werden, dessen Richtung in Bezug auf irgend ein astronomisches Coordinatensystem im Momente der Aufnahme bekannt ist. Die Ermittelung dieser Richtung
gestaltet sich verschieden, je nach der Art der Aufstellung des Heliographen, und es sind in dieser Beziehung drei Hauptarten zu unterscheiden.

1) Der Heliograph ist parallaktisch oder auch horizontal montirt.

2) Der Heliograph liegt unverändert in der Weltaxe; das Sonnenlicht wird dem Objective durch einen Heliostaten zugeführt.

3) Der Heliograph ist horizontal aufgestellt in der Meridianebene; das
Sonnenlicht wird dem Objective ebenfalls durch einen Heliostaten
zugeführt.

1) Die Ermittelung der Richtung des Fadenkreuzes in einem parallaktisch montirten Heliographen kann mit Hülfe von Sternen nach irgend einer der bekannten astronomischen Methoden ausgeführt werden. Die Wahl dieser Methoden hängt davon ab, ob das Instrument mit Kreisen versehen ist oder nicht, doch dürfte es überflüssig sein, an dieser Stelle näher hierauf einzugehen. Die Verwendung von Sternen bringt den Uebelstand mit sich, dass die Lage des Fadenkreuzes nur zur Nachtzeit bestimmt werden kann, während die eigentliche Benutzung des Instrumentes in den Tag fällt und die starken Temperaturdifferenzen Aenderungen in den Justirungen hervorbringen können. Deshalb ist es vortheilhaft, die Sonne selbst zur Orientirung des Fadenkreuzes zu verwenden, was sich aber nur dann machen lässt, wenn die Fäden nicht nach dem Parallel gerichtet sind, sondern mit letzterem einen Winkel (45°) bilden. Ein derartiges Fadenkreuz besitzt z. B. der Moskauer parallaktisch montirte Heliograph; die sehr einfache Theorie desselben ist die folgende *):

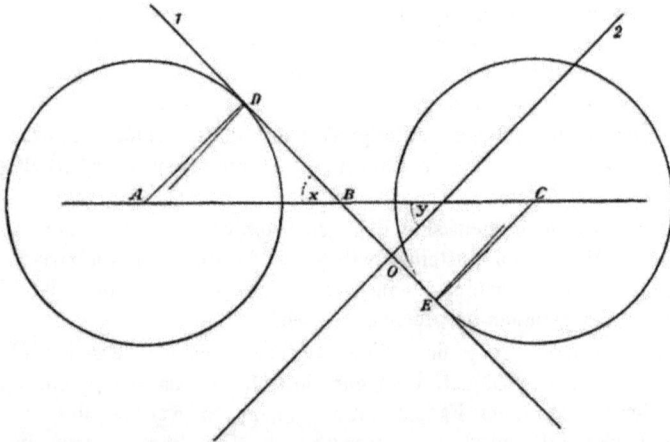

Fig. 8.

Man beobachte bei festgeklemmtem Fernrohre auf der matten Scheibe die vier Berührungen der durch die Refraction in erster Näherung als Ellipse zu betrachtenden Sonnenscheibe mit den zwei Fäden des Fadenkreuzes.

Die Momente der Berührungen am Faden 1 an den Punkten E und D seien T_1 und T_2. Die in dem Zeitintervall $T_2 - T_1$ zurückgelegte, als geradlinig zu betrachtende Bahn des Centrums der Sonnenscheibe AC

_____
*) Ann. de l'Obs. de Moscou 4, 2. Lieferung, pag. 115.

bilde mit Faden 1 den Winkel x, und der Winkel, welchen der Radius-vector der Sonnenscheibe AD mit der Normalen bildet, werde mit w bezeichnet. Dann ist

$$AD = \frac{AB \sin x}{\sin(90^\circ + w)} \quad \text{und} \quad CE = \frac{BC \sin x}{\sin(90^\circ + w)}.$$

Bezeichnet man nun den Radius der Sonnenscheibe mit r und seine Aenderung infolge der Refraction mit dr, ferner mit n die Anzahl der Bogensecunden, welche von der Sonne in 1 Zeitsecunde zurückgelegt werden, so ist

$$2\,AD = 2\,(r - dr) = \frac{n\,(T_2 - T_1)\sin x}{\cos w}.$$

Finden die Berührungen am Faden 2 zu den Zeiten T_3 und T_4 statt, und bezeichnet man den dem Winkel w entsprechenden Winkel mit w', so folgt

$$2\,(r - dr') = \frac{n\,(T_4 - T_3)\sin y}{\cos w'}.$$

Bezeichnet man ferner mit c eine von der Excentricität der elliptischen Sonnenscheibe abhängige Constante, mit p den parallaktischen Winkel, so ist

$$w = c \sin 2\,(45^\circ - p)$$
$$w' = c \sin 2\,(45^\circ + p), \quad \text{also}$$

$w = w' = c \cos 2p$.

Durch Division der beiden Gleichungen für $2\,(r - dr)$ durcheinander folgt

(1) $$\frac{r - dr}{r - dr'} = \frac{T_2 - T_1}{T_4 - T_3} \cdot \frac{\sin x}{\sin y}.$$

Nennt man $\varDelta$ den Betrag in Bogenminuten, um welchen die Richtung der beiden Fäden von 90° abweicht, ist also $x + y = 90^\circ + \varDelta$, so geht (1) unter Vernachlässigung höherer Glieder über in

(2) $$\left(1 + \frac{dr'}{r} - \frac{dr}{r}\right) = \frac{T_2 - T_1}{T_4 - T_3} \cdot \frac{1}{\cot g\, x + \varDelta \sin 1'}.$$

Zur Ermittelung von dr und dr' können folgende abgekürzte Formeln dienen:

Versteht man unter z die Zenithdistanz, so ist mit genügender Annäherung das Differential der Refraction zu setzen $= 0.'96 \sec^2 z\, dz \sin 1'$. Für einen Sonnenhalbmesser, der den Winkel a mit der grossen Axe der Ellipse macht, wird dann

$$dr = 0.'96 \sec^2 z \cdot r \cdot \sin^2 a \cdot \sin 1'.$$

Im vorliegenden Falle ist nun

$$dr = 0.96 \sec^2 z \cdot r \cdot \sin^2 (45^\circ - p) \sin 1' \quad \text{und}$$
$$dr' = 0.96 \sec^2 z \cdot r \cdot \sin^2 (45^\circ + p) \sin 1', \quad \text{also}$$
$$\frac{dr'}{r} - \frac{dr}{r} = 0.96 \sec^2 z \cdot \sin^2 p \sin 1'.$$

Setzt man weiter $\frac{T_2 - T_1}{T_4 - T_3} = \cotg T_0$, wo T_0 stets nahe 45° sein wird, die cotg also in den Gliedern höherer Ordnung als 1 genommen werden kann, so geht (2) über in

$$\cotg x - \cotg T_0 = 2 (T_0 - x) \sin 1' = - 0.96 \sec^2 z \sin 2p \sin 1' - \varDelta \sin 1'$$

oder   (3) $$x = T_0 + 0.48 \sec^2 z \sin 2p + \frac{\varDelta}{2}.$$

x ist der Winkel, welchen die scheinbare Bahn der Sonne mit dem Faden 1 bildet. Beträgt die Neigung der scheinbaren Bahn gegen die wahre Bahn i, und setzt man $x_0 = x - i$, wo $i = 0.48 \sec^2 z \cdot \sin 2p$ ist, so folgt (4) $$x_0 = T_0 + \frac{\varDelta}{2}.$$

An x_0 ist nun noch die Correction wegen der Aenderung der Declination der Sonne während der Berührungen anzubringen. Bezeichnet man die stündliche Bewegung der Sonne in Decl. mit $d\delta$, so wird die gesuchte Correction in Bogenminuten

$$i' = \frac{\varDelta\delta}{15 \times 60 \sin 1' \cos \delta},$$

und damit endlich

(5) $$x_0 - i' = T_0 + \frac{\varDelta}{2} - \frac{\varDelta\delta}{15 \times 60 \cdot \sin 1' \cos \delta}.$$

Man hat somit die Neigung des Fadenkreuzes gegen das System der Rectascension und Declination festgelegt und kann daher alle auf den Aufnahmen vom Sonnencentrum aus gemessenen und auf das Fadenkreuz bezogenen Positionswinkel in die wahren Positionswinkel umsetzen.

Beim horizontal montirten beweglichen Heliographen genügt für feinere Messungen die gewöhnliche Nivellirung nicht, sondern es muss eigentlich für jede Aufnahme die Horizontalaxe selbst nivellirt werden. Der Einfluss der so gefundenen Neigung der Axe gegen den Horizont auf die Bestimmung der Positionswinkel für den allgemeinen Fall, dass der Mittelpunkt der Sonnenscheibe nicht mit dem Fadenkreuze zusammenfällt, lässt sich folgendermassen in Rechnung ziehen*). In der Fig. 9 bedeute A den

---

* P. A. Hansen. Beschreibung eines Fernrohrstativs .... Ber. d. K. Sächs. Akad. d. Wiss. 1870.

Durchschnittspunkt des Fadenkreuzes und $\odot$ den Mittelpunkt der Sonnenscheibe, AZ repräsentire die Lage des einen Fadens, die ξ-Coordinate
für die Neigung Null, AZ'
dieselbe für die Neigung
$+ m =$ Erhöhung des rechten Endes der Horizontalaxe
für den nach der Sonne gerichteten Beobachter. Der
Positionswinkel des zu messenden Punktes P auf dem
Sonnenbilde, vom oberen
Rande der Scheibe nach
links gezählt, sei θ, während
jener, welcher sich auf die
wahre durch $\odot$ gehende Verticale $\odot Z$ bezieht, mit θ_0 bezeichnet werde; dann ist

$$\theta_0 = \theta + \lambda + \mu,$$

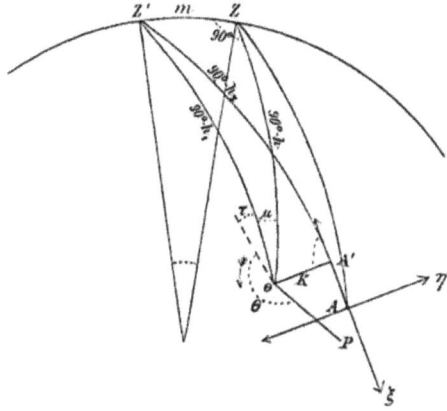

Fig. 9.

wenn λ die Abweichung der Richtung $\odot Z'$ von AZ' am Punkte $\odot$ und μ
die wegen der Neigung m anzubringende Correction ist. Setzt man
$\odot Z = 90^\circ - h$, $\odot Z' = 90^\circ - h_1$ und $A'Z' = 90^\circ - h_2$, wobei $\odot A' = k$
senkrecht auf die ξ-Axe gezogen ist, so folgt aus dem sphärischen Dreieck
$Z' \odot A'$

$$\sin h_1 = \cos k \sin h_2$$
$$\sin h_2 = \cos k \sin h_1 + \sin k \cos h_1 \sin \lambda ,$$

also

$$\sin \lambda = \operatorname{tg} k \operatorname{tg} h_1$$

oder bei kleinem k

$$\lambda = k \operatorname{tg} h_1 .$$

Aus dem sphärischen Dreieck $Z' \odot Z$ folgt

$$\sin m = \sin \mu \cos h_1 ,$$

also bei kleinem m

$$\mu = m \sec h_1 .$$

Schliesslich kann h für h_1 genommen werden, und dann wird der
gesuchte Positionswinkel

$$\theta_0 = \theta + k \operatorname{tg} h + m \sec h.$$

Im Horizonte wird die Correction an dem gemessenen Positionswinkel
wegen k demnach Null und wegen m ein Minimum. Je grösser die Sonnenhöhe ist, um so genauer muss also die Neigung der Horizontalaxe ermittelt werden.

Im Uebrigen kann die Orientirung des Fadenkreuzes in derselben Weise erfolgen, wie beim parallaktisch montirten Heliographen. Für beide Arten der Aufstellung kann mit Vortheil auch die bei den fest montirten Heliographen zu besprechende Methode der Aufnahmen von Doppelbildern der Sonne in Anwendung kommen.

Um die Positionswinkel an der Sonnenscheibe mit solcher Genauigkeit bestimmen zu können, wie es bei der Ermittelung der Parallaxe aus Venusdurchgängen erforderlich ist, und wie es ein einfach parallaktisch montirter Heliograph nicht ergeben würde, hat Hansen*) eine Montirung construirt, welche die Vorzüge der horizontalen Montirung mit denjenigen der parallaktischen verbindet, indem das Fernrohr zwar parallaktisch bewegt wird und so dem Laufe der Sonne folgt, andererseits aber das einmal nach dem Horizonte orientirte Fadenkreuz stets so orientirt bleibt, resp. in allen Lagen so justirt werden kann.

Zu diesem Zwecke verbindet Hansen die beiden Aufstellungen mit einander, und zwar so, dass sich die vier Axen: Stunden- und Declinationsaxe, Vertical- und Horizontalaxe in einem Punkte schneiden. Dabei ist die Stundenaxe nach jeder Polhöhe einstellbar. Wird bei dieser Einrichtung die Stundenaxe in 24 Stunden einmal herumgeführt, so bleibt das Gestirn im Gesichtsfelde, aber das Fernrohr erfährt dabei gleichzeitig eine solche Drehung um seine optische Axe, dass das Fadenkreuz beständig nach dem Horizonte orientirt bleibt. Die Fig. 10 giebt eine Anschauung von der Einrichtung dieser Montirung, wie sie Repsold nach den Angaben Hansens für die Kerguelen-Station 1874 dem Stativ gegeben hat.

Die grosse Brennweite, welche man behufs Erzielung eines linear grossen Focalbildes den Heliographen gerne giebt, in Verbindung mit dem auch wieder ziemlich langen und schweren Vergrösserungsapparate ist für die parallaktische oder horizontale Aufstellung wenig geeignet; sie erfordert ausserdem eine kostspielige Drehkuppel, und man hat daher für grössere Instrumente eine feste Aufstellung gewählt, wobei nur der Spiegel verstellbar eingerichtet zu werden braucht. Der durch die Reflexion am Spiegel entstehende Lichtverlust ist eher nützlich als schädlich, da man stets mit Ueberfluss an Licht zu kämpfen hat; bedenklicher ist der Umstand, dass durch Einführung einer neuen Fläche in den Strahlengang keine Verbesserung, sondern nur eine Verschlechterung der Bilder resultiren kann.

Man kann dem Heliographen natürlich jede beliebige feste Stellung

---

* Hansen, P. A. Beschreibung eines Fernrohrstativs etc. Ber. d. K. Sächs. Akad. d. Wiss. 1870.

anweisen, als praktisch sind jedoch nur zwei derselben zu bezeichnen, von denen die eine, die optische Axe des Heliographen parallel zur Erdaxe zu stellen, zunächst besprochen werden soll.

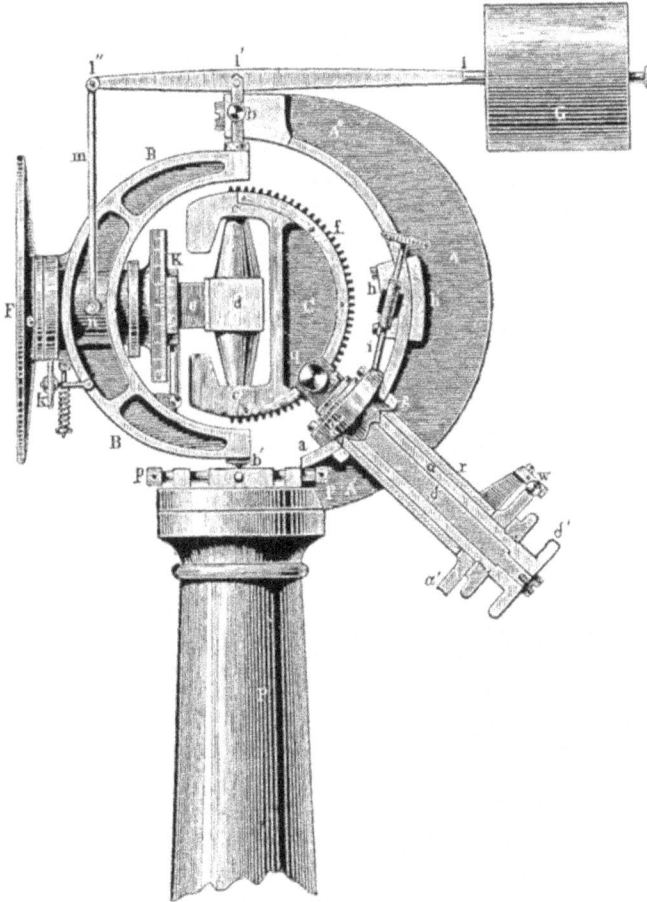

Fig. 10.

2) Die Aufstellung des Heliographen in der Richtung der Erdaxe bietet den ausserordentlichen Vortheil der möglichst einfachen Einrichtung des Heliostaten, wie sie für keine andere Lage unter Benutzung nur eines Spiegels erzielt werden kann. Es genügt nämlich eine einfache parallak-

tische Montirung des Spiegels. Der Spiegel selbst ist parallel zur Declinationsaxe angebracht und erfährt eine Drehung um diese nur, um das
Sonnenlicht je nach der Declination der Sonne in die Richtung der
Weltaxe zu werfen; eine Fortführung des Spiegels um die Stundenaxe
bewirkt, dass die einmal in die Richtung des Fernrohrs geworfenen Lichtstrahlen auch stets nahe in derselben Richtung bleiben, nur muss natürlich
das Uhrwerk des Heliostaten nach mittlerer und nicht nach Sternzeit
regulirt sein.

Es bleiben zwei Möglichkeiten für diese Art der Aufstellung übrig:
es kann das Objectiv des Fernrohrs sowohl nach unten als auch nach
oben gerichtet sein, wobei der Heliostat das eine Mal unten, das andere
Mal oben aufgestellt sein muss. Eine einfache Ueberlegung zeigt, dass
vom theoretischen Standpunkte aus beide Arten völlig gleichberechtigt
sind. Steht die Sonne im Aequator, so fallen in beiden Fällen die
Strahlen unter einem Winkel von 45° auf den Spiegel. Für die Aufstellung mit Objectiv nach unten beträgt im Meridian für die Berliner
Polhöhe bei der grössten nördlichen Declination der Sonne der Einfallswinkel 33°, bei der grössten südlichen 57°; umgekehrt ist bei Objectiv
oben der Einfallswinkel bei grösster nördlicher Declination 57°, bei grösster
südlicher 33°. Die beiden Spiegelebenen stehen also stets senkrecht zu
einander. Da nun die Fehler einer Spiegelfläche um so mehr merklich
werden, je grösser der Einfallswinkel der Strahlen wird, so haben bei
der ersteren Aufstellung die Sommermonate mit ihren günstigeren Witterungs-
verhältnissen und besonders mit ihrem höheren Sonnenstande auch die
vortheilhaftesten Spiegelstellungen, und das ist also dem umgekehrten
Verhalten der anderen Art der Aufstellung gegenüber vorzuziehen. Als
weiterer praktischer Vortheil kommt hinzu, dass es im allgemeinen leichter
ist, dem Heliostaten unten eine festere und sichere Aufstellung zu geben
als in grösserer Höhe über dem Boden. Wir wollen uns daher bei den
folgenden Betrachtungen nur auf die Aufstellung mit Objectiv unten beschränken.

Zur Bestimmung*) des Positionswinkels des Fadens oder des Fadenkreuzes und der Aufstellungsfehler des Heliographen sind drei Messungen
des Positionswinkels des Fadens bei verschiedenen Stundenwinkeln erforderlich. Man nimmt zu diesem Zwecke zu drei verschiedenen Zeiten
je zwei Sonnenbilder auf bei ruhendem Spiegel mit bekanntem Zeitintervall, so dass die beiden Bilder sich noch zum Theil decken. Die
gemeinschaftliche Sehne der beiden Bilder steht dann senkrecht zur

---

* Wilsing, J. Theorie des Heliographen.) Publ. d. Astr. Obs. zu Potsdam.
4, II, 490.

scheinbaren Bahn der Sonne, und die Vergleichung des gemessenen
Winkels dieser Sehne mit dem aus der Uhrzeit der Aufnahmen berechneten Werthe giebt, verbessert für Refraction, scheinbaren Parallel und
Declinationsänderung der Sonne, die aus dem Zusammenwirken der genannten Fehler resultirende Correction.

Sind die rechtwinkligen Coordinaten der Schnittpunkte der beiden
Sonnenränder $x_1\ y_1$ resp. $x_2,\ y_2$, und bezeichnet man mit φ den gesuchten
Positionswinkel, so ist

$$\operatorname{tg}\ \varphi = \frac{x_1 - x_2}{y_1 - y_2}\ .$$

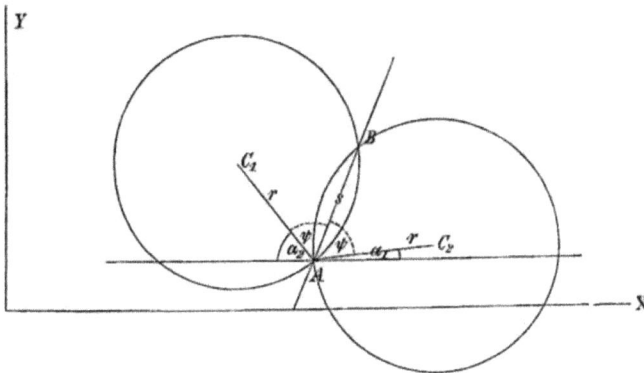

Fig. 11.

An die Expositionszeiten ist eine Correction anzubringen, da die Lage
der Bilder eine excentrische ist, also der Spiegel des Heliostaten um
einen gewissen Betrag um die Stundenaxe gedreht werden muss, wenn
der Mittelpunkt des Sonnenbildes in die optische Axe fallen soll. Die
Berechnung dieser Verbesserung verlangt die Kenntniss der Coordinaten
der Mittelpunkte beider Bilder. Da sich diese aber nicht direct messen
lassen, müssen sie aus der Sehne s mit Hülfe des bekannten Radius r
berechnet werden. Bezeichnet man die Coordinaten der Mittelpunkte
C_1 und C_2 mit resp. X_1, Y_1 und X_2, Y_2, so ist

$$
\begin{aligned}
X_1 &= x_1 + r\cos\alpha_1 &\qquad \alpha_1 &= 90^\circ - (\varphi + \psi)\\
X_2 &= x_1 - r\cos\alpha_2 &\qquad \alpha_2 &= 90^\circ + (\varphi - \psi)\\
Y_1 &= y_1 + r\sin\alpha_1 &\qquad \cos\psi &= \frac{s}{2r}\ .\\
Y_2 &= y_1 + r\sin\alpha_2
\end{aligned}
$$

Nun ist noch die Lage des Mittelpunktes $(X_0,\ Y_0)$ der Platte selbst zu messen. Da der Spiegel in der Zwischenzeit beider Aufnahmen unverändert stehen bleibt, so findet keine Drehung des Bildes statt, sondern nur eine parallele Verschiebung. Sind U_1 und U_2 die Zeiten beider Aufnahmen, so ist der Moment T, in welchem der Mittelpunkt des Sonnenbildes sich im Meridian des Instrumentes befindet:

$$T = U_1 + \frac{X_0 - X_1}{X_2 - X_1}\,(U_2 - U_1)\,.$$

Ist nun P der wahre Pol, P' der Pol des Instruments, λ, τ dessen Poldistanz und Stundenwinkel, $90° - \varphi + \varepsilon$ und $180° + m$ seine Zenithdistanz und Azimuth, wo die Winkel von Süd durch West zu zählen sind, bezeichnet man ferner mit δ und t, z und A Declination und Stundenwinkel, Zenithdistanz und Azimuth der Sonne, so hat man für den Winkel x, welchen die Richtung nach der Sonne mit dem durch den Pol des Instrumentes und den Zenithpunkt gelegten grössten Kreis einschliesst, die folgende Gleichung:

(1) $\sin(A - m)\,\cotg x = \cotg z\,\cos(\varphi - \varepsilon) + \cos(A - m)\,\sin(\varphi - \varepsilon),$

ferner für den Winkel y, welchen der Declinationskreis mit der Richtung nach dem Pole des Instrumentes am Mittelpunkte der Sonne einschliesst:

(2) $\sin(t - \tau)\,\mathrm{tg}\,\lambda = \cos \delta\,\mathrm{tg}\,y - \sin \delta\,\cos(t - \tau)\,\mathrm{tg}\,\lambda\,\mathrm{tg}\,y,$ und

(3) $\sin(\varphi - \varepsilon) = \cos \lambda\,\sin \varphi + \sin \lambda\,\cos \varphi\,\cos \tau.$

Der Winkel zwischen dem Declinationskreise der Sonne und der Fadenrichtung am Pole des Instrumentes ist aber, wenn noch $\varDelta p$ den constanten Indexfehler der Fadenstellung bedeutet:

(4) $p = \varDelta p + x - y.$

Diese Gleichungen geben, wenn man die zwischen den Grössen λ, τ, ε, m bestehende Beziehung

(5) $\dfrac{\sin m}{\sin \lambda} + \dfrac{\sin \tau}{\cos(\varphi - \varepsilon)} = 0$

hinzunimmt, die Lösung der Aufgabe.

Da die Aufstellung des Instrumentes schon immer nahezu richtig sein wird, so kann man bequemere Näherungsformeln herstellen.

Unter Vernachlässigung der Glieder höherer Ordnung erhält man

$$\cotg x - \cotg t = m\,(\cotg A\,\cotg t + \sin \varphi) + \varepsilon \left(\frac{\cotg z\,\sin \varphi - \cos \varphi\,\cos A}{\sin A} \right),$$

oder wenn man den Coëfficienten von ε mit $\cotg h$ bezeichnet:

$$x = t - \sin^2 t\,\{m\,(\cotg A\,\cotg t + \sin \varphi) + \varepsilon\,\cotg h\}.$$

Aus Gleichung (2) folgt unmittelbar:

$$y = \lambda \sin(t - \tau) \sec \delta,$$

so dass also

$$p = \Delta p + t - \sin^2 t \{(\cotg A \cotg t + \sin \varphi) \, m + \varepsilon \cotg h\} - \lambda \sin(t - \tau) \sec \delta$$

wird; beachtet man aber, dass:

$$\lambda \sin \tau = - m \cos \varphi$$
$$\lambda \cos \tau = - \varepsilon \qquad \text{ist,}$$

so erhält man endlich:

$$p = \Delta p + t + \varepsilon \sin t \{\sec \delta - \sin t \cotg h\} - m \cos t \{\cos \varphi \sec \delta$$
$$+ \sin \varphi \sin t \tg t + \sin t \cotg A\}.$$

Die drei zu bestimmenden Grössen Δp, ε und m lassen sich also durch drei Aufnahmen bei verschiedenen Stundenwinkeln finden, und damit ist die Orientirung des Fadens auf den scheinbaren Parallel gegeben; die Reduction auf den wahren Parallel braucht hier nicht weiter angegeben zu werden, ebenfalls nicht die Berücksichtigung der Declinationsänderung der Sonne.

Es lässt sich sehr leicht erkennen, dass bei der parallaktischen Aufstellung des Spiegels, wenn die Strahlen in die Richtung der Erdaxe reflectirt werden, der Einfallswinkel der Strahlen für jeden Stundenwinkel constant ist, und dass die noch erfolgende Drehung des reflectirten Bildes allein vom Stundenwinkel abhängt, und zwar diesem direct proportional ist, woher auch die Einfachheit der Formeln resultirt. Diese letztere Eigenschaft bleibt nun genau dieselbe, wenn die nach dem Pole reflectirten Strahlen durch eine nochmalige Reflexion an einem zweiten Spiegel in irgend eine andere beliebige Richtung geworfen werden.

3) Stellt man also den Heliographen horizontal auf, so bleiben für die Orientirung des Bildes die für die Aufstellung in der Polaraxe entwickelten Formeln gültig, sofern man sich der doppelten Reflexion bedient, wobei der zweite Spiegel eine feste, unveränderte Lage behält. Es bietet diese Art der Heliographen eine noch bequemere Handhabung; die zweite Reflexion führt aber eine weitere Verschlechterung der Bilder herbei, und man hat daher in der Praxis von dieser Einrichtung wohl noch keinen Gebrauch gemacht.

Man benutzt vielmehr ganz allgemein bei horizontaler Aufstellung einen Heliostaten mit nur einem Spiegel, und es ist bereits hervorgehoben worden, dass es genügt, wenn der letztere überhaupt nur beweglich aufgestellt ist, so dass durch Drehung desselben um zwei beliebige Axen stets die Möglichkeit gegeben ist, die Sonnenstrahlen in eine beliebige, aber constante Richtung zu werfen. Bequemer ist es, den Spiegel durch mechanische Vorrichtungen mit Hülfe eines Uhrwerks automatisch die Einhaltung der bestimmten Strahlenrichtung besorgen zu lassen. Zu diesem Zwecke sind eine Reihe verschiedener Constructionen ersonnen worden, deren Grundprincip hier kurz besprochen werden soll*).

Der Zweck eines Heliostaten ist erreicht, wenn die Spiegelebene stets gleiche Winkel mit der variablen Richtung der auffallenden und der constanten Richtung der reflectirten Strahlen bildet. Es muss sich also die Ebene, welche durch die einfallenden und durch die reflectirten Strahlen geht, um die feste Linie drehen, welche die Richtung der reflectirten Strahlen giebt.

Es sei in Fig. 12 M der Mittelpunkt des Spiegels, MN die nach rückwärts verlängerte Normale, MG die Richtung des einfallenden Strahles, MF diejenige des reflectirten. SS' sei der Durchschnitt der Einfallsebene mit der Spiegelebene, MR eine auf der Einfallsebene senkrechte. Die Normale MN halbirt den Winkel zwischen MF und MG, und wenn man nun NS parallel zu MG und NS' parallel zu MF zieht, so ist $MF = FN = FS = GM = GN = GS'$. Die Linien NS und GM parallel zu den Sonnenstrahlen, beschreiben gerade Kegel, deren Spitzen in F und M liegen. Die Normale MN und die Linie SS' beschreiben schiefe Kegel, indem sie auf den Kreisen gleiten, welche die Punkte N und S um die Weltaxe beschreiben. Die Linie MR dreht sich in einer Ebene, welche senkrecht auf der festen Linie MF steht. Die Ebene des Spiegels geht durch die Linien MS und MR.

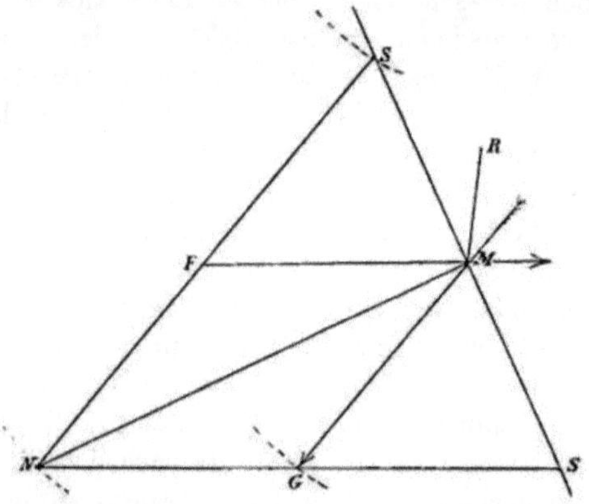

Fig. 12.

Um nun den reflectirten Strahl in der gegebenen Richtung MF festzuhalten, genügt es also, den Spiegel um den Punkt M beweglich zu machen und die Senkrechte in N auf eine Nadel zu stützen, welche in zwölf Stunden einen Aequatorial-Quadranten durchläuft, und nach diesem Principe hat zuerst S'Gravesande (1720) einen Heliostaten construirt, welcher später wesentlich von Gambay, Silbermann und Foucault

---

* Radau, R. Sur la Théorie des Héliostats. Bull. Astron. I, 153.

in Bezug auf die mechanische Ausführung verbessert worden ist. Constructionen, die nicht für jede beliebige Richtung der reflectirten Strahlen passen, sind von August, Gruel, O. von Littrow, Prazmowski, Klinkerfues-Meyerstein, Radau, Steinheil u. a. geliefert worden. Eine genaue Darstellung und Beschreibung derselben würde aber hier zu weit führen, und es soll deshalb bloss noch der Litteraturnachweis hierüber nach einer Zusammenstellung*) von Radau a. a. O. gegeben werden.

Beim horizontal montirten Heliographen, gleichgültig, wie die Construction des einspiegeligen Heliostaten gewählt ist, ist die Lage des Bildes stets eine recht complicirte Function der Coordinaten des Gestirns, des Stundenwinkels und der Polhöhe; die Winkelgeschwindigkeit, mit welcher sich das Bild dreht, ist keine constante wie bei der Reflexion nach dem Pole. Die vollständige Entwickelung der zur Orientirung des Bildes erforderlichen Formel würde hier zu weit führen, sie soll daher nur angedeutet werden. Zunächst ist aber zu bemerken, dass auch bei dieser Aufstellung der Heliostat sowohl nördlich als südlich angebracht werden kann. Es lässt sich indessen leicht sehen, dass für die nördliche Halbkugel die Aufstellung des Heliostaten auf der Nordseite beträchtlich günstiger ist, als auf der Südseite. Im ersteren Falle beträgt nämlich für die mittlere Stellung der Sonne (im Aequator) und im Meridiane der Einfallswinkel der Strahlen $\dfrac{90-\varphi}{2}$ und im zweiten Falle $\dfrac{90+\varphi}{2}$. Für $\varphi = 0$, also am Aequator, sind natürlich beide Aufstellungen einander gleich, der Einfallswinkel beträgt 45°; bei der Polhöhe 45° aber ist der Unterschied der Einfallswinkel schon sehr beträchtlich, nämlich 22°5 und 67°5, bei 60° Polhöhe sind die entsprechenden Winkel 15° und 75°. Im Sommer wird allerdings die nördliche Aufstellung ungünstiger als im Winter, während bei der südlichen das Umgekehrte stattfindet, für die europäischen Breiten aber bleibt deshalb die nördliche Aufstellung doch stets vorzuziehen.

*) S'Gravesande, Physices elementa mathematica, Leyden 1720.
 Malus — Hachette, De l'Héliostate. Journ. de l'École Pol. 9 (1813).
 Charles — ibid.
 Fahrenheit — Monckhoven, Traité d'Optique Photographique 1866.
 Gambey — Hachette, Pogg. Ann. 17 (1829).
 August — Fischer, Mechan. Naturlehre, edit. von August, Berlin 1840.
   Radicke, Optik 1839. Gruel, Pogg. Ann. 72, 1847.
 Silbermann, C. R. 42 (1843); Pogg. Ann. 58, 1843.
 Foucault — Dubosq, C. R. 54, 1862.
 Littrow, Wiener Sitzungsberichte 1863.
 Radau, Moniteur Scientifique 1864, 1866.
 Klinkerfues, Göttinger Nachrichten 1864.
 Steinheil, ibid 1864.
 Prazmowski, Bull. de la Soc. de Phot. 1877.

Zur Orientirung*) der Bilder hat man nun Folgendes:

Ein Coordinatensystem werde angenommen, dessen Nullpunkt im Centrum des nach irgend einer Richtung D hin reflectirten Bildes liegt; die x-Axe liege in der Meridianebene nach Süden hin, die y-Axe nach Westen, die z-Axe nach dem Zenith hin. In diesem Coordinatensystem seien nun die folgenden Richtungen durch die beigeschriebenen Winkel gegeben:

Für irgend einen Radius R der Sonnenscheibe seien

die Winkel . . . . α, β, γ,

für denselben Radius im reflectirten Bilde . . . . α', β', γ',

für die Richtung S nach dem Sonnenmittelpunkte hin l, m, n,

für die Richtung D der reflectirten Strahlen . . . l_0, m_0, n_0.

Da nun das reflectirte Bild des Radius R in Bezug auf den Spiegel symmetrisch liegt zu der Richtung desselben Radius auf der Sonnenscheibe, und da die Normale auf dem Spiegel den Winkel zwischen S und D halbirt, so hat man:

$$(1) \quad \frac{\cos (R,\, D)}{2 \cos^2 \frac{1}{2}\,(S,\, D)} = \frac{\cos \alpha' - \cos \alpha}{\cos l + \cos l_0} = \frac{\cos \beta' - \cos \beta}{\cos m + \cos m_0} = \frac{\cos \gamma' - \cos \gamma}{\cos n - \cos n_0}.$$

Der Radius R ist nun bestimmt durch die Ebene der Sonnenscheibe und durch eine veränderliche, aber in jedem einzelnen Falle leicht zu bestimmende Ebene; bezeichnet man mit l', m' und n' die Winkel, welche die auf dieser letzten Ebene gezogene Normale mit den Axen bildet, und mit V den Winkel zwischen dieser Normalen und der Richtung S, so ist

$$(2) \quad \pm \sin V = \frac{\cos m \cos n' - \cos n \cos m'}{\cos \alpha} = \frac{\cos l \cos n' - \cos n \cos l'}{\cos \beta}$$
$$= \frac{\cos m \cos l' - \cos l \cos m'}{\cos \gamma}.$$

Bezeichnet man ferner mit δ die Declination der Sonne, mit t den Stundenwinkel und mit φ die Polhöhe, so ist

$$(3) \quad \begin{aligned} \cos l &= \cos \delta \sin \varphi \cos t - \sin \delta \cos \varphi \\ \cos m &= \cos \delta \sin t \\ \cos n &= \cos \delta \cos \varphi \cos t + \sin \delta \sin \varphi. \end{aligned}$$

Aus den Gleichungen (1) bis (3) lassen sich nun für den Fall einer beliebigen Richtung der reflectirten Strahlen die Positionswinkel des Radius ableiten.

---

*) Trépied, Ch. Sur une manière de déterminer l'angle de position d'un point de la surface d'un astre à l'aide d'une lunette horizontale. C. R. **96**, 1198.

Thollon*) findet für den Winkel zwischen dem Sonnenradius, welcher im Parallel liegt, gegen den Horizont den Ausdruck:

$$\operatorname{tg} \varepsilon = \frac{\sin t \,(\cos \varphi - \cos A \sin \delta) + \cos t \sin A \sin \delta \sin \varphi + \sin A \cos \delta \cos \varphi}{\cos t \,(\cos A - \sin \delta \cos \varphi) + \sin t \sin A \sin \varphi + \cos \delta \sin \varphi},$$

wo A das Azimuth — gezählt von Norden nach Osten — der reflectirten Strahlen bedeutet. Für den in der Praxis nur vorkommenden Fall, dass $A = 0$ oder $= 180^\circ$ ist, erhält man die bedeutend einfachere Form:

$$\operatorname{tg} \varepsilon = \frac{\sin t \,(\cos \varphi \mp \sin \delta}{\pm \cos t \,(1 \mp \sin \delta \cos \varphi) + \cos \delta \sin \varphi}.$$

Bei der horizontalen Aufstellung ist die Markirung der horizontalen oder verticalen Richtung auf den Platten sehr leicht dadurch zu erhalten, dass an Stelle des Fadenkreuzes ein einzelner Faden (feiner Platindraht), am unteren Ende beschwert, als Loth herabhängt, oder dadurch, dass man die Platte, welche die Fäden enthält, nivellirbar anbringt und die Richtung der Fäden gegen die zu nivellirende Axe ein für allemal vorher ermittelt; die letztere Einrichtung kann auch bei der Aufstellung in der Weltaxe getroffen werden.

Als Heliostatenspiegel für die fest aufgestellten Heliographen kann nur ein Oberflächenspiegel benutzt werden, da bei Rückflächenspiegeln der Reflex von der Vorderseite störend auftritt. Die spiegelnde Fläche selbst muss so vollkommen eben als möglich sein, vor allem darf sie nicht cylindrisch gekrümmt sein, weil alsdann überhaupt ein deutliches Bild nicht zu erhalten ist. Eine geringe sphärische Krümmung würde weniger schädlich wirken, da hierdurch im wesentlichen nur eine Veränderung der Focalweite bedingt wird; bei sehr schrägen Stellungen des Spiegels tritt aber auch hierdurch eine Verschlechterung der Bilder ein. Wegen des grossen Ueberflusses an Licht ist eine Versilberung der Oberfläche des Spiegels eigentlich überflüssig, der directe Reflex vom Glase würde vollständig genügen. Alsdann wird es aber nothwendig, den von der Rückfläche des Spiegels entstehenden Reflex unschädlich zu machen, was am besten dadurch geschieht, dass man der ebenfalls gut polirten Rückfläche eine solche Neigung — etwa 1° — gegen die Vorderfläche giebt, dass das von der ersteren reflectirte Bild ausserhalb des benutzten Bildes fällt. Ein Mattschleifen der Rückfläche ist zu vermeiden, weil man sonst zerstreutes Licht von derselben erhält. Die Versilberung der Oberfläche

*) C. R. 96, 1200.

ist indessen aus einem anderen Grunde von grosser Wichtigkeit: sie vermindert das Eindringen der Sonnenstrahlen in das Glas und damit die
Erwärmung des Spiegels. Die Erfahrung hat gezeigt, dass selbst Belichtungen versilberter Spiegel von wenigen Minuten Verziehungen des
Spiegels bewirken, die ihrerseits eine sehr merkliche Verschlechterung
der Bilder im Gefolge haben, und diese Verziehungen werden natürlich
um so stärker, je mehr Licht in das Glas eindringt und durch Absorption
Wärme an dasselbe abgiebt. Man soll also den Spiegel möglichst dick
herstellen, an der Oberfläche versilbern und ihn nur möglichst kurze
Zeit der Sonnenbestrahlung aussetzen; die in letzterer Beziehung zu
treffenden Einrichtungen werden weiter unten besprochen werden.

Selbst bei starken directen Vergrösserungen und geringen Objectiv-
öffnungen ist das Sonnenlicht noch so überaus wirksam, dass durch
mechanische Einrichtung, durch die sogenannten Momentverschlüsse, die
nothwendige Kürze der Exposition erzielt werden muss. Die Stelle, an
welcher der Momentverschluss in den Strahlengang einzuschalten ist, ist
an und für sich gleichgültig, ebenso die Construction dieses Verschlusses;
derselbe muss aber vier Bedingungen erfüllen: Die Expositionszeit muss
innerhalb gewisser Grenzen variabel sein, er darf keine starke Diffractionswirkung hervorrufen, er soll das Objectiv in allen Theilen gleichmässig frei machen, und schliesslich soll er möglichst wenig Erschütterungen erzeugen.

Der ersten Bedingung lässt sich auf zwei Wegen genügen: durch
Veränderung der wirksamen Oeffnung des Verschlusses und durch Aenderung der Geschwindigkeit. Die zweite Bedingung ist schwieriger zu
erfüllen, da diejenigen Einrichtungen, welche man zu diesem Zwecke
zu treffen hat, besonders mit der ersten und letzten Bedingung collidiren.
Die dritte Bedingung muss gesondert besprochen werden.

Da der lineare Betrag der Diffraction um so geringer ist, je näher
die wirksame Oeffnung bei der photographischen Platte liegt, so würde
die beste Art zur Vermeidung schädlicher Diffractionswirkungen die sein,
den Momentverschluss möglichst dicht vor der photographischen Platte
anzubringen; umgekehrt würde der schädlichste Ort für den Verschluss
unmittelbar vor oder hinter dem Objective sein. Da nun weiter die
Diffraction um so geringer wird, je grösser die wirksame Oeffnung ist,
so ist in dieser Beziehung der günstigste Fall erreicht, wenn die Oeffnung des Verschlusses mindestens so gross ist, wie das ganze Strahlenbündel am Orte des Verschlusses.

Je kleiner und leichter der Momentverschluss gebaut sein kann, um so weniger wird er das Instrument erschüttern, und damit ergiebt sich als beste Lösung, den Momentverschluss an die Stelle des kleinsten Durchmessers des Strahlenbündels zu setzen, das ist in die Focalebene, und ihm gleichzeitig die volle Oeffnung des Bündels zu geben; die richtige Expositionszeit ist dann zu erreichen durch die Geschwindigkeit des Verschlusses und durch die Verwendung möglichst unempfindlicher Platten. Der letztere Punkt ist meiner Ansicht nach der wichtigste von allen, da man bei der Verwendung möglichst unempfindlicher Platten die Vortheile feineren Silberkornes gleichzeitig mit erhält. Die Benutzung der gewöhnlichen Trockenplatten für die Aufnahme der Sonne ist daher trotz der Bequemlichkeit ihrer Handhabung als ein Rückschritt gegenüber dem nassen Collodiumverfahren zu bezeichnen. In den letzten Jahren hat man indessen trockene Platten verfertigt, sogenannte kornlose Gelatineplatten, welche noch beträchtlich unempfindlicher sind als die nassen Collodiumplatten und auch ein noch feineres Korn als diese besitzen. Da der Silberniederschlag auf diesen Platten zudem ein sehr kräftiger werden kann, so sind dieselben als die geeignetsten für Sonnenaufnahmen zu bezeichnen; sie sind ebenso bequem in der Handhabung wie die gewöhnlichen Gelatineplatten. Ob derartige Platten bis jetzt schon zu dem genannten Zwecke benutzt worden sind, ist Verfasser unbekannt.

Befindet sich der Momentverschluss in der Focalebene, so muss die Oeffnung desselben in der zur Bewegung des Verschlusses senkrechten Richtung mindestens so gross sein als das Focalbild der Sonne; in der Richtung der Verschlussverschiebung kann er bis zu einem gewissen Grade kleiner sein, bis nämlich die Diffractionswirkung, gerechnet von der Oeffnung an bis zur Platte, merklich wird. Wird diese Grenze überschritten, so äussert sich die Diffraction zunächst darin, dass der Sonnenrand an den Seiten, die der Bewegungsrichtung des Verschlusses entsprechen, weniger scharf wird als an den hierzu rechtwinkligen Seiten. Unterhalb diese Grenze darf man also mit der Verkleinerung der Oeffnung nicht gehen, sondern man muss, falls die Helligkeit des Bildes noch zu gross ist, die Geschwindigkeit der Verschlussbewegung vergrössern. Als einfachste Form der Verschlussöffnung empfiehlt sich der Spalt, der je nach der Höhe der Sonne oder auch je nach atmosphärischen Zuständen mehr oder weniger weit geöffnet werden kann. Bei einem solchen Spalte ist die Expositionszeit für die Flächeneinheit gleich der Zeit, welche der Spalt zum Passiren des Sonnenbildes braucht, dividirt durch das Verhältniss vom Durchmesser des Sonnenbildes zur Breite des Spaltes. Abgesehen von der Diffractionswirkung, tritt bei zu engem Spalte noch die Unannehmlichkeit auf, dass kleine an den Spalträndern haftende Stäubchen oder dergl. an dieser Stelle eine merkliche Verminderung der Spaltbreite bedingen und dementsprechend im Sonnenbilde Streifen, parallel zur Bewegungsrichtung des Spaltes, erzeugen.

Soll das Sonnenbild in allen Theilen gleichmässig belichtet sein, so kann dies nur durch eine vorbeischnellende rechteckige oder spaltförmige Oeffnung erzielt werden, die sich zugleich mit constanter Geschwindigkeit bewegt. Letzteres kann am einfachsten in genügender Weise dadurch erreicht werden, dass die Kraft, welche die Verschlussplatte vorbeischnellt, in dem Momente zu wirken aufhört, wo die Spaltöffnung das Sonnenbild erreicht. Die in diesem Momente allerdings sofort beginnende Verzögerung der Geschwindigkeit ist bei leicht beweglicher Verschlussplatte verschwindend gering.

Bei den fest montirten Heliographen mit Spiegel findet die Bewegung des Momentverschlusses immer in derselben — meist horizontalen — Richtung statt. Beim parallaktisch aufgestellten Heliographen ist dagegen die Richtung vom Stundenwinkel abhängig und damit auch die Geschwindigkeit der Bewegung, weil die Grösse der Reibung und vor allem die Wirkung der Schwerkraft hiervon abhängt.

Eine Methode, die für eine bestimmte Lage des Momentverschlusses ermittelte Expositionszeit auf andere Lagen zu reduciren, ist von Hasselberg[*) angegeben worden.

Des historischen Interesses halber sei hier kurz eine Vorrichtung erwähnt, welche von Stein[**) construirt und Heliopictor genannt worden ist, und die es ermöglichen sollte, besonders auf Expeditionen einer immerhin lästigen Dunkelkammer entbehren zu können, die bei Benutzung des nassen Collodiumverfahrens im allgemeinen absolut nothwendig war. Das Wesentliche der Vorrichtung bestand in der breiten und wasserdicht hergestellten Cassette, in welche nach Einfügung der collodionirten Platte die Silberlösung eingegossen wurde, so dass also die Silberung der Platte in der Cassette selbst stattfand. Ebenso wurde auch nach der Exposition durch Eingiessen des Entwicklers die Hervorrufung des Bildes in derselben Cassette bewirkt.

In der v. Konkoly'schen Anleitung zur Himmelsphotographie sind einige der bekannteren Heliographen sehr detaillirt beschrieben, und wenn auch meine Ansichten über daselbst besonders hervorgehobene

---

[*)] Ueber die Erzielung einer gleichmässigen Exposition bei photographischen Aufnahmen der Sonne. Bull. de l'Acad. St.-Pétersbourg V.

[**)] Astr. Nachr. 83, 65.

Punkte sehr häufig abweichen, so schien doch eine Beschreibung der gleichen Instrumente an dieser Stelle überflüssig. Ich gebe deshalb hier nur eine ausführlichere Darstellung des nach der Weltaxe orientirten Potsdamer Heliographen.

Die Fig. 13 giebt den Meridiandurchschnitt durch das Instrument. Das nach unten gerichtete Objectiv des Fernrohres hat eine Oeffnung

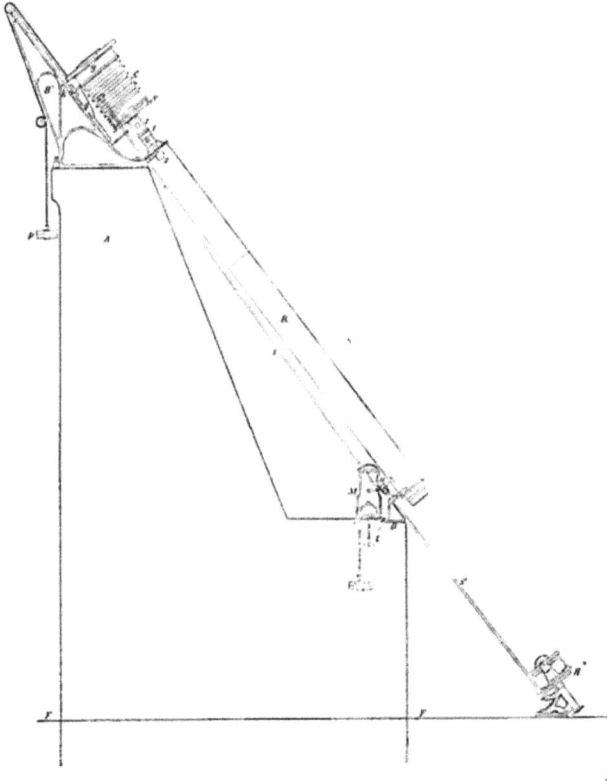

Fig. 13.

von 160 mm bei 4.02 m Brennweite und besteht aus drei Linsen, wodurch eine nahe Vereinigung der optisch und der chemisch wirksamen Strahlen erzielt ist, so dass die Einstellung mit dem Auge bereits genähert scharfe photographische Bilder giebt. Das Rohr ruht in gusseisernen Lagern auf dem nahe 5 m hohen Pfeiler A; die Justirung geschieht durch Schrauben, welche sich an dem unteren Lager B befinden. Der gusseiserne Plattenhalter g der Camera C ist durch einen Balgauszug mit dem Rohrende

verbunden und lässt sich auf den Schienen des Lagers B um etwa
$1^1/_4$ m verschieben; die Verschiebung erfolgt durch den Trieb K. Der
ganze verschiebbare Theil der Camera ist durch das Gewicht p aus-
balancirt. Das obere Ende des Fernrohrs besteht aus einem durch den
Trieb z bewegbaren Auszuge, welcher den Momentverschluss bei i, die
Fadenplatte und das Vergrösserungssystem enthält. Letzteres ist ausserdem durch den Trieb z' noch für sich verschiebbar.

Der Spiegel des unten aufgestellten Heliostaten kann durch die auf
beiden Seiten des Rohres liegenden Leitstangen s und s' von der Camera aus
in Rectascension und Declination bewegt werden, behufs Einstellung des
Sonnenbildes auf die Mitte der Platte. Ausserdem greift bei u die Trans-
missionsstange des Uhrwerks M in die Rectascensionstriebstange durch
sogenannte Planetenräder ein und bewirkt die Drehung des Spiegels um
die Stundenaxe.

Die genauere Einrichtung des Heliostaten ist aus der Fig. 14 ersicht-
lich. Die Stundenaxe befindet sich in der Büchse B, die einen Theil
des gusseisernen Gestelles G bildet, welches mit den Correctionsschrauben
s, s, und $s_{,,}$ für Azimuth und Höhe versehen ist. Der Bügel z mit den
Lagern für die Declinationsaxe ist mit der Stundenaxe fest verbunden.
Die Declinationsaxe selbst trägt die Dose dd, welche den Spiegel enthält;
ihre Zapfen sind durch ein Aufsatzniveau nivellirbar hergestellt. Der
Declinationskreis D ist nur so weit getheilt, wie dies für die Declinationen
der Sonne erforderlich ist, eine nicht zu empfehlende Einrichtung, da
hierdurch die Benutzung des Instrumentes für andere Gestirne erschwert
ist. Der Stundenkreis A ist vollständig getheilt.

Die Bewegung des Uhrwerks wird durch die Stange S in Verbindung
mit einer Schraube ohne Ende auf den Zahnkranz w übertragen; bei K
befindet sich die Klemme für die Stundenaxe. Eine Drehung der Stange S
von der Camera aus ertheilt dem Spiegel eine Feinbewegung, auch wenn
das Uhrwerk im Gange ist. Die Feinbewegung in Declination erfolgt
durch die Stange T und durch Vermittelung der Zahnräder r, r, und $r_{,,}$.
Der Deckel C des Spiegels enthält in der Mitte eine kleine Oeffnung,
welche für gewöhnlich durch einen Schieber geschlossen ist; durch
einen leisen Zug an der Schnur l, von der Camera aus, wird diese
Oeffnung frei gelegt, und die geringe durch sie auf den Spiegel fallende
Menge Licht genügt vollständig zur Einstellung des Sonnenbildes. Die
Bestrahlung des ganzen Spiegels durch die Sonne kann also bis ganz
kurze Zeit vor der Exposition verhindert werden; wenige Secunden vor
letzterer wird erst der ganze Deckel durch einen stärkeren Zug an der
Schnur l geöffnet und sofort nach der Exposition geschlossen, so dass
nur ganz minimale Erwärmungen des Spiegels stattfinden können.

Die Fadenplatte befindet sich genau im Focus des Objectivs; dicht davor wird der Momentverschluss eingesetzt, den Fig. 15 (folg. Seite) darstellt. Derselbe besteht aus einem mit Schienen versehenen metallenen

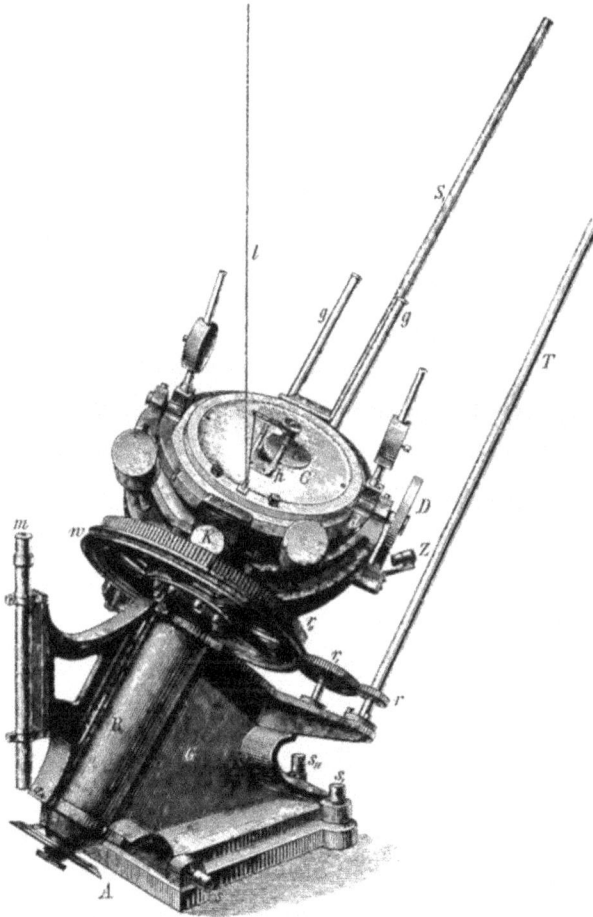

Fig. 14.

Rahmenstücke, in welchem sich der den Spalt enthaltende Wagen auf Rollen befindet. Wird der Wagen nach rechts geschoben, so spannt derselbe die sehr kräftige Spiralfeder f und wird in dieser extremen Stellung durch eine von selbst einspringende Hemmvorrichtung gehalten. Durch Drehen an dem Knopfe K erfolgt die Auslösung des Wagens, der nun durch die Feder mit grosser Schnelligkeit in Bewegung gesetzt wird, wodurch der Spalt beim Passiren des Strahlenbündels die Exposition bewirkt. Die Wirkung der Feder hört auf, bevor der Spalt das Strahlenbündel berührt; sobald er dasselbe verlassen hat, wird er zunächst durch Federn gebremst und durch elastische Puffer aus Gummi aufgehalten, so dass der Stoss verhältnissmässig sehr schwach ist. Eine Aenderung der Expositionszeit erfolgt durch Verstellung der Spaltweite, welche an einer Millimeterscala ablesbar ist.

In den Auszug des Fernrohrs können verschiedene Vergrösserungssysteme eingesetzt werden; doch ist auch schon bei Benutzung nur eines Systemes eine beträchtliche Variation der Vergrösserung durch Veränderung der Entfernung desselben vom Focus und entsprechende Verschiebung der Cassette zu erreichen.

Fig. 15.

Die Ausmessung der Sonnenphotographien kann natürlich mit jedem zur Messung von photographischen Negativen geeigneten Apparate geschehen. Das Potsdamer Observatorium besitzt einen eigens zu diesem Zwecke von Wanschaff hergestellten Messapparat*), der wegen seiner äusserst bequemen Handhabung sehr zum vorliegenden Zwecke passt.

Auf einer festen Grundplatte, die auf den drei Füssen F, F, und $F_{\prime\prime}$ (Fig. 16) ruht, sind vier Säulen t, $t_{\prime}$, $t_{\prime\prime}$ und $t_{\prime\prime\prime}$, aufgeschraubt, von denen die beiden ersten eine trogförmige Schiene $T'T'$, die beiden anderen ein Prisma TT tragen. Auf diesem Prisma ist eine Hülse R verschiebbar, an welcher ein zweites Prisma, senkrecht auf dem ersten stehend, befestigt ist. Auf diesem zweiten Prisma lässt sich ebenfalls eine Hülse bewegen, die mit dem mit Mikrometerocular versehenen Mikroskop M verbunden ist. Dem Mikroskop ist demnach eine Bewegung in beiden rechtwinkligen Coordinaten gegeben; durch Bremsschrauben kann es an jeder beliebigen Stelle festgehalten werden. Am freien Ende des

*) Publ. des Astrophys. Obs. zu Potsdam. Bd. IV. Anhang.

zweiten, an der Hülse *R* befestigten Prismas befindet sich eine Rolle, welche in der trogförmigen Schiene läuft und so das Prisma vor Durchbiegung bei verticalem Drucke schützt.

In der ersterwähnten Grundplatte ist ein Ring von 12 cm Durchmesser eingesetzt, der sich durch die unterhalb der Platte angebrachten Speichen *b* (in der Figur ist nur eine Speiche sichtbar) leicht drehen lässt. Oberhalb der Grundplatte ist der Ring mit zwei gegenüberstehenden federnden Plättchen *h* versehen, auf welche die photographische Platte gelegt wird. Zwei kleine Stiftchen bewirken, dass die Platte nicht abgleiten kann und der Drehung des Ringes folgen muss. Die Stiftchen sind so gestellt, dass auch Platten, die von der normalen Grösse etwas abweichen, eingelegt werden können. Ein Metallrahmen, um das Charnier *S* drehbar, trägt eine Glasplatte *G*, die auf ihrer unteren Seite mit einer Gittertheilung von 2 zu 2 mm Strichdistanz versehen ist. Gegen diese dem Charnier gegenüber auf zwei Stellschrauben *a* lagernde Platte wird die auf den Ring gelegte

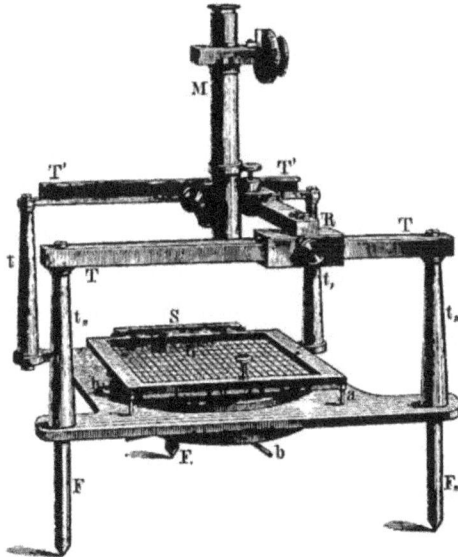

Fig. 16.

Photographie (Silberschicht nach oben) durch die erwähnten federnden Ansätze gedrückt.

Auf den Führungsprismen für das Mikroskop befinden sich grobe Theilungen von 2 zu 2 mm, den Theilstrichen des Gitters entsprechend, so dass bei der Einstellung des Mikroskops auf irgend einen Punkt der Photographie kein Zweifel darüber bleibt, auf welchen Theilstrich der Glastheilung sich die mikrometrische Messung bezieht, die lediglich mit dem am Mikroskop befindlichen Mikrometer zwischen je zwei Theilstrichen der gleichzeitig mit der Photographie im Gesichtsfelde erscheinenden Glastheilung ausgeführt wird. Der Kopf des Mikroskops mit dem Mikrometer lässt sich um 90° drehen (corrigirbarer Anschlag), um die Messungen in beiden Coordinaten ausführen zu können.

Man stellt vor jeder Messung die Richtung des auf der Aufnahme vorhandenen Fadenbildes parallel zu einem der Strichsysteme auf der Glasplatte G, bezieht also mit anderen Worten die Messungen stets auf ein nach dem Fadenbilde orientirtes Coordinatensystem. Es braucht wohl nur darauf hingedeutet zu werden, dass die Fehler der Glastheilung genau ermittelt sein müssen.

Die Spectroheliographen.

In den letzten Jahren ist durch die Bemühungen des amerikanischen Astronomen Hale eine Methode der Sonnenphotographie in Anwendung gekommen, welche bereits ganz überraschende Resultate ergeben hat, und die geeignet erscheint, für die Zukunft der Sonnenphysik von hoher Bedeutung zu werden. Der hierbei verwandte Apparat, Spectroheliograph genannt, besteht im wesentlichen nur aus einem Spectroskope; dasselbe dient aber nur zur Zerlegung des Lichtes, zur Ermöglichung, ein monochromatisches Bild der Sonne zu erhalten, nicht zu spectroskopischer Untersuchung des Sonnenlichts, und es steht theoretisch nichts im Wege, diesen Zweck auf einem gänzlich andern Wege zu erreichen, z. B. nach dem Vorschlage von Braun durch Totalreflexion. Die Hale'sche Methode liegt innerhalb der Grenzen eines Lehrbuches über die Himmelsphotographie, ihre Besprechung gehört mehr in ein solches als in ein Werk über Spectralanalyse.

Die Aufgabe, die sämmtlichen Protuberanzen am Sonnenrande, auf einmal optisch sichtbar zu machen, ist, wenn auch nicht in praxi, so doch theoretisch von Janssen zuerst gelöst worden.

Eine kurze Note hierüber ist veröffentlicht in den Comptes Rendus vom Jahre 1869, Ausführlicheres in dem Report of the thirty-ninth meeting of the British Association (Exeter, 1869). Bei der Wichtigkeit der Methode mögen auch ihre ersten Anfänge hier Berücksichtigung finden. Der Vorschlag Janssens lautet:

»Wir stellen uns vor, dass man z. B. das Bild einer Flamme auf den Spalt eines Spectroskopes werfe; das entstehende Spectrum wird im Sinne seiner Höhe aus der Nebeneinanderlagerung aller linearen Spectra entstehen. Man stelle sich ferner vor, dass da, wo das Spectrum sich im Beobachtungsfernrohr bildet, ein zweiter Spalt parallel zum ersten angebracht sei. Dieser zweite Spalt wird im Spectrum eine leuchtende Linie isoliren von einer bestimmten Brechbarkeit und Farbe. Die Höhe dieser Linie und die verschiedenen Grade ihrer Intensität entsprechen denjenigen des Flammenbildes auf dem ersten Spalt.

Wenn sich nun das Spectroskop um eine Axe dreht, welche durch die beiden Spalte geht, so werden die verschiedenen Theile des leuchtenden Bildes successive ihre monochromatische Linie im Beobachtungsfernrohr ergänzen, und wenn die Rotationsbewegung schnell genug ist, so wird die Aufeinanderfolge aller dieser Linien ein Gesammtbild der Flamme im Licht von einer bestimmten Brechbarkeit ergeben. . . . Auf die Sonne angewendet, wird diese Methode Bilder von der Gesammtheit der Protuberanzen geben.«

Die Lösung der allgemeinen Aufgabe, die Sonne in monochromatischem Lichte aufzunehmen, ermöglicht es im speciellen Falle, ein Bild aller Objecte auf und neben der Sonnenscheibe zu erhalten, welche aus einem bestimmten glühenden Gase bestehen oder dasselbe wenigstens enthalten, und bei denen gleichzeitig diejenigen physikalischen Bedingungen erfüllt sind, dass die Linien des betreffenden Gases hell erscheinen. Benutzt man als wirksames Licht z. B. dasjenige einer Wasserstofflinie, so erhält man ein Bild aller Wasserstoffprotuberanzen am Sonnenrande, sowie aller derjenigen Stellen auf der Sonnenscheibe, auf denen im Spectroskope die Wasserstofflinien hell erscheinen. Da im allgemeinen das Spectrum der Sonnenscheibe die Wasserstofflinien dunkel zeigt, also an dieser Stelle das von der Photosphäre herrührende continuirliche Spectrum absorbirt ist, so findet eine Abbildung der Photosphäre nicht statt. Die ganze Methode ist demgemäss entstanden aus dem Wunsche, die Protuberanzen am Sonnenrande photographisch zu fixiren. In beschränkter Weise ist dieser Wunsch sehr leicht zu erfüllen; um eine einzelne Protuberanz aufzunehmen, bedarf es nur der Anbringung einer Camera an einem gewöhnlichen Protuberanzspectroskope unter Verwendung einer der im Blau oder Violett gelegenen Wasserstofflinien, oder bei Benutzung rothempfindlicher Platten unter Verwendung der C-Linie. In dieser Form hat Young bereits im Jahre 1870 die Aufgabe gelöst. Grössere Protuberanzen können aber nur stückweise aufgenommen werden, weil bei allzu weiter Spaltöffnung der Contrast zwischen Protuberanz und continuirlichem Spectrum zu gering wird.

Die Aufgabe, die sämmtlichen Protuberanzen am Sonnenrande, auch die grössten, auf einem einzigen Bilde aufzunehmen, welches gleichzeitig auch infolge einer Unvollkommenheit des Apparats die Flecken und Fackeln zeigt, ist in theoretischer Beziehung 1873 von Braun*) gelöst worden, und zwar dadurch, dass die Sonne nicht auf einmal, sondern successive in einzelnen Lineardurchschnitten aufgenommen wird. Der von Braun angegebene Apparat, der übrigens niemals wirklich

---

*) Braun, C., Ueber directe Photographirung der Sonnenprotuberanzen. Astr. Nachr. 80, 33.

zur Ausführung gelangte, ist in Fig. 17 in zwei Durchschnitten abgebildet.

Das Fernrohr A ist parallaktisch montirt und wird durch ein Uhrwerk dem Laufe der Sonne entsprechend fortbewegt. Der Spectralapparat B ist so angebracht, dass das Sonnenbild centrisch auf den
Spalt g des Collimators d fällt. Das objective Spectrum entsteht durch
die Linse o' des Beobach-
tungsfernrohrs d'. Hier
ist ein zweiter Spalt h
angebracht, der der
Krümmung der Wasser-
stofflinie $H\gamma$ entspricht
und genau auf diese
Linie gestellt ist. Die
durch diesen Spalt hin-
durchgehenden mono-
chromatischen Strahlen
der Wasserstofflinie ge-
ben dann in der Camera
C ein vergrössertes Bild
des Spaltes.

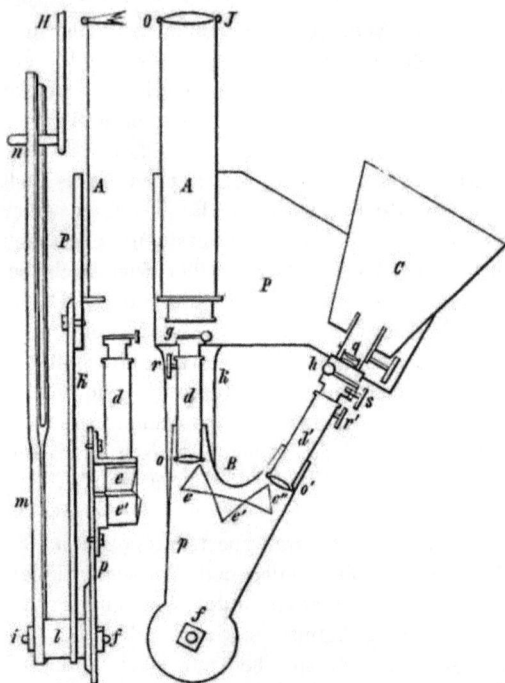

Das Fernrohr und
die Camera sind nun
durch die Platte P fest
miteinander verbunden,
an welcher ein Arm k
befestigt ist, der an seinem Ende die Büchse l
trägt, in der die Axe i
drehbar ist. Diese Axe
ist an der Platte p, wel-

Fig. 17.

che das Spectroskop trägt, in dem Punkte f, dem Durchschnittspunkte
der verlängerten Axen von Collimator und Beobachtungsfernrohr, fest
und trägt somit den ganzen Spectralapparat. Durch diese Einrichtung
ist sonach der Spectralapparat B in der Weise drehbar, dass die zwei
Spalte g und h in den Focalebenen von A und C gleichzeitig fort-
wandern. Wird nun, während das Fernrohr der Bewegung der Sonne
folgt, dem Spectralapparat eine solche Bewegung ertheilt, dass der Spalt g
langsam durch das Sonnenbild hindurchwandert, so läuft der Spalt h
gleichzeitig durch die entsprechenden Theile des monochromatischen
Sonnenbildes, welches sich also successive auf der empfindlichen Platte

in *C* abbildet. Wenn die Objective *o* und *o′* die gleiche Brennweite haben, wird das Sonnenbild auch annähernd kreisrund, aber nicht vollständig, wie Braun annimmt; das Bild wird vielmehr infolge der Linienkrümmung ziemlich stark verzerrt.

Ausser den Protuberanzen wird die Sonnenscheibe mit abgebildet, weil der zweite Spalt *h* nicht so fein gearbeitet sein kann, dass nur das Licht der *Hγ*-Linie hindurchfällt; das nebenher eindringende Licht des continuirlichen Spectrums wird eine Abbildung der Sonnenscheibe erzeugen, und man muss schon den Spalt sehr fein nehmen, damit nicht das letztere Licht das erstere überwiegt.

Zur Hervorbringung der Bewegung des Spectroskopes schlägt Braun die Benutzung des Uhrwerks des Aequatoreals vor. Zu diesem Zwecke muss die Bewegungsebene, also die Ebene der Platte *P*, eine zum Stundenkreise senkrechte Lage haben, und es wird dann an die Axe *i* ein langer Arm *m* befestigt, welcher die Richtung gegen die Hauptaxe des Aequatoreals hat, wenn die Spalte *g* und *h* in der optischen Axe der Linsen *o* und *q* stehen. Dieser Arm ist gabelförmig, und in die Oeffnung der Gabel passt ein Stift *n*, welcher parallel zu *i* in einer von allen beweglichen Theilen des Instruments unabhängigen Weise befestigt werden muss. Er muss stets zwischen der Hauptaxe und der Axe *i* angebracht werden, in diesem Zwischenraume aber in jeder beliebigen Entfernung von diesen Axen festgestellt werden können. Je näher *n* an der Hauptaxe befestigt wird, um so langsamer wird die Bewegung des Spectroskopes erfolgen.

Gegen die praktische Verwendbarkeit des Braun'schen Apparates müssen sehr schwerwiegende Bedenken erhoben werden, da es principiell unrichtig ist, dem Spectroskope eine Neigung gegen die optische Axe des Fernrohrs zu ertheilen. Eine einfache geometrische Ueberlegung zeigt, dass bei der gewöhnlichen Construction des Spectroskops, bei welcher das Verhältniss von Oeffnung zu Brennweite bei Collimator- und Fernrohrobjectiv das gleiche ist, bei einer Neigung der Collimatoraxe gegen die optische Axe des Fernrohrs ein mit der Neigung zunehmender Lichtverlust bis zum völligen Verschwinden des Lichts eintritt. Erst bei Parallelführung des Collimators, wenn also der Drehpunkt *f* unendlich weit entfernt ist, verschwindet dieser Fehler.

Lockyer*) und Seabroke schlugen 1872 zur Aufnahme des Sonnenrandes die Verwendung eines ringförmigen Spaltes vor. In einem grossen Steinheil'schen Spectroskope wird der gewöhnliche Spalt durch einen ringförmigen ersetzt. Mit Hülfe eines Heliostaten und eines Objectivs

---

*) Proceedings R. Soc. **21**, 105.

wird auf der Spaltebene ein Sonnenbild erzeugt, welches genau in den
ringförmigen Spalt hineinpasst. Bei dieser Einrichtung kann zwar ein
Gesammtbild des Sonnenrandes und seiner Erhebungen erlangt werden;
der Spalt muss aber weit geöffnet sein, und damit treten dieselben Nachtheile auf, wie bei der Aufnahme von Protuberanzen in gewöhnlichen
Spectroskopen.

Janssen*) wollte einfach ein directes Sonnenbild so lange exponiren,
bis die Sonnenscheibe selbst durch Solarisation positiv erscheint. »Alsdann zeigt sich die Chromosphäre unter der Form eines schwarzen Ringes,
dessen Breite ungefähr 8″ bis 10″ entspricht.« Janssen ist hier in
einem sehr starken Irrthume befangen. Der schwarze Ring entsteht
durch die photographische Verbreiterung des Sonnenbildes und entspricht einer Lichtintensität, welche nicht mehr genügend zur Solarisation, wohl aber noch zur Erzeugung eines kräftigen Silberniederschlages ist. Diese schwarze Umrandung heller Flächen entsteht
in allen Fällen, wenn bei Abbildung der Fläche selbst Solarisation begonnen hat.

Im Jahre 1880 hat O. Lohse einen Spectroheliographen construirt, der
sich von dem Braun'schen insofern unterscheidet, als die beiden Spalte nicht
senkrecht zu ihrer Längsausdehnung das Sonnenbild durchlaufen, sondern
eine Rotationsbewegung ausführen in der Weise, dass sie stets senkrecht zum Sonnenrande bleiben; die Sonnenscheibe selbst wird durch
einen Schirm abgedeckt. Der Apparat ist ausgeführt worden, doch sind
die mit demselben erhaltenen Resultate nicht befriedigend ausgefallen.
Der Grund hierfür liegt wesentlich in der Benutzung der $H\gamma$-Linie, welche
wegen ihres diffusen Charakters überhaupt nicht zur Abbildung der Protuberanzen geeignet ist.

Die Lohse'sche Form des Spectroheliographen ist im Jahre 1891
von Deslandres mit einer Modification in Vorschlag gebracht worden.
Der Unterschied besteht nur darin, dass hinter dem zweiten Spalte die
photographische Platte nicht fest liegt, sondern sich mit derselben Geschwindigkeit, mit welcher der erste Spalt den Sonnenrand durchläuft,
in gerader Richtung fortbewegt. Dadurch wird die Chromosphäre als
gerade Linie dargestellt. Irgend ein Vortheil dürfte hierin wohl nicht
zu suchen sein, sondern nur eine unnöthige und nachtheilige Vermehrung
der Complicirtheit.

Vom Jahre 1889 an hat sich Hale**) mit der Aufgabe der photographischen Aufnahme des Sonnenrandes beschäftigt, und seine Versuche

*) C. R. **91**, 12.
) Astr. and Astroph. **12, 241.

sind nach zwei Richtungen hin angestellt worden. Die beiden Methoden sind die folgenden:

1) Die Geschwindigkeit des Uhrganges bei einem Aequatoreal wird so geändert, dass das Sonnenbild langsam über den Spalt eines stark dispergirenden Spectroskopes hinüberläuft, und zwar senkrecht zur Spaltrichtung. Eine der Protuberanzlinien wird in die Mitte des Gesichtsfeldes des Beobachtungsfernrohrs gebracht und fällt hier genau durch einen in der Focalebene befindlichen Spalt auf eine photographische Platte. Diese Platte wird rechtwinkelig zu den Spectrallinien mit einer der Geschwindigkeit des Sonnenbildes entsprechenden Geschwindigkeit bewegt.

2) Das Sonnenbild wird durch das Uhrwerk des Fernrohrs genau auf derselben Stelle gehalten, dem Spalte des Spectroskopes dagegen eine gleichförmige Bewegung ertheilt bei feststehendem Collimator. Vor der unverändert festliegenden photographischen Platte bewegt sich im Focus des Beobachtungsfernrohrs ein Spalt mit solcher Geschwindigkeit, dass eine gegebene Protuberanzlinie constant auf die Platte fällt.

Hale hat schliesslich die zweite Methode als die beste befunden und hiernach seinen grossen, am 12zölligen Refractor der Kenwood-Sternwarte in Chicago angebrachten Spectroheliographen construirt, der in Fig. 18 (folg. Seite) abgebildet ist.

Derselbe besteht der Hauptsache nach aus einem Spectroskope mit Rowland'schem Gitter, welches eine sehr kräftige Dispersion giebt. Das Spectroskop besitzt zwei bewegliche Spalte, den einen in der Brennebene des Collimators, den anderen in der Brennebene des Beobachtungsfernrohrs. Die Spalte sind auf kleinen Wagen montirt, so dass sie mit vollkommener Freiheit senkrecht zu den Rohraxen in der Längsrichtung des Spectrums bewegt werden können. Sie sind durch ein Hebelwerk so mit einander verbunden, dass ihre Bewegungen genau gleichartig in entgegengesetzter Richtung erfolgen. Die photographische Cassette befindet sich unterhalb des zweiten Spaltes und kann demselben so genähert werden, dass die empfindliche Schicht die Spaltkanten beinahe berührt. Letzteres ist sehr wichtig, da selbst bei geringem Abstande schon sehr schädliche Diffractionswirkungen durch den engen Spalt entstehen würden.

Zur Erzielung eines gleichförmigen Bildes ist natürlich eine durchaus gleichförmige Geschwindigkeit in der Bewegung der beiden Spalte erforderlich, und diese schwer zu erfüllende Bedingung hat Hale in sehr glücklicher Weise durch eine »Wasseruhr«, (»clepshydra« erfüllt, und es ist geradezu überraschend, eine wie vollständige Gleichförmigkeit der Bewegung durch diesen einfachen Apparat hervorgebracht wird. Derselbe besteht aus einem Cylinder, in dem sich ein dicht schliessender Kolben bewegt, dessen Stange in den zu treibenden Mechanismus eingreift. Auf

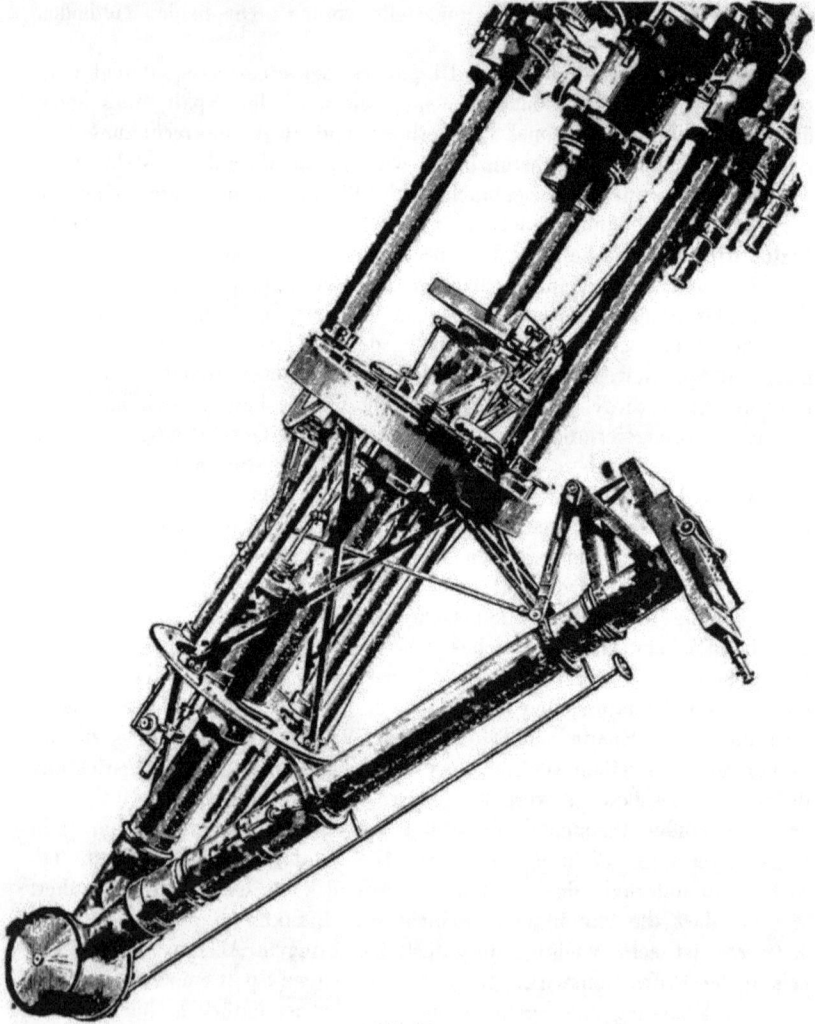

Fig. 18.

beiden Seiten des Kolbens befindet sich Wasser, auf der einen Seite das
Druckwasser einer Wasserleitung z. B., auf der anderen Seite Wasser,
welches durch den Kolben Druck erleidet und deshalb aus einer sehr

engen Oeffnung des Cylinders zu entweichen strebt. So lange der Druck des Wassers constant bleibt, ist auch die Bewegung des Kolbens gleichförmig, und der Apparat functionirt um so besser, je kleiner der Querschnitt der Ausströmungsöffnung im Verhältniss zum Querschnitt des Kolbens ist.

Um sich von dem Einflusse des besonders bei öffentlichen Wasserleitungen häufig stark variirenden Druckes frei zu machen, hat Hale noch eine andere Einrichtung gewählt, welche überhaupt der ersteren vorzuziehen sein dürfte. Bei derselben dient das Wasser nur zur Regulirung der Geschwindigkeit, die nöthige treibende Kraft wird durch eine an dem einen Ende der Kolbenstange befestigte Schnur mit Gewicht erhalten. In diesem Falle sind die beiden, durch den Kolben getrennten Räume des Cylinders durch ein communicirendes Rohr verbunden, dessen Querschnitt durch einen Hahn an einer Stelle beliebig modificirt werden kann. Die Regulirung erfolgt dadurch, dass das Wasser von dem einen Ende des Cylinders durch die im Rohre befindliche enge Oeffnung auf die andere Seite des Kolbens gepresst wird. Es ist übrigens bei Benutzung dieser Wassermotoren wichtig, dass sich im Cylinder keine Luft befindet, weil sonst der Widerstand, den der Kolben erfährt, ein elastischer wird, und bei kleinen Veränderungen des Widerstandes, die unausbleiblich sind, Schwankungen in der Geschwindigkeit resultiren.

Infolge der Bewegung der Spalte erfährt bei der vorliegenden Construction das Sonnenbild leider eine ziemlich starke Distorsion.

Bezeichnet man mit θ den Diffractionswinkel, mit ω den Incidenzwinkel, mit λ die Wellenlänge der Linie, in welcher die Abbildung erfolgt, mit n die Ordnungszahl des Diffractionsspectrums und mit d die Distanz der Gitterstriche, so ist für ebene Gitter

$$\lambda = \frac{d}{n} (\sin \theta \pm \sin \omega) \quad \text{oder} \quad \sin \theta = \frac{n\lambda}{d} \pm \sin \omega ,$$

wo $\frac{n\lambda}{d}$ eine Constante für eine gegebene Linie ist. Hieraus folgt:

$$d\theta = \frac{\cos \omega \, d\omega}{\cos \theta} .$$

Für den Hale'schen Spectroheliographen ist nun der Durchmesser des Sonnenbildes $d\omega = 51$ mm, ferner wird (für die K-Linie

$$\theta \text{ Maximum} = 14° 36'$$
$$\theta \text{ Minimum} = 13 \quad 42$$
$$\omega \text{ Maximum} = 40 \quad 54$$
$$\omega \text{ Minimum} = 38 \quad 42 ,$$

also $$d\theta = 39.8 \overset{\text{mm}}{.}$$

Das resultirende Sonnenbild ist also ein Oval, dessen kleinere Axe parallel zur Längsrichtung des Spectrums im Verhältniss 4 : 5 kleiner ist als die grosse. Eine Ellipse ist das Bild nicht, da $d\theta$ nicht für die ganze Ausdehnung der Sonnenscheibe constant ist. Setzt man z. B. $d\omega = 1$ mm und rechnet dann $d\theta$ für den ersten Rand, die Mitte und den zweiten Rand der Sonnenscheibe, so folgt $d\theta_1 = 0.78$ mm; $d\theta_2 = 0.79$ mm; $d\theta_3 = 0.80$ mm.

Die auf einem solchen Bilde erhaltenen Messungen erfordern also eine beträchtliche Reduction auf kreisrunde Bilder; dieselbe kann übrigens ein für allemal für ein bestimmtes Instrument tabulirt werden.

Bequemer ist es, die Distorsion dadurch zu vermeiden, dass nicht bloss dem zweiten Spalte, sondern auch der photographischen Platte eine Bewegung ertheilt wird, wobei die Bewegung der letzteren so berechnet sein muss, dass sie die Verzerrung aufhebt. Um von den verzerrten Negativen eine weniger verzerrte Copie zu erhalten, hat Hale ein Bild des Negativs auf einen Schirm projicirt, in welchem sich ein Spalt parallel zur grossen Axe des Bildes befindet. Gleich hinter dem Schirme und in der Focalebene der Projectionslinse ist die photographische Platte angebracht. Schirm und photographische Platte sind so mit einander verbunden, dass, während sich der Spalt quer über den kleinen Durchmesser des Bildes schiebt, sich die Platte in entgegengesetzter Richtung um den Betrag der Differenz der beiden Axen bewegt. Man erhält hierdurch Copien, welche für das Auge völlig rund erscheinen. Für exacte Positionsbestimmungen genügt natürlich diese mechanische Correction noch nicht; es muss an die ausgemessenen Positionen noch immer eine rechnerische Correction angebracht werden.

Es ist bekannt, dass die Wasserstofflinien, je mehr sie sich dem violetten Ende des Spectrums nähern, um so breiter und verwaschener werden. Bereits zwischen der C- und der F-Linie ist ein solcher Unterschied wahrnehmbar, und dementsprechend lassen sich die Protuberanzen in der C-Linie viel besser beobachten als in der F-Linie. Für photographische Aufnahmen können nun bloss die $H\gamma$-Linie oder die noch weiter nach Violett zu gelegenen Wasserstofflinien in Frage kommen, und deren Verwaschenheit ist bereits so stark, dass die Aufnahmen der Protuberanzen ohne alle Schärfe sind und zum Studium sich nicht eignen. Es ist dies, wie schon bemerkt, der Hauptgrund dafür, dass auch die Aufnahmen von Protuberanzen in gewöhnlichen Spectroskopen, z. B. diejenigen von Young, nicht befriedigend ausgefallen sind. Das Verdienst Hales um diesen Zweig der Sonnenphotographie besteht eben nicht allein in der vorzüglich gelungenen Construction seines Apparates, sondern auch darin, dass er nach einigen Vorversuchen ausschliesslich zur Benutzung der K-Linie übergegangen ist. Diese mit grosser Wahrscheinlichkeit dem Calcium angehörende Linie erscheint in den Protuberanzen und in der Chromosphäre sehr scharf, erstreckt sich ausserdem mindestens gerade so weit in die Protuberanzen hinein, wie die Wasserstofflinien, so dass die erhaltenen Protuberanzbilder an Schärfe und Ausdehnung durchaus mit den in der C-Linie optisch erhaltenen concurriren können. Als weiterer günstig wirkender Umstand kommt hinzu, dass die helle K-Linie scharf in der sehr breiten und verwaschenen dunklen Absorptionslinie sitzt, dass also gerade an dieser Stelle die Intensität des continuirlichen Spectrums eine sehr geringe und damit der Contrast der abgebildeten Protuberanz gegen die Umgebung ein sehr grosser wird.

Die K-Linie erscheint eigenthümlicher Weise auch in den Fackeln hell, und somit erhält man auch ein Bild der letzteren, und zwar im Gegensatze zu directen Aufnahmen oder Beobachtungen, bei denen sie nur in einem begrenzten Gebiete in der Nähe des Sonnenrandes zu erkennen sind, auf der ganzen Sonnenscheibe. Es ist damit für das Studium der Fackeln eine sehr beträchtliche Erweiterung eingetreten.

Die Coronographen.

Die grosse Schwierigkeit, welche der Erforschung der Sonnencorona dadurch entgegensteht, dass dieselbe im allgemeinen nur bei totalen Sonnenfinsternissen, also nur zu seltenen, sehr kurzen Momenten und dabei noch unter meist ungünstigen Umständen zu beobachten ist, hat naturgemäss zu dem eifrigen Bestreben geführt, eine Methode zu erfinden, welche es ermöglicht, die Corona in entsprechender Weise wie die Protuberanzen zu jeder Zeit sehen zu können. Dass dies nicht auf ähnliche Weise möglich ist wie bei den Protuberanzen, erhellt aus der Thatsache, dass das Licht der Corona im Gegensatze zu demjenigen der Protuberanzen ein wesentlich continuirliches Spectrum liefert, dessen Trennung vom continuirlichen Spectrum der Erdatmosphäre nicht erreicht werden kann. Aus der Länge der Coronalinie bei senkrechter Stellung des Spaltes zum Sonnenrande würden sich allerdings vielleicht Schlüsse auf die Ausdehnung der inneren Theile der Corona ziehen lassen, auf die charakteristische Form und Structur aber nicht, da die Coronalinie einerseits sich nicht weit genug vom Sonnenrande erkennen lässt und andererseits auch zwischen den hellen Strahlen der Corona erscheint, das Gas, von dem sie herrührt, also an der Structur der Corona nicht wesentlich betheiligt ist.

Irgend ein ausgedehntes cölestisches Object kann am hellen Tage nur dann sichtbar sein, wenn seine Flächenhelligkeit h so gross ist, dass das Verhältniss der Summe von h und der Helligkeit H der erhellten

Erdatmosphäre zur Helligkeit der letzteren allein, also das Verhältniss $\frac{h + H}{H}$, noch für das Auge wahrnehmbar ist. Für das Auge ist die Wahrnehmbarkeit abhängig von der absoluten Helligkeit $h + H$, und deshalb werden die Verhältnisse günstiger, wenn durch Einschaltung eines absorbirenden Mediums die das Auge blendende Tageshelligkeit der Atmosphäre auf eine gewisse Grösse herabgedrückt wird. Bei der photographischen Abbildung muss durch die Wahl der Plattenempfindlichkeit oder der Expositionszeit die möglichst günstige Stufe gesucht werden. Die optische Sichtbarmachung hängt aber nicht allein vom Helligkeitsverhältnisse oder Contraste ab, sondern auch von der Art des Objectes. Eine kleine, scharfbegrenzte Scheibe ist viel besser zu erkennen als bei sonst gleichen Helligkeiten ein diffuses Object, dessen Helligkeit ganz allmählich nach dem Rande hin abnimmt. Nur hierdurch ist es zu erklären, dass alle Versuche*), die Corona in Fernrohren zu sehen, missglückt sind, auch wenn sie auf hohen Bergen angestellt wurden, wo doch das Verhältniss $\frac{h + H}{H}$ ein günstigeres ist, als in der Ebene. Denn dass das Licht der Corona in der Nähe des Sonnenrandes hell genug ist, um durch Contrast noch merklich zu werden, beweist die Beobachtungserfahrung, dass zuweilen bei Mercur- oder Venusdurchgängen die Planetenscheiben bereits vor ihrem Eintritt in die Sonnenscheibe erkannt worden sind. In diesem Falle hat die Planetenscheibe die Helligkeit der Erdatmosphäre H, die nächste Umgebung aber die Helligkeit $h + H$.

Beobachtungen von Langley, Harkness und Janssen während totaler Sonnenfinsternisse haben ergeben, dass die Flächenhelligkeit der Corona in der Nähe des Sonnenrandes jedenfalls beträchtlich grösser ist als diejenige des Vollmondes. Langley**) hat bei 1' Abstand von der Sonne die Corona sechs Mal heller als den Vollmond gefunden, bei 3' Abstand allerdings schon zehn Mal schwächer als letzteren. Harkness*** giebt folgende Resultate an:

1) Das Gesammtlicht der Corona (1878) war 3.8 Mal heller als das des Vollmondes.

2) Die Helligkeit nimmt umgekehrt mit dem Quadrate der Entfernung vom Sonnenrande ab.

3) Der hellste Theil der Corona war 15 Mal heller als die Scheibe des Vollmondes.

------

*) Reports on the Total Solar Eclipse of July 29, 1878 and January 11, 1880 (Langley). Langley, Report on the Mount Whitney Expedition. Copeland, Copernicus III, 212.

** Reports on the Total Solar Eclipse of July 29, 1878 etc.   *** ibid.

Wenn auch alle diese Angaben naturgemäss sehr unsicher sind, und wenn auch die Helligkeit der Corona einem beträchtlichen Wechsel ausgesetzt sein wird, so geht doch so viel daraus hervor, dass die inneren Theile der Corona jedenfalls heller sind, als der Vollmond, dass also die Corona, könnte sie in eine beträchtliche Distanz von der Sonne weg versetzt werden, am hellen Tage durchaus sichtbar sein würde. Ihre Nichtsichtbarkeit beruht im wesentlichen auf der enormen Zunahme der Lufthelligkeit nach der Sonne hin. In welchem Masse dies stattfindet, lässt sich nicht angeben, da exacte Beobachtungen hierüber fehlen; auch ist die Zunahme nach der Sonne hin jedenfalls eine nach den verschiedenen Luftzuständen sehr variirende; sie wird bei dunstiger Luft, wenn der ganze Himmel weisslich erscheint, um das Vielfache stärker sein als bei tief blau gefärbtem Himmel.

Der Versuch, auf photographischem Wege das zu erreichen, was sich auf optischem als unmöglich herausgestellt hat, scheint im ersten Augenblick verfehlt; denn nach allen Erfahrungen besitzt die photographische Platte weniger Empfindlichkeit für die Abbildung ganz schwacher Contraste als das Auge. Abney giebt zwar an, dass noch Helligkeitsunterschiede von $1/60$ photographisch nachweisbar wären, womit dann ungefähr die Empfindlichkeit des Auges erreicht wäre; nach meinen Erfahrungen aber dürfte, jedenfalls im allgemeinen, diese Grenze zu hoch gegriffen und auf etwa $1/30$ zu reduciren sein. Dieser Nachtheil der photographischen Methode wird aber mehr als compensirt durch den Umstand, dass die für optische Beobachtungen so schädliche Verwaschenheit des Objectes für die photographische Darstellung fast ganz belanglos ist. Noch ein Anderes kommt vielleicht zu Gunsten der Photographie hinzu, aber nur dann, wenn das continuirliche Spectrum der Corona in der Hauptsache von Eigenlicht herrührt, und nicht wesentlich reflectirtes Sonnenlicht ist. In diesem Falle kann es eintreten, dass das Helligkeitsverhältniss $\dfrac{h + H}{H}$ im Blau und Violett günstiger ist als im optischen Gebiete, weil das Licht der Sonne in deren Atmosphäre im Blau und Violett eine stärkere Absorption erfährt, als in den weniger brechbaren Theilen des Spectrums, also H kleiner wird, während h unverändert bleibt. Es tritt dies aber nur dann ein, wenn die Temperatur, bei welcher die Partikel der Corona glühen, eine genügend hohe ist, so dass h nach dem Violett nicht mehr abnimmt als H.

Aehnlich wie bei den Versuchen, die Corona optisch zu beobachten, hat man auch die photographische Methode durch Einschalten absorbirender Medien zu unterstützen versucht, indem man glaubte, hierdurch von dem auf die Platte wirksamen Lichte der Erdatmosphäre mehr

abschneiden zu können als von dem der Corona. Meines Erachtens ist
dieser Weg ein gänzlich aussichtsloser; denn eine solche Auswahl findet
in einem continuirlichen Spectrum nicht statt, auch wenn nicht der grösste
Theil des Coronalichtes bloss reflectirtes Sonnenlicht sein sollte. Ganz
anders läge die Sache, wenn die Corona z. B. ein specielles Intensitäts-
maximum für einen eng begrenzten Theil der blauen Strahlen lieferte, welches das Sonnenlicht, resp. das Licht der Erdatmosphäre nicht besitzt; dann
würde es möglich sein, durch ein geeignetes Absorptionsmittel alle übrigen
photographisch wirksamen Strahlen abzuschliessen und so durch Benutzung nur dieses Maximums ein günstigeres Verhältniss zwischen den
Helligkeiten der Corona und der Atmosphäre herzustellen. Ein solcher
Fall liegt aber wohl schwerlich vor.

Die Bestrebungen müssen nach einer ganz anderen Richtung gehen,
nämlich dahin, das photographische Verfahren so zu wählen, dass ein
Maximum der Empfindlichkeit in der Abbildung schwacher Contraste
erreicht wird, und gleichzeitig in demselben Sinne die Expositionszeit zu
wählen. Diesen Weg hat Huggins*) eingeschlagen, und es scheint, als
ob er auf demselben auch zu positiven Resultaten gelangt sei.

Es mögen deshalb hier die vergeblichen Versuche anderer Astronomen, sowie die Vorversuche von Huggins übergangen werden, um
gleich die definitiven Huggins'schen Untersuchungen zu besprechen. Sein
Coronograph hat die folgende einfache Einrichtung (Fig. 19):

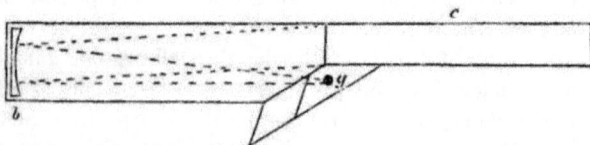

Fig. 19.

Bei *b* befindet sich der 7zöllige, auf 3½ Zoll Oeffnung abgeblendete
Spiegel, der gegen die Axe des Rohres etwas geneigt ist, so dass der
von *C* kommende Lichtstrahl nach *g* gelangt. *C* ist eine Röhre mit vielen
Diaphragmen, welche zur Vermeidung von schädlichen Reflexen angebracht sind und das Gesichtsfeld auf einen kleinen Theil der Sonnen-
umgebung beschränken. Dicht vor der photographischen Platte befindet
sich ein kreisrunder Blechschirm *g*, welcher, von etwas grösserem Durchmesser als das Sonnenbild, die directen Sonnenstrahlen von der Platte
abhält. Vor der Platte befindet sich der Spaltverschluss mit Einrichtungen zur Variation der Expositionszeit. Als geeignetstes photographisches

* Proceedings R. Soc. 1885. Nr. 239.

Verfahren hat Huggins den .Chlorsilberprocess gewählt; für die Expositionszeiten musste die Ueberlegung massgebend sein, dass natürlich nicht diejenige brauchbar sein kann, welche bei totalen Sonnenfinsternissen anzuwenden ist, welche also ungefähr der wirklichen Helligkeit der Corona h entspricht, sondern eine bedeutend kürzere, passend für die Helligkeit $H + h$. Immerhin bleibt bei dieser Ueberlegung die wirklich anzuwendende Expositionszeit noch in sehr weiten Grenzen unsicher. und Huggins war deshalb auf die Hoffnung angewiesen, bei einer grösseren Zahl von Aufnahmen mit den verschiedensten Expositionszeiten ein oder das andere Mal die richtige zu treffen, und das scheint auch gelungen zu sein. Allerdings zeigen ja alle derartige Aufnahmen eine helle, nach aussen abnehmende Umrandung der Sonne, die für gewöhnlich nur ein Bild der erhellten Erdatmosphäre ist; aber Bilder, welche deutliche Anzeichen einer unregelmässigen Umhüllung und einer coronaähnlichen Structur zeigen, hat Huggins nur bei sehr klarem, blauem Himmel erhalten. Um eine directe Aufklärung hierüber zu gewinnen, hat Huggins bei Gelegenheit der totalen Sonnenfinsterniss vom 6. Mai 1883, welche auf den Carolinen beobachtet wurde, in London Aufnahmen mit seinem Coronographen gemacht und nach diesen Aufnahmen eine Zeichnung der Corona anfertigen lassen, bevor die Resultate von den Carolinen-Inseln bekannt waren. Die spätere Vergleichung zeigte eine entschiedene Aehnlichkeit in der allgemeinen Form, und ganz ausser Zweifel wurde die Identität gestellt durch einen eigenthümlich geformten Strahl, der auf den Huggins'schen Aufnahmen und auf denen von der Sonnenfinsterniss zu erkennen war.

Es ist somit wohl ausser Frage gestellt, dass es Huggins gelungen ist, das Problem zu lösen; aber es ist dabei nicht zu verkennen, dass die erhaltenen Resultate noch wenig zu einem besonderen Studium der Corona geeignet sind, und dass ganz wesentliche Vervollkommnungen der Methoden noch sehr wünschenswerth sind.

Einen gänzlich anderen Weg als Huggins hat Hale in neuerer Zeit eingeschlagen, um Aufnahmen der Corona zu erhalten. Wenngleich derselbe bisher nicht zum Ziele geführt hat, so ist er doch insofern bemerkenswerth, als Hale wieder zu dem früher verfolgten Principe der Benutzung eines begrenzten, diesmal sehr eng begrenzten Spectralgebietes zurückgegangen ist.

Da das Licht der Erdatmosphäre wesentlich nur Sonnenlicht ist, so ist es klar, dass unsere Atmosphäre für das Licht von der Wellenlänge irgend einer Fraunhofer'schen Linie, welche in der Sonne ihren Ursprung hat, relativ sehr dunkel ist. Mit Hülfe eines dem Spectroheliographen ähnlich gebauten Instruments ist es nun verhältnissmässig

leicht, eine solche Linie aus dem übrigen Lichte zu isoliren, indem der
zweite Spalt genau auf diese Linie gesetzt wird. Ob diese Methode
zum Ziele führen kann, hängt allein wieder davon ab, ob das Licht der
Corona zu einem beträchtlichen Theile aus eigenem Lichte besteht und
nicht nur reflectirtes Sonnenlicht ist; im letzteren Falle würde natürlich
die Corona in dem Lichte von der betreffenden Wellenlänge ebenfalls
dunkel sein. Hale hat hauptsächlich auf Grund von Beobachtungen,
die Hastings bei der 1883er Sonnenfinsterniss über das Spectrum der
Corona angestellt hat, sich der ersteren Ansicht zugeneigt und einen

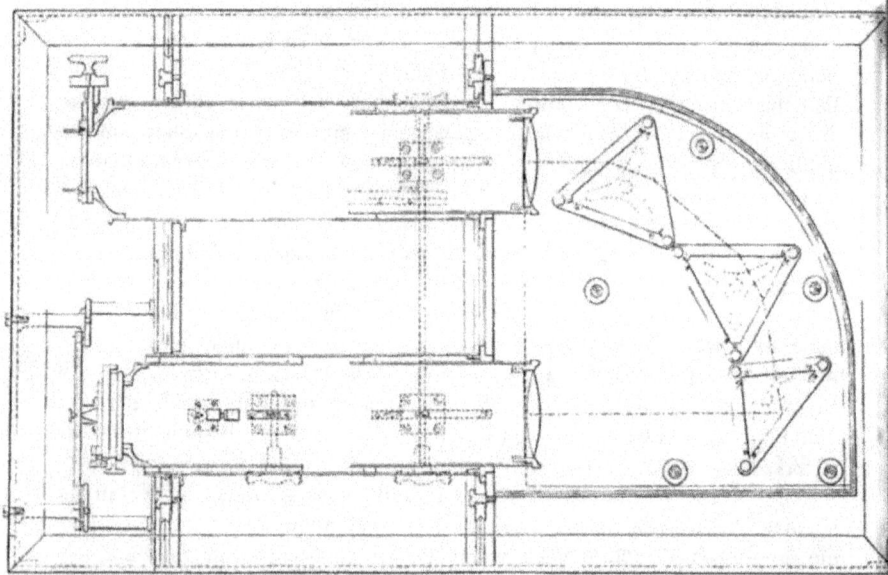

Fig. 20.

zu dem Zwecke der Coronaaufnahmen bestimmten Spectroheliographen
mit geringer Zerstreuung benutzt. Als vortheilhafteste Stelle des Spectrums bot sich ihm die K-Linie dar, hauptsächlich, weil es kein brei-
teres Band im brechbareren Theile des Spectrums giebt. so dass sich
die erforderliche sehr geringe Weite des zweiten Spaltes noch praktisch
herstellen liess. Die mechanische Einrichtung des Apparates unterscheidet sich in einigen Punkten von der des Spectroheliographen und
ist wesentlich einfacher. Die beifolgende Fig. 20 giebt einen Durchschnitt durch den Apparat. Der äussere Rahmen ist am Fernrohre
Spiegelteleskop) befestigt, und an ihm ist fest verbunden die photo-

graphische Cassette mit Platte. Der ganze übrige Theil des Apparates, also Spectroskop mit dem zweiten Spalte, kann vermittels Rollen auf Führungen hin- und hergleiten. Die Bewegung dieses Theiles wird in gleichförmiger Weise durch eine in der Figur nicht sichtbare, seitlich angebrachte Wasseruhr besorgt. Als Dispersionsmittel dienen nur zwei Prismen aus Crownglas; durch das dritte, totalreflectirende Prisma werden die Strahlen so abgelenkt, dass die Axen von Collimator und Beobachtungsfernrohr genau parallel sind. Hierdurch hat der Apparat eine sehr compendiöse und stabile Form erhalten und ist gleichzeitig der complicirte Hebelmechanismus des Spectroheliographen in Wegfall gekommen. Vor dem ersten Spalte ist eine kreisrunde Platte von etwas grösserem Durchmesser als das Bild der Sonnenscheibe angebracht, um das directe Sonnenlicht abzublenden.

Die Aufnahmen, die Hale auf dem Aetna mit diesem Apparate erhalten hat, zeigen in Bezug auf die Corona ein negatives Resultat, und hieraus ist wohl der Schluss zu ziehen, dass ein wesentlicher Unterschied des Coronalichtes gegen das Sonnenlicht nicht besteht, und dass die für das Gegentheil sprechenden Beobachtungen nicht genügend sicher sind.

Die photographischen Refractoren und Reflectoren.

An die Instrumente, welche zur Aufnahme von Fixsternen, Nebelflecken, Cometen und auch zu direct vergrösserten Aufnahmen des Mondes und der grossen Planeten dienen sollen, wird die Forderung gestellt, dass während längerer Zeiträume der Bildpunkt eines Sternes mit einer sehr grossen Exactheit auf demselben Punkte der photographischen Platte festgehalten werden kann. Von einer möglichst hohen Leistungsfähigkeit des Instrumentes in dieser Beziehung hängt hauptsächlich die Erlangung von Aufnahmen ab, deren Ausmessung alle directen Messungen an Genauigkeit übertreffen kann. An die photographischen Refractoren — um diese Instrumente kurz so zu bezeichnen — werden deshalb im allgemeinen höhere Ansprüche in Bezug auf Stabilität und genaue Ausführung gestellt, als an andere Fernrohre; ausserdem aber müssen neue Einrichtungen getroffen werden, um das gesteckte Ziel erreichen zu können. Selbst ein ideal fehlerfrei gebautes Instrument kann, selbständig functionirend, bei längeren Expositionszeiten keine guten Aufnahmen liefern, da die mit dem Stundenwinkel und mit Temperatur- und Barometerschwankungen veränderliche Refraction eine Bewegung des Bildpunktes auf der Platte bewirkt. Es muss also die Möglichkeit gegeben sein, dass der Beobachter die Lage des Bildpunktes direct oder indirect controlliren und corrigiren kann, und die hierzu nothwendigen Einrichtungen mögen zunächst besprochen werden.

Als erste und einfachste Methode zum »Halten« eines Sternes bot sich die Benutzung des bei jedem Refractor vorhandenen Suchers dar. Sind die optischen Axen von Sucher und Hauptfernrohr parallel, so hat man eine Garantie dafür, dass beim Halten eines Sternes im Fadenkreuze des Suchers das Bild desselben Sternes auch im Hauptfernrohre in der optischen Axe, also auf demselben Punkte der Platte bleibt. Dieser Parallelismus der beiden Fernrohre kann aber nur für einen Punkt des Himmels hergestellt werden; für jeden anderen Punkt bilden die beiden optischen Axen einen kleinen Winkel mit einander, dessen Betrag von der ganz unvermeidlichen Durchbiegung des Fernrohrs abhängt. Bei kurzen Expositionszeiten kann die Aenderung der Biegung eine so geringe sein, dass die von ihr abhängende Ortsveränderung des Bildpunktes auf der Platte unmerklich bleibt, und so lange ist diese Methode des Haltens anwendbar, darüber hinaus aber nicht mehr. Gerade bei der allgemein gebräuchlichen Befestigung des Suchers am Ocularende des Fernrohrs ist die Wirkung der Biegung eine sehr beträchtliche; sie geht mit vollem Betrage ein. Sie würde sehr vermindert werden können, nämlich auf die Differentialbiegung zwischen den beiden Theilen des Rohres, welche durch die Declinationsaxe geschieden werden, wenn der Sucher, ebenfalls nahe der Mitte seiner Länge gefasst, auch an der Declinationsaxe unter gleichzeitiger Befestigung am Hauptrohre angebracht würde, eine Einrichtung, die wegen der damit verbundenen Unbequemlichkeiten nie in Anwendung gekommen, jetzt auch durch eine viel bessere überflüssig geworden ist.

Der Einfluss der Biegung lässt sich leicht klarlegen.

Die untenstehende, stark übertriebene schematische Fig. 21 zeigt die gegenseitige Lage der beiden optischen Axen bei nahe horizontal gestell-

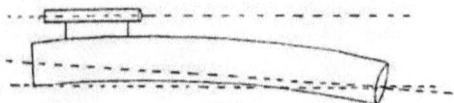

Fig. 21.

tem Fernrohre, nachdem dieselben bei senkrechter Lage einander parallel gestellt worden waren. Es findet eine Biegung des Hauptrohrs um den Aufhängepunkt (Declinationsaxe) statt, infolge deren die Richtung der optischen Axe des Suchers erhöht wird. Bringt man nun den Stern auf das Fadenkreuz des Suchers, so liegt das Bild nicht mehr in der Mitte auf der Platte, sondern mehr nach unten; hätte man also exponirt von der Stellung eines Sternes im Zenith bis zum Untergange, so würde man auf der Platte eine Linie als Bild des Sterns erhalten haben. Wäre dagegen der Sucher in der Mitte des Rohres bei D angebracht, so würde unter der Annahme einer symmetrischen Durchbiegung der beiden Rohrhälften überhaupt keine Richtungsveränderung zwischen den optischen Axen von Sucher und Fernrohr entstehen, die Biegung also ohne Einfluss auf die Lage des Bildpunktes sein und nur einen Fehler in der Centrirung des Objectivs hervorbringen. Bei unsymmetrischer Durchbiegung würde nur die Differenz der beiden Biegungen, also auch ein viel geringerer Betrag als bei Anbringung des Suchers am Ocularende, eingehen.

Die Einrichtung, ein anderes, meist grösseres Fernrohr als Sucher an Stelle des Gegengewichtes auf die Declinationsaxe zu setzen, ist in der Praxis mehrfach getroffen worden. Es gehen hierbei auch nur die Differenzen der Biegungen der beiden Rohre ein; aber dieselben werden im allgemeinen nicht unbeträchtlich sein, wenn die beiden Fernrohre von sehr verschiedener Grösse und Construction sind, wie dies meistens der Fall gewesen ist. Neu hinzu tritt der Einfluss der Biegung der Declinationsaxe. Diese Einrichtung, die für viele Zwecke sehr bequem ist. indem sie gestattet, zwei verschiedenartige Instrumente mit einer einzigen Montirung und in einer einzigen Kuppel zu verwenden, ist daher ebenfalls für längere Aufnahmen nicht als geeignet zu bezeichnen.

Die Unmöglichkeit, mit Hülfe eines Suchers brauchbare Aufnahmen von grösserer Expositionszeit zu machen, hat zu einer Methode geführt, bei welcher ohne Sucher unter Anwendung des Objectivs des Hauptfernrohrs selbst ein Stern gehalten werden kann, so dass also die Biegung gänzlich eliminirt wird. Diese Methode besteht darin, neben der Cassette ein Ocular mit Fadenkreuz anzubringen, in welchem ein seitlich gelegener Stern gehalten wird. Sie hat, was die Forderung angeht, das Bild eines Sternes genau auf demselben Punkte der Platte zu halten, zu sehr guten Resultaten geführt, ist aber in der bisherigen einfachen Form nicht allgemein anwendbar, sondern nur bei Objectiven, welche für die optischen Strahlen achromatisirt sind. Mit derartigen Objectiven sind aber aus anderen, früher auseinandergesetzten Gründen, gute Aufnahmen überhaupt nicht zu erhalten — abgesehen von den kleineren mehrlinsigen Objectiven, welche gleichzeitig für die optischen und die photographischen Strahlen corrigirt sind — sondern man verwendet heute in der Himmelsphotographie nur noch für die chemischen Strahlen achromatisirte Objective, und die von diesen gelieferten optischen Bilder sind so schlecht, dass es ganz unmöglich ist, dieselben exact auf einem Fadenkreuze zu halten. Es ist jedoch denkbar, ein Ocular so zu construiren — durch Verbindung mit einem Correctionssysteme — dass die Bilder optisch brauchbar werden, und dann würde gegen die Methode des Haltens ohne Sucher nicht viel anderes einzuwenden sein, als dass bei ihr eine gewisse Einschränkung des Gesichtsfeldes eintritt, da man nicht allzuweit seitlich mit dem Oculare gehen darf, weil sonst die Deformirung des optischen Bildes das Halten erschwert. Nach dem Vorgange von O. Lohse muss hierbei übrigens die Einrichtung getroffen werden, dass die Cassette mit dem excentrisch gelegenen Oculare gedreht werden kann, um mehr Chancen für das Auffinden eines zum Halten geeigneten Sternes zu haben. Eine besondere Cassetteneinrichtung zur Anwendung dieser Methode bei Spiegelteleskopen ist zuerst von Common angegeben und von demselben mit gutem Erfolge benutzt worden. Wegen der völligen Achromasie der Spiegel liegt hierbei keinerlei Schwierigkeit vor.

Die beste Lösung des Problems ist durch die Gebrüder Henry gegeben worden. Dieselben gingen wieder zur Verwendung des Suchers zurück, gaben dem Objective desselben aber die gleiche Brennweite wie dem photographischen und vereinigten Sucher und Hauptfernrohr in einem einzigen Rohr, in dem nur eine dünne Scheidewand die optische Trennung der beiden Instrumente bewirkt. Hierdurch ist jede Verschiedenheit der Biegung für die beiden Systeme ausgeschlossen, und es kann viele Stunden lang exponirt werden, ohne dass eine Verschiebung des photographischen Bildes auf der Platte infolge der Durchbiegung zu befürchten wäre. Wesentlich ist bei dieser Einrichtung, dass sowohl die beiden Objective als auch Cassettenauszug und Ocular auf je einer gemeinschaftlichen starken Grundplatte befestigt sind, damit nicht noch an diesen Stellen eine verschiedene Biegung eintreten kann. Aus diesem letzteren Grunde ist es nicht anzurathen, zwei getrennte Rohre anzuwenden, die nur durch Bänder oder Riegel mit einander verbunden sind, wozu man sonst aus Schönheitsrücksichten geneigt sein könnte, da das nothwendiger Weise verhältnissmässig sehr breite gemeinschaftliche Rohr einen ziemlich plumpen Eindruck macht. Neben der Sicherung gegen Durchbiegung bietet die Henry'sche Einrichtung auch den Vortheil, dass das Objectiv des Suchers, oder nun besser »Haltefernrohrs«, ziemlich gross und lichtstark sein kann, so dass auch schwächere Sterne zum Halten zu benutzen sind. Die von den Herren Henry gewählten Masse für den ersten Pariser Photographischen Refractor sind bekanntlich annähernd für eine grosse Zahl von Instrumenten gleicher Art beibehalten worden. Die Objective der Haltefernrohre besitzen eine Oeffnung von 9 bis 10 Zoll, so dass Sterne bis zur Grösse 9.5 bei hellem Gesichtsfelde noch zum Halten benutzt werden können.

Nach Ueberwindung der Schwierigkeit, die für längere Aufnahmen durch die Durchbiegung entstehen, gilt es nun, alle übrigen Theile des Instrumentes so zu construiren, dass die Schwierigkeit des Haltens selbst zu einem Minimum wird, und dies tritt ein, wenn die selbstthätige

Fortführung des Instrumentes eine möglichst exacte ist, der Beobachter
also, der die Fortführung zu corrigiren hat, möglichst wenig in Anspruch
genommen wird. — Ich möchte hier einschalten, dass das, was in dieser
Beziehung vom Instrument zu verlangen ist, natürlich sehr von der Art
der Aufnahmen und ganz besonders von der Brennweite des Objectivs
abhängt. Es ist klar, dass ein gutes Halten sogar ohne Uhrwerk möglich
ist, wenn der Massstab der Aufnahmen genügend klein ist, wenn also
Fehler in der Fortführung, die im Winkel vielleicht eine halbe Bogenminute erreichen, linear gegenüber dem Durchmesser der Sternscheibchen klein sind. Für grössere photographische Refractoren, beispiels-
weise für die nach Henry'schem Vorgange construirten, sind die Anforderungen an die Exactheit des Haltens sehr bedeutend. Der kleinste
Durchmesser der Sternscheibchen beträgt bei diesen Instrumenten etwa 3'',
Deformationen von 1'' sind also sehr deutlich zu erkennen und ver-
schlechtern in merklicher Weise die Messungen. Einem Betrage von 1''
entspricht aber in linearem Masse 0.017$\overset{mm}{}$; es muss also mindestens bis
auf 0.02$\overset{mm}{}$ exact gehalten werden. Grössere Schwankungen werden zwar
kaum zu vermeiden sein, aber ihr Vorkommen muss ein beschränktes
bleiben. Die an das Halten zu stellende Forderung lässt sich allgemein
folgendermassen ausdrücken:

Bezeichnet man mit $\dfrac{a}{r}$ den kleinen Bruchtheil des Halbmessers eines
photographischen Sternscheibchens, um welchen derselbe noch eben deformirt sein darf, ohne die Messungsgenauigkeit merklich zu schädigen.
so darf die Summe der Zeiten, während welcher sich durch fehlerhaftes
Halten das Bild des Sterns um den Betrag $\dfrac{a}{r}$ nach einer Richtung hin
vom Fadenkreuze entfernt, den Betrag nicht übersteigen, der eben zur
Erzeugung eines Eindruckes auf die Platte genügt. Je schwächer ein
Stern ist, um so kleiner wird r, um so kleiner muss also auch a, der
absolute Betrag der Verstellung, werden; gleichzeitig aber darf diese Verstellung häufiger erreicht werden, da für einen schwächeren Stern eine
längere Zeit zur Erzeugung eines Eindruckes nöthig ist, oder mit anderen
Worten, stärkere Amplituden als a bleiben unschädlich, wenn sie nicht
so häufig eintreten, dass die Gesammtzeit, welche der Stern in dieser
stärkeren Amplitude verweilt, zur Abbildung genügt.

An das sichere Functioniren des Triebwerkes sind demnach zunächst
sehr hohe Anforderungen zu stellen, speciell an den Regulator desselben.
Es kann hier nicht im einzelnen auf die verschiedenen Constructionen ein-

gegangen werden, sondern es muss genügen, allgemeine Gesichtspunkte
aufzustellen, und die gehen dahin, dass es weniger schadet, wenn das
Uhrwerk nicht ganz genau regulirt ist, wenn also der Stern das Bestreben
hat, nach einiger Zeit immer wieder sich in einer bestimmten Richtung vom
Fadenkreuze zu entfernen, als wenn periodische Schwankungen vorhanden
sind. Solche kurz-periodische Schwankungen treten z. B. sehr leicht bei
den auf Reibung beruhenden Regulatoren auf, und da hierbei sowohl
die Länge der Periode als auch die Grösse der Amplitude je nach dem
Widerstande im ganzen Instrumente veränderlich ist, so wird hierdurch
das Halten ungemein erschwert und bei kurzen Perioden sogar unmöglich
gemacht. Glücklicherweise sind in den letzten Jahrzehnten Triebwerke
construirt worden, bei denen die Regulatorvorrichtung selbst für die
höchsten Ansprüche genügt, z. B. die elektrisch controllirten Regulatoren
und die sogenannten Federpendel; besondere Schwierigkeiten sind in
dieser Beziehung nicht mehr vorhanden.

In zweiter Linie wichtig ist der auf der Stundenaxe des Fernrohrs
sitzende Triebkreis, der die Bewegung vom Uhrwerke auf das Fernrohr
überträgt. Bei diesen Kreisen sind Theilungsfehler unvermeidlich, und
wenn sie auch linear sehr gering sind, so sind sie doch im Bogen sehr
merklich und erreichen Beträge bis zu mehreren Bogensecunden. Hier
sind es die zufälligen Theilungsfehler, welche besonders schädlich wirken,
da sie plötzlich und unerwartet zur Wirkung kommen und deshalb eine
merkliche Zeit vergeht, bis der Beobachter sie corrigirt hat.

Es giebt jedoch eine sehr einfache Methode, diese Fehler durch
Einschleifen des Kreises mittels der eingreifenden Tangentialschraube,
falls dies nicht in genügender Weise durch den Mechaniker geschehen
ist, am aufgestellten Instrumente zu beseitigen. Man versetzt durch
irgend eine Schnurübertragung von einer in der Kuppel aufgestellten
Drehbank aus die Schraube in so schnelle Rotation, dass der Kreis in
wenigen Minuten einen Umlauf vollführt. Als Schleifmittel benutzt man
Tripel oder sehr fein gemahlenen Blaustein mit Oel. Nach kurzer Zeit
kann man durch die Lupe bereits erkennen, bei welchen Zähnen das
Schleifen begonnen hat und bei welchen noch nicht, und das Schleifen
ist so lange (eventuell einige Tage lang) fortzusetzen, bis alle Zähne gleichmässig angegriffen sind. Dann sind sämmtliche zufälligen Theilungsfehler
beseitigt, und nur die Fehler von grösserer Periode bleiben bestehen; da
letztere aber nur während längerer Zeiträume beschleunigend oder ver-
langsamend auf den Gang des Fernrohrs einwirken, so vermischen sie
sich mit den durch Temperaturschwankungen etc. eintretenden Gang-
änderungen der Uhr und sind nur wenig schädlich. Die Schraube ist
durch dieses Schleifen natürlich beträchtlich stärker angegriffen worden

als der Kreis; die Erfahrung hat aber gezeigt, dass dies keine schädlichen Folgen nach sich zieht, eventuell würde eine solche Schraube auch leicht durch eine neue ersetzt werden können.

Es ist nun weiter nothwendig, dass auch die Stundenaxe selbst möglichst fehlerfrei ist, da Abweichungen von der kreis-cylindrischen Gestalt derselben auf den Gang des Fernrohrs einwirken. Hierzu kann der Astronom nichts mehr thun; es ist dies Sache der exacten mechanischen Ausführung. Dagegen hat wieder der Beobachter dafür zu sorgen, dass die Stundenaxe stets möglichst genau orientirt ist. Ist dies nicht der Fall, so beschreibt das Instrument irgend einen Kreis am Himmel, der von dem betreffenden Declinationskreis abweicht und zwar derart, dass ausser einer Aenderung des Ganges auch eine allmähliche Abweichung des Fadenkreuzes vom Sterne im Sinne der Declination erfolgt. Selbst bei Abweichungen von der richtigen Orientirung, die so gering sind — ein oder zwei Bogenminuten —, dass sie bei gewöhnlichen Beobachtungen gar nicht merklich werden, tritt der Einfluss störend auf; man muss auf die Einstellung in Declination vermehrte Aufmerksamkeit richten, natürlich zum Schaden des exacten Haltens in Rectascension. Die gewöhnlichen Methoden zum Justiren der Stundenaxe reichen meistens nicht aus, da man dazu die Kreise des Refractors benutzen muss, deren Ablesung selten genauer als auf eine Bogenminute erfolgen kann. Man kann aber auf Grund der Abweichungen des Sternes vom Fadenkreuze im Sinne der Declination eine äusserst einfache Methode zur Orientirung der Stundenaxe anwenden, die eine Genauigkeit von wenigen Bogensecunden erreichen lässt und in weit kürzerer Zeit zum Ziele führt[*]). Erforderlich ist nur ein Uhrwerk am Refractor und eine starke Vergrösserung, welche beide Forderungen bei einem photographischen Refractor eo ipso erfüllt sein müssen.

Aus der bekannten Formel für ein parallaktisch aufgestelltes Fernrohr:

$$\delta = \delta'' + \varDelta\delta - \lambda\cos(\tau' - h) - \tfrac{1}{2}(i'^2 + c^2)\operatorname{tg}\delta - i'c\sec\delta$$

erhält man

$$d\delta'' = -\lambda(\sin\tau'\cos h - \cos\tau'\sin h)\,d\tau'.$$

Nun ist

$-\lambda\cos h = x =$ dem Fehler der Stundenaxe im Sinne der Polhöhe.

$\lambda\sin h = y =$ der Projection des Instrumentenpols auf den Meridian.

Hiernach wird

$$\frac{d\delta''}{d\tau'} = x\sin\tau' + y\cos\tau',$$

---

*) J. Scheiner. Sur une Méthode très simple ..... Bull. du Comité 1, 385.

d. h. im Meridian bringt nur der Fehler y eine Veränderung der Pointirung im Sinne der Declination hervor, während bei den Stundenwinkeln
$\pm 6^h$ die Veränderung allein durch den Fehler x entsteht. Die Gleichung
zeigt ferner, dass der Differentialquotient $\dfrac{d\delta''}{d\tau'}$ unabhängig von der Declination ist, dass also für gleiche Zeitintervalle und gleiche Stundenwinkel
dieselben Variationen der Declinationseinstellung bei allen Declinationen
entstehen.

Die Fehler der Collimation und der Neigung der Declinationsaxe
gehen in den Werth $\dfrac{d\delta''}{d\tau'}$, nicht ein, aber die Wirkung der Refraction muss
unschädlich gemacht werden. Um also den Werth y zu erhalten, wird
man im Meridian in der Nähe des Zeniths beobachten; um x zu erhalten,
wird man Polsterne bei dem Stundenwinkel $\pm 6^h$, also in der grössten
Digression nehmen.

In der Praxis wird man folgendermassen verfahren: Nachdem das
Instrument bereits auf etwa 10' bis 20' in jeder Coordinate richtig gestellt
und das Uhrwerk regulirt ist, bringt man einen in der Nähe des Meridians
und gleichzeitig in der Nähe des Zeniths befindlichen Stern genau auf
das Fadenkreuz. Nach einigen Minuten wird man bemerken, dass der
Stern sich allmählich vom Declinationsfaden entfernt; eine Drehung des
Instrumentenpfeilers im Azimuth genügt dann, um den Stern auf den
Faden zurückzubringen. Steht aber der Stern nicht genau im Zenith, so
wird er sich durch diese Drehung auch vom Stundenfaden entfernen, muss
also durch die Feinbewegung wieder auf diesen zurückgebracht werden.
Nach einigen Minuten wird man erkennen, ob nun der Stern genau auf
dem Declinationsfaden geblieben ist, oder ob eine neue Drehung des Instrumentes erforderlich wird.

Wenn sich der Stern (im umkehrenden Fernrohre) vom Faden gehoben hat, so ist $d\delta''$ negativ, und das Nordende der Stundenaxe muss
von Osten nach Westen verschoben werden. Man wird nun in derselben
Weise mit einem Polsterne verfahren, der sich im Stundenwinkel 6^h
befindet, und die Correction wird man ausführen mit der Schraube, welche
die Höhe des Instrumentenpoles ändert. Entfernt sich der Stern vom Declinationsfaden scheinbar nach Westen, so muss das Nordende der Stundenaxe
gehoben werden. Hierbei erhält man die Orientirung des Instrumentes
aber nicht auf den wahren Pol, sondern auf den scheinbaren, durch Refraction veränderten. Das ist in unseren Breiten aber nur vortheilhaft.
wenn die Aufnahmen in mittleren Höhen und nicht zu grossen Stundenwinkeln genommen werden. Man kann übrigens in jedem einzelnen Falle
die Orientirung auf den wahren Pol nachträglich ausführen, wenn man

sich ein für allemal ausgerechnet hat, um welchen Betrag hierzu die Schraube gedreht werden muss.

Diese Methode gewährt eine sehr grosse Genauigkeit der Orientirung. Wenn man eine Vergrösserung von 300 bis 400 anwendet, kann man eine Variation von $0.\!''5$ in der Pointirung des Sternes noch deutlich erkennen, falls die Luftunruhe nicht zu stark ist. Nun bringt ein Fehler in der Orientirung von $1'$ in einer Zeitminute eine Aenderung der Einstellung von $0.\!''26$ hervor; in 2 Minuten kann also ein Orientirungsfehler von $1'$ bereits erkannt werden, und es ist daher mit Leichtigkeit die Orientirung bis auf etwa $10''$ auszuführen.

Die Fehler der Orientirung selbst bleiben bei dieser Methode der Justirung unbekannt, was aber für die Zwecke der Justirung gleichgültig ist. Sie lässt sich aber auch zu einer genauen Bestimmung dieser Fehler verwenden, wie Rambaut[*]) gezeigt hat. Es ist hierzu nur nöthig, von zwei passend gewählten Sternen zwei kurze Aufnahmen in einem Intervalle von 15 oder 30 Minuten zu machen und die Distanz der den beiden Aufnahmen entsprechenden Bilder zu messen. Eine Auseinandersetzung dieser Methode gehört aber nicht an diese Stelle, sondern sie muss in einem später folgenden Capitel besprochen werden.

Als Marke im Haltefernrohr benutzt man im allgemeinen am besten ein einfaches Fadenkreuz, entweder dunkle Fäden im hellen Felde oder helle Fäden im dunklen; letzteres ist indessen nur als Nothbehelf zu betrachten, wenn der Haltestern zu schwach ist, um im hellen Gesichtsfelde deutlich gesehen werden zu können. Die Fäden sollen möglichst fein sein, damit das Sternpünktchen nicht im Durchschnittspunkte der Fäden verschwindet, und die Ocularvergrösserung soll eine recht kräftige sein, damit man einerseits die kleinsten Verstellungen wahrnimmt, andererseits aber auch die feinen Fäden deutlich sehen kann. Die geeignetsten Vergrösserungen zum Halten dürften bei grösseren Refractoren zwischen 400 und 600 liegen; bei unruhiger Luft wird man etwas weniger vorziehen, bei sehr guter Luft kann man dagegen noch weiter gehen. Je heller der Haltestern ist, um so schärfer kann gehalten werden, da das Bild des Sternes damit immer grösser wird und die Viertheilung desselben durch das Fadenkreuz besser taxirt werden kann. Bei Haltefernrohren von 9 bis 10 Zoll Oeffnung dürfte die Grösse 9.5 die untere Grenze darstellen, unterhalb welcher im hellen Felde nicht mehr genügend scharf gehalten werden kann. Man wird indessen nur selten ganz in der Nähe des Punktes, der auf die Mitte der Platte kommen soll, einen genügend hellen Stern zum Halten finden, und deshalb ist es unumgänglich noth-

---

[*]) To adjust the Polar Axis of an Equatorial .... M. N. 54, 85.

wendig, das Fadenkreuz nicht fest im Ocularauszuge, sondern auf einer
mikrometerähnlichen Vorrichtung anzubringen, welche es gestattet, das
Fadenkreuz an jede Stelle eines Feldes von mindestens 30′ Durchmesser
zu bringen, um auch weiter entfernte Sterne zum Halten benutzen zu
können bei Beibehaltung des gewünschten Plattenmittelpunktes.

Bevor man diese Einrichtung an photographischen Refractoren getroffen hatte, hat man zu anderen Hülfsmitteln gegriffen, um schwächere
Sterne halten zu können. Man nahm dunkles Gesichtsfeld und beobachtete
das Verschwinden des Sternes hinter den sehr dicken Fäden des Fadenkreuzes; ein exactes Halten ist mit dieser Vorrichtung natürlich nicht
möglich. Besser ist die Lohse'sche Methode, wobei anstatt des Fadenkreuzes ein aus Balmain'scher Leuchtfarbe hergestellter Ring benutzt
wird. Je nach der Stärke der Belichtung des Ringes erscheint derselbe
nachher in mehr oder weniger mildem Lichte, so dass noch ziemlich
schwache Sterne recht gut in die Mitte des Ringes eingestellt werden
können. Ganz zu verwerfen ist eine von Schaeberle und Barnard
angegebene und bei helleren Sternen häufig angewandte Methode, bei
welcher keine künstliche Feldbeleuchtung nothwendig ist. Man bringt
hierbei das Fadenkreuz so weit aus dem Focus des Fernrohrs heraus,
dass der Stern als kleine Scheibe erscheint, auf welcher alsdann das
Fadenkreuz sichtbar wird. Infolge der hierdurch auftretenden Parall-
axenwirkung kann natürlich exactes Halten nicht mehr stattfinden.

Das Halten selbst ist nun, wie jede andere messende astronomische
Beobachtung, eine Kunst, die nur durch Uebung erworben werden kann.
Man muss bei jeder Art des Luftzustandes sofort erkennen können, ob
eine plötzlich stattfindende Excursion des Sternes vom Fadenkreuze
durch die Luftunruhe oder durch einen Fehler im Instrumente verursacht ist. Im ersteren Falle hat man nicht zu corrigiren, da die durch
Luftunruhe entstehenden Schwankungen sich im Laufe der Exposition von
selbst ausgleichen; im anderen Falle aber muss möglichst sofort corrigirt
werden. Diese Unterscheidung ist nicht immer leicht, da es Luftzustände
giebt, bei denen die Schwankungen eine Periode von mehreren Secunden
besitzen (siehe pag. 49).

Das Corrigiren mittels der Feinbewegungen muss ganz mechanisch
erfolgen, d. h. die Uebung muss so weit getrieben sein, dass ohne besondere Ueberlegung die entsprechende Handbewegung ausgeführt wird,
sobald eine Abweichung von der richtigen Stellung in irgend einer Richtung sichtbar wird. Durch sehr grosse Unruhe der Luft wird das Halten
schliesslich sehr erschwert; in solchen Fällen aber soll man schon aus
anderen Gründen von photographischen Aufnahmen absehen.

Die in diesem Capitel bisher gegebenen allgemeinen Principien der

Construction werden in Verbindung mit den entsprechenden Regeln für die Wahl der optischen Theile genügen, zu einem bestimmten Zwecke ein möglichst geeignetes photographisches Instrument zu construiren. Es bleiben dabei natürlich noch viele Punkte im einzelnen zu überlegen, die unmöglich im Voraus hier berücksichtigt werden können, da sie ein Specialstudium erfordern. Es wird auch kaum möglich sein, ein grösseres Instrument dieser Art gleich vollkommen fertig zum Gebrauche herzustellen; erst die Benutzung lässt die Fehler und Unvollkommenheiten erkennen, die dann nachher verbessert werden können. Diese Fehler dürfen natürlich keine die Haupttheile des Instrumentes betreffenden sein, da deren Beseitigung nachträglich grosse Schwierigkeiten macht oder auch ganz unmöglich ist, und deshalb sind auch die allgemeinen Gesichtspunkte im Vorigen aufgestellt worden.

Es möge nun zu einer Beschreibung einzelner Instrumente, die sich durch gute Resultate ausgezeichnet haben oder in historischer Beziehung interessant sind, übergegangen werden. In erster Linie gebe ich hier eine eingehende Beschreibung des Photographischen Refractors der Potsdamer Sternwarte, einmal weil dieses Instrument kaum durch ein anderes gleichartiges übertroffen sein dürfte, dann aber auch, weil mir selbst dieses Instrument naturgemäss am genauesten bekannt ist. Bei den anderen Instrumenten sollen nur die Hauptpunkte kurz hervorgehoben werden.

Die Objective des Photographischen Refractors, von denen das für die photographischen Strahlen achromatisirte 34 cm Oeffnung, das für die optischen Strahlen corrigirte 23 cm Oeffnung besitzt, haben eine Brennweite von 3.4 m. Das Brennweitenverhältniss beträgt also für das photographische Objectiv 1:10, für das optische 1:15. Ueber die Güte des von Steinheil gelieferten photographischen Objectivs und über die Construction desselben finden sich an anderen Stellen dieses Buches die erforderlichen Angaben.

Beide Objective sind auf einer gemeinschaftlichen, 5 mm dicken Eisenplatte befestigt, welche auf einen Flantsch des eisernen Rohres von elliptischem Querschnitte aufgenietet ist. Die Verjüngung des Rohres nach dem Ocularende zu ist nur gering; es ist hier durch eine entsprechende Eisenplatte geschlossen, an welcher der Ocularauszug und der Cameraauszug befestigt sind. Das Rohr ist der Länge nach durch eine dünne, ebene Scheidewand aus Eisen in zwei Theile getrennt, damit das zur Beleuchtung des Gesichtsfeldes dienende Licht nicht in das photographische Rohr eindringen kann. Ocular- und Camera-Auszug sind durch Schrauben an der Schlussplatte befestigt; die Schraubenlöcher sind jedoch weiter gebohrt als direct nothwendig, so dass beide Theile behufs Parallelstellung der

beiden optischen Axen um einige Millimeter nach jeder Richtung hin verschoben werden können. Die zur Focussirung nothwendige Bewegung
der Auszüge selbst in der Richtung der optischen Axen wird durch
Tangentialschrauben bewirkt und kann an Scalen gemessen werden.
Beim photographischen Auszuge kann die Scala mit Hülfe von Nonius
und Lupe bis auf 0.1 mm abgelesen werden. Auf die Mitte des elliptischen Rohres ist später noch ein Euryskop aufgesetzt worden vom
Brennweitenverhältnisse 1:3$\frac{1}{3}$, welches gleichzeitig mit dem photographischen Refractor benutzt werden kann. Das Objectiv desselben
wird durch eine einfache Handhabe vom Oculare des Refractors aus geöffnet und geschlossen. Dem Euryskope diametral gegenüber befinden
sich die zu seiner Ausbalancirung dienenden Gegengewichte.

Die Klemm- und Feinbewegungsvorrichtungen sind in der bekannten
Repsold'schen Art ausgeführt; nur sind nachträglich an die Feinbewegungs-
stangen besondere Handhaben mit doppelten Huyghens'schen Gelenken
angebracht worden, 'so dass bei jeder Fernrohrstellung die Hände des
Beobachters eine durchaus bequeme Lage haben können, was bei den
ohnehin ermüdenden langen Expositionszeiten durchaus nothwendig ist.
Der zwischen den beiden Gelenken befindliche Theil der Handhabe muss
eine feste Führung haben, weil sonst die Drehung der Handhabe wesentlich in eine Knickung umgesetzt würde; diese Führung muss aber verstellbar sein, um dem letzten Theile der Handhabe jeden beliebigen
Winkel gegen die Fernrohraxe geben zu können. Die Führungen sind
deshalb ebenfalls an Gelenken, jedoch nur sehr steif beweglich, angebracht.

Zum Halten der Sterne dient ein Fadenkreuz, welches auf einem
Doppelmikrometer befestigt ist. Die beiden auf einander senkrecht
stehenden Schlitten des Mikrometers können um je 20' verschoben werden. Die Verschiebung wird durch je eine Schraube von 1 mm = 1' Stei-
gung bewirkt und an einfacher Scala abgelesen.

Die Schlittenvorrichtungen stehen parallel zur Rectascensions- und De-
clinationsrichtung, können jedoch auch messbar in jeden anderen Positionswinkel gebracht werden. Entsprechend der Aufgabe dieses Mikrometers,
weniger zum Messen als vielmehr zur Einstellung eines beliebigen Punktes
des Gesichtsfeldes in die optische Axe des Fernrohrs zu dienen, ist seine
Ausführung keine besonders feine. Die ganze Einrichtung bezweckt, wie
bemerkt, einen Punkt des Himmels in die Mitte der Platte bringen zu
können, an dem sich kein zum Halten genügend heller Stern befindet.

Die Grösse 9.5 muss als die äusserste Grenze betrachtet werden, bei
welcher ein Stern noch mit dem 9zölligen Fernrohre gehalten werden
kann, und in sternarmen Gegenden kann es leicht vorkommen, dass man
Punkte findet, deren Abstand vom nächsten Sterne von dieser Helligkeit

Fig. 22.

mehr als 20' beträgt; es ist daher die Grösse der Verschiebung beim Potsdamer Refractor schon nicht mehr für alle Fälle ausreichend.

Die Beleuchtung des Gesichtsfeldes und gleichzeitig des Declinationskreises geschieht durch ein kleines Glühlämpchen, welches an einem die Fortsetzung der Declinationsaxe bildenden, auf Fig. 22 (vorige Seite) nicht sichtbaren Rohre angebracht ist. Der Declinationskreis wird vom Oculare aus durch ein langes Mikroskop abgelesen. Zur Beleuchtung des Stundenkreises dient ein besonderes Glühlämpchen, welches sich am oberen Ende des in der Himmelsaxe liegenden Theiles der Säule befindet. Die Ablesung des Stundenkreises geschieht vom unteren Ende desselben Säulenstücks aus.

Besonders praktisch und einfach sind die Cassetten eingerichtet. Dieselben haben auf ihrer vorderen, dem Objective zugekehrten Seite einen vertieft eingedrehten Ring, der genau auf den Rand des Cassettenauszugsrohrs passt. Die Befestigung an dem Auszugsrohr erfolgt durch zwei Bajonettverschlüsse, deren einer eine Anschlagsschraube enthält, durch welche die Orientirung der Cassetten nach dem Parallelkreise bewirkt wird. Das Umwechseln der eisernen Cassetten kann mit dieser Vorrichtung in wenigen Secunden erfolgen.

Die Platte liegt in der Cassette auf drei kleinen Flächen auf, die in einer zu dem erwähnten Ringe parallelen Ebene liegen, so dass ein für allemal dafür gesorgt ist, dass die Platte senkrecht zur optischen Axe steht. Es ist diese, durch den Mechaniker leicht herzustellende Justirung bei weitem allen anderen Vorrichtungen vorzuziehen, bei denen die Anschlagstellen verstellbar sind und die Senkrechtstellung der Platte durch den Astronomen erfolgen muss, wodurch der Abstand der Platte von der Ansatzfläche der Cassette und damit die Focussirung geändert wird. Es ist selbstverständlich dafür gesorgt, dass die Distanz der Auflagepunkte

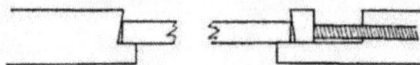

Fig. 23.

von der äusseren Anschlagfläche bei allen Cassetten genau dieselbe ist. Das Festdrücken der Platten auf diese Anschläge geschieht bei der Repsold'schen Cassette auf sehr originelle Weise, die bei grosser Einfachheit eine Durchbiegung der Platten, wie sie bei Benutzung von auf die Rückfläche aufdrückenden Federn leicht entstehen kann, verhindert. Die zwei auf einer Seite befindlichen Anschläge besitzen nämlich nach vorn schräg geneigte Ansätze (Fig. 23), gegen welche die Platte gelegt wird. Hinter der dritten Anschlagfläche ist die entsprechende Schrägung an einer Feder angebracht, welche durch eine Schraube gegen die Kante der Platte gedrückt werden kann. Die letztere wird also gleichzeitig auch nach den Seiten hin gegen Anschlagflächen gedrückt.

Es war ursprünglich beabsichtigt, den sehr sanft in Sammetführung gehenden Schieber der Cassetten zum Exponiren, resp. zur Beendigung der Exposition zu benutzen. Sehr bald aber zeigte sich, dass die durch die Bewegung der Schieber entstehenden, bei der Solidität der Bauart des Fernrohrs nur sehr geringen Erschütterungen bei helleren Sternen doch die grösste Präcision der Bilder verhinderten, und es wurde daher vor dem Objective ein Klappenverschluss angebracht, der ohne merkliche Erschütterungen functionirt. Dieser Verschluss besteht aus einem leichten kreisförmigen Metallrahmen von etwas grösserem Durchmesser als das Objectiv, der mit schwarzer Seide überzogen ist. Die so hergestellte, sehr leichte, aber undurchsichtige Scheibe sitzt an dem einen Ende eines Stieles, der am anderen Ende behufs Ausbalancirung ein Gegengewicht trägt. Im Schwerpunkte des Stieles ist derselbe um eine seitlich vom Objective angebrachte, zur optischen Axe parallele Axe drehbar; eine an der gleichen Axe befestigte Spiralfeder ist bestrebt, die Scheibe seitlich zu halten, das Objectiv also frei zu lassen. Durch eine Schnur kann die Scheibe an das Objectiv gezogen werden, in welcher Lage sie durch eine Arretirung dann festgehalten wird. Ein Druck auf einen am Ocularende frei herabhängenden elektrischen Einschalter hebt die Arretirung auf, durch die Spiralfeder wird die Scheibe vom Objective weggedreht und so die Exposition bewerkstelligt, die durch Ziehen an der Schnur wieder beendigt wird. Der Anschlag für die Scheibe besteht aus gespannten Gummistreifen. Sehr kurze Expositionszeiten sind mit Hülfe dieses Verschlusses nicht zu erreichen, da die Bewegung des Schiebers zur völligen Freilegung des Objectivs etwa eine Secunde beansprucht.

Die Montirung des Fernrohrs ist die übliche von Repsold angewandte, bis auf die Säule, welche nicht senkrecht steht, sondern deren oberer Theil zunächst in der Richtung der Stundenaxe verläuft, und zwar so weit, dass das Fernrohr ohne anzustossen, die Knickung der Säule passiren kann. In dieser Montirung sind die Vortheile der gewöhnlichen deutschen und der englischen vereinigt; das Instrument kann in keiner Lage mit der Säule in Berührung kommen, und jeder Punkt des Himmels, auch der Pol, kann in jeder Lage des Fernrohrs erreicht werden. Für Beobachtungen in der Nähe des Zeniths, die gerade bei photographischen Aufnahmen möglichst erstrebt werden, ist die Lage oder Stellung des Beobachters sehr bequem, da die bei der deutschen Aufstellung sonst hindernde Säule weit entfernt ist. Die Säule ist natürlich sehr fest construirt und auf breitem Fussgestell aufgestellt, und die Aufstellung hat sich gerade bei diesem Instrumente als so stabil bewiesen, wie es kaum je bei anderen Fernrohren beobachtet worden ist.

Der grosse Refractor der Lick-Sternwarte ist in erster Linie für optische Beobachtungen eingerichtet; doch kann derselbe auch für photographische Aufnahmen benutzt werden. Eine Verwendung des Suchers zum Halten der Sterne ist bei der starken Durchbiegung des langen Rohres (58 Fuss Brennweite) gänzlich ausgeschlossen, und es war daher nur eine Methode zu brauchen, bei welcher das Objectiv selbst auch zum Halten benutzt wird. Eine besondere Schwierigkeit ist dadurch gegeben, dass nach Vorsetzung der Correctionslinse, welche das für optische Strahlen construirte Objectiv in ein solches für die photographischen Strahlen verwandelt, eine Verkürzung der ursprünglichen Brennweite von 58 Fuss um ungefähr 10 Fuss stattfindet; die ganze Cassettenvorrichtung muss daher an dem Orte des photographischen Focus durch eine grosse seitliche Oeffnung in das Rohr eingeführt werden.

Die Cassette selbst, an deren Rande sich das Ocular befindet, ist auf zwei um 90° gegen einander gerichteten Schlitten befestigt, denen durch Schrauben feine Verstellungen ertheilt werden können. Im Gesichtsfelde des Oculars befindet sich ein System von mehreren Fäden, um an verschiedenen Stellen des Gesichtsfeldes halten zu können und nicht bloss auf die Mitte desselben beschränkt zu sein. Durch ein totalreflectirendes Prisma ist das Ocular seitlich aus dem Rohre herausgeführt, ebenso sind auch die beiden Feinbewegungsschrauben zum Rohre herausgeleitet. Beim Halten wird die Bewegung des Fernrohrs selbst demnach gar nicht corrigirt, sondern nur die Stellung der Platte innerhalb des Fernrohrs. Ueber die Schwierigkeiten beim Halten wegen der photographischen Achromasie des Objectivs ist von Seiten der Lick-Sternwarte nichts publicirt worden; doch scheint die ganze Vorrichtung nicht tadelsfrei zu functioniren, da auf Aufnahmen mit langen Expositionszeiten die Sternbildchen nicht rund, sondern merklich länglich erscheinen.

Seine hauptsächliche Benutzung hat der photographisch corrigirte Lick-Refractor für Mondaufnahmen gefunden, und zu diesem Zwecke musste eine Vorrichtung zur Erzeugung kurzer Expositionszeiten angebracht werden. Dieselbe befindet sich unmittelbar vor der Cassette und besteht im wesentlichen aus zwei Cylindern, über welche ein Tuchstreifen läuft, der eine grosse Oeffnung enthält. Eine auf der Axe des einen Cylinders angebrachte Spiralfeder zieht das Tuch mit der Oeffnung über die Platte fort.

Das Spiegelteleskop von Roberts, welches sich vornehmlich durch seine Lichtstärke für Nebelfleckaufnahmen auszeichnet, besitzt einen Spiegel von 20 engl. Zoll Durchmesser und 8 Fuss 2 Zoll Focallänge, zeigt also das ungewöhnliche Brennweitenverhältniss von 1:5. Wie die Fig. 21 lehrt, befindet sich auf derselben Declinationsaxe als

Gegengewicht ein Refractor von 7 Zoll Oeffnung, der selbständige Bewegung in Declination besitzt. Bei längeren Expositionszeiten kann der Refractor natürlich nicht als Haltefernrohr benutzt werden, und deshalb hat Roberts eine sehr sinnreiche Einrichtung am Spiegelteleskope selbst zum Corrigiren des Haltefernrohrs getroffen. Der Spiegel ist in der Mitte durchbohrt, und in der Oeffnung befindet sich ein kleines Fernrohr mit etwa 70facher Vergrösserung, welches auf den Brennpunkt des grossen

Fig. 24.

Spiegels eingestellt ist. In der Brennebene befindet sich die photographische Platte und dicht davor der Schieber der Cassette, der auf der Rückseite einen ebenen Silberspiegel enthält. Bei geschlossenem Schieber wird nun das Fadenkreuz des kleinen Fernrohrs auf das von dem Hülfsspiegel reflectirte Bild des Haltesterns justirt und gleichzeitig auch das Fadenkreuz des Haltefernrohrs mit demselben Sterne zur Coincidenz gebracht.

Nach Oeffnung des Schiebers der Cassette wird mit dem Haltefernrohr gehalten. Von Zeit zu Zeit aber wird der Schieber geschlossen und mit dem Hülfsfernrohr die Coincidenz controllirt; ist dieselbe nicht

mehr exact, so wird sie durch die Feinbewegung des ganzen Instrumentes
wieder hergestellt, das Fadenkreuz des Haltefernrohrs alsdann wieder
neu justirt und die Exposition wieder begonnen. Nach Answeis der
Roberts'schen Aufnahmen, die in der Mehrzahl der Fälle selbst bei
langen Expositionszeiten genügend runde Bilder der Sterne zeigen, dürfte
die beschriebene Vorrichtung ihren Zweck bei der Aufnahme von Nebelflecken erfüllen; für Sternaufnahmen zu exacten Messungen ist das Instrument wegen der nicht vollkommenen optischen Eigenschaften des
Spiegels überhaupt weniger geeignet.

Als für Nebelfleckaufnahmen in optischer Beziehung ebenfalls vorzüglich hat sich das Spiegelteleskop von v. Gothard erwiesen. Eine
sehr ausführliche Beschreibung dieses kleinen, ursprünglich von Browning
gebauten, später aber von Gothard umgearbeiteten Instrumentes befindet
sich in der Konkoly'schen Praktischen Anleitung zur Himmelsphotographie,
so dass dieselbe hier füglich übergangen werden kann.

Von besonderem Interesse wird für immer der Pariser Photographische Refractor (Fig. 25) bleiben, weil nach dessen Muster die optischen
Theile der übrigen Photographischen Refractoren zur Aufnahme der internationalen Himmelskarte angefertigt sind. Das photographische Objectiv
besitzt eine Oeffnung von 34 cm und eine Focalweite von 3.4 m, das
optische 23 cm Oeffnung bei gleicher Brennweite. Die Montirung ist die
englische und ist äusserst einfach ausgeführt. Die Stundenaxe besteht in
ihrem mittleren Theile aus einem Rahmen, und das Rohr selbst ist ein
einfacher vierkantiger Kasten. Das Halten im Sinne der Rectascension
wird durch die Feinbewegung des Instrumentes besorgt; im Sinne der
Declination ist dagegen eine Feinbewegung nicht vorhanden, und es wird
das mit der Cassette fest verbundene Ocular auf einem Schlitten durch
eine Mikrometerschraube verstellt.

Der Bruce-Refractor der Sternwarte des Harvard
College ist in optischer Beziehung ein sehr eigenthümliches Instrument.
Das Objectiv ist aus 4 Linsen als Porträtobjectiv construirt bei einer
Oeffnung von 24 Zoll und einer Brennweite von 11 Fuss, besitzt also das
Brennweitenverhältniss von 1:5.5. Bei der allgemeinen Besprechung der
photographischen Objective ist bereits hervorgehoben worden, dass derartige Dimensionen unter Umständen für 4linsige Objective ungünstiger
sind, als kleinere Abmessungen, und es unterliegt keinem Zweifel, dass
ein kleines Porträtobjectiv von etwa 4 bis 5 Zoll und dem Brennweitenverhältnisse von 1:3 für Nebelflecken viel lichtstärker ist, als das Bruce-
Objectiv. Die Bemerkung von Pickering*), dass dieses Objectiv auch

* Sid. Mess. 8, 304.

für Sterne viel lichtstärker als ein anderes gewöhnliches Objectiv wegen
der relativ kurzen Brennweite sei, ist unrichtig.

Das Aufcopiren feiner Gitter auf die Platten, ursprünglich wesentlich
nur zum Zwecke der Eliminirung der Schichtverziehung vorgeschlagen,

Fig. 25.

hat sich als äusserst praktisch zur Vereinfachung der Ausmessungen, besonders in rechtwinkeligen Coordinaten, erwiesen und allgemeine Verbreitung gefunden. Bei Benutzung der Gitter brauchen die Messungen
nur innerhalb der Gitterquadrate ausgeführt zu werden, wodurch die
Mikrometerschrauben der Messapparate nur von geringen Dimensionen zu
sein brauchen und die Anwendung von Massstäben fortfällt. Die recht-

winkeligen Coordinaten in Bezug auf den Plattenmittelpunkt werden durch
die Addition der Gitterintervalle, deren Correctionen durch genaue Ausmessung des Originalgitters ermittelt sind, erhalten.

Neben möglichst grosser Exactheit der Intervalle müssen die Gitterstriche die Bedingung grosser Feinheit erfüllen, da sonst beim Zusammenfallen von Gitterstrichen und schwachen Sternen letztere verdeckt werden.
Die für die Aufnahmen der Himmelskarte bestimmten Gitter, mit einer
Strichdistanz von 5 mm, werden in ganz vorzüglicher Weise von Gautier
in Paris hergestellt und zwar durch Einreissen vermittels einer Diamant-
spitze in eine auf einer Spiegelplatte befindliche Silberschicht. Die Breite
der Striche beträgt nur wenige Hundertstel eines Millimeters, und die Ausführung ist bei einigen Exemplaren eine derartig exacte, dass die Fehler
der Gitterintervalle den Betrag von 0.001 mm nur selten oder gar nicht
erreichen. Auch die Abweichung der Gitterstriche von der Senkrechtstellung
ist meistens verschwindend gering und beträgt nur wenige Bogensecunden.

Das Aufcopiren der Gitter erfordert besondere Vorsicht. Eine unmittelbare Berührung von empfindlicher Schicht und Silberschicht darf
nicht stattfinden, weil sonst durch unvermeidliche Staubtheilchen die
Silberschicht verletzt und das Gitter dadurch nach kurzer Zeit unbrauchbar wird. Der Abstand beider Schichten darf aber nur ein sehr geringer sein, weil sonst, selbst unter Anwendung parallelen Lichtes, infolge
der Diffraction die aufcopirten Striche breit und unscharf werden. Erfahrungsgemäss darf der Abstand nicht mehr als höchstens 0.1 mm betragen, und man erzielt dies am einfachsten durch Aufkleben von Stanniolstreifen in den Ecken des Gitters.

Sollen die Dimensionen des aufcopirten Gitters, auch absolut genommen, genau mit denen des Originalgitters übereinstimmen, so muss
das Aufcopiren mit parallelem Lichte geschehen. Dieses parallele Licht
verschafft man sich am einfachsten mit Hülfe des photographischen Refractors selbst, indem man im Brennpunkt des Objectivs eine Lichtquelle
von kleinen Dimensionen (Glühlämpchen) anbringt und die zum Copiren
bestimmte Cassette vor das Objectiv setzt.

Zur Erleichterung der Reductionen ist es wünschenswerth, dass die
Striche des Gitters möglichst nahe nach dem Parallel justirt sind, und
das lässt sich sehr einfach erreichen. Es ist nur erforderlich, dass die
Platte eine geradlinig abgeschliffene Kante besitzt, die sich gegen zwei
Anschläge legt, welche sowohl in der Cassette zum Aufcopiren des Gitters
als auch in der Cassette zur Aufnahme am Himmel dieselbe Lage haben,
so dass sich in beiden Fällen dieselben Stellen der Kante anlegen. Wenn
die Anschläge im Messapparate ebenfalls dieselbe Stellung haben, so wird
hierdurch auch noch die Justirung der Platte unter dem Mikroskope

erleichtert. Die Justirung auf den Parallel geschieht einfach dadurch, dass man eine Platte, auf welcher das aufcopirte Gitter hervorgerufen ist, in die Cassette am Fernrohr einsetzt, einen hellen Stern in der Nähe des Meridians durchlaufen lässt und so lange die Stellung der Cassette corrigirt, bis der Stern auf einem Striche des Gitters läuft. Es wird auf diese Weise die Neigung des Gitters gegen den Parallel innerhalb der Bogenminute zu halten sein.

Capitel III.

Die Messungs- und Reductionsmethoden in der astronomischen Photographie.

Der Endzweck einer jeden astronomischen Aufnahme soll ihre Verwerthung durch Messung sein, und wenn es auch bei der heutigen Einrichtung der Sternwarten in den meisten Ländern nicht möglich ist, das von nur einem Beobachter gelieferte Material zu bearbeiten, so darf doch nie ausser Acht gelassen werden, dass der Werth einer unausgemessenen Aufnahme zum grösseren Theile nur ein latenter ist, dass die Platte in dieser Beziehung einem unabgelesenen Registrirstreifen gleicht.

Die Erfahrung hat gelehrt, dass das photographische Messungsverfahren mit allen directen Mikrometermessungen in Bezug auf Genauigkeit concurriren kann; dazu ist es aber erforderlich, sämmtliche Fehlerquellen nach Möglichkeit zu berücksichtigen und die Eigenthümlichkeiten der photographischen Messungen genau so zu studiren, wie dies der Astronom bei directen Messungen am Himmel zu thun gewohnt ist. Ich will daher zunächst die dem photographischen Verfahren eigenthümlichen, bei der Reduction der Messungen zu berücksichtigenden Fehlerquellen einzeln besprechen.

Eine astronomische Photographie ist die Projection eines Theiles der Himmelssphäre auf eine Ebene. Um die Projection zu einer möglichst einfachen zu machen, ist es erforderlich, dass die Platte thatsächlich eben ist, und dass sie senkrecht zur optischen Axe des Objectivs gestanden hat. Sind diese beiden Bedingungen nicht erfüllt gewesen, so müssen die hieraus entstehenden Abweichungen in Rechnung gezogen werden. Da es nun aber unter allen Umständen sehr leicht ist, diese beiden Bedingungen mechanisch mit einer für alle, auch die feinsten Messungszwecke genügenden Genauigkeit zu erfüllen, so wollen wir diese beiden

Fehlerquellen im Folgenden als nicht vorhanden betrachten. Man verwende für Aufnahmen zu Messungszwecken nur geschliffene Spiegelglasplatten, sorge stets für eine gute Centrirung des Objectivs und lasse durch den Mechaniker die Senkrechtstellung der Platte zur optischen Axe besorgen; in welcher Weise Letzteres erreicht werden kann, ist bei der Beschreibung der Instrumente gesagt worden.

Bei der centralen Projection einer sphärischen Fläche auf eine tangirende Ebene tritt eine vom Mittelpunkte oder Tangentialpunkte der Platte ausgehende Bildverzerrung ein. Die Distanzen vom Mittelpunkte der Platte wachsen proportional mit den Tangenten des Abstandes von der Mitte; bei geringen Abständen sind sie also sehr klein, erreichen aber bei grossen Abständen, wie sie bei der Photographie häufig vorkommen, sehr erhebliche Beträge. Die Distorsion ist also eine radiale vom Mittelpunkte aus, und man kann dieselbe für ein bestimmtes Instrument leicht in eine kleine Tafel bringen. Geschieht die Ausmessung in Positionswinkel und Distanz vom Plattenmittelpunkte aus, so kann man die Distanzen unmittelbar nach der Tafel corrigiren. Hat man rechtwinklige Coordinaten gemessen, deren Mittelpunkt im Plattenmittelpunkt liegt, so verfährt man mit vollständig genügender Genauigkeit und gleichzeitig sehr einfach in der Art, dass man aus den Coordinaten genäherte Werthe der Distanzen und Positionswinkel berechnet und die dann aus der Tafel genommene Correction nach sinus und cosinus des Positionswinkels auf die Coordinaten vertheilt. Noch einfacher ist es, die Distanzen vom Mittelpunkte mit einem gewöhnlichen Millimetermassstabe und die Positionswinkel mit einem Transporteur zu messen und dann die Correction in der angegebenen Weise zu vertheilen. Bei Benutzung eines Gitters wird man ein für allemal die Correction in rechtwinkligen Coordinaten für jedes Gitterquadrat oder für jeden Intersectionspunkt berechnen.

Bakhuyzen*) berechnet die normale Distorsion für rechtwinklige Coordinaten folgendermassen:

Es seien x und y die rechtwinkligen Coordinaten eines Sternes, dessen Rectascension und Declination mit α und δ bezeichnet werden. A und D seien die Rectascension und Declination des Mittelpunktes der Platte. Die Focalweite sei f in Millimetern, und man setze

$$\alpha - A = a \quad \text{und} \quad \delta - D = d;$$

dann ist

(1) $$\operatorname{tg} a = \frac{x}{f \cos D - y \sin D},$$

---

*) Bull. du Comité 1, 175.

$$(2) \qquad \operatorname{tg} d = \frac{y - 2\,(y + f\operatorname{tg} D)\sin^2 \tfrac{1}{2} a \cos^2 D}{f - 2\,(y + f\operatorname{tg} D)\sin^2 \tfrac{1}{2} a \sin D \cos D},$$

oder wenn $\operatorname{tg}(D + \varphi) = \dfrac{\operatorname{tg} D}{\cos a}$ gesetzt wird:

$$(3) \qquad \operatorname{tg}(d - \varphi) = \frac{y}{f}\,V\overline{(1 + \sin^2 D \operatorname{tg}^2 a)\,(1 - \cos^2 D \sin^2 a)}$$

$$- \operatorname{tg}^2 a \sin D \cos D \sqrt{\frac{1 - \cos^2 D \sin^2 a}{1 + \sin^2 D \operatorname{tg}^2 a}}.$$

Bezeichnet man die Focalweite im Bogenwerthe mit q, wobei die Einheit von q so gewählt ist, dass $\dfrac{q}{f} = p$ nahe gleich 1 ist (für die für die Himmelskarte bestimmten Refractoren wird die Einheit von q also eine Bogenminute), so kann man a und d bis auf Glieder der dritten Ordnung einschl. in Einheiten von q (1′) ausdrücken durch:

$$(4) \qquad a = px\,\frac{1}{\cos D - py\,\dfrac{\sin D}{q}} - \frac{1}{3q^2}\left(px\,\frac{1}{\cos D - py\,\dfrac{\sin D}{q}}\right)^3.$$

$$(5) \qquad d = py - q\sin^2 \tfrac{1}{2} a \sin 2D - \tfrac{1}{2}py\,\frac{a^2}{q^2}\cos 2D - \frac{p^3 y^3}{3q^2}$$

$$+ p^2 y^2\,\frac{a^2}{2q^3}\sin 2D - \tfrac{1}{8}\frac{a^4}{q^3}\sin^2 D \sin 2D.$$

In den meisten Fällen, d. h. bis zu Abständen von 1° und Declinationen von 65°, können die zwei letzten Glieder in d vernachlässigt werden. Da p wenig von der Einheit abweicht, kann man setzen $p = 1 + p'$, d. h. man hat zu den gemessenen x und y die kleinen Correctionsgrössen $p'x$ und $p'y$ hinzuzufügen, die man aus einer ein für allemal berechneten Tafel entnimmt.

Zur Berücksichtigung der normalen Distorsion an beliebig liegenden, auf der Platte gemessenen Distanzen hat Wilsing*) Formeln entwickelt.

Es sei $f = MO$ der Abstand der Platte vom Hauptpunkte des Objectivs, M der Durchschnitt der optischen Axe mit der Platte, ferner sei $p_{mn} = \angle mOn$, $\delta_n = \angle MOn$, so ist:

Fig. 26.

$$\varrho^2 = f^2 \{\sec^2 \delta_m + \sec^2 \delta_n - 2\sec \delta_m \sec \delta_n \cos p_{mn}\} \quad \text{oder}$$

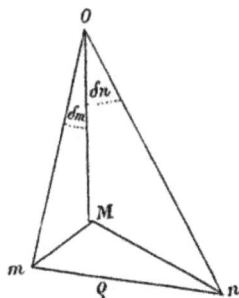

---

*) Nach gefälliger persönlicher Mittheilung. .

$$\frac{\varrho^2}{p^2} = \{\sec \delta_m - \sec \delta_n\}^2 + 4 \sec \delta_m \sec \delta_n \sin \frac{p_{mn}}{2}$$

oder mit genügender Annäherung:

$$\frac{\varrho}{f} = 2 \sin \frac{p_{mn}}{2} \sqrt{\sec \delta_m \sec \delta_n}$$

$$+ \sec^{\frac{3}{2}} \delta_m \cdot \sec^{\frac{3}{2}} \delta_n \cdot \sin \left(\frac{\delta_m + \delta_n}{2}\right)^2 \cdot \sin \left(\frac{\delta_m - \delta_n}{2}\right)^2 \operatorname{cosec} \frac{p_{mn}}{2} \,.$$

Das zweite Glied der Formel ist für nicht zu grosse Abstände vom Mittelpunkte sehr klein; für $\delta_m = \delta_n$ verschwindet es überhaupt, sobald also die gemessene Distanz symmetrisch zum Mittelpunkte liegt.

Es ist bereits pag. 26 f. ausführlich darauf hingewiesen worden, wie die Construction des Objectivs für die Helligkeitsvertheilung innerhalb der seitlich der optischen Axe aufgenommenen Sternscheibchen massgebend ist, und wie hierdurch eine weitere Distorsion entstehen kann. Bei allen Objectiven, bei denen die Lichtvertheilung in den seitlichen Bildern nicht symmetrisch ist, bei denen die Gauss'sche Sinusbedingung also nicht erfüllt ist, muss eine besondere Untersuchung über diese Distorsion angestellt werden, wobei der Punkt der seitlichen Sternscheibchen, auf welchen eingestellt werden soll, genau zu definiren ist; es wird hierbei am sichersten sein, den Punkt der maximalen Schwärzung zu wählen, weil dies derjenige ist, der bei schwachen Sternen noch allein zur Abbildung gelangt, und sonst eine Abhängigkeit der Distorsion von der Helligkeit der Sterne bestehen bliebe, die wieder besonders untersucht werden müsste. Bei ausexponirten Scheibchen ist man auf eine Schätzung dieses Punktes angewiesen, eine geringe Abhängigkeit von der Helligkeit wird demnach stets bestehen bleiben.

Zur Ermittelung der nicht regelmässigen Distorsion hat Gill die Aufnahme einiger Stellen des Himmels vorgeschlagen, an denen die Sternpositionen behufs Bestimmung der Sonnenparallaxe aus den Parallaxen der kleinen Planeten Sappho und Victoria besonders gut bestimmt sind. Da die Exactheit dieser Sternpositionen mit der Zeit wegen der nicht genügenden Kenntniss der Eigenbewegungen stark abnimmt, so ist dieser Vorschlag bereits als veraltet zu betrachten; man könnte jetzt die Plejadengruppe zu dem Zwecke ebenso gut verwenden. Es empfiehlt sich aber, überhaupt eine viel einfachere und von der Genauigkeit der Sternpositionen und der Refraction nahe unabhängige Methode anzuwenden. Dieselbe besteht darin, Sternpaare in der Nähe des Zeniths auszuwählen, deren Componenten gleiche Helligkeit besitzen, und dieselben in verschiedenen Lagen zur optischen Axe auf derselben Platte aufzunehmen. Als Maximaldistanz der Sterne wird man mit Vortheil den halben Durchmesser des benutzbaren Feldes nehmen; um ein vollständiges Bild des Distorsionsverlaufs zu haben, wird man auch kleinere Distanzen zu Grunde legen. Die Distanzen selbst brauchen nur genähert bekannt zu sein.

Nach Berücksichtigung der Distorsion würde die Platte ein in allen Theilen ähnliches Bild der scheinbaren Constellation, welche photographirt worden ist, gewähren, wenn die Aufnahme auf einer durchaus unveränderlichen, stabilen Schicht stattgefunden hätte. Das ist aber nicht der Fall; vielmehr müssen die empfindlichen Schichten stets aus einer organischen Substanz bestehen, die bei der nothwendigen Behandlung mit wässerigen Lösungen aufweicht und zum Theil sogar aufquillt und daher keineswegs stabil ist. Eine Ausnahme hiervon liegt nur beim Daguerre'schen Verfahren vor, welches aber aus anderen Gründen gänzlich verdrängt ist. Man hat der Frage der Verzerrung der Schichten grosse Aufmerksamkeit zugewendet und zwar schon bei dem früheren Verfahren des nassen Collodiums.

Die ersten Erfahrungen über die Verzerrung des nassen Collodiums sind von Rutherfurd bei Gelegenheit der Ausmessungen seiner Sternphotographien gemacht worden. Auf Grund derselben erklärte Rutherfurd, dass grössere und merkliche Verziehungen der Schicht nicht stattfinden, besonders wenn die Glasoberfläche vorher mit einer dünnen Albuminschicht überzogen ist.

Zu den Vorbereitungen für die Anwendung der Photographie beim Venusdurchgang von 1874 gehörten auch specielle Untersuchungen über die Schichtverzerrungen; dieselben wurden von Paschen*) angestellt. Seine Methode bestand darin, von einem auf Glas gezogenen und sorgfältig ausgemessenen Gitternetze mittels eines Objectivs ein nahe gleich grosses Bild zu erzeugen und zu photographiren. Die Ausmessung des photographischen Bildes ergab dann nach Reduction auf die wahre Gittergrösse die durch die Verzerrung entstandenen Fehler. Gegen diese Methode sind von vornherein schwerwiegende Einwürfe zu erheben. Einmal kann die durch das Objectiv verursachte Distorsion von derselben Ordnung sein, wie die gesuchte Schichtverzerrung, und muss jedenfalls vorher sehr sorgfältig ermittelt werden; dann aber geht jede Unsicherheit in dem Reductionsfactor auf die wahre Gittergrösse voll in die gesuchten Grössen ein, und es dürfte sehr schwer halten, diesen Factor überhaupt so genau zu bestimmen, dass der gefundenen Verzerrung Realität beizumessen ist. Paschen fand sehr grosse Werthe für die Schichtverzerrung, die bei proportionalem Verlaufe im Sinne einer Contraction bis zu $1/523$

---

* Astr. Nachr. Nr. 1854.

gingen und somit die Anwendung von Collodiumplatten in der messenden Astronomie für sehr bedenklich erscheinen liessen.

Aber schon Rutherfurd*) machte auf das Fehlerhafte der Paschenschen Methode aufmerksam und stellte als nothwendige Forderung für eine derartige Untersuchung fest, dass nur eine Vergleichung von Messungen auf derselben Platte einmal im nassen Zustande unmittelbar nach der Aufnahme und dann nach dem Trocknen zu reellen Resultaten führen könne. Eine diese Forderung erfüllende Untersuchung, wobei die Platte bis nach dem Trocknen unberührt im Messapparate liegen blieb, hat Rutherfurd selbst angestellt, und hierbei fanden sich nur verschwindend kleine Grössen der Verzerrung, die, wenn man sie überhaupt als der gemessenen Strecke proportional ansehen will, zwischen $1/_{10000}$ und $1/_{50000}$ dieser Strecke schwanken. Zu entsprechend geringen Werthen der Verziehung sind auch H. C. Vogel und Lohse, sowie H. W. Vogel gekommen. Die ersteren schlossen aus ihren Versuchen, dass sehr geringe locale Verziehungen, aber keine proportional verlaufenden eintreten; letzterer stellte folgende Sätze auf: 1) Verschiedene Collodiumsorten geben verschiedene Verziehungen. 2) Die Contraction auf der dicken Collodiumseite (Abflussseite) ist grösser als an der dünnen (Aufgussseite), so dass überhaupt eine dünne Collodiumschicht die besten Chancen für grosse Stabilität gewährt. 3) Albuminirte Platten bieten dieselbe Sicherheit wie nicht albuminirte. 4) Das Lackiren wirkt verändernd auf die Schicht. 5) Cyankalium-Fixage ist derjenigen durch unterschwefligsaures Natron vorzuziehen. Bei dieser Gelegenheit hat H. W. Vogel auch das Verhalten der Collodiumtrockenplatten untersucht; er fand bei Anwendung eines sauren Entwicklers sehr starke Verzerrungen, bis zu $1/_{300}$, bei alkalischem Entwickler jedoch keine merkliche Verziehung. Schliesslich mögen noch die Untersuchungen von Weinek**) erwähnt werden. Weinek kommt bei nassem Collodium zu folgendem Schlusse:

Locale Verziehungen der photographischen Schicht durch Antrocknen derselben von einem Betrage von 0.003 mm, noch viel weniger von grösserem Betrage, also auch, da Längen von 122 mm gemessen wurden, proportionale Verziehungen von $1/_{40000}$ konnten nicht gefunden werden. Durch warmes Lackiren scheinen Veränderungen in der Schicht vor sich gegangen zu sein, die aber immerhin als wider Erwarten klein bezeichnet werden müssen.

Aus der Ausmessung des grossen Materials von Aufnahmen beim Venusdurchgange 1874, welche Weinek vorgenommen hat, haben sich bei

---

*) Amer. Journ. of Science 1872.
** Die Photogr. in der messenden Astron. Nova Acta 41, pars I, Nr. 2, p. 113.

den nassen Collodiumplatten ebenfalls merkliche Verziehungen der Schicht nicht erkennen lassen, wohl aber sehr starke bei den Trockenplatten, welche bis zu 0.02 mm gingen.

Aus der Gesammtheit aller dieser Untersuchungen wird man den Schluss ziehen können, dass beim nassen Collodiumverfahren nur local auftretende Verziehungen vorkommen, die im allgemeinen an der Grenze der Messungsgenauigkeit liegen, und die bei Benutzung mehrerer Aufnahmen als kleine zufällige Fehler in die Resultate eingehen.

Bei den Gelatineplatten sollte man a priori eine sehr starke Verziehung der Schicht erwarten, da die Exposition im trocknen Zustande der Gelatine erfolgt, die beim nachherigen Aufweichen bis zum zehnfachen ihrer ursprünglichen Dicke aufquillt. Die Erfahrungen haben das Gegentheil gelehrt: die Verziehungen sind so gering, dass sie an der Grenze der Wahrnehmbarkeit durch feine Messungen stehen. Von speciellen Untersuchungen hierüber ist mir ausser meinen eigenen*) nichts bekannt; nach denselben ist über die Verziehungen Folgendes anzunehmen:

1) Die Verzerrung, welche die Gelatineschicht bei den verschiedenen Manipulationen des Entwickelns erleidet, ist als unabhängig zu betrachten von der Behandlung, welche die Platte beim Fixiren und Alaunisiren erfährt (sie entsteht wahrscheinlich beim ersten Aufquellen während der Entwicklung).

2) Es scheinen die Verzerrungen insofern eine Regel zu befolgen, als sie in einer Richtung der Platte wesentlich positiv, in der dazu senkrechten wesentlich negativ verlaufen, dass also in der einen Richtung Ausdehnung, in der andern Zusammenziehung erfolgt. Hierbei ist es gleichgültig, in welcher Lage sich die Platte beim Trocknen befunden hat, und es rührt diese Erscheinung entweder von der Fabrikation her oder von einer cylindrischen Form der Platte (zu den Versuchen sind keine geschliffenen Platten benutzt worden). Im allgemeinen ist der Verlauf der Verziehungen aber nicht regelmässig, weder auf einer Platte, noch verhalten sich alle Platten wie angegeben.

Als mittleren Betrag der Verziehung habe ich auf eine Länge von nahe 65 mm den Werth 0.006 mm gefunden, oder also etwa $1/100$ Procent der Länge. Weitere Erfahrungen haben indessen gezeigt, dass man wahrscheinlich die Verziehungen nicht der gemessenen Strecke proportional setzen darf, sondern dass sie ziemlich localer Natur sind und sich häufig schon auf sehr kurze Strecken hin wieder aufheben. Dann kann man die Verziehungen überhaupt nicht in Rechnung ziehen, sondern sie tragen, wie bei den Collodiumplatten, nur dazu bei, die zufälligen Messungsfehler, von

---

*) Zeitschrift für Instrumenten-Kunde **11**, 394.

deren Ordnung sie sind, um einen geringen Betrag zu vergrössern, werden
also durch die Vermehrung der Zahl der Aufnahmen ausgeglichen.

In einigen Fällen habe ich eine eigenthümliche, sehr starke locale
Verzerrung gefunden, die zwar nur sehr selten aufzutreten scheint — von
anderer Seite ist über diese Erscheinung noch nichts bekannt gegeben
worden —, aber Beträge bis zu mehreren Millimetern erreichen kann.
Auf einer meist rund begrenzten Stelle der Platte von einem Durchmesser
bis zu 4 oder 5 mm ist die Gelatine fast gänzlich verschwunden; die
Stelle markirt sich bei schräg auffallendem Lichte als flache Grube, und
innerhalb derselben haben Ortsveränderungen der Gelatine bis zum Betrage von mehreren Millimetern stattgefunden. Man erkennt dies sehr
deutlich, wenn ein Strich eines aufcopirten Gitters gerade durch eine
solche Stelle geht; derselbe erscheint alsdann stark ausgebogen oder
auch wohl in mehrere Stücke zertheilt. Eine kleinere derartige Stelle
wird, wenn kein Gitterstrich in der Nähe vorbeigeht, bei der Messung
kaum zu bemerken sein, und die Position eines zufällig darin befindlichen
Sternes kann dadurch um ganz enorme Beträge verfälscht werden. Die
Ursache der Erscheinung beruht zweifellos in einer partiellen Verflüssigung
der Gelatine, welche hervorgebracht worden sein kann sowohl durch ein
aufgespritztes Tröpfchen einer Säure, z. B. Salpetersäure, oder aber auch
durch die Entwickelung einer Pilz- oder Bakteriencolonie.

Es ist als eines der wichtigsten Erfahrungsresultate für die astronomische Photographie zu betrachten, dass, abgesehen von den eben angedeuteten, sehr seltenen starken localen Verzerrungen, eine Rücksichtnahme auf Verzerrungen selbst bei den genauesten Messungen nicht
erforderlich ist, und zwar besonders nicht, wenn durch die Einführung
aufcopirter Gitter die zu messenden Distanzen klein bleiben.

Bei Vernachlässigung der Verzerrung der Schicht bleibt nun noch
ein Umstand übrig, der die absolute Aehnlichkeit zwischen der Constellation am Himmel und auf der Platte verhindert, die Unvollkommenheit in der exacten Einhaltung der Richtung des Fernrohrs auf den
Haltestern. Die Hauptschwierigkeit des exacten Haltens bei länger
dauernder Aufnahme ist auf constructivem Wege, durch die Verschmelzung
des Haltefernrohrs mit dem photographischen Fernrohre in eins und durch
die damit bewirkte Aufhebung der relativen Biegungen der beiden Instrumente, beseitigt worden; aber immerhin ist das Halten eines Sternes
eine Kunst, die erst gelernt sein muss, und die niemals vollständig gelingt, wenn das Uhrwerk des Instrumentes schlecht functionirt oder auch
bloss nicht genau regulirt ist. Die infolge schlechten Haltens entstehende
Deformation der Sternscheibchen — sie werden gewöhnlich birnförmig
oder elliptisch — erschwert zunächst die Sicherheit des Einstellens beim

Messen. Das ist aber nur der geringere Uebelstand; viel bedenklicher ist es, dass die hellen und die schwachen Sterne nicht gleichförmig deformirt werden. Nehmen wir z. B. an, das Uhrwerk habe die Tendenz, vorzulaufen, so werden bei nicht genügender Uebung oder Aufmerksamkeit des Beobachters die Sterne zwar während des grössten Theiles der Exposition auf ihrer richtigen Stelle sein; während eines kleinen Theiles aber werden sie im Sinne der täglichen Bewegung sich innerhalb einer kleinen Strecke vor dem Hauptbilde befinden. Der Erfolg ist bei helleren Sternen der, dass diese kleine Strecke mit abgebildet wird, die Sternscheibchen haben nach dieser Seite hin einen schmäleren Ansatz, der das Urtheil über den Mittelpunkt des Scheibchens irreführt. Unterhalb einer gewissen Helligkeit rufen die Sterne auf dieser Strecke keine Einwirkung auf die Platte aus, ihre Bilder erscheinen also rund; es wird sich demnach ein systematischer Unterschied in der Einstellung auf helle und schwache Sterne ergeben, der natürlich für jede Platte je nach der Art der Deformation verschieden ausfällt und nur sehr schwer oder gar nicht zu ermitteln sein wird.

Ein absolut richtiges Halten liegt ausserhalb der Möglichkeit, und deshalb sind im allgemeinen bei allen Sternaufnahmen die Sternscheibchen etwas deformirt, wenn auch nur so gering, dass die Deformation selbst unter dem Mikroskope nicht mehr zu erkennen ist. Ein Einfluss auf die Messungen und zwar ein solcher, der durch Wiederholung der Pointirungen nicht herausfällt, der also für jede Platte systematisch wirkt, findet stets statt, und meines Erachtens ist wesentlich hierdurch der Genauigkeit eine Grenze gesteckt. Man macht sehr häufig die Erfahrung, dass der Pointirungsfehler nur wenige Hundertstel einer Bogensecunde beträgt, während doch nachher Abweichungen in den Positionen von ganzen Zehntelsecunden vorkommen, die durch Verzerrungen der Schicht nicht zu erklären sind, da sie z. B. bei nahestehenden Sternen mit umgekehrtem Zeichen eintreten, sofern die Helligkeitsunterschiede ebenfalls die umgekehrten sind.

Wir haben bisher diejenigen Fehlerursachen berührt, welche bewirken, dass die auf der Platte abgebildete Constellation nicht absolut identisch ist mit der während der Exposition am Himmel scheinbar stattgehabten, und müssen nun zu denjenigen übergehen, welche bei der Ausmessung der Platten massgebend sind. Wir schliessen aber an dieser Stelle alle diejenigen aus, welche im Messapparate selbst begründet sind, weil einmal hierauf bei Besprechung der letzteren kurz eingegangen werden soll, es andererseits aber über die Ziele dieses Buches hinausgehen würde, auf die genaue Untersuchung von Messapparaten einzugehen. Dieselbe ist für jeden Messapparat eine ganz specielle, abgesehen von den allgemeinen

und hier als bekannt vorauszusetzenden Methoden der Untersuchung von
Schrauben, Scalen und dergl.

Es bleiben also nur die von der Person des Messenden abhängenden Fehler übrig, der Einfluss der persönlichen Gleichung auf die
Messungen. Man hatte bis vor Kurzem angenommen, dass die photographische Messung frei von derartigen persönlichen Fehlern sei, weil die
Art der Beobachtung hierbei eine so ausserordentlich einfache gegenüber
den directen Messungen am Himmel ist. Die Beobachtung besteht in der
Einstellung eines Fadens oder eines Fadenpaares auf die geschätzte Mitte
eines Sternscheibchens; die Schätzung der Mitte eines solchen Scheibchens, wie überhaupt jeder breiteren Fläche ist aber mit principiellen,
von dem Verhältniss der Grösse der Scheibchen zur Dicke des Fadens
oder zur Distanz der beiden Fäden abhängigen Fehlern behaftet. Ich
habe hierauf zuerst aufmerksam*) gemacht, und da Angaben über derartige persönliche Fehler bisher von anderer Seite noch nicht vorliegen,
so kann ich nur meine eigenen Erfahrungen an dieser Stelle mittheilen.
Bei Messungen in rechtwinkligen Coordinaten stelle ich das Fadenpaar
stets zu viel nach rechts und zu viel nach oben ein. Sind die Scheibchen kleiner oder nur sehr wenig grösser, als die Fadendistanz beträgt,
so ist der Fehler Null, wächst dann ziemlich rasch bis zu einer gewissen
Grösse an, um dann nur noch sehr wenig zuzunehmen. Bei geringer
Uebung im Anfange scheint der Fehler nicht constant zu sein, allmählich
aber constant zu werden. Seine Abhängigkeit von dem Durchmesser der
Scheibchen zeigt das folgende Täfelchen:

Durchmesser	Corr. in horizont. Coordinate	Corr. in vertic. Coordinate
R.	G.	G.
0.20	— 0.0000	+ 0.0000
0.25	— 0.0001	+ 0.0001
0.30	— 0.0003	+ 0.0002
0.35	— 0.0005	+ 0.0004
0.40	— 0.0007	+ 0.0005
0.50	— 0.0009	+ 0.0007
0.60	— 0.0009	+ 0.0009
0.70	— 0.0009	+ 0.0011
0.80	— 0.0010	+ 0.0013
1.00	— 0.0010	+ 0.0014
1.20	— 0.0010	+ 0.0014
1.40	— 0.0010	+ 0.0015
1.60	— 0.0010	+ 0.0015

* Abhandl. der K. Akademie d. W. Berlin. 1892.

Bei einem Massstabe, wie er für die Himmelskarte vorgesehen ist, 1 mm = 1', G. = 1 Gitterintervall = 5 mm, würden aus der Nichtberücksichtigung meiner persönlichen Einstellungsfehler in den relativen Coordinaten heller und schwacher Sterne Fehler bis zu 0″.4 entstehen können.

Völlig aufgehoben werden diese Fehler, wenn man die Messungen bei einer um 180° geänderten Lage der Platte wiederholt; es ist indessen wohl einfacher, ihn mit Hülfe eines Reversionsprismas zu bestimmen und dann nachträglich zu corrigiren. Als einfachstes Reversionsprisma empfiehlt sich ein gewöhnliches totalreflectirendes rechtwinkliges Prisma, welches man so auf das Ocular aufsetzt, dass die Hypotenuse parallel zur optischen Axe des Mikroskops steht (Fig. 27).

Fig. 27.

Bei einer Drehung des Prismas um 90° dreht sich das Bild um 180°; rechts und links, oben und unten sind also vertauscht. Gleichzeitig ist auch die Bewegung des Fadens scheinbar die umgekehrte; befürchtet man hieraus einen Einfluss auf die Einstellungen, so kann man nach der Drehung des Prismas die Schraube beim Einstellen in der umgekehrten Richtung drehen, muss aber alsdann den toten Gang derselben genau in Rechnung ziehen. Die Differenz der Schraubenablesungen bei den verschiedenen Stellungen des Prismas giebt den doppelten Betrag des persönlichen Fehlers.

Ueber die Grösse der wahrscheinlichen Fehler bei der Ausmessung photographischer Aufnahmen werden in einem anderen Capitel bei Gelegenheit der Besprechung einzelner Arbeiten Angaben gemacht werden; es mögen jedoch auch hier schon einige Daten allgemeinerer Art Platz finden.

Thiele*) hat als Ausdruck für den Theil des Quadrats des mittleren Fehlers einer Messung, welcher allein von den zufälligen Messungsfehlern abhängt, für Platten, welche mit dem Henry'schen Instrumente aufgenommen waren, Folgendes gefunden:

$$\varepsilon_e{}^2 = \frac{r}{1000'' \cdot m}\,(0.0216 + 0.00192\,(d - 5.5)),$$

wo r die gemessene Distanz und d den Durchmesser der Sternscheibchen in Bogensecunden bedeuten; m ist die Zahl der Einstellungen.

Als constanten, von der durch die Unvollkommenheit des Haltens bedingten Deformation der Scheibchen herrührenden Betrag findet Thiele:

---

*) Bull. du Comité 1, 51.

$$\varepsilon_c{}^2 = \frac{r}{1000''} \cdot 0.0082 \, ,$$

und als von der Schichtverzerrung herrührend:

$$\varepsilon_s{}^2 = 0.0093 \, .$$

Für einen mittleren Bilddurchmesser von 5."5, eine Distanz von 1000"
und für $m = 3$ resultiren dann als wahrscheinliche Fehler infolge der
drei erwähnten Ursachen:

$$r_e = \pm 0."057$$
$$r_c = \pm 0.061$$
$$r_s = \pm 0.065 \, .$$

Durch Vermehrung der Zahl der Einstellungen kann r_e noch stark
verkleinert werden, r_c und r_s dagegen für ein- und dieselbe Platte nicht,
und es folgt also aus diesen Zahlen, dass bei den angegebenen Aufnahmen der wahrscheinliche Fehler der Messungen nicht unter den zehnten
Theil einer Bogensecunde herabgedrückt werden kann.

Zu einem vollständig übereinstimmenden Resultate ist Wilsing*) für
Messungen an mit dem Potsdamer photographischen Refractor aufgenommenen Platten gekommen. Derselbe findet für die drei Arten der wahrscheinlichen Fehler folgende Werthe:

$$r_e = \pm 0."065$$
$$r_c = \pm 0.068$$
$$r_s = \pm 0.070 \, .$$

Die Ausmessung einer photographischen Aufnahme liefert nun nach
Berücksichtigung aller bisher erwähnten Fehlerquellen die scheinbaren
Positionen der Sterne, relativ zu denjenigen, welche bei der Reduction als
durch anderweitige Messungen bekannt angenommen oder als Anhaltsterne
benutzt worden sind. Es liegt jetzt genau dasselbe Verhältniss vor, wie bei
directem mikrometrischen Anschluss; bei der Reduction auf ein mittleres
Aequinoctium sind also dieselben Correctionen anzubringen, wie bei directen
Messungen. In Bezug auf Aberration, Nutation und Praecession sind sowohl die Formeln hierfür als auch die numerischen Beträge naturgemäss
absolut identisch; in Bezug auf die Refraction ist dies aber nicht der Fall.
Dieselbe ist einmal ihrem numerischen Betrage nach eine andere, dann
aber auch können bei photographischen Aufnahmen Distanzen vorkommen,
für welche die gewöhnlichen Differentialformeln nicht mehr ausreichen;

---

*) Astr. Nachr. **141**, 89.

ferner müssen bei Aufnahmen mit sehr langer Expositionszeit noch besondere Ueberlegungen angestellt werden.

Wie bei jedem lichtbrechenden Medium ist auch bei unserer Atmosphäre die Brechung für die Strahlen verschiedener Wellenlängen verschieden, die Atmosphäre dispergirt also das Licht beim Durchgange, sofern es nicht senkrecht einfällt, wovon man sich leicht durch Betrachtung eines sehr tief stehenden hellen Sternes überzeugen kann; derselbe erscheint nicht als Punkt, sondern als vertical stehendes Spectralband. Betrachtet man für die Brechung der optischen Strahlen eine Stelle des Spectrums, gelegen auf $1/3$ zwischen D und E (571 $\mu\mu$), als massgebend, für die photographischen Strahlen diejenige der mittleren Gegend zwischen G und H (420), so sind für diese beiden Strahlengattungen im Mittel aus den von Ketteler, Lorenz, Mascart, Kayser und Runge ausgeführten Bestimmungen der brechenden Kraft $(1 - \mu)$, wo μ den Brechungscoëfficienten zwischen Aether und Luft bei mittlerem Barometerstande und mittlerer Temperatur bedeutet, folgende Werthe anzunehmen:

$$\text{für} \quad \frac{2D + E}{3} (1 - \mu) = 0.0002930$$

$$\text{für} \quad \frac{G + H}{2} (1 - \mu) = 0.0002975 \, .$$

Der Unterschied beträgt 0.0000045 oder $1/65$ des Gesammtbetrages der optischen Refraction, um welche die photographische grösser ist.

Die Gebrüder Henry*) haben die Refractionsdifferenz auf experimentellem Wege bestimmt. Sie brachten vor dem Objective eines Fernrohrs ein Diffractionsgitter an, welches im verticalen Sinne orientirt war, so dass die Diffractionsspectra horizontal lagen. Bezeichnet man das Gitterintervall mit i und mit a die Winkeldistanz der Spectra erster Ordnung vom Mittelbilde, so ist $a = \frac{\lambda}{i \sin 1''}$. Richtet man das Fernrohr auf einen Stern, dessen Zenithdistanz z ist, so werden die Strahlen verschiedener Brechbarkeit im verticalen Sinne gemäss der Refraction abgelenkt um den genäherten Betrag $\varrho = A \, \text{tg} \, z$, wo A mit der Wellenlänge variirt. Man erhält also eine Spectralcurve, in welcher man die Variation von ϱ und damit von A mit der Wellenlänge messen kann. Eine genügende Darstellung von A haben die Gebrüder Henry durch die Formel

$$A = C + \frac{D}{\lambda^{\frac{4}{3}}}$$

finden können.

* Mesure de la Dispersion Atmosphérique. Bull. du Comité **1**, 464.

Die Messung wird am genauesten, wenn man den Winkel m, den die Tangente an der Spectralcurve mit der Horizontalen macht, bestimmt. Zu diesem Zwecke hat man

$$\frac{d\varrho}{da} = \operatorname{tg} m = - \frac{3\, D \operatorname{tg} z \cdot i \sin 1''}{2\, \lambda^{\frac{3}{2}}} = - \frac{3\, D \operatorname{tg} z}{2\, a^{\frac{3}{2}} (i \sin 1'')^{\frac{1}{2}}}$$

oder

$$D = -\tfrac{2}{3}\, a^{\frac{3}{2}} (i \sin 1'')^{\frac{1}{2}} \operatorname{tg} m \operatorname{cotg} z .$$

Die Beobachtungen haben für D den Werth $0.''726$ ergeben, und damit gewinnt man folgende Werthe von A für die beigeschriebenen Wellenlängen:

λ	A
700 $\mu\mu$	57.''79
600 »	58.11
575 »	58.22
500 »	58.60
430 »	59.13
400 »	59.42

Die Herren Henry betrachten die Wellenlängen 575 $\mu\mu$ und 430 $\mu\mu$ als massgebende für die optische bez. für die photographische Refraction und erhalten damit als Unterschied der Refractionsconstante $0.''91$ oder, in sehr naher Uebereinstimmung mit dem theoretisch abgeleiteten Werthe, $1/_{64}$ des Betrages der optischen Refraction; man wird abgerundet $1/_{65}$ als einen für alle Fälle ausreichenden Correctionswerth der nach den üblichen Tafeln gerechneten Refractionen annehmen können.

Die folgende Tafel giebt eine Uebersicht über den Betrag der Correction bei Höhendifferenzen von 1° bis 5° und verschiedenen Zenithdistanzen.

Höhendifferenz	1°	2°	3°	4°	5°
Zenithdistanz 20°	0.''02	0.''04	0.''05	0.''07	0.''09
» 30°	0.02	0.05	0.07	0.09	0.11
» 40°	0.03	0.06	0.09	0.11	0.14
» 50°	0.04	0.08	0.11	0.16	0.19
» 60°	0.07	0.12	0.18	0.24	0.31
» 70°	0.15	0.30	0.44	0.59	0.82
» 80°	0.46	0.92	1.38	1.83	2.29

Die modernen photographischen Refractoren besitzen ein Gesichtsfeld von mehr als 2° Durchmesser. Will man bei der Reduction hiermit erhaltener Aufnahmen das Zehntel der Bogensecunde in der Rechnung sicher halten, so ist es also schon bei Zenithdistanzen von 20° bis 30°

nothwendig, die Aenderung der Refractionsconstante zu berücksichtigen. Man sollte also überhaupt ein für allemal photographische Messungen mit der geänderten Refractionsconstante reduciren; ganz unumgänglich nothwendig aber ist dies in allen Fällen, wo die Photographie zu absoluten Höhenbestimmungen verwendet wird, wie z. B. bei Benutzung der Photographie bei Meridianbeobachtungen.

Die Form, nach welcher man die Refraction berechnen will, kann für die betreffende Messungs- und Reductionsmethode besonders passend ausgewählt werden; Schwierigkeiten bereitet aber in allen Fällen, wo die Expositionszeiten lang sind, die Frage, für welchen Zeitmoment oder für welche Zeitmomente die Rechnung geführt werden soll.

Für einen Stern der Platte, nämlich für den Haltestern, ist die Refraction vollständig aufgehoben; alle anderen Sterne sind aber in jedem Momente mit der Differentialrefraction gegen den Haltestern behaftet und beschreiben also wegen der Aenderungen der letzteren kleine Bahnen auf der Platte. Die Form dieser Bahnen hängt vom Positionswinkel der betreffenden Sterne gegen den Haltestern ab; im allgemeinen sind sie gekrümmt und werden mit ungleichförmiger Geschwindigkeit durchlaufen. Bei kurzen Expositionszeiten kann man mit genügender Annäherung die beschriebenen Bahnen als gerade und als mit gleichförmiger Geschwindigkeit durchlaufen betrachten und wird deshalb die Refraction für die Mitte der Expositionszeit berechnen. Bei grösseren Expositionszeiten, deren Grenze natürlich von der absoluten Höhe der aufgenommenen Gestirne und von der absoluten Distanz abhängt, ist diese Annäherung nicht mehr genügend, und es fragt sich nur, was an deren Stelle gesetzt werden soll. Diese Frage ist allgemein wohl kaum zu beantworten, und selbst im speciellen Falle macht sie grosse Schwierigkeiten, auch wenn man sich in Betreff einer vorher zu erledigenden Frage entschieden hat, der Frage nämlich, in welcher Weise bei langdauernden Expositionen die Form der Sternscheibchen geändert wird, und auf welchen Punkt der deformirten Scheibchen man einstellen soll. Zur Beantwortung derselben müssen wir uns erst über die Grösse der durch die Aenderung der Differentialrefraction enstehenden Deplacirungen informiren. Der extremste Fall würde der sein, dass z. B. beim Anfange der Exposition sich ein Sternpaar im Zenith befindet, beim Ende aber am Horizonte und zwar im Positionswinkel $0°$ oder $180°$. Bei einer Distanz des einen Sternes gegen den Haltestern von $1°$, welche Distanz wir im Folgenden annehmen wollen, würde die Differentialrefraction von Null bis $10'$ wachsen. Hiervon kann natürlich in praxi keine Rede sein; dagegen dürfte es schon durchaus möglich sein, bis zu $50°$ Zenithdistanz zu gehen, und damit hätte man eine Verschiebung von $2\rlap{.}''5$; jedenfalls darf man

auf Ortsveränderungen von 2″ bis 3″ gefasst sein, also auf Grössen von
der Ordnung des Durchmessers der kleinsten Scheibchen, die bei schwachen
Sternen sehr deutlich sichtbar sein würden; bei helleren würden sie zwar
durch die Ausbreitung der directen Wahrnehmung entzogen sein, sich
aber in der Messung natürlich bemerklich machen. Diese Deformationen
treten erst bei grösserem Abstande vom Mittelpunkte der Platte auf, com-
biniren sich also mit den durch die Objectivconstruction bedingten, von
deren Ordnung sie sind.

Wir haben bereits bemerkt, dass man bei Aufnahmen, die mit richtig
construirten Objectiven erhalten sind, stets auf den geometrischen Mittelpunkt der Figur einstellen soll; das muss auch bei der weiteren Deformirung durch Refraction aufrecht erhalten werden, es gelangt also
auch der geometrische Mittelpunkt der Refractionsbahn zur Einstellung.
Damit ist aber die erstere Frage insofern erledigt, als die Regel nunmehr
lautet: Bei lange exponirten Aufnahmen soll die Refraction für denjenigen
Zeitmoment gerechnet werden, in welchem sich der Stern im Mittelpunkte
seiner durch die Refraction auf der Platte beschriebenen Bahn befand.
Die Lösung der Aufgabe, den allgemeinen Ausdruck für diese Zeit zu
finden, wird nicht unbeträchtliche Schwierigkeiten bereiten; man kann
aber durch etwas umfangreiche Rechnungen in jedem gegebenen Falle
auf graphischem Wege zu einem genügend genauen Werthe gelangen,
indem man für einige aequidistante Zeitmomente der Exposition die Beträge der Refraction in Rectascension und Declination rechnet, dieselben in
ein Netz einträgt, dessen Coordinaten die Rectascensionen und Declinationen sind, durch die so erhaltenen Punkte die Refractionscurve legt und
deren Mitte bestimmt.

Dass die Berechnung der Refraction für die Mitte der Expositionszeit oder ihre Mittelnahme für Anfang und Ende der Expositionszeit in
vielen Fällen durchaus nicht immer eine genügende Annäherung bietet,
kann leicht durch ein Beispiel gezeigt werden.

Für einen südlich oder nördlich vom Haltestern gelegenen Stern wird,
falls die Expositionszeit symmetrisch zum Meridian liegt (der günstigste
Fall für Aufnahmen in geringen Declinationen), die Refractionscurve annähernd hufeisenförmig, und der Punkt, auf welchen beim Messen eingestellt werden müsste, ist der geometrische Schwerpunkt dieser Figur.
Rechnet man die Refraction für die Mitte der Expositionszeit, also für den
Meridiandurchgang, so würde man damit den Scheitelpunkt des Huf-
eisens erhalten, bei Berechnung für die Endzeiten die Mitte der beiden
Enden. Eine recht gute Annäherung würde man in diesem Falle erst dann
erreichen, wenn das Mittel der Refractionen aus den drei Momenten Anfang, Mitte und Ende genommen würde.

Wie schon bemerkt, werden bei Darlegung specieller Reductionsmethoden auch Refractionsformeln, welche dem besonderen Zweck der
Aufnahmen angepasst sind, Aufnahme finden. Diese Formeln dürften im
allgemeinen ausreichen; es können jedoch Fälle vorkommen, in denen
wegen zu grosser Distanzen die Bessel'schen Entwickelungen nicht mehr
ausreichen und Glieder höherer Ordnung mitgenommen werden müssen.
Derartig erweiterte Formeln hat Rambaut*) entwickelt, und er findet
hierbei, dass eine Darstellung der Refraction innerhalb 0.″05 durch die
gewöhnlichen Formeln und für Distanzen bis 5° bei Zenithdistanzen bis
50° noch stattfindet, dass es aber ausserhalb dieser Grenzen nöthig wird,
die Glieder, welche von der zweiten Ordnung der $d\delta$ und $d\alpha$ abhängen,
zu berücksichtigen. Die Entwickelung der naturgemäss etwas complicirten
Rambaut'schen Formeln möge hier folgen.

Die Zenithdistanz eines Sternes werde mit ζ, seine Rectascension und
Declination mit α, resp. δ bezeichnet. η sei der parallaktische Winkel
und $\varDelta\zeta$ die Refraction. Die gewöhnlichen Ausdrücke für die Refraction
in Rectascension und Declination sind dann:

$$\varDelta\alpha = \varDelta\zeta \sin\eta \sec\delta \quad \text{und} \quad \varDelta\delta = \varDelta\zeta \cos\eta .$$

In dem sphärischen Dreieck zwischen dem Pol, dem wahren und
dem scheinbaren Orte des Sternes ist nun:

$$\sin\eta \cotg \varDelta\alpha = \cotg \varDelta\zeta \cos\delta - \sin\delta \cos\eta$$
$$\sin(\delta + \varDelta\delta) = \sin\delta \cos\varDelta\zeta + \cos\delta \sin\varDelta\zeta \cos\eta .$$

Diese Gleichungen gehen über in

$$\varDelta\alpha = \varDelta\zeta \sin\eta \sec\delta + \varDelta\zeta^2 \sin\eta \cos\eta \sec\delta \tg\delta$$

und

$$\varDelta\delta = \varDelta\zeta \cos\eta - \tfrac{1}{2} \varDelta\zeta^2 \sin^2\eta \tg\delta .$$

Wenn jetzt eingeführt wird

$$-\beta \tg\zeta = \varDelta\zeta$$
$$\psi = - \tg\zeta \sin\eta \sec\delta$$
$$\Omega = - \tg\zeta \cos\eta$$
$$U = \tg^2\zeta \sin\eta \cos\eta \sec\delta \tg\delta$$
$$V = -\tfrac{1}{2} \tg^2\zeta \sin^2\eta \tg\delta ,$$

so wird

$$\varDelta\alpha = \beta\psi + \beta^2 U ; \quad \varDelta\delta = \beta\Omega + \beta^2 V .$$

Wenn die Differenz in den Werthen irgend einer Function für zwei
benachbarte Sterne durch ein vorgesetztes d bezeichnet wird, so ist

---

*) Astr. Nachr. Nr. 3125 und 3255.

$$dA\alpha = \varDelta d\alpha = d\beta\psi + d\beta^2 U$$
$$dA\delta = \varDelta d\delta = d\beta\varOmega + d\beta^2 V,$$

wo $\varDelta d\alpha$ und $\varDelta d\delta$ die Refractionscorrectionen an die Differenzen $d\alpha$ und $d\delta$ sind.

Bezeichnet man mit β_0 den Werth von β, der dem Sterne entspricht, von welchem aus die Messungen gemacht werden, so ist für einen benachbarten Stern

$$\beta = \beta_0 + d\zeta \frac{d\beta_0}{d\zeta} + \tfrac{1}{2} d\zeta^2 \frac{d^2\beta_0}{d\zeta^2} + \cdots$$

Unter Vernachlässigung der höheren Glieder als der zweiten folgt

$$\varDelta d\alpha = \beta_0 d\psi + \psi d\zeta \frac{d\beta_0}{d\zeta} + \beta_0^2 dU$$

und

$$\varDelta d\delta = \beta_0 d\varOmega + \varOmega d\zeta \frac{d\beta_0}{d\zeta} + \beta_0^2 dV.$$

Zuerst mögen nur die ersten Glieder dieser Ausdrücke betrachtet werden. Da ψ und $\varOmega$ Functionen von α und δ sind, so ist

$$d\psi = \frac{\partial\psi}{\partial\alpha} d\alpha + \frac{\partial\psi}{\partial\delta} d\delta + \tfrac{1}{2}\left(\frac{\partial^2\psi}{\partial\alpha^2} d\alpha^2 + 2\frac{\partial^2\psi}{\partial\alpha\partial\delta} d\alpha d\delta + \frac{\partial^2\psi}{\partial\delta^2} d\delta^2\right) + \cdots$$

Entsprechend gestaltet sich der Ausdruck für $d\varOmega$. Ist φ die Breite und θ die Sternzeit, für welche die Refraction gerechnet werden soll, so findet man mit Hülfe der Gleichungen

$$\sin\zeta \sin\eta = \cos\varphi \sin(\theta - \alpha)$$
$$\sin\zeta \cos\eta = \cos\delta \sin\varphi - \sin\delta \cos\varphi \cos(\theta - \alpha)$$
$$\cos\zeta = \sin\delta \sin\varphi + \cos\delta \cos\varphi \cos(\theta - \alpha):$$

$$\psi = -\frac{\cos\varphi}{\cos\delta} \cdot \frac{\sin(\theta - \alpha)}{\sin\delta \sin\varphi + \cos\delta \cos\varphi \cos(\theta - \alpha)},$$

$$\varOmega = -\frac{\cos\delta \sin\varphi - \sin\delta \cos\varphi \cos(\theta - \alpha)}{\sin\delta \sin\varphi + \cos\delta \cos\varphi \cos(\theta - \alpha)},$$

$$\frac{\partial\psi}{\partial\alpha} = \frac{\cos\varphi}{\cos\delta} \cdot \frac{\cos\delta \cos\varphi + \sin\delta \sin\varphi \cos(\theta - \alpha)}{[\sin\delta \sin\varphi + \cos\delta \cos\varphi \cos(\theta - \alpha)]^2},$$

$$\frac{\partial\psi}{\partial\delta} = \frac{\cos\varphi \sin(\theta - \alpha)[\cos 2\delta \sin\varphi - \sin 2\delta \cos\varphi \cos(\theta - \alpha)]}{\cos^2\delta\,[\sin\delta \sin\varphi + \cos\delta \cos\varphi \cos(\theta - \alpha)]^2},$$

$$\frac{\partial\varOmega}{\partial\alpha} = \frac{\cos\varphi \sin\varphi \sin(\theta - \alpha)}{[\sin\delta \sin\varphi + \cos\delta \cos\varphi \cos(\theta - \alpha)]^2},$$

$$\frac{\partial\varOmega}{\partial\delta} = \frac{\sin^2\varphi + \cos^2\varphi \cos^2(\theta - \alpha)}{[\sin\delta \sin\varphi + \cos\delta \cos\varphi \cos(\theta - \alpha)]^2},$$

$$\frac{\partial^2 \varphi}{\partial \alpha^2} = \frac{\cos \varphi}{\cos \delta} \cdot \frac{\sin \varphi \sin (\theta - \alpha) \sin \delta}{[\sin \delta \sin \varphi + \cos \delta \cos \varphi \cos (\theta - \alpha)]^2}$$
$$- \frac{2 \cos^2 \varphi \sin (\theta - \alpha) [\cos \delta \cos \varphi + \sin \delta \sin \varphi \cos (\theta - \alpha)]}{[\sin \delta \sin \varphi + \cos \delta \cos \varphi \cos (\theta - \alpha)]^3},$$

$$\frac{\partial^2 \psi}{\partial \alpha \partial \delta} = \frac{\cos \varphi \sin \varphi \cos (\theta - \alpha)}{\cos^2 \delta [\sin \delta \sin \varphi + \cos \delta \cos \varphi \cos (\theta - \alpha)]^2}$$
$$- \frac{2 \cos \varphi}{\cos \delta} \cdot \frac{[\cos \delta \cos \varphi + \sin \delta \sin \varphi \cos (\theta - \alpha)] [\cos \delta \sin \varphi - \sin \delta \cos \varphi \cos (\theta - \alpha)]}{[\sin \delta \sin \varphi + \cos \delta \cos \varphi \cos (\theta - \alpha)]^3},$$

$$\frac{\partial^2 \psi}{\partial \delta^2} = - \frac{2 \cos \varphi \sin (\theta - \alpha)}{\cos^3 \delta [\sin \delta \sin \varphi + \cos \delta \cos \varphi \cos (\theta - \alpha)]^2}$$
$$- \frac{2 \cos \varphi \sin (\theta - \alpha) [\cos 2\delta \sin \varphi - \sin 2\delta \cos \varphi \cos (\theta - \alpha)] [\cos \delta \sin \varphi - \sin \delta \cos \varphi \cos (\theta - \alpha)]}{\cos^2 \delta [\sin \delta \sin \varphi + \cos \delta \cos \varphi \cos (\theta - \alpha)]^3},$$

$$\frac{\partial^2 \Omega}{\partial \alpha^2} = \frac{- \cos \varphi \sin \varphi \cos (\theta - \alpha)}{[\sin \delta \sin \varphi + \cos \delta \cos \varphi \cos (\theta - \alpha)]^2} - \frac{2 \cos^2 \varphi \sin \varphi \sin^2 (\theta - \alpha) \cos \delta}{[\sin \delta \sin \varphi + \cos \delta \cos \varphi \cos (\theta - \alpha)]^3},$$

$$\frac{\partial^2 \Omega}{\partial \alpha \partial \delta} = \frac{- 2 \cos \varphi \sin \varphi \sin (\theta - \alpha) [\cos \delta \sin \varphi - \sin \delta \cos \varphi \cos (\theta - \alpha)]}{[\sin \delta \sin \varphi + \cos \delta \cos \varphi \cos (\theta - \alpha)]^3},$$

$$\frac{\partial^2 \Omega}{\partial \delta^2} = \frac{- 2 [\sin^2 \varphi + \cos^2 \varphi \cos^2 (\theta - \alpha)] [\cos \delta \sin \varphi - \sin \delta \cos \varphi \cos (\theta - \alpha)]}{[\sin \delta \sin \varphi + \cos \delta \cos \varphi \cos (\theta - \alpha)]^3}.$$

Setzt man nun

$$\cos n = \cos \varphi \sin (\theta - \alpha), \qquad \cos \nu = \sin \varphi \sin (\theta - \alpha),$$
$$\sin n \sin m = \cos \varphi \cos (\theta - \alpha), \qquad \sin \nu \cos \mu = \sin \varphi \cos (\theta - \alpha),$$
$$\sin n \cos m = \sin \varphi, \qquad \sin \nu \sin \mu = \cos \varphi,$$

und schreibt $\cos \zeta$ anstatt $n \sin (m + \delta)$, so wird

$$\frac{\partial \psi}{\partial \alpha} = \frac{\cos \varphi}{\cos \delta} \cdot \frac{\sin \nu \sin (\mu + \delta)}{\cos^2 \zeta}, \qquad \frac{\partial \psi}{\partial \delta} = \frac{\cos n \sin n \cos (m + 2\delta)}{\cos^2 \delta \cos^2 \zeta},$$

$$\frac{\partial \Omega}{\partial \alpha} = \frac{\cos \varphi \cos \nu}{\cos^2 \zeta}, \qquad \frac{\partial \Omega}{\partial \delta} = \frac{\sin^2 n}{\cos^2 \zeta},$$

$$\frac{\partial^2 \psi}{\partial \alpha^2} = \frac{\cos \varphi \cos \nu \sin \delta}{\cos \delta \cos^2 \zeta} - \frac{2 \cos \varphi \cos n \sin \nu \sin (\mu + \delta)}{\cos^3 \zeta},$$

$$\frac{\partial^2 \psi}{\partial \alpha \partial \delta} = \frac{\cos \varphi}{\cos^2 \delta} \cdot \frac{\sin \nu \cos \mu}{\cos^2 \zeta} - \frac{2 \cos \varphi}{\cos \delta} \cdot \frac{\sin n \cos (m + \delta) \sin \nu \sin (\mu + \delta)}{\cos^3 \zeta},$$

$$\frac{\partial^2 \psi}{\partial \delta^2} = \frac{- 2 \cos n}{\cos^3 \delta \cos \zeta} - \frac{2 \cos n \sin^2 n \cos (m + 2\delta) \cos (m + \delta)}{\cos^2 \delta \cos^3 \zeta},$$

$$\frac{\partial^2 \Omega}{\partial \alpha^2} = - \frac{\cos \varphi \sin \nu \cos \eta}{\cos^2 \zeta} - \frac{2 \cos \varphi \cos n \cos \nu \cos \delta}{\cos^3 \zeta},$$

$$\frac{\partial^2 \Omega}{\partial a \partial \delta} = -\frac{2 \cos \varphi \cos \nu \sin n \cos (m + \delta)}{\cos^3 \zeta},$$

$$\frac{\partial^2 \Omega}{\partial \delta^2} = -\frac{2 \sin^3 n \cos (m + \delta)}{\cos^3 \zeta}.$$

Hieraus ist zu ersehen, dass die Hauptglieder der zweiten Ordnung in da, $d\delta$ in den Werthen von $\Delta da \cos \delta$ und $\Delta d\delta$, mit Ausnahme für nahe dem Pol gelegene Sterne, diejenigen sind, welche $\cos^3 \zeta$ im Nenner enthalten, und diese, mit Ausnahme des zweiten Gliedes in $\frac{\partial^2 \psi}{\partial \delta^2}$, kleiner sind als $\frac{\beta_n da^2}{\cos^3 \zeta}$.

Damit nun jeder dieser Ausdrücke kleiner als $0.''05$ sei, muss als Grenze der entsprechenden gemessenen Distanz genommen werden

$$d a = \sqrt{\frac{0.05}{\beta_0} \cdot 206265 \cos^{\frac{3}{2}} \zeta}\,.$$

Hiermit ergiebt sich das folgende Täfelchen für die Grenze von da oder δd

ζ	Grenzen von $d a$ oder $d \delta$
40°	4105″
50	3155
60	2165
70	1225
80	443

Das zweite Glied in dem Werthe für $\frac{\partial^2 \psi}{\partial \delta^2}$ kann aber in engeren Grenzen merklich werden; nämlich für folgende Werthe von δ und ζ dürfen die $d\delta$ nicht grösser sein als

$\delta =$	$\zeta =$	40°	50°	60°	70°	80°
	40°	2540″	1953″	1340″	758″	274″
	50	2320	1789	1229	694	251
	60	2052	1577	1083	613	222
	70	1697	1306	896	507	183
	80	1209	930	638	361	131

Die in den beiden Täfelchen gegebenen Werthe gelten natürlich immer für den schlimmsten Fall; bei kleineren Werthen der Zähler in den Ausdrücken können die Grenzen entsprechend weiter gezogen werden.

Bei der Betrachtung der weiteren Ausdrücke

$$\psi\, d\zeta\, \frac{d\beta_0}{d\zeta} \quad \text{und} \quad \Omega\, d\ddot{\zeta}\, \frac{d\beta_0}{d\ddot{\zeta}}$$

ist es nur nothwendig, die Glieder der ersten Ordnung von $d\ddot{\zeta}$ zu berücksichtigen. Es ist dann

$$-\sin\zeta\, d\zeta = \cos\delta\cos\varphi\sin(\theta-\alpha)\, d\alpha + [\sin\varphi\cos\delta - \cos\varphi\sin\delta\cos(\theta-\alpha)]\, d\delta,$$

also

$$d\ddot{\zeta} = -\frac{\cos n\cos\delta}{\sin\zeta}\, d\alpha - \frac{\sin n\cos(m+\delta)}{\sin\zeta}\, d\delta\,.$$

Demnach ist

$$\psi\delta\zeta\, \frac{d\beta_0}{d\zeta} = \left(\frac{\cos^2 n}{\sin\zeta\cos\zeta}\, d\alpha + \frac{\sin n\cos n\cos(m+\delta)}{\cos\delta\sin\zeta\cos\zeta}\, d\delta\right)\frac{d\beta_0}{d\zeta} \quad \text{und}$$

$$\Omega\, d\zeta\, \frac{d\beta_0}{d\zeta} = \left(\frac{\sin n\cos n\cos\delta\cos(m+\delta)}{\sin\zeta\cos\zeta}\, d\alpha + \frac{\sin^2 n\cos^2(m+\delta)}{\sin\zeta\cos\zeta}\, d\delta\right)\frac{\delta\beta_0}{d\zeta}\,.$$

Keiner dieser Ausdrücke ist grösser als $2\,\dfrac{\delta\beta_0}{d\zeta}\cdot\dfrac{d\alpha}{\sin^2\zeta}$; es ergiebt sich hieraus das folgende Täfelchen der erlaubten Genzen:

ζ	Grenze von $d\alpha$ oder $d\delta$
50°	12670″
60	4585
70	981
80	72

Schliesslich sind noch die Ausdrücke $\beta_0^2\, dU$ und $\beta_0^2\, dV$ zu betrachten. Es ist $\quad U = \psi\Omega\,\mathrm{tg}\,\delta \quad$ und $\quad V = -\tfrac{1}{4}\,\psi^2\sin 2\delta\,,$

$$dU = \frac{\delta U}{\delta\alpha}\, d\alpha + \frac{\delta U}{\delta\delta}\, d\delta\,,$$

$$dV = \frac{\delta V}{\delta\alpha}\, d\alpha + \frac{\delta V}{\delta\delta}\, d\delta. \quad \text{Ferner ist}$$

$$\frac{\delta U}{\delta\alpha} = \frac{\delta\psi}{\delta\alpha}\,\Omega\,\mathrm{tg}\,\delta + \psi\,\frac{\delta\Omega}{\delta\alpha}\,\mathrm{tg}\,\delta\,,$$

$$\frac{\delta U}{\delta\delta} = \frac{\delta\psi}{\delta\delta}\,\Omega\,\mathrm{tg}\,\delta + \psi\,\frac{\delta\Omega}{\delta\delta} + \psi\Omega\,\sec^2\delta\,,$$

$$\frac{\delta V}{\delta\alpha} = -\tfrac{1}{2}\,\psi\,\frac{\delta\psi}{\delta\alpha}\,\sin 2\delta\,,$$

$$\frac{\delta V}{\delta\delta} = -\tfrac{1}{2}\,\psi\,\frac{\delta\psi}{\delta\delta}\,\sin 2\delta - \tfrac{1}{2}\,\psi^2\cos 2\delta\,.$$

Nach Einsetzung der $\dfrac{\partial \psi}{\partial \alpha}$ und $\dfrac{\partial \psi}{\partial \delta}$ folgt:

$$\frac{\partial U}{\partial \alpha} = - \frac{\cos \varphi}{\cos^2 \delta} \cdot \frac{\sin \delta \sin n \cos (m + \delta) \sin \nu \sin (\eta + \delta)}{\cos^3 \zeta} - \frac{\cos \varphi \sin \delta \cos n \cos \nu}{\cos^2 \delta \cos^3 \zeta},$$

$$\frac{\partial U}{\partial \delta} = - \frac{\sin \delta \cos n \sin^2 n \cos (m + 2\delta) \cos (m + \delta)}{\cos^3 \delta \cos^3 \zeta} - \frac{\sin \delta \cos n \sin^2 n}{\cos^2 \delta \cos^3 \zeta}$$
$$+ \frac{\cos n \sin n \cos (m + \delta)}{\cos^3 \delta \cos^2 \zeta},$$

$$\frac{\partial V}{\partial \alpha} = \frac{\cos \varphi \sin \delta \cos n \sin \nu \sin (\mu + \delta)}{\cos \delta \cos^3 \zeta},$$

$$\frac{\partial V}{\partial \delta} = \frac{\sin \delta \cos^2 n \sin n \cos (m + 2\delta)}{\cos^2 \delta \cos^3 \zeta} - \frac{1}{2} \frac{\cos 2\delta \cos^2 n}{\cos^2 \delta \cos^2 \zeta}.$$

Keiner dieser Ausdrücke kann grösser werden als $\beta_0{}^2 \varDelta \alpha \sec^2 \delta \sec^3 \zeta$: als Grenzwerthe ergeben sich die folgenden:

	$\zeta =$	$50°$	$60°$	$70°$	$80°$
$\delta =$	$40°$				$2025''$
	50				1426
	60			$6594''$	862
	70		$9638''$	3085	404
	80	$5278''$	2484	795	104

Die mit $\beta_0{}^2$ multiplicirten Glieder können also erst merklich werden, wenn entweder die Declination oder die Zenithdistanz grösser als $70°$ wird.

Die Endformeln für die Refraction werden nunmehr:

$$\varDelta d\alpha = \left(\beta_0 \frac{\partial \psi}{\partial \alpha} + \beta_0{}^2 \frac{\partial U}{\partial \alpha} + \frac{d\beta_0}{d\zeta} \cdot \frac{\cos^2 n}{\sin \zeta \cos \zeta} \right) d\alpha$$
$$+ \left(\beta_0 \frac{\partial \psi}{\partial \delta} + \beta_0{}^2 \frac{\partial U}{\partial \delta} + \frac{d\beta_0}{d\zeta} \cdot \frac{\sin n \cos n \cos (m + \delta)}{\cos \delta \sin \zeta \cos \zeta} \right) d\delta$$
$$+ \beta_0 \left(\frac{1}{2} \frac{\partial^2 \psi}{\partial \alpha^2} d\alpha^2 + \frac{\partial^2 \psi}{\partial \alpha \partial \delta} d\alpha d\delta + \frac{1}{2} \frac{\partial^2 \psi}{\partial \delta^2} d\delta^2 \right),$$

$$\varDelta d\delta = \left(\beta_0 \frac{\partial \Omega}{\partial \alpha} + \beta_0{}^2 \frac{\partial V}{\partial \alpha} + \frac{d\beta_0}{d\zeta} \cdot \frac{\sin n \cos n \cos \delta \cos (m + \delta)}{\sin \zeta \cos \zeta} \right) d\alpha$$
$$+ \left(\beta_0 \frac{\partial \Omega}{\partial \delta} + \beta_0{}^2 \frac{\partial V}{\partial \delta} + \frac{d\beta_0}{d\zeta} \cdot \frac{\sin^2 n \cos^2 (m + \delta)}{\sin \zeta \cos \zeta} \right) d\delta$$
$$+ \beta_0 \left(\frac{1}{2} \frac{\partial^2 \Omega}{\partial \alpha^2} d\alpha^2 + \frac{\partial^2 \Omega}{\partial \alpha \partial \delta} d\alpha d\delta + \frac{1}{2} \frac{\partial^2 \Omega}{\partial \delta^2} d\delta^2 \right).$$

In den allermeisten Fällen wird man mit folgender abgekürzter Form auskommen:

$$\varDelta d\alpha = \beta_0 \left(\frac{\cos \varphi}{\cos \delta} \cdot \frac{\sin \nu \sin (\mu + \delta)}{\sin^2 n \sin^2 (m + \delta)} \, d\alpha + \frac{\operatorname{cotg} n \cos (m + 2\delta)}{\cos^2 \delta \sin^2 (m + \delta)} d\delta \right),$$

$$\varDelta d\delta = \beta_0 \left(\frac{\cos \varphi \cos \nu}{\sin^2 n \sin^2 (m + \delta)} \, d\alpha + \frac{1}{\sin^2 (m + \delta)} d\delta \right), \qquad \text{worin}$$

$$\operatorname{tg} m = \operatorname{cotg} \varphi \cos (\theta - \alpha), \qquad \operatorname{cotg} \mu = \operatorname{tg} \varphi \cos (\theta - \alpha),$$

$$\operatorname{cotg} n = \sin m \operatorname{tg} (\theta - \alpha), \qquad \operatorname{cotg} \nu = \cos \mu \operatorname{tg} (\theta - \alpha).$$

Wir wollen nunmehr zu einer genauen Darlegung verschiedener Mess-und Reductionsmethoden übergehen. Aehnlich wie bei den directen Mikrometerbeobachtungen richten sich dieselben wesentlich nach dem Zwecke; will man z. B. Parallaxenbestimmungen ausführen, so genügt es, allein Distanzen oder auch allein Positionswinkel zu messen; will man einen Stern an einen anderen anschliessen, so müssen beide Coordinaten festgelegt werden u. s. w. Wir wollen hier gleich die allgemeine Aufgabe behandeln, auf einer Aufnahme die Positionen vieler oder aller Sterne im Anschluss an einige durch andere Messungen bereits festgelegte Anhaltsterne mit möglichster Genauigkeit zu bestimmen. Die Anregung zu vielfachen Lösungen dieser Aufgabe ist erst in den letzten Jahren gekommen, hauptsächlich durch den Beschluss, aus den Aufnahmen für die photographische Himmelskarte einen Präcisionscatalog aller Sterne bis zur elften Grössenclasse einschl. herzustellen. Die Darstellungen der verschiedenen Methoden sind im Folgenden in etwas abgekürzter Form gegeben; es sind jedoch keine einheitlichen Bezeichnungen eingeführt, sondern diejenigen der betreffenden Autoren festgehalten worden, damit ein Zurückgehen auf die Originalabhandlungen möglichst bequem ist.

Die Ausmessung einer Platte kann nach zwei durchaus verschiedenen Methoden erfolgen: durch mikrometrische Messung mit Hülfe eines mit Mikroskopen versehenen Messapparates, wobei man wieder zwei Arten unterscheiden kann, je nachdem man in rechtwinkligen oder in Polarcoordinaten misst, und durch Winkelmessung mittels eines in einiger Entfernung von der Platte aufgestellten Fernrohrs. Die letztere Methode ist schon seit einer Reihe von Jahren bei Ausmessung der am Cap gemachten Aufnahmen zur Herstellung einer südlichen Durchmusterung von Kapteyn angewendet worden und hat sich bei dieser umfangreichen Arbeit sehr gut bewährt. Kapteyn*) hat diese Methode dann auch für

---

*) Kapteyn, J. C. Exposé de la méthode parallactique de mesure. Reduction des clichés. Bull. du Com. 1, 94. — Addition . . . . . Bull. du Com. 1, 125. — Théorie des erreurs de l'instrument parallactique. Bull. du Com. 1, 401.

die mit weit grösserer Genauigkeit auszuführende Ausmessung der Platten
für die Himmelskarte ausgearbeitet; ein bestimmtes Urtheil über ihre
praktische Brauchbarkeit liegt nicht vor, und obgleich ich dieselbe für
umständlicher erachte als die anderen, so ist sie doch von einer grossen
Eleganz und kann für gewisse Fälle wohl zur Anwendung empfohlen
werden; sie möge hier an erster Stelle besprochen werden.

Die Grundidee der Kapteyn'schen Methode ist die folgende: Das
Auge befinde sich im Brennpunkte des Objectivs des photographischen
Fernrohrs. Sieht man von den Verzerrungen etc. der Schicht ab, so
wird man die Aufnahme so halten können, dass alle Sterne der Platte
die wirklichen Sterne genau bedecken. Ersetzt man also das Auge durch
den Durchschnittspunkt der beiden Axen eines Aequatoreals, so kann
man auf der Aufnahme genau so gut wie am Himmel die Rectascensions-
und Declinationsdifferenzen messen.

Dieses Aequatoreal muss aber einigen Bedingungen genügen, die dadurch entstehen, dass die Sterne der Platte nicht unendlich weit vom
Instrument entfernt sind; es sind folgende zwei:

1) Der Mittelpunkt des Objectivs muss mit dem Durchschnittspunkte
der beiden Axen nahe coincidiren, damit der Bogenwerth eines am
Oculare angebrachten Mikrometers für die ganze Platte constant ist.

2) Die optische Axe des Fernrohrs muss durch den Durchschnittspunkt der beiden Axen, der im Folgenden kurz als Centrum der Bewegung bezeichnet werden soll, gehen.

Der Stundenaxe wird man eine horizontale Lage geben und dem
ganzen Instrument eine Drehung um eine verticale Axe, welche ebenfalls
durch das Centrum der Bewegung gehen muss. Es geschieht dies, damit
man leicht den Platten eine zum Instrumente feste Stellung geben kann.
Ausserdem muss die Platte eine genau ablesbare Drehung im Positionswinkel ausführen können. Das Instrument selbst ist mit Stunden- und
Declinationskreisen versehen, und das Ocularmikrometer ist ein Doppelmikrometer, orientirt nach den Axen des Instruments. Nach Voraus-
schickung dieser Grundprincipien wird die von Kapteyn*) gegebene
Construction des Apparates leicht verständlich sein. Fig. 28 giebt einen
verticalen Durchschnitt durch das Instrument, Fig. 29 einen horizontalen.

Das Instrument ist ein einfaches Aequatoreal, für die Polhöhe 90° gebaut, und ist auf der verticalen Säule LL montirt. BB ist die Stundenaxe, getragen durch die Lager NN. Da jede Längenverschiebung dieser
Axe die Messungen im ungünstigen Sinne beeinflusst, muss eine solche
durch irgend eine federnde Vorrichtung, welche die Axe gegen ein Lager

---

*) Kapteyn, J. C. Plan et Détails de l'Apparail Parallactique. Bull. du Com. 1, 377.

im Sinne der Längsrichtung andrückt, vermieden sein. Die Stundenaxe trägt am einen Ende den Stundenkreis AA — die Ablesemikroskope
sind in der Zeichnung fortgelassen —; am anderen Ende ist an der Axe
das gabelförmige Stück DD befestigt, welches die Declinationsaxe CC
trägt. EE ist der Declinations-
kreis, dessen Mikroskope ebenfalls in der Zeichnung fortgelassen sind. HH repräsentirt
das gebrochene Fernrohr, dessen
Objectiv G sich im Bewegungscentrum befindet; es ist aus-
balancirt durch die Gegengewichte F und O. Das ganze
Instrument ist durch den Tisch
II getragen, der sich seinerseits
um die verticale Axe LL
dreht, deren Verlängerung durch
das Centrum der Bewegung geht.
Das Gegengewicht K balancirt
den Apparat in Bezug auf die
Axe LL aus.

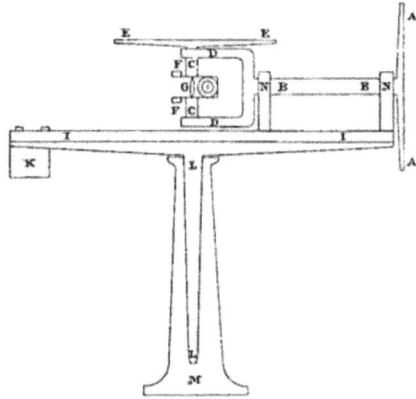

Fig. 28.

In Fig. 30 ist die Befestigungsvorrichtung für die zu messende Platte
gegeben; sie muss gestatten, dass die Platte ausser der bereits erwähnten
Drehung im Positionswinkel so gestellt werden kann, dass sie senkrecht

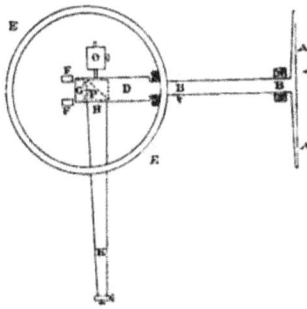

Fig. 29.

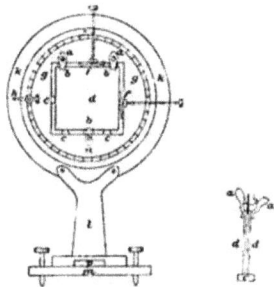

Fig. 30.

steht zur Verbindungslinie von Plattenmitte zum Bewegungscentrum, und
ferner hat Kapteyn die für die Messung selbst nicht direct nothwendige
Einrichtung getroffen, dass die Platte leicht mit einer anderen Aufnahme
derselben Himmelsgegend verglichen werden kann.

d ist die photographische Platte; sie ruht auf drei Cylindern *c* von Platiniridium, gegen welche sie durch die Federn *f* gedrückt wird. Diese Cylinder müssen genau den drei Punkten entsprechen, gegen welche die Platte in der Cassette bei der Aufnahme gelagert ist. Auf der Rückseite ist die Platte durch die federnden Halter *a* gegen drei kleine Messingzungen *b* angedrückt, gegen welche von der andern Seite her eventuell die zweite Platte *d'* Fig. 30) angedrückt werden kann, welche auf demselben Cylinder *c* ruht. Von den Federn wird die zweite Platte nicht gehalten, so dass sie im horizontalen Sinne gegen die erste Platte verschoben werden kann. Die Cylinder *cc* sind auf dem Theilkreise *g* etwas verstellbar angebracht, so dass der Plattenmittelpunkt genau in den Drehungspunkt des Kreises gelegt werden kann. Der Theilkreis wird durch zwei Mikroskope (in der Figur ist nur eines derselben *h* angedeutet) bis auf eine Bogensecunde abgelesen. Der feste Kreis *k*, in welchem sich *g* dreht, ist an der Axe *l* angebracht. die durch Fussschrauben und Niveau vertical gestellt werden kann. Die Fig. 31 giebt eine Ansicht von dem Messapparate, mit welchem Kapteyn die Ausmessung der Photographien für die südliche Durchmusterung ausgeführt hat. Derselbe ist etwas einfacher gehalten, als der für die exacten Messungen bestimmte, hat sich aber sehr gut bewährt und darf schon ein historisches Interesse beanspruchen.

Die Benutzung des Instrumentes kann auf zweierlei Weise erfolgen. 1 Die Messung der Anhaltsterne liefert gewisse Constanten über die ganze Aufnahme hinüber, aus denen nachher durch ein Interpolationsverfahren die Positionen der unbekannten Sterne abgeleitet werden. Ein Theil dieser Constanten muss dazu dienen, die Fehler des Instruments und der Justirung zu ermitteln, d. h. es ist eine vollständige Theorie des Instruments bei Benutzung dieser Methode erforderlich, bei welcher dasselbe thatsächlich als Aequatoreal verwendet wird. Die Reductionen sind hierbei natürlich recht complicirt.

2) Auf der Platte ist ein Gitter aufcopirt, dessen Fehler bekannt sind. Die Messungen sind nur relativ zu den Gitterstrichen, es kommen also nur kleine Distanzen zur Berechnung. für welche eine ungefähre Berichtigung des Instrumentes vollständig genügt. Das Instrument als solches geht in die Messungen nicht ein. Da bei dieser Methode auf die Gitterstriche, resp. auf deren Intersectionspunkte, eingestellt werden muss, so ist die Zahl der Messungen eine beträchtlich grössere als bei der andern Methode, die Reduction aber eine einfachere. Wir wollen im Folgenden diese letztere Methode behandeln.

Es wird angenommen, dass der Mechaniker die Bedingung erfüllt hat, dass sich die vier in Frage tretenden Axen (optische Axe, Stundenaxe,

Declinationsaxe und Verticalaxe) mit genügender Genauigkeit im Centrum der Bewegung schneiden. Der Collimationsfehler und der Indexfehler des Declinationskreises werden auf die übliche Weise möglichst klein gemacht, und der feste Faden des Mikrometers wird möglichst senkrecht zur Declinationsaxe gerichtet. Darauf wird die Platte nach Möglichkeit senkrecht zur Verbindungslinie vom Mittelpunkt der Platte nach dem Mittelpunkt der Bewegung gestellt und diese Distanz gleich der Brennweite des

Fig. 31.

photographischen Fernrohrs gemacht, mit welchem die Aufnahme erhalten worden ist. Ist nun D die Declination des Mittelpunktes der Platte für das mittlere Aequinoctium, für welches man die Positionen der Sterne haben will, so stelle man den Declinationskreis hierauf ein und klemme die Declinationsaxe. Alsdann drehe man das Instrument um die Stundenaxe und um die Verticalaxe, bis der Mittelpunkt der Platte (die Intersection der mittleren Gitterstriche) mit der Mitte des Gesichtsfeldes zusammenfällt. Darauf wird die Verticalaxe geklemmt. Es ist bequem für die späteren Rechnungen, besonders aber auch für die Identificirung der Sterne, wenn man den Stundenkreis jedesmal so justirt, dass die

Ablesung bis auf 1" mit der Rectascension der Mitte (A) für das betreffende Aequinoctium identisch ist.

Man wähle nunmehr auf der Platte möglichst von einander entfernte Sterne aus, welche in einer Coordinate, z. B. der Rectascension, nahe übereinstimmen. Durch Drehung der Platte im Positionswinkel kann man leicht erreichen, dass die beobachtete Declinationsdifferenz mit der Differenz für das mittlere Aequinoctium identisch ist. wodurch die Aufnahme genähert für dasselbe Aequinoctium orientirt ist. Man kann denselben Zweck viel einfacher erreichen, wenn vorher Sorge dafür getragen wird, dass die Gitterstriche sehr nahe auf den scheinbaren Parallel justirt sind.

Beim Messen selbst wird nun sowohl auf die Sterne eingestellt, als auch auf die Durchschnittspunkte der Gitterstriche, und dies kann nun in zweierlei Weise erfolgen,

1) indem man alle Pointirungen in der Mitte des Gesichtsfeldes macht — man braucht also nur ein festes Fadenkreuz — und dann Stunden- und Declinationskreis abliest,

2) indem man bei einer bestimmten Einstellung des Declinationskreises die Declinationsaxe klemmt und mit dem Ocularmikrometer in Declination misst, wobei man die Rectascensionen am Kreise abliest.

Die zweite Methode hält Kapteyn für die bessere, besonders weil man dabei in gleichmässig breiten Zonen fortschreitet; im Folgenden ist daher diese Methode vorausgesetzt.

Correction wegen Refraction. Zur Refractionsberechnung giebt Kapteyn ein sehr hübsches Verfahren an, welches natürlich auch für alle anderen Methoden der photographischen Reduction, sofern Rectascensions- und Declinations-Unterschiede vorliegen, benutzt werden kann.

Führt man die bekannten Bezeichnungen ein:

$$\operatorname{tg} N = \operatorname{cotg} \varphi \cos t$$
$$n = \operatorname{tg} t \sin N$$
$t = $ Stundenwinkel] des in der Mitte zwischen Stern und
$\delta = $ Declination $\}$ Plattenmittelpunkt gelegenen Punktes
$\varphi = $ geographische Breite
$\varDelta \alpha$ und $\varDelta \delta = $ beobachtete Rectascensions- resp. Declinations-Differenz,

so ist:

$$(1) \quad d(\varDelta \alpha) = \varkappa \left\{ \frac{n \cos (2\delta + N)}{\cos^2 \delta \sin^2 (\delta + N)} \varDelta \delta + \left(1 + \frac{n^2}{\sin^2 (\delta + N)}\right) \varDelta \alpha \right\}$$

$$(2) \quad d(\varDelta \delta) = \varkappa \left(\frac{n \cos N}{\sin^2 (\delta + N)} \varDelta \alpha + \frac{1}{\sin^2 (\delta + N)} \varDelta \delta \right).$$

δ, $\varDelta \delta$ und $\varDelta \alpha$ beziehen sich in diesen Formeln auf das Aequinoctium der Aufnahme, während die Messungen die genäherten Werthe für das gewählte mittlere Aequinoctium geben. Der aus der Vernachlässigung dieses Umstandes entstehende Fehler ist von der Ordnung des Productes von Praecession und Differentialrefraction. Für eine Zeitdifferenz zwischen Aufnahme und mittlerem Aequinoctium von 10 Jahren, für eine Zenithdistanz von 50°, eine Declination unterhalb 80° und eine Platte von 50 Quadratgrad Fläche erreicht der Fehler nicht den Betrag von 0.''02; man kann ihn also mit Ausnahme der Gegend am Pol wohl stets vernachlässigen.

Es genügt bei einer Platte von 4 Quadratgrad die Berechnung der Refraction für die folgenden 8 Punkte, wenn mit A und D die Rectascension und Declination der Mitte bezeichnet wird:

$$D + 1°,\ A - 1° \sec D \qquad\qquad D\quad\ ,\ A + 1° \sec D$$
$$D + 1°,\ A \qquad\qquad\qquad\ D - 1°,\ A - 1° \sec D$$
$$D + 1°,\ A + 1° \sec D \qquad\qquad D - 1°,\ A$$
$$D\quad\ ,\ A - 1° \sec D \qquad\qquad D - 1°,\ A + 1° \sec D\ .$$

Hieraus lässt sich eine Tafel für die ganze Platte mit bequem engen Argumenten interpoliren. Wird eine grosse Anzahl von Aufnahmen der gleichen Declination reducirt, so können hierfür wieder leicht drei Hülfstafeln gerechnet werden für die Coëfficienten von $\Delta\alpha$ und $\Delta\delta$, entsprechend den Declinationen $D + 30'$, D und $D - 30'$. Man nimmt dann für jede Aufnahme aus diesen Tafeln mit dem Argumente T die mittleren Differentialrefractionen für die 8 Punkte und multiplicirt dieselben mit einem von 1 nur wenig verschiedenen Factor, der von der bei der Aufnahme stattgehabten Temperatur und dem Barometerstande abhängt.

Es möge nun angenommen werden, dass alle Messungen bereits wegen Refraction corrigirt sind, dass ferner der Mittelpunkt O des Netzes in der optischen Axe des photographischen Fernrohrs gelegen und die Platte auf letzterer senkrecht gestanden hat. Die Ordinate Oy soll mit dem Declinationskreise nur einen kleinen und nahe constanten Winkel ω gebildet haben.

Es möge O der Anfangspunkt eines Systems von rechtwinkligen Coordinaten y und x (Gitterstriche) sein. Die Distorsion des Objectivs sei ein für allemal bestimmt und gebe die Projectionen δx und δy für jeden der Intersectionspunkte des Gitters. Ein Stern Ω befinde sich genau in O, ein anderer Stern Σ genau in dem Intersectionspunkte M. Ohne die Distorsion würde Σ sich nicht in M befinden, sondern auf dem Punkte S, so dass die Projectionen von MS auf die Axen gleich δx_M und δy_M sein würden. Es soll nun die Reetascension und Declination des Sternes Σ für ein bestimmtes Aequinoctium (1900) aus den rechtwinkligen Coordinaten des Intersectionspunktes M, gemessen auf dem Originalgitter, abgeleitet werden.

Seien x_M, y_M die rechtwinkligen Coordinaten des Punktes M, im Originalgitter bei einer bestimmten Temperatur gemessen. Im Momente der Exposition werden die Coordinaten desselben Punktes sein

$$x_M (1 + \mu); \quad y_M (1 + \mu).$$

Folglich werden diejenigen des Punktes S

$$x_M (1 + \mu) + \delta x_M \quad \text{und} \quad y_M (1 + \mu) + \delta y_M \quad \text{oder}$$

$$(x_M + \delta x_M)(1 + \mu) \quad \text{und} \quad (y_M + \delta y_M)(1 + \mu) \quad \text{oder endlich}$$

$$x (1 + \mu) \quad \text{und} \quad y (1 + \mu), \quad \text{wenn man setzt}$$

(3)
$$\begin{cases} x_M + \delta x_M = x \\ y_M + \delta y_M = y. \end{cases}$$

Seien nun ferner

$\alpha, \delta =$ Rectascension und Declination des Sternes Σ für 1900

$\mathfrak{A}$ und $\mathfrak{D} =$ dieselben Quantitäten für den Stern Ω

$F_0 (1 + \nu) =$ Abstand der Platte vom Hauptpunkte des Objectivs im Momente der Aufnahme

$p =$ scheinbarer Positionswinkel von Σ gegen Ω

$s =$ scheinbare Distanz der beiden Sterne

$\pi, \sigma =$ dieselben Quantitäten für 1900.

Dann ist

$$\sphericalangle yOS = p + \omega$$

$$OS = F_0 (1 + \nu)\, \mathrm{tg}\, s, \quad \text{folglich}$$

(4)
$$\mathrm{tg}\, (p + \omega) = \frac{x}{y},$$

(5)
$$(1 + \mu) \sqrt{x^2 + y^2} = F_0 (1 + \nu)\, \mathrm{tg}\, s.$$

Für den Gesammtwerth von Praecession, Nutation und Aberration im Positionswinkel hat man

(6)
$$(1900 - t)\, n \sin \mathfrak{A}_m \sec \mathfrak{D}_m - (A\mathfrak{a} + B\mathfrak{b} + C\mathfrak{c} + D\mathfrak{d}) = \tau$$

wo
$$n = 20''05$$
$$\mathfrak{a} = n \sin \mathfrak{A}_d \sec \mathfrak{D}_d$$
$$\mathfrak{b} = \cos \mathfrak{A}_d \sec \mathfrak{D}_d$$
$$\mathfrak{c} = \cos \mathfrak{A}_d \, \mathrm{tg}\, \mathfrak{D}_d$$
$$\mathfrak{d} = \sin \mathfrak{A}_d \, \mathrm{tg}\, \mathfrak{D}_d,$$

wenn $\mathfrak{A}_d$, $\mathfrak{D}_d$, $\mathfrak{A}_m$, $\mathfrak{D}_m$ die Coordinaten des Plattenmittelpunktes für das Datum der Exposition resp. für die Mitte dieses Datums und 1900 sind.

Für die Aberration in Distanz hat man

(7)
$$\varDelta s = - sh, \quad \text{wo}$$

(8)
$$\begin{cases} h = Cc' + D\mathfrak{d}', \\ c' = -(\text{tg } \varepsilon \sin \mathfrak{D}_d + \sec \mathfrak{A}_d \cos \mathfrak{D}_d) \\ \mathfrak{d}' = \cos \mathfrak{A}_d \cos \mathfrak{D}_d. \end{cases}$$

h und τ sind für dieselbe Platte constant, also ist

(9)
$$\sigma = s(1 - h),$$

(10)
$$\pi = p + \tau,$$

und die Formeln (4) und (5) gehen über in

$$\text{tg}(\pi - \tau + \omega) = \frac{x}{y},$$

$$(1 + \mu)\sqrt{x^2 + y^2} = F_0(1 + \nu)\text{ tg }\frac{\sigma}{1 - h}.$$

Da h im Maximum $20''5$ erreichen kann, so kann man schreiben

$$\text{tg }\frac{\sigma}{1 - h} = (1 + h)\text{ tg }\sigma.$$

Setzt man nun

(11)
$$\frac{(1 + \nu)(1 + h)}{(1 + \mu)} = 1 + \lambda,$$

(12)
$$\omega - \tau = \varDelta p, \quad \text{so folgt}$$

(13)
$$\text{tg}(\pi + \varDelta p) = \frac{x}{y},$$

(14)
$$F_0(1 + \lambda)\text{ tg }\sigma = \sqrt{x^2 + y^2}.$$

Das Quadrat von λ kann man stets vernachlässigen, dasjenige von $\varDelta p$ bis zur Declination von 70°. Bis zu dieser Grenze hat man also aus (13) und (14)

(15)
$$\pi = \text{arc tg }\frac{x}{y} - \varDelta p,$$

(16)
$$\sigma = \text{arc tg }\frac{\sqrt{x^2 + y^2}}{F_0}$$
$$- \frac{F_0\sqrt{x^2 + y^2}}{F_0^2 + x^2 + y^2}\lambda.$$

Es sei (Fig. 32) $\varOmega SP$ das Dreieck (am Himmel), dessen Ecken auf den mittleren Oertern für 1900 des Pols und der Sterne $\varSigma$ und $\varOmega$ liegen.

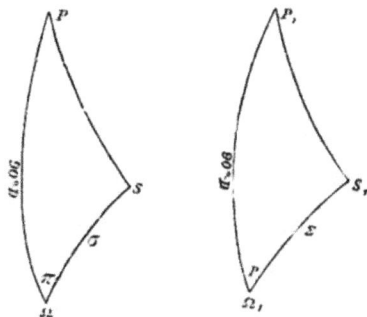

Fig. 32.

Wir betrachten ein zweites Dreieck $S_1 P_1 \Omega_1$, für welches man hat

(17)
$$\begin{cases} \operatorname{tg} S_1 \Omega_1 P_1 = \operatorname{tg} P = \dfrac{x}{y} \\[2mm] \operatorname{tg} S_1 \Omega_1 = \operatorname{tg} \Sigma = \dfrac{\sqrt{x^2+y^2}}{F_0} \\[2mm] P_1 \Omega_1 = 90^\circ - \mathfrak{D}, \end{cases}$$

(18)
$$\begin{cases} P_1 S_1 = 90^\circ - d \\ S_1 P_1 \Omega_1 = a - \mathfrak{A} \\ P_1 S_1 \Omega_1 = S_1. \end{cases}$$

Dieses Dreieck geht in das erstere über, wenn man giebt

(19)
$$\begin{cases} \text{dem } \angle P \text{ den Zuwachs } - \varDelta p, \\[1mm] \text{dem } \angle \Sigma \text{ den Zuwachs } - \dfrac{F_0 \sqrt{x^2+y^2}}{F_0^2 + x^2 + y^2}\lambda = - \sin \Sigma \cos \Sigma \cdot \lambda. \end{cases}$$

Wenn man $\varDelta p$ und λ als Differentiale betrachtet, so findet man den Zuwachs, welchen die Winkel $a - \mathfrak{A}$ und d in dieser Transformation erfahren, durch die bekannten Differentialformeln:

$$\delta(a - \mathfrak{A}) = (\sin S_1 \delta \Sigma - \sin \Sigma \cos S_1 \delta P) \sec d$$
$$\delta d = - \cos S_1 \delta \Sigma - \sin \Sigma \sin S_1 \delta P, \qquad \text{so dass}$$

(20)
$$\begin{cases} a - \mathfrak{A} = (a - \mathfrak{A}) - (\sin S_1 \cos \Sigma \cdot \lambda - \cos S_1 \varDelta p) \sin \Sigma \sec d \\ \delta - \mathfrak{D} = (d - \mathfrak{D}) + (\cos S_1 \cos \Sigma \cdot \lambda + \sin S_1 \varDelta p) \sin \Sigma \end{cases}$$

wird. In diesen Gleichungen müssen $a - \mathfrak{A}$, $d - \mathfrak{D}$, S_1 und d aus dem Dreiecke $P_1 S_1 \Omega_1$ abgeleitet werden, dessen drei Elemente (17) als Functionen von x, y und $\mathfrak{D}$ gegeben sind.

Die Auflösung dieses Dreiecks giebt zunächst:

(21)
$$\operatorname{tg}(a - \mathfrak{A}) = \frac{\sin P}{\cos \mathfrak{D} \cotg \Sigma - \sin \mathfrak{D} \cos P}, \qquad \text{dann}$$

(22)
$$\sin S_1 = \frac{\sin(a - \mathfrak{A}) \cos \mathfrak{A}}{\sin \Sigma},$$

(23)
$$\sec d = \frac{\sin(a - \mathfrak{D})}{\sin \Sigma \sin P}, \qquad \text{endlich}$$

$$\operatorname{tg} d = \sin(a - \mathfrak{A}) \cotg P \sec \mathfrak{D} + \cos(a - \mathfrak{A}) \operatorname{tg} \mathfrak{D}$$

oder unter Benutzung von (21)

$$\operatorname{tg} d = \cos(a - \mathfrak{A}) \frac{\cos P + \cotg \Sigma \operatorname{tg} \mathfrak{D}}{\cotg \Sigma - \operatorname{tg} \mathfrak{D} \cos P}.$$

Wenn man in dieser Formel schreibt

$$\cos(a - \mathfrak{A}) = 1 - 2 \sin^2 \tfrac{1}{2}(a - \mathfrak{A})$$

und tg d ersetzt durch seinen Werth in der Gleichung

$$\operatorname{tg}(d - \mathfrak{D}) = \frac{\operatorname{tg} d - \operatorname{tg} \mathfrak{D}}{1 + \operatorname{tg} d \operatorname{tg} \mathfrak{D}}, \quad \text{so folgt}$$

$$(24) \quad \operatorname{tg}(d - \mathfrak{D}) = \frac{\cos P - 2\sin^2 \tfrac{1}{2}(a - \mathfrak{A})(\cos P + \cot g \, \Sigma \operatorname{tg} \mathfrak{D})\cos^2 \mathfrak{D}}{\cot g \, \Sigma - 2\sin^2 \tfrac{1}{2}(a - \mathfrak{A})(\cos P + \cot g \, \Sigma \operatorname{tg} \mathfrak{D})\sin \mathfrak{D} \cos \mathfrak{D}}.$$

Die Lösung des Problems ist also auf folgende Gleichungen zurückgeführt:

$$(25) \qquad a = \mathfrak{A} + K + L\lambda + M \mathit{\Delta} p,$$

$$(26) \qquad \delta = \mathfrak{D} + K' + L'\lambda + M' \mathit{\Delta} p.$$

Setzt man noch tg $\theta = \dfrac{\gamma}{F_0}$, so haben die in (25) und (26) vorkommenden Grössen die folgende Bedeutung:

$$(27) \qquad \operatorname{tg} P = \frac{x}{y}, \quad \operatorname{tg} \Sigma = \frac{\sqrt{x^2 + y^2}}{F_0} = \frac{x}{F_0 \sin P} = \frac{y}{F_0 \cos P},$$

$$(28) \qquad \operatorname{tg} K = \frac{x \cos \theta}{F_0 \cos(D + \theta)},$$

$$(29) \qquad \operatorname{tg} K' = \frac{\sin \theta - 2\sin^2 \tfrac{1}{2} K \sin(D + \theta)\cos D}{\cos \theta - 2\sin^2 \tfrac{1}{2} K \sin(D + \theta)\sin D},$$

$$(30) \qquad \sin S_1 = \frac{\sin K \cos \mathfrak{D}}{\sin \Sigma},$$

$$(31) \qquad L = -\frac{\sin K}{\sin P}\sin S_1 \cos \Sigma, \quad M = \frac{\sin K}{\sin P}\cos S_1,$$

$$(32) \qquad L' = \cos S_1 \sin \Sigma \cos \Sigma, \quad M' = \sin S_1 \sin \Sigma.$$

Nach diesen Formeln rechnet man nun die Grössen K, L, M, K', L', M' ein für allemal für alle Intersectionspunkte des Gitters.

Man habe nun die Rectascension und Declination für 1900 irgend eines der Gitterpunkte M gefunden aus den Gleichungen (25) und (26), welche die vier Unbekannten $\mathfrak{A}$, $\mathfrak{D}$, λ und $\mathit{\Delta} p$ enthalten. Wenn jetzt andrerseits die Beobachtung von M die Ablesungen a' und δ' giebt, so ist es klar, dass die Differenz der beiden Werthe die gesammte Reduction sein wird, welche die Ablesungen (nach Anbringung der Refraction) erfordern, um aus ihnen die mittleren Rectascensionen und Declinationen für 1900 abzuleiten.

Es seien nun J_α und J_δ die Summen aller Instrumentenfehler, der Distorsion und der Verzerrungen für den Punkt M in α und δ, so ist

$$J_\alpha = \mathfrak{A} + K - \alpha' + L\lambda + M\varDelta p,$$
$$J_\delta = \mathfrak{D} + K' - \delta' + L'\lambda + M'\varDelta p,$$

und wenn man noch setzt

$$\mathfrak{A} = \mathfrak{A}_0 + \varDelta\mathfrak{A},$$
$$\mathfrak{D} = \mathfrak{D}_0 + \varDelta\mathfrak{D},$$

wo $\mathfrak{A}_0$ und $\mathfrak{D}_0$ genäherte Werthe von $\mathfrak{A}$ und $\mathfrak{D}$ sind, so hat man

(33) $J_\alpha = (\mathfrak{A}_0 + K - \alpha') + \varDelta\mathfrak{A} + L\lambda + M\varDelta p.$

(34) $J_\delta = (\mathfrak{D}_0 + K' - \delta') + \varDelta\mathfrak{D} + L'\lambda + M'\varDelta p.$

Die Beobachtung aller Gitterpunkte giebt somit die Gesammtheit der Fehler J_α und J_δ als Function der einzigen Unbekannten $\varDelta\mathfrak{A}$, $\varDelta\mathfrak{D}$, λ, $\varDelta p$. Durch Interpolation kann man die Werthe von J_α und J_δ für jeden andern Punkt der Aufnahme, also für jeden Stern, erhalten.

Werden auf diese Weise die Beobachtungen aller bekannten Sterne corrigirt, so giebt jeder Stern zwei Bedingungsgleichungen von der Form

$$\varDelta\mathfrak{A} + b\lambda + c\varDelta p = e$$
$$\varDelta\mathfrak{D} + b'\lambda + c'\varDelta p = e'$$

zwischen den vier Unbekannten $\varDelta\mathfrak{A}$, $\varDelta\mathfrak{D}$, λ und $\varDelta p$.

Nach der Methode der kleinsten Quadrate werden alsdann die wahrscheinlichsten Werthe für die vier Unbekannten abgeleitet, welche, in die Tafel der J_α und J_δ eingesetzt, die absoluten Werthe dieser Correctionen geben. Ihre Hinzufügung zur Tafel der Refraction liefert dann die definitiven Correctionen für alle gemessenen Sterne.

In den Fällen, wo $\varDelta p$ nicht mehr als Differential betrachtet werden kann, also bei dem Pole nahe stehenden Sternen, müssen die Formeln folgendermassen modificirt werden.

Es sei β ein genäherter Werth für $\varDelta p$, z. B. der Werth von ι in runden Zehnern der Minute, und es sei

$$\varDelta p = \beta + \delta p;$$

dann ist δp klein genug, um als Differential behandelt werden zu können. Die Gleichung (15) geht dann über in

$$x = \text{arc tg}\, \frac{x}{y} - \beta - \delta p.$$

Wir stellen uns wieder ein Dreieck $P_1 S_1 \Omega_1$ vor, in dem man wie früher hat

$$\operatorname{tg} S_1 \Omega_1 = \operatorname{tg} \Sigma = \frac{\sqrt{x^2 + y^2}}{F_0} \quad \text{und}$$

$$P_1 \Omega_1 = 90^\circ - \mathfrak{D}, \quad \text{wo aber}$$

$$S_1 \Omega_1 P_1 = P = \operatorname{arc} \operatorname{tg} \frac{x}{y} - \beta \quad \text{oder vielmehr}$$

$$\operatorname{tg} (P + \beta) = \frac{x}{y} \quad \text{ist.}$$

Dieses Dreieck transformirt sich in das Dreieck $P S \Omega$ durch die Formeln (19). Man erhält also für die Gleichungen (25) bis (27) folgende analoge:

(25a) $\alpha = \mathfrak{A} + k + l'\lambda + m \delta p$,

(26a) $\delta = \mathfrak{D} + k' + l\lambda + m'\delta p$,

(27a) $\begin{cases} \operatorname{tg} (P + \beta) = \dfrac{x}{y}, \\[2mm] \operatorname{tg} \Sigma = \dfrac{\sqrt{x^2 + y^2}}{F_0} = \dfrac{x}{F_0 \sin (P + \beta)} = \dfrac{y}{F_0 \cos (P + \beta)} . \end{cases}$

Die übrigen Gleichungen bleiben dieselben, wenn man statt der K, L, M die kleinen Buchstaben setzt. Die Rechnungen müssen mehrfach unter verschiedenen Annahmen für β durchgeführt werden.

Der Hauptvortheil der Kapteyn'schen Methode besteht darin, dass die Messungen gleich sehr genäherte Werthe der mittleren Positionen für das betreffende Aequinoctium geben, so dass die Identificirung der Sterne mit anderen Beobachtungen sehr bequem ist.

Um der parallaktischen Ausmessung der Platten hier nicht allzu viel Raum zu gewähren, möge die Kapteyn'sche Methode[*]) ohne Benutzung der Gitter übergangen werden. Es werden bei derselben auch so grosse Anforderungen an die Stabilität des Apparates und an seine Justirungen gestellt, dass es zu bezweifeln ist, ob trotz der grössten Bemühungen eine solche Genauigkeit der Resultate erreicht werden kann, wie sie unter Benutzung der Gitterstriche oder überhaupt anderer Messmethoden zu erreichen ist.

———————

Die Apparate, welche zur Messung rechtwinkeliger Coordinaten auf photographischen Aufnahmen bestimmt sind, können nach den

———————

[*]) Bull. du Comité **1,** 401.

verschiedensten Principien construirt sein. Die Messungen können über die ganze Länge der Platte ausgeführt werden; dann muss ein Massstab vorhanden sein, den man entweder durch ein zweites Mikroskop abliest, oder der, schräg über der Platte befestigt, durch das auf ihn einzustellende einzige Mikroskop abgelesen wird. Diese Vorrichtung kann direct doppelt vorhanden sein, so dass gleich beide Coordinaten gemessen werden; sie braucht aber auch nur einmal da zu sein; dann ist aber eine weitere Vorrichtung erforderlich, welche die Platte um genau 90° behufs Messung der zweiten Coordinate dreht. Ist die Platte mit einem Gitter versehen, so hat die Messung nur innerhalb eines Gitterintervalls zu erfolgen, kann also durch eine Schraube ausgeführt werden. Hierbei muss entweder das Mikroskop oder die Platte unter dem Mikroskope so verschoben werden können, dass jedes Quadrat des Gitters in das Gesichtsfeld des Mikroskops gebracht werden kann. Auch hierbei können entweder mit zwei aufeinander senkrechten Schrauben beide Coordinaten gleichzeitig gemessen werden, oder es muss eine Drehung um 90° vorhanden sein.

Es mögen einige Instrumente der verschiedenen Constructionen kurz beschrieben werden.

Der Messapparat der Leydener Sternwarte*). Ein horizontaler Rahmen, auf welchem die photographische Platte befestigt ist, gleitet auf einem horizontalen geraden Cylinder. Ein mit Ocularmikrometer versehenes Mikroskop bewegt sich ebenfalls horizontal, aber in einer zur Bewegung des Rahmens senkrechten Richtung, kann also auf jeden Punkt der Platte gerichtet werden. Nachdem die Fäden des Mikrometers auf einen Stern eingestellt sind, wird dem Mikroskope eine kleine Bewegung um eine horizontale Axe ertheilt, wodurch es auf einen Massstab gerichtet wird, der parallel zur Bewegungsrichtung des Mikroskops gestellt und fest am Fussstücke des Apparates angebracht ist. Indem man vermittels des Mikrometers eine Einstellung auf den nächsten Theilstrich des Massstabes macht, erhält man also die Projection des Sternbildes auf den Massstab. Man erhält die andere Coordinate des Sterns, indem man gleichzeitig einen Massstab abliest, der senkrecht zum ersten angebracht ist. Die Figuren 33 und 34 geben einen verticalen und einen horizontalen Durchschnitt durch den Apparat. Die Platte A ist vermittels der Klammern a und der Feder b auf dem Rahmen B befestigt und wird von unten beleuchtet durch die Oeffnung C. Der Rahmen kann in dem Ringe D gedreht werden, und der Drehungswinkel kann am Kreise E durch die beiden diametral gegenüberstehenden Mikroskope abgelesen werden, deren eines in F gezeichnet ist. Der Kasten G, der mit

---

* Bull. du Comité 1, 169.

D ein Stück bildet, ruht mit zwei Führungen c und d auf dem horizontalen Cylinder H und mit der anderen Seite auf der ebenen Oberfläche eines Balkens, dessen Enden in I zu sehen sind. Diese Einrichtung gewährt für den Kasten eine möglichst geradlinige Bewegung, welche ihm durch den Zahnradtrieb K und L mitgetheilt wird. An dem Massstabe M kann der Betrag der Verschiebung durch eine Lupe abgelesen werden.

Das Mikroskop ist auf dem Schlitten O, der auf den beiden Führungen P gleitet, befestigt; die Führung ist bei R mit dem Fussgestelle fest ver-

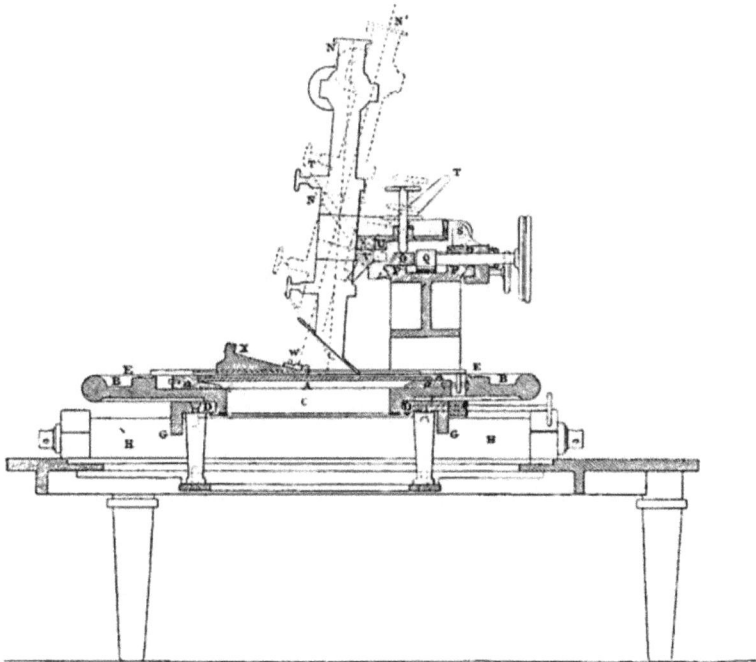

Fig. 33.

bunden. Durch den Zahnradtrieb Q wird dem Mikroskope die gleitende Bewegung ertheilt. Um auf den Massstab W zu pointiren, wird dem Mikroskope vermittels des Hebels T und V eine kleine Drehung um die Axe S ertheilt. Der Massstab ist auf der Brücke X angebracht und in Millimeter getheilt. Die Ablesung in der zweiten Coordinate wird nur genähert ausgeführt bis auf einige Zehntel eines Millimeters, und zwar kann dies mit Hülfe einer kleinen Registrirvorrichtung geschehen. Die genäherten Werthe genügen zur Identificirung der beiden Coordinaten;

die genauere Messung der zweiten Coordinate geschieht später, nachdem
der Rahmen um 90° gedreht worden ist. Es würde sich die Einrichtung
haben treffen lassen, auch 'die zweite Coordinate gleich genau zu
messen; Bakhuyzen zieht jedoch das andere Verfahren trotz der etwas
grösseren Umständlichkeit vor, und zwar aus folgenden Gründen: 1) Einfachere Einrichtung des Apparates; 2) genaue Senkrechtstellung der beiden
Coordinaten aufeinander; 3) Vereinfachung der Beobachtungsmethode;

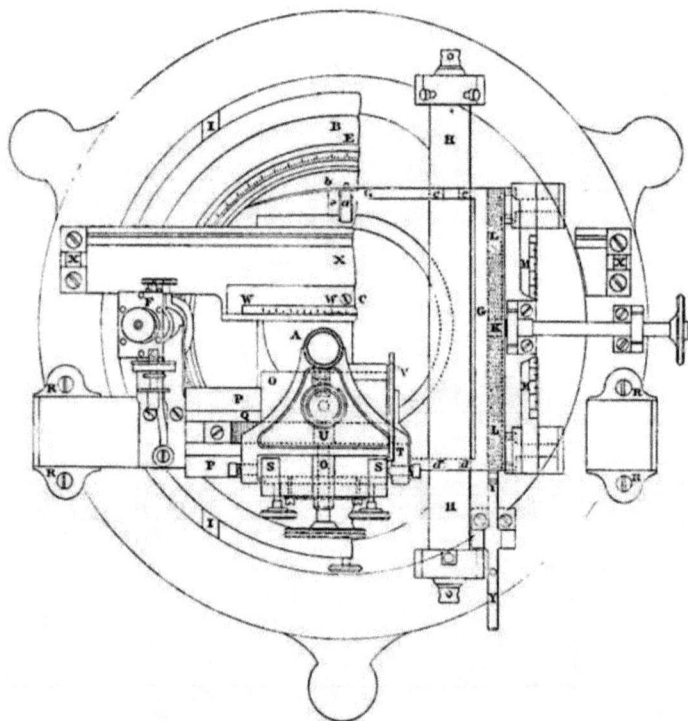

Fig. 34.

4) Verminderung der Gefahr, einen Stern auszulassen; 5) Erkennung
gröberer Ablesefehler durch die genäherten Werthe.

Es können mit dem beschriebenen Apparate, der zur Messung über
die ganze Platte hinüber bestimmt ist, natürlich auch Platten mit auf-
copirtem Gitter gemessen werden. Die betreffenden Gitterstriche müssen
genau so behandelt werden wie die Sterne, und bei der Reduction brauchen
immer nur die Differenzen zwischen Gitterstrichen und Sternen in Rechnung

gezogen zu werden. Ist die Mikrometerschraube lang genug oder das
Gitterintervall eng genug, um ein Gitterintervall mit der Schraube messen
zu können, so können die Pointirungen auf den Massstab gänzlich in
Wegfall kommen, und der Apparat geht damit in einen solchen über, bei
dem das Gitter die vollständige Grundlage der Messungen bildet.

Ein Apparat, der hierauf allein basirt, und der wohl neben der
grössten Genauigkeit die denkbar grösste Geschwindigkeit der Messungen
erlaubt, ist von Repsold für das Astrophysikalische Observatorium in
Potsdam gebaut worden.

Der Messapparat des Potsdamer Observatoriums.
Auf dem massiven Untergestelle U, welches in der Mitte eine Oeffnung
zum Durchlassen des Lichtes besitzt, ruht auf den drei Säulen S eine
Verschlussplatte, welche das Mikroskop M trägt. Letzteres ist schräg
gebrochen — in der Zeichnung nach vorn gerichtet — und kann nur um
geringe Quantitäten be-
hufs Justirung bewegt werden, ist aber im übrigen
unveränderlich über der
Mitte des Untergestells
angebracht. Der Ocular-
mikrometerkasten O ent-
hält zwei aufeinander senkrecht stehende Schrauben
mit je einem Fadenpaare;
dreizehn Revolutionen der
Schrauben entsprechen
einer Strichdistanz des
Gitters (5 mm). Die photographische Platte P ist
durch zwei corrigirbare
Klammern K, welche den
festen Anlagepunkten in
der Cassette entsprechen,

Fig. 35.

und die Feder F auf dem Rahmen R befestigt. Letzterer kann um
seine ganze Länge über den horizontalen Führungscylinder C gleiten;
auf der vorderen Seite gleitet der Rahmen nur über einen ebenen Balken B. Cylinder und Balken befinden sich ihrerseits auf dem zweiten
Rahmen r, der in genau gleicher Weise auf dem Cylinder c und dem
Balken b gleitet, und zwar senkrecht zur Bewegungsrichtung des oberen
Rahmens. Durch die combinirte Bewegung der beiden Rahmen kann demnach jedes Gitterquadrat der Platte in das Gesichtsfeld des Mikroskopes

gebracht werden. Eine auf den Cylindern befindliche Theilung von 5 zu 5 mm — den Gitterstrichen entsprechend — mit Index giebt an, welches Quadrat der Platte im Gesichtsfelde ist. Die Bewegung der Rahmen geschieht durch zwei Zahnradtriebe, ihre Klemmung durch die Schrauben K.

Die Messung gestaltet sich mit diesem Apparate folgendermassen. Zunächst wird die Platte vermittels der corrigirbaren Klammern so justirt, dass in der einen Bewegungsrichtung beim Durchschieben der Platte ein Gitterstrich genau im Faden-kreuze bleibt. Da die Abwei-chung der beiden Cylinder von der Senkrechtstellung nur eine ganz unmerkliche ist, und da andererseits nur Messungen über die kurzen Distanzen von 5 mm vorkommen, so sind damit die Gitterstriche parallel zu beiden Bewegungsrichtungen gestellt. Nunmehr wird das Mikrometer so justirt, dass eines der Faden-paare parallel zur Strichrichtung steht. Wenn man nicht darauf reflectirt, die Hundertstel der Bogensecunde exact zu erhalten, sind damit auch die beiden Mikrometerbewegungen justirt. Das Einstellen auf die Gitter-striche und auf die Sterne ge-schieht in beiden Coordinaten unter Verwendung beider Hände gleichzeitig, wodurch eine bedeutende Zeitersparniss und Sicherheit in der Indenti-ficirung der zusammengehörigen Coordinaten erzielt ist.

Fig. 36.

Die Sternwarte in Upsala besitzt einen nach genau gleichen Prin-cipien gebauten Messapparat, der aber noch die weitere Einrichtung hat, dass die Platte nicht unmittelbar auf dem oberen Rahmen befestigt ist, sondern auf einem drehbaren, mit feiner Theilung versehenen Ringe. Ausserdem ist einer der Cylinder mit einer feinen, durch Mikroskop ab-lesbaren Theilung versehen, so dass der Apparat auch zur Messung von Distanzen und Positionswinkeln benutzt werden kann.

Auf dem gleichen Principe beruhend wie der Potsdamer Messapparat, nur in den äusseren Formen abweichend, ist der Messapparat der Pariser Sternwarte gebaut (Fig. 36)*). Das feste Untergestell trägt auf einer horizontalen Schlittenführung eine um 45° geneigte, zur ersteren senkrecht stehende Schlittenführung, auf welch letzterer ein drehbarer Ring gleitet, der die photographische Platte aufnimmt. Die Bewegung der beiden Schlitten geschieht durch starke Schrauben mit grosser Ganghöhe. Durch Drehung des Ringes werden die Gitterstriche der Platte mit den Schlittenführungen parallel gestellt. Die Messung innerhalb der Gitterquadrate wird mit den beiden Mikrometerschrauben des mit dem Untergestell durch einen festen Balken verbundenen Mikroskops ausgeführt.

Wir gehen nunmehr zu den Reductionsmethoden bei Benutzung rechtwinkeliger Coordinaten über, nehmen also an, dass, gleichgültig wie der betreffende Apparat eingerichtet gewesen ist, die Messungen der Sterne in rechtwinkeligen Coordinaten, bezogen auf den Mittelpunkt der Platte oder auf einen diesem nahe liegenden Stern, vorliegen, corrigirt wegen Distorsion u. s. w.

Eine sehr einfache und strenge Reductionsmethode, die indessen keinen Anspruch auf Eleganz machen kann, habe ich**) mit Vortheil bei der Ausmessung des Sternhaufens Messier 13 angewendet. Es ist bei dieser Methode vorausgesetzt, dass die rechtwinkeligen Coordinaten genähert nach der scheinbaren Bewegung orientirt sind, und dass für mindestens zwei Sterne genaue Meridianpositionen vorliegen. Als Anfangspunkt der Coordinaten dient ein der Mitte der Platte nahe gelegener Stern, dessen Position nur genähert bekannt zu sein braucht.

Ich bezeichne im Folgenden die rechtwinkeligen Coordinaten der Anhaltsterne mit x_1, x_2, $x_3 \ldots y_1$, y_2, $y_3 \ldots$, ausgedrückt in Gitterintervallen, die entsprechenden scheinbaren Rectascensionen und Declinationen mit α_1, $\alpha_2 \ldots \delta_1$, δ_2, $\delta_3 \ldots$, bezogen auf den Zeitpunkt der Aufnahme und wegen Refraction corrigirt.

Zur Bestimmung des Bogenwerthes der Gitterintervalle nehme man ein oder mehrere Paare möglichst weit von einander entfernter Anhaltsterne. Die Distanzen auf der Platte sind dann:

$$(1) \quad \Delta' = \sqrt{(x_2 - x_1)^2 + (y_2 - y_1)^2}; \quad \Delta'' = \sqrt{(x_4 - x_3)^2 + (y_4 - y_3)^2}$$

in Gitterintervallen; die entsprechenden scheinbaren Distanzen am Himmel in Bogensecunden erhält man nach:

---

*) Astr. and Astroph., 12, 784.   **) J. Scheiner, Der grosse Sternhaufen im Hercules, Messier 13. Mathem. Abhandl. der Berl. Akad. 1892.

$$(2) \quad \begin{cases} \sin^2 \dfrac{\varDelta'}{2} = \sin^2 \dfrac{\delta_2 - \delta_1}{2} + \cos\delta_2 \cos\delta_1 \sin^2 \dfrac{\alpha_2 - \alpha_1}{2} \; ; \\[2mm] \sin^2 \dfrac{\varDelta''}{2} = \sin^2 \dfrac{\delta_1 - \delta_4}{2} + \cos\delta_4 \cos\delta_3 \sin^2 \dfrac{\alpha_4 - \alpha_1}{2} . \end{cases}$$

Die Vergleichung der entsprechenden $\varDelta$ giebt den Bogenwerth, dessen Mittel unter Berücksichtigung etwaiger Gewichte angesetzt wird.

Die scheinbare Rectascension und Declination α_0 und δ_0 des als Nullpunkt verwendeten Sternes (Normalstern) leiten sich aus je zwei Anhaltsternen folgendermassen ab.

Man rechne die Distanzen vom Normalstern

$$(3) \qquad \varDelta_1 = \sqrt{x_1{}^2 + y_1{}^2}, \quad \varDelta_2 = \sqrt{x_2{}^2 + y_2{}^2}$$

in Gitterintervallen und verwandle dieselben in Bogenmass. Der Winkel zwischen den beiden Distanzen werde mit p bezeichnet. Es sind dann

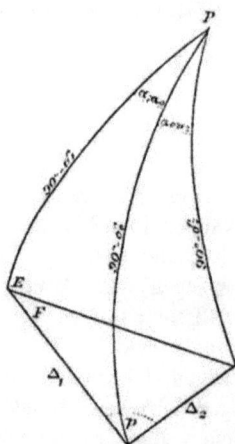

Fig. 37.

in dem Vierecke zwischen dem Pole, den beiden Anhaltsternen und dem Normalsterne die folgenden Grössen bekannt: δ_1, δ_2, $\varDelta_1$, $\varDelta_2$, p; gesucht werden δ_0 und $\alpha_1 - \alpha_0$. Es ist zu rechnen (Fig. 37):

$$(4) \quad \begin{cases} \cot g\, E = \dfrac{\operatorname{tg}\delta_2 \cos\delta_1 - \sin\delta_1 \cos(\alpha_1 - \alpha_2)}{\sin(\alpha_1 - \alpha_2)} , \\[3mm] \cot g\, F = \dfrac{\cot g\,\varDelta_2 \sin\varDelta_1 - \cos\varDelta_1 \cos p}{\sin p} , \\[3mm] \sin\delta_0 = \cos\varDelta_1 \sin\delta_1 \\ \qquad\qquad + \sin\varDelta_1 \cos\delta_2 \cos(E+F) , \\[2mm] \sin(\alpha_1 - \alpha_0) = \dfrac{\sin\varDelta_1 \sin(E+F)}{\cos\delta_0} . \end{cases}$$

Rechnet man nunmehr für jeden Anhaltstern den Positionswinkel P in Bezug auf den Normalstern einmal aus den gemessenen rechtwinkeligen Coordinaten, dann aber aus den scheinbaren Oertern am Himmel, so ergiebt die Differenz beider Rechnungen die Neigung des Coordinatensystems gegen den wahren Parallel.

Zur Berechnung der Positionswinkel π am Himmel nehme man

$$(5) \quad \begin{cases} \operatorname{tg} p = \operatorname{tg} \tfrac{1}{2}(\alpha_1 - \alpha_0) \cos \dfrac{\delta_1 - \delta_0}{2} \operatorname{cosec} \dfrac{\delta_1 - \delta_0}{2} \\[3mm] \operatorname{tg} \varDelta p = \operatorname{tg} \tfrac{1}{2}(\alpha_1 - \alpha_0) \sin \dfrac{\delta_1 - \delta_0}{2} \sec \dfrac{\delta_1 - \delta_0}{2} \\[3mm] \pi = p - \varDelta p . \end{cases}$$

Die Werthe $P - \pi$ geben die gesuchte Neigung.

Man kann die Neigung auch auf andere Weise bestimmen, sobald einer der Sterne hell genug ist, um bei feststehendem Fernrohre eine Spur zu hinterlassen. Diese Spur stellt den scheinbaren Parallel zur gegebenen Zeit dar; man braucht also nur die Distanzen der Endpunkte der Spur gegen den nächstgelegenen Gitterstrich zu messen, um diese Neigung zu erhalten. Die Reduction wegen der Krümmung der Spur erhält man nach der Formel

$$z = - 2 \sin^2\tfrac{1}{2}d \cdot \tfrac{1}{2} \sin^2\delta - 2 \sin^4 d \sin^2\delta \sin \delta,$$

in welcher d den Rectascensionsunterschied der Endpunkte gegen die Mitte der Platte bedeutet. Gewöhnlich reicht das erste Glied dieser Formel aus. Aus der so erhaltenen Neigung gegen den scheinbaren Parallel muss nach bekannten Formeln noch die Neigung gegen den wahren Parallel berechnet werden.

Kann man mehrere Anhaltsterne zur Bestimmung der Neigung verwenden, so ist dieses Verfahren entschieden dem zuletzt beschriebenen vorzuziehen, da wegen der Luftunruhe die Spuren gezackt erscheinen, wodurch die Messungsgenauigkeit herabgedrückt wird. Auch muss streng genommen die Aufnahme der Spur in der Mitte der Expositionszeit stattgefunden haben, oder es müssen zwei Spuren, je eine zu Anfang und zu Ende der Expositionszeit, aufgenommen werden, um den Einfluss der Aufstellungsfehler des Instrumentes zu eliminiren.

Um nun die in Bogenmass reducirten rechtwinkligen Coordinaten in Rectascensions- und Declinations-Differenzen gegen die Mitte der Platte zu verwandeln, rechnet man für bestimmte Stellen der Aufnahme Tafeln der Correctionen wegen Neigung, Refraction, Reduction auf ein mittleres Aequinoctium und vereinigt diese Tafeln in eine einzige, aus welcher man alsdann die Sternpositionen interpolirt. Das Intervall der Argumente richtet sich nach der Declination der Aufnahme und nach ihrer Höhe über dem Horizonte.

Das hier eben beschriebene Verfahren eignet sich wegen seiner Einfachheit und Uebersichtlichkeit besonders für die Reduction vereinzelter Aufnahmen. Handelt es sich darum, viele Aufnahmen, die zonenartig erhalten sind, zu berechnen, so empfiehlt sich eines der folgenden eleganteren Verfahren.

Die Reductionsmethode von van de Sande Bakhuyzen[*]. In welcher Weise die rechtwinkeligen Coordinaten von der normalen Distorsion zu befreien sind, ist bereits auf pag. 114 ff. angegeben. Es

---

[*] Bull. du Comité, **1,** 174.

handelt sich also hier zunächst noch darum, dieselben von der Aberration und der Refraction zu befreien.

Es werden folgende Bezeichnungen eingeführt:

$\mathfrak{A}_1$ und $\mathfrak{D}_1$ = Rectascension und Declination des Plattenmittelpunktes O für die Epoche T.

b und c = Aberrationen in Rectascension und Declination für O im Momente der Aufnahme.

$$\mathfrak{A} = \mathfrak{A}_1 + b; \quad \mathfrak{D} = \mathfrak{D}_1 + c.$$

α_1 und δ_1 = Rectascension u. Declination eines Sternes Σ für die Epoche T.

$b + db$ und $c + dc$ die Aberrationen für den Stern Σ.

$$\alpha = \alpha_1 + b \text{ und } \delta = \delta_1 + c;$$

x_1 und y_1 die rechtwinkeligen Coordinaten für den Stern Σ.

R_x und R_y die Differentialrefraction für x_1 und y_1 (in Bezug auf O).

Q_x und Q_y die Differentialaberration in Bezug auf O für x_1 und y_1.

$\varDelta_x$ und $\varDelta_y$ die Correctionen von x_1 und y_1 für Verzerrung, Distorsion, Fehler des Nullpunktes, Fehler der Gitterneigung gegen den Parallel, Fehler des Massstabes und der Stellung der Platte während der Aufnahme. (Die beiden ersten Correctionen werden hier als bekannt vorausgesetzt).

$$x = x_1 + R_x + Q_x + \varDelta_x \text{ und } y = y_1 + R_y + Q_y + \varDelta_y.$$

Berechnung der Aberration. Unter Einführung der Bezeichnungen der Connaissance des Temps oder des Nautical Almanac ist

$$b = A \cos \mathfrak{A} \sec \mathfrak{D} + B \sin \mathfrak{A} \sec \mathfrak{D}$$
$$c = A (\text{tg} \, \omega \cos \mathfrak{D} - \sin \mathfrak{A} \sin \mathfrak{D}) + B \cos \mathfrak{A} \sin \mathfrak{D}.$$

Die Werthe von $d + db$ und $c + dc$ für einen Stern mit den A.R.- und Decl.-Differenzen a und d werden durch Differentiation abgeleitet. Man hat

$$db = \sec \mathfrak{D} \, \text{tg} \, \mathfrak{D} \, (A \cos \mathfrak{A} + B \sin \mathfrak{A}) \, d\mathfrak{D} + \sec \mathfrak{D} \, (-A \sin \mathfrak{A} + B \cos \mathfrak{A}) \, d\mathfrak{A},$$
$$dc = [-A (\text{tg} \, \omega \sin \mathfrak{D} + \sin \mathfrak{A} \cos \mathfrak{D}) + B \cos \mathfrak{A} \cos \mathfrak{D}] \, d\mathfrak{D}$$
$$- \sin \mathfrak{D} \, (A \cos \mathfrak{A} + B \sin \mathfrak{A}) \, d\mathfrak{A}.$$

Indem man für db und dc nicht den Bogen von 1″, sondern den Radius des Kreises als Einheit zu Grunde legt, müssen A und B durch 206 264.8 dividirt werden; db, dc, $d\mathfrak{D}$ und $d\mathfrak{A}$ sind dann in der gleichen Einheit ausgedrückt, und man kann daher die Einheiten beliebig ändern. Nimmt man die Bogenminute an, so kann man $d\mathfrak{D}$ und $d\mathfrak{A}$ durch d und a ersetzen, und bezeichnet man $\dfrac{A}{206\,264.8}$ und $\dfrac{B}{206\,264.8}$ durch K und L, so ist

(S)*) $\quad db = \sec\mathfrak{D}\,\mathrm{tg}\,\mathfrak{D}\,(K\cos\mathfrak{A} + L\sin\mathfrak{A})d + \sec\mathfrak{D}\,(-K\sin\mathfrak{A} + L\cos\mathfrak{A})a$,

(9) $\quad dc = [-K(\mathrm{tg}\,\omega\sin\mathfrak{D} + \sin\mathfrak{A}\cos\mathfrak{D}) + L\cos\mathfrak{A}\cos\mathfrak{D}]d$
$\qquad - \sin\mathfrak{D}\,(K\cos\mathfrak{A} + L\sin\mathfrak{A})a$.

An Stelle von a kann man setzen $x\sec\delta$ oder $x\sec\mathfrak{D}$, an Stelle von dy, an Stelle von db $Q_x\sec\delta$ oder $Q_x\sec\mathfrak{D}$, an Stelle von dc Q_y; dann ist

(10) $\quad Q_x = \mathrm{tg}\,\mathfrak{D}\,(K\cos\mathfrak{A} + L\sin\mathfrak{A})y + \sec\mathfrak{D}\,(-K\sin\mathfrak{A} + L\cos\mathfrak{A})x$,

(11) $\quad Q_y = -(K\,\mathrm{tg}\,\omega\sin\mathfrak{D})y - \cos\mathfrak{D}\,(K\sin\mathfrak{A} - L\cos\mathfrak{A})y$
$\qquad - \mathrm{tg}\,\mathfrak{D}\,(K\cos\mathfrak{A} + L\sin\mathfrak{A})x$.

Setzt man endlich $K = m\sin M$, $L = m\cos M$, $K\,\mathrm{tg}\,\omega = k$, wo nach der Connaissance des Temps

$$m = \frac{h}{206\,264.8}, \quad M = H, \quad k = \frac{i}{206\,264.8} \quad \text{ist},$$

so sind die Werthe zur Berechnung der Aberration:

(12) $\quad Q_x = m\,\mathrm{tg}\,\mathfrak{D}\sin(M + \mathfrak{A})y + m\sec\mathfrak{D}\cos(M + \mathfrak{A})x = e_x x + f_x y$,

(13) $\quad Q_y = m\cos\mathfrak{D}\cos(M + \mathfrak{A})y - m\,\mathrm{tg}\,\mathfrak{D}\sin(M + \mathfrak{A})x$
$\qquad - k\sin\mathfrak{D}y = e_y x + f_y y$.

Refraction. Nach den Entwickelungen von **Kapteyn** (pag. 140) ist

(14) $\quad da = K\dfrac{n\cos(2\,\delta_0 + N)}{\cos^2\delta_0\,\sin^2(\delta_0 + N)}d + K\left[1 + \dfrac{n^2}{\sin^2(\delta_0 + N)}\right]a$,

(15) $\quad dd = K\dfrac{n\cos N}{\sin^2(\delta_0 + N)}a + K\dfrac{1}{\sin^2(\delta_0 + N)}d$, wo

$\qquad \mathrm{tg}\,N = \mathrm{cotg}\,\varphi\cos t$, $\quad n = \mathrm{tg}\,t\sin N$ ist.

Da nun $da = R_x\sec\delta$, $dd = R_y$, $a = x\sec\delta$, $d = y$ ist, so folgt:

(16) $\quad R_x = K\dfrac{n\cos\delta\cos(2\delta_0 + N)}{\cos^2\delta_0\,\sin^2(\delta_0 + N)}y + K\left[1 + \dfrac{n^2}{\sin^2(\delta_0 + N)}\right]x = g_x x + h_x y$,

(17) $\quad R_y = K\dfrac{n\cos N}{\cos\delta\,\sin^2(\delta_0 + N)}x + K\dfrac{1}{\sin^2(\delta_0 + N)}y = g_y x + h_y y$.

Die Werthe von g_x, g_y, h_x und h_y sind mit der Position des Sternes Σ veränderlich, indessen nur so wenig, dass man diese Aenderungen nur bei hohen Declinationen zu berücksichtigen braucht, in welchem Falle man diese Werthe für mehrere extreme Punkte der Platte zu rechnen hat.

Orientirung des Netzes, Fehler des Bogenwerthes, Neigung der Platte gegen die optische Axe.

Es ist bisher angenommen, dass die Y-Axe parallel zum Declinations-

---

*) Die Formeln sind nach den pag. 114 ff. gegebenen Formeln zur Berechnung der normalen Distorsion weiter numerirt.

kreise liegt. Ist dies nicht genau der Fall, so muss dem x die Correction qx, dem y die Correction qy zugefügt werden. Wegen des Fehlers des angenommenen Bogenwerthes für die x und y müssen letzteren die Correctionen rx und ry zugefügt werden. Hat die Platte nicht senkrecht zur optischen Axe gestanden, so wird die Correction von x und y

$$tx + uy \quad \text{und} \quad rx + wy.$$

Fehler in der Annahme der $\mathfrak{A}$ und $\mathfrak{D}$ des Mittelpunktes verursachen die Correctionen

$$k_x + d\mathfrak{A} \sec \mathfrak{D} \quad \text{und} \quad k_y = d\mathfrak{D}.$$

Die Gesammtfehler können also durch sechs Unbekannte dargestellt werden:

$$\text{für } x \ldots k_x + l_x r + m_x y$$
$$\text{für } y \ldots k_y + l_y x + m_y y.$$

Diese sechs Unbekannten sind durch die Vergleichung der auf der Platte gemessenen Coordinaten der Anhaltsterne mit den aus den Positionen derselben Sterne abgeleiteten zu bestimmen. Hierzu kann man aus den Formeln (1) und (2) oder (3) pag. 114 f. leicht folgendermassen gelangen.

Es ist bei dieser Ableitung vorausgesetzt, dass $p = 1$ ist, worüber bereits auf pag. 115 das Nähere bemerkt wurde.

$$(20) \qquad r = \left(a + \tfrac{1}{3}\frac{a^3}{q^2}\right)\left(\cos \mathfrak{D} - y\,\frac{\sin \mathfrak{D}}{q}\right),$$

$$(21) \qquad y = d + q \sin^2 \tfrac{1}{2} a \sin 2\mathfrak{D} + \tfrac{1}{2} d\,\frac{a^2}{q^2} \cos 2\mathfrak{D}$$
$$+ \frac{d^3}{3q^2} - d^2\,\frac{a^2}{2q^3} \sin 2\mathfrak{D} + \tfrac{1}{8}\,\frac{a^4}{q^3} \cos^2 \mathfrak{D} \sin 2\mathfrak{D}.$$

Für nicht zu grosse Declinationen können die beiden letzten Glieder der Gleichung (21) fortgelassen werden.

Die hiernach (aus Tafeln) gerechneten Werthe der x und y, corrigirt wegen Refraction u. s. w., werden nun mit den gemessenen Coordinaten verglichen; jeder Stern giebt dann zwei Gleichungen von der Form

$$d(x) = k_x + l_x x + m_x y; \quad d(y) = k_y + l_y x + m_y y.$$

Aus mindestens drei Sternen werden also die Unbekannten bestimmt; sind mehr Anhaltsterne vorhanden, so geschieht die Bestimmung vermittels der Methode der kleinsten Quadrate.

Indem man diese Correctionen denjenigen hinzufügt, welche man bereits für Aberration und Refraction berechnet hat, erhält man als Gesammtcorrectionen der gemessenen Coordinaten die folgenden Werthe

$$\varDelta(x) = B + Cx + Dy; \quad \varDelta(y) = E + Fx + Gy.$$

Hierin sind B, C, D, E, F und G kleine Grössen, die gewöhnlich für die ganze Platte als constant zu betrachten sind.

Um aus diesen corrigirten Coordinaten den Werth von a nach der Formel (4) pag. 115 abzuleiten, wo

$$ a = x \, \frac{1}{\cos \mathfrak{D} - y \dfrac{\sin \mathfrak{D}}{q}} - \frac{1}{3q^2} \left(x \, \frac{1}{\cos \mathfrak{D} - y \dfrac{\sin \mathfrak{D}}{q}} \right)^3 , $$

construirt man eine Tafel I, welche die Werthe von $\mathrm{tg}\left(\cos \mathfrak{D} - y \dfrac{\sin \mathfrak{D}}{q} \right)$ mit y als Argument giebt. Hat man die tg von x gebildet, so erhält man leicht aus dieser Tafel das erste Glied der Gleichung $\dfrac{x}{\cos \mathfrak{D} - y \dfrac{\sin \mathfrak{D}}{q}}$.

Eine Tafel II, welche die Werthe $\dfrac{m^3}{3q^2}$ mit m als Argument giebt, liefert das zweite Glied der Gleichung.

Zur Berechnung von y nach der Formel (5) construirt man eine Tafel III für den Hauptausdruck $q \sin^2 \frac{1}{2} a \sin 2\mathfrak{D}$, mit a als Argument, darauf eine Tafel IV mit y und a als Argumenten, welche die Werthe giebt

$$ \tfrac{1}{2} y \, \frac{a^2}{q^2} \cos 2\mathfrak{D} + \tfrac{1}{2} y^2 \frac{a^2}{q^3} \sin 2\mathfrak{D} . $$

Beide Glieder sind klein, das letzte ist fast immer Null, so dass der Gebrauch dieser Tafel trotz des doppelten Eingangs, sehr einfach wird.

Die Werthe von $\dfrac{y^3}{3q^2}$ entnimmt man aus Tafel II.

Wenn $\mathfrak{D}$ gross ist, über 65^0, so construirt man noch eine kleine Tafel V, welche mit a als Argument die Grösse $\frac{1}{8} \dfrac{a^4}{q^3} \sin^2 \mathfrak{D} \sin 2\mathfrak{D}$ giebt.

Die Tafeln I, III, IV und V bleiben dieselben für alle Aufnahmen einer Zone, welche den genähert gleichen Werth von $\mathfrak{D}$ haben; es braucht nur eine kleine Correction für die geringen Veränderungen von $\mathfrak{D}$ hinzugefügt zu werden. Die Tafel II ist unabhängig von $\mathfrak{D}$.

Die Reductionsmethode von Jacoby[*]. Es wird vorausgesetzt, dass Distorsion und Schichtverzerrung anderweitig bestimmt oder eliminirt sind. Die Platte hat während der Aufnahme senkrecht zur optischen Axe gestanden. Der Durchschnittspunkt der optischen Axe mit der Platte sei der Coordinatenanfangspunkt.

---

[*] Astron. Journal 10, 129.

In Fig. 38 sei o der Anfangspunkt auf der Platte, m und m' seien zwei Sternscheibchen; in Fig. 39, welche einen Theil der Sphäre darstellt, bedeute O den Punkt, auf den das Fernrohr gerichtet war, M und M' die zwei Sterne und P den Pol. Dann entspricht $O o$, und die Platte ist orientirt, wenn die X-Axe der Richtung des Positionswinkels Null am Himmel entspricht.

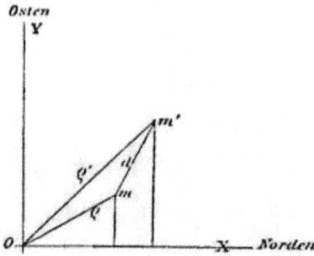

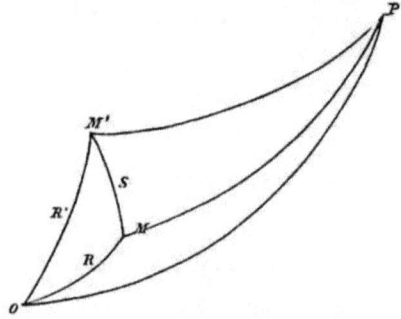

Fig. 38.   Fig. 39.

Es seien nun:

   P, P' die Positionswinkel von M und M' vom Punkte O;
  x, y; x', y' die Coordinaten von m und m' auf der Platte;
   ϱ, ϱ' die linearen Distanzen von m und m' nach o;
   R, R' die Winkeldistanzen von M und M' nach O;
   B_s der sphärische Winkel OMM';
   B_p der ebene Winkel omm';
   r die Brennweite des Fernrohrs;
   s die Winkeldistanz MM';
   d die lineare Distanz mm'.

Wir haben dann

(1)
$$\varrho \sin P = y \qquad \varrho' \sin P' = y'$$
$$\varrho \cos P = x \qquad \varrho' \cos P' = x';$$

ferner aus dem Dreieck OMM'

$$\operatorname{tg} B_s = \frac{\sin (P' - P)}{\sin R \operatorname{cotg} R' - \cos R \cos (P' - P)}$$

und aus dem Dreieck omm'

$$\operatorname{tg} B_p = \frac{\varrho' \sin (P' - P)}{\varrho - \varrho' \cos (P' - P)}. \quad \text{Da nun}$$

$$\varrho = r \operatorname{tg} R, \qquad \varrho' = r \operatorname{tg} R' \text{ ist, so folgt}$$

$$\operatorname{tg} B_p = \frac{\sin (P' - P) \cos R}{\sin R \operatorname{cotg} R' - \cos R \cos (P' - P)} = \cos R \operatorname{tg} B_s.$$

Die Reihenentwickelung giebt

$$B_s - B_p = \operatorname{tg}^2 \tfrac{1}{2} R \sin 2 B_p + \tfrac{1}{2} \operatorname{tg}^4 \tfrac{1}{2} R \sin 4 B_p + \cdots$$

Das erste Glied dieser Reihe genügt stets, und setzt man noch $B_s - B_p = \eta$, so folgt

$$(2) \qquad \eta = \tfrac{1}{2} \frac{\varrho^2}{r^2} \sin B_p \cos B_p .$$

Nun ist

$$\sin s = \frac{\sin (P' - P) \sin R'}{\sin B_s} ,$$

$$d = \frac{\varrho' \sin (P' - P)}{\sin B_p} = \frac{r \sin R' \sin (P' - P)}{\cos R' \sin B_p} , \qquad \text{also}$$

$$\sin s = \frac{d \cos R'}{r} \cdot \frac{\sin B_p}{\sin (B_p + \eta)} ;$$

da η sehr klein ist, giebt die Reihenentwickelung

$$\sin s = \frac{d \cos R'}{r (1 + \eta \cotg B_p)} = \frac{d \cos R'}{r \left(1 + \tfrac{1}{2} \frac{\varrho^2}{r^2} \cos^2 B_p \right)} .$$

Es ist nun

$$\cos R' = \frac{1}{\sqrt{1 + \operatorname{tg}^2 R'}} = \frac{1}{\sqrt{1 + \dfrac{\varrho'^2}{r^2}}} = 1 - \tfrac{1}{2} \frac{\varrho'^2}{r^2} + \cdots$$

also

$$\sin s = \frac{d}{r \left(1 + \tfrac{1}{2} \frac{\varrho^2}{r^2} \cos^2 B_p \right)} - \tfrac{1}{2} \frac{\varrho'^2}{r^2} \cdot \frac{d}{r \left(1 + \tfrac{1}{2} \frac{\varrho^2}{r^2} \cos^2 B_p \right)}$$

$$= \frac{d}{r} \left(1 - \tfrac{1}{2} \frac{\varrho^2}{r^2} \cos^2 B_p - \tfrac{1}{2} \frac{\varrho'^2}{r^2} \right)$$

oder

$$(3) \qquad s = \frac{d}{r} - \tfrac{1}{2} \frac{d}{r^3} \varrho^2 \cos^2 B_p - \tfrac{1}{2} \frac{d}{r^3} \varrho'^2 + \tfrac{1}{6} \frac{d}{r^3} d^2 .$$

Nun ist B_p gleich der Summe des Winkels P und des Supplements der Neigung der Linie mm' gegen die X-Axe; führt man also ein

$$(4) \qquad \begin{aligned} d \sin Q &= y' - y \\ d \cos Q &= x' - x, \qquad \text{so folgt} \end{aligned}$$

$$(5) \qquad \begin{aligned} B_p &= P - Q + 180^\circ, \qquad \text{also} \\ B_s &= P - Q + \eta + 180^\circ. \end{aligned}$$

Es ist weiter

$$(6) \qquad R = \operatorname{tg}^{-1} \frac{\varrho}{r} = \frac{\varrho}{r} - \tfrac{1}{3} \frac{\varrho^3}{r^3} + \cdots$$

Der Positionswinkel der Linie OM an O ist P, und der Positionswinkel derselben Linie an M kann durch die Hinzufügung der Bessel'schen Correction gefunden werden:

$$(7) \qquad \gamma = R \operatorname{tg} \delta \sin P + \tfrac{1}{2} R^2 \sin P \cos P (1 + 2 \operatorname{tg}^2 \delta),$$

wo δ die Declination des Mittelpunktes der Platte ist.

Endlich ist der Positionswinkel der Linie MM' an M gegeben durch

$$8, \qquad p = 180° - B_s + P + \gamma = Q + \gamma - \iota.$$

Wir wollen nun zeigen, wie die obigen Formeln angewendet werden müssen, und zwar, wenn zwei oder mehrere Anhaltsterne vorhanden sind.

Zuerst müssen die Werthe von s und p für die Anhaltsterne gerechnet werden. Sind α, α' und δ, δ' die bekannten Rectascensionen und Declinationen der Anhaltsterne, und wird p gezählt von $0°$ bis $360°$ in der Richtung Norden, Osten, Süden, Westen, so haben wir:

$$(9) \qquad \begin{aligned} \sin \tfrac{1}{2} s \sin p_0 &= \cos \tfrac{1}{2}(\delta' - \delta) \sin \tfrac{1}{2}(\alpha' - \alpha) \\ \sin \tfrac{1}{2} s \cos p_0 &= \sin \tfrac{1}{2}(\delta' - \delta) \cos \tfrac{1}{2}(\alpha' - \alpha) . \end{aligned}$$

p_0 ist das Mittel der Positionswinkel an den beiden Sternen, und um den Positionswinkel p am Sterne α, δ zu erhalten, muss gerechnet werden

$$(10) \qquad \begin{aligned} p = p_0 &- \tfrac{1}{2} s \operatorname{tg} \tfrac{1}{2}(\delta + \delta') \sin p_0 \\ &+ \tfrac{1}{6} s^3 \sin^2 1'' \sin p_0 \cos^2 p_0 \operatorname{tg} \tfrac{1}{2}(\delta + \delta') [1 + 2 \operatorname{tg}^2 \tfrac{1}{2}(\delta + \delta')], \end{aligned}$$

woraus man die Correction von p_0 in Bogensecunden erhält. Das letzte Glied wird übrigens kaum merklich. Die erhaltenen Werthe von p und s sind die wahren Werthe; sie müssen noch in die scheinbaren verwandelt werden durch die gewöhnlichen Correctionen für Refraction, Präcession etc., bevor sie im Folgenden weiter benutzt werden können.

Die übrigen Formeln werden nun

aus Gleichung (1,
$$\begin{aligned} \varrho \sin P &= y & \varrho' \sin P' &= y' \\ \varrho \cos P &= x & \varrho' \cos P' &= x'. \end{aligned}$$

aus (4) und (5)
$$\begin{aligned} d \sin Q &= y' - y \\ d \cos Q &= x' - x \end{aligned} \qquad B_p = P - Q,$$

aus (3)
$$r_1 = \frac{d}{s} \operatorname{cosec} 1'',$$

wo s in Bogensecunden ausgedrückt ist, und wo r_1 ein genäherter Werth von r wird; der genaue Werth wird

$$r = r_1 - \tfrac{1}{2} \frac{d}{r_1{}^2} \cdot \frac{\varrho^2}{s} \cos^2 B_p \operatorname{cosec} 1'' - \tfrac{1}{2} \frac{d}{r_1{}^2} \cdot \frac{\varrho'^2}{s} \operatorname{cosec} 1'' + \tfrac{1}{6} \frac{d}{r_1{}^2} \cdot \frac{d^2}{s} \operatorname{cosec} 1''.$$

Damit ist die Brennweite gegeben.

Um den Fehler der Orientirung zu erhalten, haben wir aus (2)

$$\eta = \tfrac{1}{2}\frac{\varrho^2}{r}\sin B_p \cos B_p \operatorname{cosec} 1'',$$

wodurch η in Secunden gegeben ist;

aus (6) folgt
$$R = \frac{\varrho}{r}\operatorname{cosec} 1'' - \tfrac{1}{3}\frac{\varrho^3}{r^3}\operatorname{cosec} 1''$$
(R in Secunden),

aus (7) $\quad \gamma = R\operatorname{tg}\delta\sin P + \tfrac{1}{2}R\sin P\cos P(1 + 2\operatorname{tg}^2\delta)\sin 1''$
(γ in Secunden).

Die Correction wegen der Orientirung wird dann

$$v = p - Q - \gamma + \eta.$$

Wenn v gross ist, kann es nothwendig werden, γ noch einmal zu rechnen und damit einen neuen Werth von v abzuleiten; der Werth für r wird aber durch die Grösse von v nicht beeinflusst.

Soll die Platte anstatt durch Anhaltsterne durch die Spur eines laufenden Sternes bestimmt werden, dessen Declination $= \delta'$ ist, so muss natürlich r anderweitig bekannt oder berechnet sein; die Formeln zur Berechnung von v sind dann die folgenden:

$$(11)\begin{cases}
d\sin Q = y' - y \qquad d\cos Q = x' - x \\
\varrho\sin P = y \qquad\qquad \varrho\cos P = x \\
\varrho'\sin P = y' \qquad\qquad \varrho'\cos P = x' \\
\qquad B_p = P - Q \\
s = \dfrac{d}{r}\operatorname{cosec} 1'' - \tfrac{1}{2}\dfrac{d}{r^3}\varrho^2\cos^2 B_p\operatorname{cosec} 1'' - \tfrac{1}{2}\dfrac{d}{r^3}\varrho'^2\operatorname{cosec} 1'' \\
\qquad\qquad + \tfrac{1}{6}\dfrac{d}{r^3}d^2\operatorname{cosec} 1''. \\
\eta = \tfrac{1}{2}\dfrac{\varrho^2}{r^2}\sin B_p\cos B_p\operatorname{cosec} 1'' \\
R = \dfrac{\varrho}{r}\operatorname{cosec} 1'' - \tfrac{1}{3}\dfrac{\varrho^3}{r^3}\operatorname{cosec} 1'' \\
\gamma = R\operatorname{tg}\delta\sin P + \tfrac{1}{2}R^2\sin P\cos P(1 + 2\operatorname{tg}^2\delta)\sin 1'' \\
p = 270^\circ + \tfrac{1}{2}s\operatorname{tg}\tfrac{1}{2}(\delta + \delta') \\
v = p - Q - \gamma + \eta.
\end{cases}$$

Gehört die Spur einem central gelegenen Sterne an, so werden die Formeln sehr einfach:

(12)
$$\begin{cases} d \sin Q = y' \\ d \cos Q = x' \\ s = \dfrac{d}{r} \operatorname{cosec} 1'' - \tfrac{1}{3} \dfrac{d^3}{r^3} \operatorname{cosec} 1'' \\ p = 270° + \tfrac{1}{2} s \operatorname{tg} \tfrac{1}{2}(\delta + \delta') \\ v = p - Q. \end{cases}$$

Hat man nun r und r bestimmt, so besteht die bequemste Methode darin, Positionswinkel und Distanz eines jeden Sternes der Platte vom Punkte O aus zu bestimmen, die dann in Rectascensions- und Declinations-Differenzen umgerechnet werden müssen. Dann werden die für den Anhaltstern gefundenen $\varDelta \alpha$ und $\varDelta \delta$, an O angebracht, die Positionen der Sterne geben. Diese Methode, alles auf O zu beziehen anstatt auf einen der Anhaltsterne, giebt bequemere Formeln, da dann $x = o$, $y = o$, $\varrho = o$, $d = \varrho'$, $\eta = o$ und $\gamma = o$ wird.

Gleichung (3) wird dann

$$s = \frac{d}{r} \operatorname{cosec} 1'' - \tfrac{1}{3} \frac{d^3}{r^3} \operatorname{cosec} 1'',$$

(8) wird
$$p = Q + v,$$

wobei d und Q gefunden werden aus

$$d \sin Q = y'$$
$$d \cos Q = x'.$$

Der so erhaltene Positionswinkel p entspricht dem Punkt O am Himmel, und um $\varDelta \alpha$ und $\varDelta \delta$ abzuleiten, ist es nothwendig, zu p die Bessel'sche Correction hinzuzufügen:

$$\gamma' = \tfrac{1}{2} s \operatorname{tg} \delta \sin p + \tfrac{1}{4} s^2 \sin p \cos p (1 + 2 \operatorname{tg}^2 \delta) \sin 1'',$$

wo δ die Declination des Punktes O ist. Wenn diese Correction angebracht ist, hat man das Mittel der Positionswinkel an den beiden Sternen, und sind dann die weiteren Correctionen für Refraction, Präcession etc. angebracht, so kann für jeden Stern $\varDelta \alpha$ und $\varDelta \delta$ in Bezug auf O gerechnet werden. Sind direct Positionswinkel und Distanzen gemessen worden, so werden die Endformeln natürlich noch sehr vereinfacht, indem nur noch die beiden Formeln für s und p übrig bleiben; an p muss aber auch dann natürlich die Correction γ' angebracht werden, ehe $\varDelta \alpha$ und $\varDelta \delta$ berechnet werden können.

Für die Berechnung der Refractionen, welche an s und p anzubringen sind, hat Jacoby*) Formeln entwickelt, die aber, wie schon Chandler**)

---

* Astron. Journal **10**, 163.   ** Astron. Journal **10**, 175.

gezeigt hat, wenig bequem sind. Letzterer schlägt au deren Stelle folgende Ausdrücke vor.

Bezeichnet man mit $\sigma - s$ und $\pi - p$ die nach den Bessel'schen Formeln mit den Coordinaten des Plattenmittelpunktes gerechneten Quantitäten, so werden die Werthe, welche man erhalten haben würde, wenn man mit den Coordinaten des Punktes in der Mitte zwischen Plattencentrum und Stern gerechnet hätte, erhalten durch:

$$\Delta(\sigma - s) = - s(\sigma - s) \sin 1'' \sec \zeta \cos (p - q)$$
$$\Delta(\pi - p) = - s(\pi - p) \sin 1'' \sec \zeta \cos (p - q).$$

Hier wird in $\Delta(\pi - p)$ die Rechnung etwas genauer, wenn man $(1 + \operatorname{tg} \zeta)$ statt $\sec \zeta$ setzt. Bei niedrigen Höhen und starken Declinationen kann die folgende Formel benutzt werden, bei welcher nur Glieder vom Quadrate der Refraction vernachlässigt sind:

$$\Delta(\sigma - s) = - s(\sigma - s) \sin 1'' \cos(p - q) [\sec \zeta - \operatorname{tg} \delta \sin p \sin (p - q)]$$
$$\Delta(\pi - p) = - s(\pi - p) \sin 1'' \cos(p - q) (1 + \operatorname{tg} \zeta)$$
$$+ sk \sec^2 \zeta \operatorname{tg} \delta \left[\sin p \left(\cos^2 q + \cos 2(p - q) \right) - \cos^2 q \right].$$

Zur Berechnung von Refractionen, wenn die Distanzen sehr gross sind, oder wenn die Aufnahme nahe beim Pol oder beim Horizonte stattgefunden hat, schlägt Chandler[*] folgendes Verfahren vor.

Zunächst rechne man für jeden Stern die Ausdrücke

$$\Delta\alpha = kn \operatorname{cosec}(\delta + N) \sec \delta; \quad \Delta\delta = k \operatorname{cotg}(\delta + N).$$

Alsdann werden unter Benutzung des mittleren Positionswinkels an den beiden Sternen und der mittleren wahren Declination die Differentialrefractionen in Distanz und Positionswinkel nach folgenden Gleichungen gefunden.

(1) $\quad\begin{cases} g \sin G = (\Delta\alpha - \Delta\alpha') \cos \delta_0 \\ g \cos G = (\Delta\delta - \Delta\delta') \\ \quad h = \tfrac{1}{4}(\Delta\delta + \Delta\delta') \operatorname{tg} \delta_0 \sin 2p \sin 1'' \end{cases}$

(2) $\quad\begin{cases} \sigma - s = g \cos (G - p) + s \cdot h \cdot \operatorname{tg} p \\ \pi - p = g \sin (G - p) \dfrac{1}{s \sin 1''} + h \operatorname{cosec} 1''. \end{cases}$

Sind $\sigma - s$ und $\pi - p$ sehr gross, so können die weiteren Correctionen zugelegt werden:

(3) $\quad\begin{cases} \Delta(\sigma - s) = f \cdot s \cdot h \cdot \operatorname{tg} p \\ \Delta(\pi - p) = f \cdot h \cdot \operatorname{cosec} 1'' - \dfrac{\sigma - s}{s} (\pi - p), \quad \text{wo} \\ \quad f = h \sec p \operatorname{cosec} p \text{ ist.} \end{cases}$

---

[*] Astron. Journal **10**, 181.

Will man die wahren Distanzen und Positionswinkel anstatt der scheinbaren einführen, so müssen in 1 und (2) σ und π für s und p substituirt werden, und anstatt (3) ist zu benutzen:

$$\begin{cases} \varDelta(\sigma - s) = f \cdot \sigma \cdot h \cdot \operatorname{tg} \pi \\ \varDelta(\pi - p) = f \cdot h \cdot \cos 1'' + \dfrac{\sigma - s}{\sigma} (\pi - p), \quad \text{wo} \\ f = h \sec \pi \operatorname{cosec} \pi - \dfrac{\sigma - s}{\sigma} . \end{cases}$$

(1)

Eine auf ganz anderen Principien beruhende Reductionsmethode ist neuerdings von Jacoby[*] gegeben worden, die aber hier keine Aufnahme mehr finden konnte.

Von den bisher besprochenen Methoden der Reduction der auf photographischen Aufnahmen gemessenen rechtwinkeligen Coordinaten war die erste, von mir gegebene für die Fälle geeignet, in denen es sich nur um eine oder einige Aufnahmen handelt. Die anderen Methoden, ebenso wie

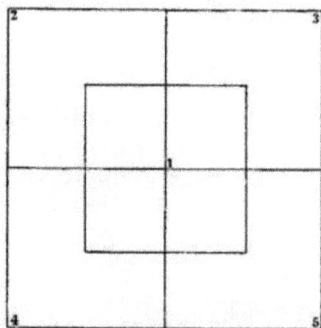

Fig. 40.

die parallaktische, erreichen ihre eigentliche Bedeutung erst bei der Reduction umfangreicher, in Form von Zonen angestellter Aufnahmen, wenngleich sie natürlich auch, wie z. B. besonders die Jacoby'sche, bei Einzelaufnahmen mit Vortheil angewendet werden können.

Wir gehen nun zu anderen Methoden über, welche speciell nur für die Reduction der für die Himmelskarte aufgenommenen Photographien oder für in ähnlicher Weise erhaltene Aufnahmen bestimmt sind, bei denen jeder Punkt des Himmels doppelt aufgenommen ist, auf der einen Platte nahe der Mitte, auf der andern nahe dem Rande. Die Aufnahmen decken sich also nach dem Schema Fig. 40.

Die Reductionsmethode von Loewy[**]. Diese Methode ist aus der Erwägung hervorgegangen, dass nicht auf jeder Platte eine genügende Zahl wirklich gut bestimmter Sterne vorhanden sein

---

[*] Ann. New-York, Acad. of Sciences 1.
[**] Bull. du Comité. 2, 1 und 159.

wird, um die Reduction mit der Genauigkeit ausführen zu können, wie sie durch die Messungen gegeben ist. Die Zahl der Meridiansterne wird zwar nach Vollendung der Cataloge der Astronomischen Gesellschaft eine sehr bedeutende; da aber die Epochen dieser Cataloge im allgemeinen ziemlich weit von den Epochen der Aufnahmen — 20 und mehr Jahre — entfernt liegen, so ist die Genauigkeit der Positionen wegen der nicht bekannten Eigenbewegungen im allgemeinen sehr herabgedrückt. Die Zahl der mehrfach bestimmten Sterne, für welche die Eigenbewegung mit einiger Sicherheit abgeleitet werden kann, ist nun nicht so gross, dass auf jedes Areal von z. B. vier Quadratgrad mehrere derselben fielen; dagegen wird sie ausreichend für ein viermal so grosses Areal von 16 Quadratgrad, welches man erhält, wenn man fünf Aufnahmen in der in Fig. 40 angedeuteten Weise zusammenstellt, oder natürlich noch mehr, wenn man durch Hinzufügung der acht rund herum gelegenen Aufnahmen ein Areal von 36 Quadratgrad herstellt. Auch wenn auf jeder Platte eine genügende Zahl von Anhaltsternen vorhanden ist, so bietet ein Anschliessen verschiedener Aufnahmen aneinander für grössere, zonenartige Unternehmungen den wesentlichen Vortheil grösserer Homogenität. Die Aufgabe besteht darin, durch rechnerische Verbindung der benachbarten Aufnahmen eine einzige virtuelle Aufnahme von 16 oder 36 Quadratgrad Flächeninhalt herzustellen.

Die Lösung dieser Aufgabe ist nicht ohne Weiteres möglich, da die auf verschiedenen, wenn auch benachbarten Platten gemessenen Coordinaten durchaus nicht homogen sind. Jede Aufnahme stellt die Projection eines Theils der Sphäre auf eine Ebene dar, und diese Projectionsebenen sind gegen einander um einen bestimmten Winkel geneigt. Die Epochen der Aufnahmen liegen eventuell weit auseinander, der Massstab und die Orientirung der Platten werden also verschieden sein.

Die sehr umfangreichen Loewy'schen Entwickelungen hier wiederzugeben, würde einen zu grossen Raum beanspruchen; es muss in Bezug auf dieselben auf die Originalabhandlung verwiesen werden. Dagegen möge ein relativ kurzes Résumé der Methode hier Platz finden. Die zur numerischen Rechnung nothwendigen Hülfstafeln liegen zwar fertig berechnet vor, sind aber bisher noch nicht publicirt worden.

Man wählt auf jeder bei zwei Platten gemeinsamen Stelle mehrere (6) Paare von Sternen aus nach folgenden Gesichtspunkten:

1) Die beiden Sterne, deren Coordinaten man vereinigen will, müssen in Bezug auf die Mitte des gemeinschaftlichen Areals symmetrisch liegen. Dieser Bedingung ist Genüge geleistet, wenn jede Summe der beiden nachher zu definirenden Grössen $(x_m + \xi_m)$ und $(y_m + \eta_m)$ nicht $10'$ überschreitet.

2) Die Differenz der Coordinaten $(y_n - y_i)$ möge nicht $^4/_{10}$ der Differenz $(x_n - x_i)$ überschreiten.

3) Es ist wünschenswerth, dass die Differenz $(x_n - x_i)$ grösser als 40' ist.

Die Erfüllung von 2) und 3) ist nicht unbedingt erforderlich, aber besonders in der Nähe der Pole doch sehr wünschenswerth.

Bezeichnungen.

(x_i, y_i) (x_n, y_n) die rechtwinkligen Coordinaten zweier Sterne, bezogen auf die Axen der Haupt- (mittleren) Aufnahme;

(ξ_i, η_i) (ξ_n, η_n) die Coordinaten derselben Sterne in Bezug auf die Axen der zweiten Platte. Die positive Seite der Abscissenaxe liegt in der Richtung der wachsenden Rectascension, die positive Ordinatenaxe liegt nach Norden.

A'_c, D'_c Rectascension und Declination des Centrums der mittleren Aufnahme.

i Neigung der positiven x-Axe gegen die scheinbare tägliche Bewegung (i ist also wenig von 180° verschieden).

δr Correction des angenommenen Bogenwerthes der Einheit der Coordinaten.

$A''_c, D''_c, J, \delta r'$ die analogen Werthe für die Nebenplatte.

$dA'_c, dD'_c, dA''_c, dD'_c$ Correctionen der angenommenen Werthe für die Aequatorial-Coordinaten der beiden Mittelpunkte.

α und δ Rectascension und Declination eines Sternes.

O und O' die Oerter der Mittelpunkte der Platten am Himmel.

j Winkel zwischen den Abscissenaxen Ox und $O'\xi$ der beiden Platten. Man erhält diesen Winkel, indem man durch O eine Parallele $O\xi$ zu $O\xi'$ zieht; derselbe wird positiv gezählt von Ox nach Oy.

$\varDelta, \varDelta'$ die Werthe der Winkeldistanzen der beiden Sterne, erhalten durch die Benutzung der beiden verschiedenen Werthe r und r' für den Bogenwerth.

n die Zahl der Sternpaare, welche zum Anschluss der Platten benutzt werden.

Vergleichung der Bogenwerthe. Es ist angenommen, dass die rechtwinkeligen Coordinaten bereits corrigirt sind wegen Refraction, Aberration, wegen der normalen Distorsion durch die Ausdrücke

$$x - \frac{\operatorname{tg} x}{\sin 1''}, \quad y - \frac{\operatorname{tg} y}{\sin 1''}.$$

Wir setzen

$$\frac{\varDelta}{\varDelta'} = 1 + \frac{\varDelta - \varDelta'}{\varDelta'} = 1 + r_1; \quad r_1 = r + \delta r = \delta d r = d r' - d r;$$

$$x_m = \frac{x_{\prime\prime} + x_{\prime}}{2}; \quad y_m = \frac{y_{\prime\prime} + y_{\prime}}{2}; \quad \xi_m = \frac{\xi_{\prime\prime} + \xi_{\prime}}{2}; \quad \eta_m = \frac{\eta_{\prime\prime} + \eta_{\prime}}{2};$$

$$x_0 = x_m - \xi_m, \quad y_0 = y_m - \eta_m;$$

$$x = \frac{x_{\prime\prime} - x_{\prime}}{2} + \frac{\xi_{\prime\prime} - \xi_{\prime}}{2}; \quad y = \frac{y_{\prime\prime} - y_{\prime}}{2} + \frac{\eta_{\prime\prime} - \eta_{\prime}}{2}; \quad d_0{}^2 = x^2 + y^2.$$

Dann ist

(I) $\begin{cases} r = \dfrac{y[(y_{\prime\prime} - y_{\prime}) - (\eta_{\prime\prime} - \eta_{\prime})] + x[(x_{\prime\prime} - x_{\prime}) - (\xi_{\prime\prime} - \xi_{\prime})]}{d_0{}^2} \\[2mm] \delta r = -0.46 \sin^2 1'' \left[(y_m + \eta_m) y_0 + x_0 y_0 \sin \dfrac{j}{2} \right] \\[2mm] \qquad + r\left(\dfrac{r}{2} - \sin^2 \dfrac{j}{2} \right) = (1) + (2). \end{cases}$

Aus Tafel I erhält man die Werthe für $x - \dfrac{\operatorname{tg} x}{\sin 1''}$ und $y - \dfrac{\operatorname{tg} y}{\sin 1''}$.

Aus Tafel VI mit den Argumenten x und y erhält man die Factoren

$$\frac{x}{d_0{}^2} \quad \text{und} \quad \frac{y}{d_0{}^2}.$$

Aus Tafel VIIa erhält man mit dem einzigen Argumente D_e' den Ausdruck $0.46\left[600'' y_0 + x_0 y_0 \sin \dfrac{j}{2} \right]$. Hieraus erhält man leicht (1), welches übrigens immer sehr klein ist; von (2) kann man gewöhnlich absehen.

Bei sehr hohen Declinationen erlangen die Ausdrücke

$$(y_{\prime\prime} - y_{\prime}) - (\eta_{\prime\prime} - \eta_{\prime}) \quad \text{und} \quad (x_{\prime\prime} - x_{\prime}) - (\xi_{\prime\prime} - \xi_{\prime})$$

merkliche Werthe; um in diesem Falle die Berechnung von r schneller und genauer zu gestalten, ist es praktisch, eine Coordinatentransformation vorzunehmen, ehe man die Factoren $\dfrac{x}{d_0{}^2}$ und $\dfrac{y}{d_0{}^2}$ sucht. Diese Transformation wird leicht mit Hülfe der Tafel B ausgeführt. Es ist

$$y' = y \cos j - x \sin j = y - x \sin j - 2y \sin^2 \frac{j}{2},$$

$$x' = x \cos j - y \sin j = x + y \sin j - 2x \sin^2 \frac{j}{2}.$$

Mit dem Argumente D_e' findet man den numerischen Werth von $\sin j$ und die Bezeichnung der Tafel, welche zur Berechnung der Ausdrücke in $\sin^2 \dfrac{j}{2}$ bestimmt ist. Die letzten Correctionsglieder werden direct aus der Tafel mit Hülfe des zweiten Argumentes x oder y gezogen.

Um die Gleichförmigkeit der Bogenwerthe herzustellen, fügt man unmittelbar den Coordinaten ξ und η der zweiten Aufnahme die Correctionen $r_1\,\xi$ und $r_1\,\eta$ hinzu. In allen späteren Rechnungen müssen also ξ und η als um diese Beträge corrigirt betrachtet werden. Will man Sterne verwenden, welche der zweiten Bedingung $y_n - y_r < 0.4\,(x_n - x_r)$ nicht genügen, muss δr durch die folgenden Formeln gerechnet werden:

$$\delta r = -a\,(x_m + \xi_m) - b\,(y_m + \eta_m) + t_r^{IV} + r\left(\frac{r}{2} - \sin^2\frac{j}{2}\right),\ \text{wo}$$

$$a = \frac{3600\,\sin^2 1''}{2\,d^2}\,(y_n - y_r)\,(y_n - y_r + x_n - x_r),$$

$$b = \frac{3600\,\sin^2 1''}{2\,d^2}\,(x_n - x_r)\,(y_n - y_r + x_n - x_r).$$

$$t_r^{IV} = \frac{(3600)^2\,\sin^2 1''}{4\,d^2}\,[(y_n - y_r)^2 - (x_n - x_r)^2]\,\sin j = c\,\sin j.$$

Die Berechnung aus diesen Gleichungen ist sehr einfach, da die Quantitäten a, b und c mit den Argumenten $y_n - y_r$, $x_n - x_r$ aus Tafel VII zu entnehmen sind und der Factor j aus Tafel VIIa entnommen werden kann. Im übrigen können die Ausdrücke $c\,\sin j$ und $r\left(\frac{r}{2} - \sin^2\frac{j}{2}\right)$ fast stets vernachlässigt werden. Die Tafel VIIa ist unter der Annahme gerechnet $(x_m + \xi_m) = (y_m + \eta_m) = 10'$. Es genügt, die Tafelwerthe mit resp. $\frac{x_m + \xi_m}{10}$ und $\frac{y_m + \eta_m}{10}$ zu multipliciren, um $x_m + \xi_m$ und $y_m + \eta_m$ in Bogenminuten auszudrücken.

Bestimmung der relativen Orientirung. Wir bezeichnen mit t_a und t_d Quantitäten, welche die folgenden Gleichungen richtig machen:

$$x + t_a = (a - A_c')\cos\delta;\quad \delta + t_d = D_c' + y;$$

ferner fügen wir den Abscissen der vier Bilder eines jeden Sternpaares die resp. Correctionen hinzu

$$-2x_r\sin^2\frac{y_r}{2} + t_a',\qquad -2x_n\sin^2\frac{y_n}{2} + t_a'',$$

$$-2\xi_r\sin^2\frac{\eta_r}{2} + t_a''',\qquad -2\xi_n\sin^2\frac{\eta_n}{2} + t_a^{IV},$$

den Ordinaten die Correctionen

$$-t_d',\ -t_d'',\ -t_d'''\ \text{und}\ -t_d^{IV}$$

und bezeichnen mit $('x_r, 'y_r), ('x_n, 'y_n)$ für die mittlere Aufnahme, mit $('\eta_r, '\xi_r), ('\eta_n, '\xi_n)$ für die zweite Aufnahme die neuen Coordinaten, welche also alle Instrumentalcorrectionen einschliessen. Auf analoge Weise wie früher bezeichnen wir:

$$'x_m = \frac{'x_{\prime\prime} + 'x_\prime}{2}, \quad 'y_m = \frac{'y_{\prime\prime} + 'y_\prime}{2}, \quad '\xi_m = \frac{'\xi_{\prime\prime} + '\xi_\prime}{2}, \quad '\eta_m = \frac{'\eta_{\prime\prime} + '\eta_\prime}{2};$$

$$'x_0 = 'x_m - '\xi_m, \quad 'y_0 = 'y_m - '\eta_m, \quad d^2 = (\xi_{\prime\prime} - \xi_\prime)^2 + (\eta_{\prime\prime} - \eta_\prime)^2.$$

Es muss also im Folgenden stets zwischen den mit zugesetztem Accent und den nicht mit Accent versehenen Coordinaten unterschieden werden. Die entsprechenden Functionen dieser beiden verschiedenen Arten von Coordinaten differiren nur wenig von einander, nur um Grössen höherer Ordnung.

Das Hauptglied der relativen Orientirung $(i - J_c)$ wird berechnet nach:

$$\text{(II)} \begin{cases} \sin(i - J)_c = \sin(i - J)_m \\ \qquad - \left(\sin \eta_m + 0.9 \frac{\eta_{\prime\prime} - \eta_\prime}{\xi_{\prime\prime} - \xi_\prime} \sin \xi_m \right) \mathrm{tg}(D'_c + 'y_m) \sin(i - J)_m, \\[2mm] \sin(i - J)_m = \frac{\eta_{\prime\prime} - \eta_\prime}{d^2} [('x_{\prime\prime} - 'x_\prime) - ('\xi_{\prime\prime} - '\xi_\prime) + dt] \\ \qquad - \frac{\xi_{\prime\prime} - \xi_\prime}{d^2} [('y_{\prime\prime} - 'y_\prime) - ('\eta_{\prime\prime} - '\eta_\prime)], \\[2mm] dt = 2 \, \mathrm{tg} \frac{'y_{\prime\prime} - 'y_\prime}{2} \, \mathrm{tg}(D'_c + 'y_m) \, 'x_0, \\[2mm] \text{oder ohne merklichen Fehler} \\ (i - J) = (i - J)_m - \left(\eta_m + 0.9 \frac{\eta_{\prime\prime} - \eta_\prime}{\xi_{\prime\prime} - \xi_\prime} \xi_m \right) \mathrm{tg}(D'_c + 'y_m) \sin(i - J)_m. \end{cases}$$

Hat man der Bedingung $(y_{\prime\prime} - y_\prime) < 0.4 (x_{\prime\prime} - x_\prime)$ nicht Genüge geleistet, so rechne man anstatt $0.9 \frac{\eta_{\prime\prime} - \eta_\prime}{\xi_{\prime\prime} - \xi_\prime}$ den Ausdruck $\frac{(\eta_{\prime\prime} - y_\prime)(\xi_{\prime\prime} - \xi_\prime)}{d^2}$.

Die Berechnung der relativen Orientirung gestaltet sich mit Hülfe der Tafeln sehr einfach.

$t_a, - 2x \sin^2 \frac{y}{2}$ und t_d werden aus den Tafeln II, IV und V mit den resp. Argumenten x und y, x und δ und x und $(D'_c + y)$ entnommen.

Aus Tafel VIa entnimmt man mit den Argumenten η und ξ die beiden Factoren $\frac{\eta_{\prime\prime} - \eta_\prime}{d^2}$ und $\frac{\xi_{\prime\prime} - \xi_\prime}{d^2}$.

Aus Tafel VIII erhält man dt, und Tafel XII dient zur gleichzeitigen Ermittelung der beiden Ausdrücke:

$$\eta_m \, \mathrm{tg}(D'_c + 'y_m) \sin(i - J)_m \quad \text{und} \quad \xi_m \, \mathrm{tg}(D'_c + 'y_m) \sin(i - J)_m.$$

$(i - J)_c$ wird also mit grosser Genauigkeit als das Mittel von n Werthen erhalten, wenn man n Sternpaare zur Bestimmung benutzt.

Um nun die Coordinaten der zweiten Aufnahme auf die Orientirung j der Hauptaufnahme zu reduciren, muss an die Abscissen ξ die Correction $+ \eta \sin (i - J)_c$ und an die Ordinaten η die Correction $- \xi \sin (i - J)_c$ angebracht werden.

Hat man auf diese Weise die gemessenen Coordinaten der zweiten Aufnahme als Function der Constanten i und $d\iota$ der Hauptaufnahme ausgedrückt, so hat man mit diesen Coordinaten

$$\xi_r = \xi + r_1 \xi + \eta \sin (i - J)_c, \qquad \eta_r = \eta + r_1 \eta - \xi \sin (i - J)_c$$

die Correctionen t_a und t_d aufzusuchen. Man erledigt dann alle weiteren Rechnungen mit den Coordinaten ξ_r und η_r und mit $'\xi_r$ und $'\eta_r$, welche auf den neuen Werthen von t_a und t_d beruhen:

$$'\xi_r = \xi_r + t_a - 2 \xi_r \sin^2 \frac{\eta_r}{2} \quad \text{und} \quad '\eta_r = \eta_r - t_d .$$

Ermittelung der Differenzen zwischen den Aequatorialcoordinaten der Mittelpunkte der beiden Aufnahmen.

Diese Differenzen sind gegeben durch:

(III)
$$\begin{cases} \cos D (A_c'' - A_c') = x + d A_c' \cos D + g d D_c' - (y_0 + d y_0) \sin i \\ \qquad\qquad + (x_0 + d x_0) d \tau . \\[2mm] D_c'' - D_c' = {'y_0} + \left[1 - \frac{x_0^2}{2} \, \mathrm{tg}^2 (D_c' + {'y_m}) \sin 1'' \right] d D_c' \\ \qquad\qquad + (x_0 + d x_0') \sin i + (y_0 + d y_0') d \tau . \end{cases}$$

Ist n die Anzahl der benutzten Sternpaare, so sind zur Berechnung von III folgende Ausdrücke noch nothwendig.

$$'y_{(mo)} = \frac{1}{n} \Sigma 'y_m ; \qquad\qquad d = 'y_m - 'y_{(mo)};$$

$$D = D_c' + 'y_{(mo)} ; \qquad\qquad 'r_{(mo)} = \frac{1}{n} \Sigma 'r_0 \sec \frac{y_n - y_r}{2} \sec d .$$

$$g = + \sin x_0 \, \mathrm{tg} (D_c' + 'y_m) ; \quad x = + 'r_0 \sec \frac{y_n - y_r}{2} \sec d + 'x_{(mo)} \, \mathrm{tg} d \, \mathrm{tg} D.$$

$$d r_0 = + y_0 \sin x_0 \, \mathrm{tg} (D_c' + 'y_m); \quad d y_0 = -(x_m \sin x_0 + \eta_m \sin y_0) \, \mathrm{tg} (D_c' + 'y_m).$$

$$d x_0' = - \xi_m \sin y_0 \, \mathrm{tg} (D_c' + 'y_m); \qquad d y_0' = + \xi_m \sin x_0 \, \mathrm{tg} (D_c' + 'y_m).$$

$'r_0$ und $'y_m$ sind directe Functionen der rechtwinkeligen Coordinaten; man kann also direct die Mittel bilden 1) $'y_{(mo)}$, 2) für jedes Sternpaar den Werth von d und dann das Mittel $'r_{(mo)}$.

Tafel VIII führt direct zum Producte $'x_{(mo)} \, \mathrm{tg} D \, \mathrm{tg} d$ mit d und D als Argumenten.

Tafel VIIa liefert mit dem einzigen Argumente $(D_c' + 'y_m)$ die Werthe aller andern Coëfficienten, und zwar aus den Columnen 7, 8, 9 und 10.

Wenn man zunächst genäherte Werthe von dA'_c und dD'_c bestimmt,
so kann der Ausdruck $-\dfrac{x_0{}^2}{2}\,\mathrm{tg}^2\,(D'_c + 'y_m)\sin^2 1''$ vernachlässigt werden.

Bedingungsgleichungen aus den Anhaltsternen der zweiten Aufnahme.

Bezeichnet man mit α und δ die Rectascension und Declination eines Anhaltsternes, so bestehen mit den corrigirten Coordinaten $'\xi_r$ und $'\eta_r$ folgende Beziehungen:

$$\text{(IV)}\begin{cases}\cos\delta(\alpha - A''_c) = '\xi_r - (\eta_r + d\eta + d\eta')\sin i + (\xi_r + d\xi + d\xi')d\tau,\\[1mm] \delta - D''_c = '\eta_r + (\xi_r + d\xi'' + d\xi''')\sin i + (\eta_r - d\eta'' - d\eta''')d\tau.\end{cases}$$

wo
$$'\xi_r = '\xi + \eta\sin(i-J)_c + r_1\xi,\quad '\eta_r = '\eta - \xi\sin(i-J)_c + r_1\eta,\quad D = D'_c + 'y_{(mo)},$$

$$d\eta = \eta\sin y_0\,\mathrm{tg}\,D,\quad d\eta' = \eta\sin^2\xi\,\frac{\sec^2\delta}{2},\quad d\eta'' = \xi\sin x_0\,\mathrm{tg}\,D,\quad d\eta''' = \xi\sin\xi\,\mathrm{tg}\,\delta,$$

$$d\xi = \eta\sin x_0\,\mathrm{tg}\,D,\quad d\xi' = \xi\sin^2\xi\,\frac{\sec^2\delta}{2},\quad d\xi'' = \xi\sin y_0\,\mathrm{tg}\,D,\quad d\xi''' = \xi\sin\eta\,\mathrm{tg}\,\delta.$$

Wie oben gesagt, wird die Berechnung der Coëfficienten $d\eta$, $d\xi$, $d\eta''$ und $d\xi''$ mit Hülfe der Tafel VIIa sehr einfach; $d\xi'$ und $d\eta'''$ sind direct aus den Tafeln XII und XIII mit den Argumenten ξ_m und δ zu ziehen. $d\xi'''$ und $d\eta'$ sind ebenfalls nach einer leichten Umformung aus Tafel XII und XIII zu entnehmen.

Durch Combination dieser Bedingungsgleichungen mit den vorhergehenden, welche sich auf die Differenzen der Aequatorialcoordinaten der Mittelpunkte beziehen, werden die Grössen A''_c und D''_c eliminirt, und es bleiben nur die directen Unbekannten des Problems übrig, nämlich dA'_c, dD'_c, i und $d\tau$. Es möge hier daran erinnert werden, dass bei hohen Declinationen zwei Bedingungen zu erfüllen sind, um die nöthige Genauigkeit zu erhalten.

Man muss die Ausdrücke t_a und t_d, welche in $'\xi_r$ und $'\eta_r$ enthalten sind, 1) mit den corrigirten Coordinaten ξ_r und η_r berechnen, und 2) mit Hülfe der beiden Argumente δ und ξ_r. Da aber die Argumente der für diesen letzten Zweck bestimmten Tafel $(D''_c + \eta_r)$ und ξ_r sind, so muss man mit Näherungen vorgehen, gestützt auf die Relation $D''_c + \eta_r = \delta + t_d$. Unter Benutzung der Argumente δ und ξ_r nimmt man zuerst t_d aus der Tafel, alsdann zum zweiten Male mit den Argumenten $\delta + t_d$ und ξ_r; dann wird t_d bereits dem wahren Werthe so nahe liegen, dass eine Näherung nur sehr selten nothwendig sein wird.

Bedingungsgleichungen aus den Anhaltsternen der Hauptaufnahme.

Diese Gleichungen sind natürlich unabhängig von dem Anschlussverfahren der übrigen Aufnahmen. Sind x und y die rechtwinkeligen Coordinaten der Anhaltsterne, so ist

$$(V) \begin{cases} d A'_c \cos\delta - (y+a)\sin i + (x+b)d\tau = A, \quad A = \cos\delta(\alpha-A'_c)-'x, \\ dD'_c + (x+a)\sin i + (y+b')d\tau = B, \quad B = \delta - D'_c - 'y, \\ a = + yx^2 \sec^2\delta \frac{\sin^2 1''}{2}, \qquad b = + x^3 \sec^2\delta \frac{\sin^2 1''}{2}, \\ a' = + xy \operatorname{tg}\delta \sin 1''. \qquad b' = - x^2 \operatorname{tg}\delta \sin 1''. \end{cases}$$

Die vier Coëfficienten a, b, a' und b' resultiren aus den Tafeln XIII und XII. Die beiden Correctionsglieder t_a und t_b müssen mit den Argumenten δ und α auf dieselbe Weise, wie oben angegeben, durch Näherungen ermittelt werden.

Diese Bedingungsgleichungen vereinigen sich mit den andern, welche aus den zweiten Aufnahmen erhalten sind, und nehmen so an der Bestimmung der gesuchten Elemente mit Theil. Für die Hauptaufnahme selbst liefern sie allein die Bestimmung der Unbekannten.

Die hier kurz angegebenen Formeln und Rechnungsvorschriften genügen bis zu einer Declination von 84°; darüber hinaus muss eine zweite Ausgleichung vorgenommen werden. Eine andere indirecte Methode der Verbindung der zweiten Aufnahmen mit der Hauptaufnahme, sowie die Regeln für den Anschluss von weiteren acht Aufnahmen wollen wir hier übergehen; dagegen möge noch eine für die praktische Verwerthung der Loewy'schen Methode massgebende Regel angegeben werden, wie man zu verfahren hat, um sich eine genügend genaue Kenntniss der Positionen der Plattenmittelpunkte zu verschaffen.

Man wählt hierzu zwei Anhaltsterne aus, welche möglichst symmetrisch in entgegengesetzten Richtungen vom Plattenmittelpunkte liegen.

Es seien α, α', δ und δ' die Rectascensionen und Declinationen dieser beiden Sterne; vernachlässigt man nun in Formel (V) die Glieder höherer Ordnung, so hat man die folgenden Bedingungsgleichungen, in denen A, A', B und B' bekannt sind, mit Hülfe der für die Coordinaten A'_c und D'_c angenommenen Näherungswerthe.

$$dA'_c \cos\delta - y\sin i + xd\tau = A, \qquad A = \cos\delta (\alpha - A'_c) - 'x,$$
$$dA'_c \cos\delta' + y\sin i - xd\tau = A'. \qquad A' = \cos\delta'(\alpha' - A'_c) + 'x,$$
$$dD'_c + x\sin i + yd\tau = B, \qquad B = \delta - D'_c - 'y,$$
$$dD'_c - x\sin i - yd\tau = B', \qquad B' = \delta' - D'_c - 'y,$$
$$dA'_c = \frac{A+A'}{4\cos\frac{\delta'+\delta}{2}\cos\frac{\delta'-\delta}{2}}; \quad dD'_c = \frac{B+B'}{2}.$$

Hat man keine zwei Anhaltsterne, welche genügend symmetrisch liegen, um i und $d\epsilon$ zu eliminiren, so muss man drei oder vier andere Anhaltsterne so gruppiren, dass annähernde Symmetrie erreicht wird.

Die Reductionsmethode von P. Henry.*) Die Loewy'sche Methode, welche auf der rechnerischen Vereinigung mehrerer benachbarten Platten zu einer einzigen beruht, erfordert ein sehr umfangreiches Material von Hülfstafeln, ist also mit Vortheil nur bei sehr ausgedehnten Arbeiten zu benutzen. P. Henry hat deshalb eine etwas einfachere Methode gegeben, bei welcher nur Aufnahmen von nahe gleicher Declination mit einander verbunden werden, und zwar mit Hülfe von nahe an den Kanten oder Ecken der Platten gelegenen Sternen. Das Princip der Methode ist das folgende.

Wenn man eine Aufnahme mit genäherten Werthen für Neigung gegen den Parallel und für Bogenwerth reducirt, so findet man mit Hülfe bekannter Anhaltsterne sehr leicht Rectascension und Declination des Plattenmittelpunktes. Man kann hieraus die Rectascension und Declination eines beliebigen Sterns finden, und zwar mit um so grösserer Genauigkeit, je mehr der betreffende Stern sich in der Mitte der benutzten Anhaltsterne befindet. Für diese Mitte selbst bleiben Rectascension und Declination unveränderlich, d. h. unabhängig von den Fehlern der Orientirung der Platte und denen des Bogenwerthes.

Man berechnet nun zuerst zwei Sterne einer Aufnahme, welche auf der benachbarten ebenfalls vorhanden sind; darauf geht man zur Reduction der benachbarten Aufnahme über, berechnet deren invariablen Punkt und die Positionen der beiden Platten gemeinschaftlichen Sterne. Um nun die Uebereinstimmung der beiden Aufnahmen herbeizuführen, ist es erforderlich, dieselben so um den invariablen Punkt zu drehen, bei gleichzeitiger Variation der Bogenwerthe, dass die Positionen der beiden gemeinschaftlichen Sterne sich genau decken. Die Methode selbst ist nun die folgende.

Man verwandelt zuerst die rechtwinkeligen Coordinaten X_0 und Y_0 in Rectascensions- und Declinations-Differenzen, in $\alpha - \mathfrak{A}$ und $\delta - \mathfrak{D}$, mit Hülfe der genäherten Werthe r_0 für den Bogenwerth und i_0 für die Orientirung der Aufnahme. Jeder Anhaltstern liefert alsdann durch einfache Subtraction einen Werth von $\mathfrak{A}$ und $\mathfrak{D}$, und das Mittel dieser Werthe $\mathfrak{A}_0$ und $\mathfrak{D}_0$ kann als genäherter Werth für den Plattenmittelpunkt betrachtet werden.

Die 4 Elemente r_0, i_0, $\mathfrak{A}_0$ und $\mathfrak{D}_0$ sind nun so miteinander verbunden, dass, welches auch ihr numerischer Werth sein mag, für das Mittel X_c, Y_c der rechtwinkeligen Coordinaten der Anhaltsterne eine constante

*) Bull. du Comité. 2, 359.

Rectascension und Declination, $\mathfrak{A}_c$ und $\mathfrak{D}_c$, resultirt, nämlich die Position des invariablen Punktes. Für zwei, den beiden anzuschliessenden Platten gemeinschaftliche Sterne, möglichst nördlich und südlich gelegen, rechne man aus den vier Elementen die Positionen α_n, δ_n und α_s, δ_s. Für die zweite Aufnahme verfahre man nun mit Hülfe anderer Anhaltsterne in der gleichen Weise, und bezeichne die für diese zweite Platte gültigen Werthe mit Accenten.

Es werden dann folgende Bezeichnungen eingeführt:

$$a_n = \tfrac{1}{4}(\alpha'_n - \alpha_n)\cos\delta_n,$$
$$a_s = \tfrac{1}{4}(\alpha'_s - \alpha_s)\cos\delta_s,$$
$$d_n = \delta'_n - \delta_n,$$
$$d_s = \delta'_s - \delta_s.$$

Als invariabler grösster Kreis werde derjenige bezeichnet, welcher durch die beiden invariablen Punkte geht, und d und δ mögen Rectascension und Declination eines fingirten Sternes bedeuten, der sich auf dem Durchschnittspunkte des invariablen grössten Kreises mit demjenigen grössten Kreise befindet, der durch die beiden gemeinschaftlichen Sterne geht. Einen genäherten Werth dieses Punktes verschafft man sich entweder auf graphischem Wege unter Benutzung einer Centralprojection, bei welcher die grössten Kreise gerade Linien sind, oder durch Rechnung, indem man die Rectascensionen und Declinationen als rechtwinkelige Coordinaten betrachtet, was natürlich nur bis zu mässig hohen Declinationen erlaubt ist. Man hat alsdann:

$$\delta - \delta_s = \frac{\mathfrak{D}_c - \delta_s + (a_s - \mathfrak{A}_c)b}{1 - bc},$$

$$\alpha = a_s + (\delta - \delta_s)c, \quad \text{wenn man setzt}$$

$$b = \frac{\mathfrak{D}'_c - \mathfrak{D}_c}{\mathfrak{A}'_c - \mathfrak{A}_c}, \quad c = \frac{a_n - a_s}{\delta_n - \delta_s}.$$

Bezeichnet man noch mit a und d die Rectascensions- resp. Declinations-Differenzen der auf beiden Aufnahmen erhaltenen Positionen des fingirten Sterns, so ist

$$a = a_s + (a_n - a_s)\frac{\delta - \delta_s}{\delta_n - \delta_s},$$

$$d = d_s + (d_n - d_s)\frac{\delta - \delta_s}{\delta_n - \delta_s}.$$

Schliesslich werden noch eingeführt:

$$A = (a - \mathfrak{A}_c)\frac{\cos\mathfrak{D}_c}{4}, \quad A_1 = \mathfrak{A}'_c - a\frac{\cos\mathfrak{D}'_c}{4}.$$

Die Bestimmung des Bogenwerthes und der Orientirung geschieht nun folgendermassen.

Bezeichnet man mit τ resp. τ' die definitiven Bogenwerthe, so ist, wenn τ_0 einen genäherten Werth darstellt, zu setzen:

$$\tau = \tau_0 + T \quad \text{und}$$
$$\tau' = \tau'_0 + T'.$$

Entsprechend hat man für die definitive Orientirung:

$$i = i_0 + J \quad \text{und}$$
$$i' = i'_0 + J'.$$

Die in Bogenminuten ausgedrückte Distanz D der Sterne α_n, δ_n und α_s, δ_s ist ohne merklichen Fehler die Hypotenuse eines rechtwinkeligen Dreiecks, dessen zwei andere Seiten sind

$$(\alpha_n - \alpha_s)\tfrac{1}{4}\cos\frac{\delta_n + \delta_s}{2} \quad \text{und} \quad \delta_n - \delta_s,$$

wo $\alpha_n - \alpha_s$ in Zeitsecunden, $\delta_n - \delta_s$ in Bogenminuten ausgedrückt ist. Auf der zweiten Platte erhält man in gleicher Weise dieselbe Distanz, und folglich ist

$$D(1 + T) = D'(1 + T')$$

oder sehr nahe

$$T - T' = \frac{D'}{D} - 1.$$

Nun ist

$$D = \sqrt{\left[(\alpha_n - \alpha_s)\tfrac{1}{4}\cos\frac{\delta_n + \delta_s}{2}\right]^2 + (\delta_n - \delta_s)^2},$$

oder, wenn man setzt:

$$\operatorname{tg}\gamma = \frac{(\alpha_n - \alpha_s)\tfrac{1}{4}\cos\dfrac{\delta_n + \delta_s}{2}}{\delta_n - \delta_s},$$
$$D = (\delta_n - \delta_s)\sec\gamma.$$

Auf der anzuschliessenden Platte erfahren die den rechten Winkel einschliessenden Seiten die kleinen Veränderungen $a_n - a_s$ und $d_n - d_s$; es ist also

$$D' = (\delta_n - \delta_s)\sec\gamma + (a_n - a_s)\sin\gamma + (d_n - d_s)\cos\gamma,$$

und hieraus folgt

$$T - T' = \frac{D'}{D} - 1 = \frac{(a_n - a_s)\operatorname{tg}\gamma + d_n - d_s}{\sec^2\gamma\,(\delta_n - \delta_s)}.$$

$J — J'$ ist der Winkel, welchen die beiden Hypotenusen mit einander bilden, also

$$J — J' = \frac{a_n — a_s — (d_n — d_s)\,\text{tg}\,\gamma}{\sec^2\gamma\,(\delta_n — \delta_s)}\,.$$

Die Quantitäten $T — T''$ und $J — J'$ werden nun unter Festhaltung der Grössen a und d in der Weise auf die beiden Aufnahmen vertheilt, dass man sie auf der Hauptaufnahme mit $\dfrac{A'}{A + A'}$, und auf der zweiten Aufnahme mit $-\dfrac{A}{A + A'}$, multiplicirt.

Man hat demnach zunächst folgende Correctionen anzubringen:

(1)   Correction von $\tau_0 = (T — T')\dfrac{A'}{A + A'}$,

(2)   »   » $\tau_0' = (T — T')\dfrac{— A}{A + A'}$,

(3)   »   » $i_0 = (J — J')\dfrac{A'}{A + A'}$,

(4)   »   » $i_0' = (J — J')\dfrac{— A}{A + A'}$.

Wenn man diese Correctionen an die provisorischen Elemente anbringt, werden die beiden Hypotenusen einander gleich und laufen parallel; a und d werden dabei unverändert bleiben.

Es müssen nun noch die beiden Hypotenusen, oder, was dasselbe ist, die beiden fingirten Sterne zur Deckung gebracht werden.

Projicirt man die Differenzen a und d auf den invariablen grössten Kreis, der mit dem Parallel den Winkel β bildet, so werden die neuen Differenzen

$$a' = a\cos\beta — d\sin\beta \quad \text{und} \quad d' = d\cos\beta + a\sin\beta\,.$$

Bezeichnet man mit $\varDelta$ die Distanz der beiden invariablen Punkte, so werden die dem Bogenwerth und der Orientirung entsprechenden Correctionen

$$\frac{a'}{\varDelta} \quad \text{und} \quad -\frac{d'}{\varDelta}\,,$$

oder, wenn man für $\varDelta$ seinen genäherten Werth $(A + A')\sec\beta$ nimmt und $\text{tg}\,\beta = \dfrac{\mathfrak{D}_e — \mathfrak{D}_e'}{A + A'}$ setzt,

(5)   Correction von τ_0 und $\tau_0' = \dfrac{a — d\,\text{tg}\,\beta}{(A + A')\sec^2\beta}$,

(6)   Correction von i_0 und $i'_0 = -\dfrac{a\,\mathrm{tg}\,\beta + d}{(A + A')\sec^2\beta}$.

In Verbindung mit den Correctionen (1) bis (4) hat man schliesslich:

(7) $$T = (T - T')\frac{A'}{A + A'} + \frac{a - d\,\mathrm{tg}\,\beta}{(A + A')\sec^2\beta},$$

(8) $$T' = (T - T')\frac{-A}{A + A'} + \frac{a - d\,\mathrm{tg}\,\beta}{(A + A')\sec^2\beta},$$

(9) $$J = (J - J')\frac{A'}{A + A'} - \frac{a\,\mathrm{tg}\,\beta + d}{(A + A')\sec^2\beta},$$

(10) $$J' = (J - J')\frac{-A}{A + A'} - \frac{a\,\mathrm{tg}\,\beta + d}{(A + A')\sec^2\beta}.$$

Verbindet man jede Aufnahme mit der vorhergehenden und der nachfolgenden, so erhält man zwei Werthe der T und J, aus welchen man einfach das Mittel nehmen könnte, während es allerdings besser ist, ihnen Gewichte, proportional der Distanz $A + A'$, aus der sie bestimmt sind, beizulegen; man setze $p = A + A'$ aus dem einen Anschluss und $s = A + A'$ aus dem andern und hat dann

$$\tau - \tau_0 = T_0 = \frac{T_s + T'_p}{s + p},$$

$$i - i_0 = J_0 = \frac{J_s + J'_p}{s + p}.$$

Es handelt sich schliesslich noch um die Herleitung des besten Werthes für die Positionen der Mittelpunkte der Platten. Will man dieselben nur aus den auf der Platte selbst vorhandenen Anhaltsternen ermitteln, so kann man dies mit Hülfe der Elemente τ und i in der bekannten Weise thun; einfacher aber ist es, hierzu die folgenden Correctionsformeln zu benutzen

(11)   Correction an $\mathfrak{A}_0 = 4^s \sec \mathfrak{D}(- X_c T_0 - Y_c J_0)$,

(12)   Correction an $\mathfrak{D}_0 = \qquad + X_c J_0 - Y_c T_0$.

Es ist indessen natürlich vorzuziehen, auch die Anhaltsterne der angeschlossenen Platten hierzu zu benutzen, und dies geschieht auf die folgende Weise.

Aus (7) und (9) ergiebt sich unter Vernachlässigung der mit $\mathrm{tg}\,\beta$ multiplicirten Glieder und unter $\sec^2 \beta = 1$

$$\Delta T = -\frac{d\mathfrak{A}_c}{s},$$

$$\Delta J = \frac{d\mathfrak{D}_c}{s}$$

und entsprechend aus (8) und (10)

$$\varDelta T'' = \frac{\varDelta \mathfrak{A}_c'}{p},$$

$$\varDelta J' = \frac{\varDelta \mathfrak{D}_c'}{p}.$$

Es ist also für $T + \varDelta T = T' + \varDelta T''$ und $J + \varDelta J = J' + \varDelta J'$, unter Rücksichtnahme darauf, dass $\varDelta \mathfrak{A}_c = \varDelta \mathfrak{A}_c'$ und $\varDelta \mathfrak{D}_c = \varDelta \mathfrak{D}_c'$.

$$T' - T = \varDelta T - \varDelta T'' = -\frac{\varDelta \mathfrak{A}_c}{s} - \frac{\varDelta \mathfrak{A}_c}{p},$$

demnach

$$\varDelta \mathfrak{A}_c = -(T' - T)\frac{ps}{p+s};$$

$$J' - J = \varDelta J - \varDelta J' = \frac{\varDelta \mathfrak{D}_c}{s} + \frac{\varDelta \mathfrak{D}_c}{p},$$

somit

$$\varDelta \mathfrak{D}_c = (J' - J)\frac{ps}{p+s}.$$

Nach Anbringung der $\varDelta \mathfrak{A}_c$ und $\varDelta \mathfrak{D}_c$ würde werden $T = T'$ und $J = J'$, d. h. die Correction des Mittelpunktes der Hauptplatte bezöge sich allein auf die Anhaltsterne der beiden angeschlossenen Platten, aber nicht auf diejenigen der Platte selbst; um letzteres zu erreichen, darf nur die halbe Correction angebracht werden; es ist also

$$\varDelta \mathfrak{A}_c = -\tfrac{1}{2}(T' - T)\frac{ps}{p+s},$$

$$\varDelta \mathfrak{D}_c = \quad \tfrac{1}{2}(J' - J)\frac{ps}{p+s}.$$

Nach Verwandlung von $\varDelta \mathfrak{A}_c$ in Zeitsecunden werden schliesslich die an $\mathfrak{A}_0$ und $\mathfrak{D}_0$ anzubringenden Endcorrectionen (zusammen mit (11) und (12)):

$$\varDelta \mathfrak{A}_0 = 4^s \sec \mathfrak{D}\left(-X_c T_0 - Y_c J_0 - \tfrac{1}{2}(T' - T)\frac{ps}{p+s}\right),$$

$$\varDelta \mathfrak{D}_c = \quad\quad + X_c J_0 - Y_c T_0 + \tfrac{1}{2}(J' - J)\frac{ps}{p+s}.$$

Es ist selbstverständlich, dass vor Benutzung dieser Methode die rechtwinkeligen Coordinaten bereits wegen der normalen Distorsion des Objectivs corrigirt sein müssen, sodann dass die Refraction in Berechnung gezogen ist, während bei geringen Declinationen die Präcession, Nutation und Aberration vernachlässigt werden können.

Die Henry'sche Methode ist zweifellos eine der einfachsten und elegantesten, besitzt jedoch auch gewisse Mängel, infolge deren der höchste Grad von Genauigkeit der Reduction wohl nicht erreicht werden kann. Unvortheilhaft ist es, dass die Sterne, welche den zu vereinigenden Aufnahmen gemeinsam sind, ganz in den Ecken der Platten liegen, auf welche wegen ihrer Deformation nicht so gut eingestellt werden kann, als auf die andern Sterne. Ferner ist, wie Donner gezeigt hat, der Umstand ungünstig, dass die Correction des Bogenwerthes fast ausschliesslich auf den x-Coordinaten beruht und diejenige der Neigung nur auf den y-Coordinaten.

Ganz neuerdings hat Donner*) eine Reductionsmethode angegeben, welche auf einem ähnlichen Principe beruht wie die Henry'sche, aber von den erwähnten Mängeln frei ist. Dies hat aber wiederum die Methode viel complicirter gestaltet und die Rechnungsarbeit beträchtlich vermehrt.

Die Reductionsmethode von Turner**). Wir kommen hiermit zur Besprechung einer Methode, welche vor allen andern bisher behandelten den grossen Vorzug einer ganz ausserordentlichen Einfachheit hat, so dass die nothwendigen Rechnungen auf einen kleinen Bruchtheil der sonst erforderlichen beschränkt bleiben. Sie hat dafür den Nachtheil, nicht völlig streng zu sein; in der grossen Mehrzahl der Fälle ist dieser Nachtheil jedoch vielleicht bedeutungslos, da die zu Grunde zu legenden Oerter der Anhaltsterne ebenfalls nicht streng richtig sind. Für die Praxis hat es keinen Zweck, in der Reduction die Hundertstel oder halben Zehntel der Bogensecunde richtig zu halten, wenn die Fundamente um einzelne Zehntel unrichtig sind, ja wenn im Durchschnitt sogar die ganze Secunde nicht verbürgt werden kann. Mit Recht ist allerdings der Astronom geneigt, auch in solchen Fällen durch die Rechnung keine neuen Fehlerquellen einzuführen, ist es doch gerade diese Exactheit, welche die astronomische Wissenschaft in ihre hervorragende Stellung gehoben hat; befindet man sich aber der Wahl gegenüber, unter Innehaltung dieses Princips vielleicht nur den zehnten Theil derjenigen Arbeit liefern zu können, welche man ohne praktische Schädigung des Endzieles bei Ausserachtlassung des Princips leisten würde, so ist es doch fraglich, ob nicht im zweiten Falle für die Wissenschaft ein beträchtlich grösserer Nutzen erzielt wird, als im ersten.

---

*) Sur le Rattachement de Clichés Astrophotographiques. Acta Soc. Scient. Fennicae **21**, Nr. 8, 1896. Die Donner'sche Methode konnte leider nicht mehr in das Buch mit aufgenommen werden.

) Observatory **16, 373.

Die Erfahrung hat gelehrt, dass eine gute photographische Aufnahme mit den jetzt viel im Gebrauche befindlichen Refractoren von 13 Zoll Oeffnung bei sorgfältiger Ausmessung und scharfer Reduction relative Sternpositionen liefert, deren mittlerer Fehler den Betrag von 0″1 nicht wesentlich überschreitet. Handelt es sich also um rein mikrometrische Anschlüsse auf photographischem Wege, z. B. behufs Parallaxenbestimmungen, so ist es klar, dass sämmtliche Reductionen mit möglichster Schärfe ausgeführt werden müssen, da eben der unsichere absolute Ort eines Gestirns oder mehrerer derselben herausfällt. Will man aber Sternpositionen ableiten aus im Meridian bestimmten Anhaltsternen, deren Coordinaten um mehr als 1″ fehlerhaft sein können, deren Verbindung also auch in der gleichen Ordnung fehlerhafte Reductionselemente für die Orientirung der Platten und ihren Bogenwerth giebt, dann nehme man auch keinen Anstoss daran, wenn Refraction, Präcession etc. um ein oder ein anderes Zehntel der Bogensecunde unsicher bestimmt werden.

Verfasser muss gestehen, dass er von diesem Gesichtspunkte aus der Turner'schen Methode in allen Fällen, in denen ihre Anwendung überhaupt erlaubt ist, den Vorzug vor allen andern giebt.

Das Wesentliche der Turner'schen Methode besteht darin, die einmal gebräuchlichen Coordinaten Rectascension und Declination nur am Anfange und am Ende der Rechnungen einzuführen, alle andern aber in den natürlichen Coordinaten der Platte zu behandeln und die Correctionen wegen Refraction, Aberration, Reduction auf ein mittleres Aequinoctium überhaupt nicht zu berechnen, sondern ihren Gesammteinfluss aus der Vergleichung der gemessenen scheinbaren Coordinaten mit den für ein mittleres Aequinoctium bekannten Oertern der Anhaltsterne zu ermitteln und proportional über die Platte zu vertheilen. Die Fehler in den Positionen der Anhaltsterne gehen also genau mit derselben Ordnung ein, wie bei den anderen Methoden; die Ungenauigkeit der Turner'schen Methode beruht nur auf der Annahme der proportionalen Vertheilung der erwähnten Reductionsgrössen über das Areal der Platte hinüber, und es lässt sich also sehr leicht erkennen, welche Fehlerbeträge im einzelnen Falle hieraus entstehen können.

Die Principien der Methode sind die folgenden.

Die Platte soll senkrecht zur optischen Axe des Fernrohres gestanden haben. Verzerrungen der Schicht und etwaige anormale Distorsionen sind anderweitig bereits bei den gemessenen rechtwinkeligen Coordinaten berücksichtigt worden.

Bezeichnet man nun die genäherte Rectascension und Poldistanz des Plattenmittelpunktes mit A und P, die Rectascension und Poldistanz eines bekannten Sternes mit a_0, p_0 und die entsprechenden Coordinaten c

unbekannten Sternes mit a und p, so kann man auf der Platte die rechtwinkeligen Coordinaten X_0 und Y_0 eines bekannten Sternes, parallel
resp. senkrecht zum Meridian gerechnet, ausdrücken durch:

(1)
$$\left\{ \begin{aligned} X_0 &= \frac{\operatorname{tg}(\alpha_0 - A)\sin q_0}{\cos(P - q_0)}, \\ Y_0 &= \operatorname{tg}(P - q_0), \end{aligned} \right.$$

wo $\operatorname{tg} q_0 = \operatorname{tg} p_0 \cos(\alpha_0 - A)$

genommen ist. Diese Coordinaten sind dann in Theilen des Radius ausgedrückt.

Bezeichnet man nun mit x_0, y_0 die gemessenen rechtwinkeligen
Coordinaten auf der Platte, die also gegen das System der X_0, Y_0 eine
gewisse Drehung und eine kleine Verschiebung des Anfangspunktes besitzen, so können durch Einführung von sechs unbekannten Coëfficienten
die Coordinaten durch lineare Functionen ineinander übergeführt werden,
nämlich durch

(2)
$$\left\{ \begin{aligned} X_0 &= a x_0 + b y_0 + c, \\ Y_0 &= d x_0 + e y_0 + f. \end{aligned} \right.$$

Hierin bedeuten c und f die Correctionen der angenommenen Werthe
für den Mittelpunkt der Platte; die übrigen vier Unbekannten sind Functionen des Drehungswinkels der beiden Systeme, des Bogenwerthes der
für die rechtwinkeligen Coordinaten angenommenen Einheit und der über
die Platte hinüber als proportional verlaufend angenommenen Veränderungen der Coordinaten durch Refraction, Reduction auf den Jahres-
anfang und eventuell auf ein anderes mittleres Aequinoctium. Zur Bestimmung der sechs Unbekannten genügen also drei bekannte Sterne,
deren Positionen für das betreffende mittlere Aequinoctium, auf welches
man die Messungen beziehen will, in den Formeln (1) angenommen worden
sind. Hat man mehr als drei bekannte Sterne zur Verfügung, so bestimmt man die Coëfficienten a, b, c und d, e, f nach der Methode der
kleinsten Quadrate. Es ist natürlich am besten, wenn die bekannten
Sterne möglichst über die Platte vertheilt sind.

Die Coordinaten X, Y der unbekannten Sterne aus den gemessenen
rechtwinkeligen Coordinaten x, y werden nun leicht gefunden durch die
Gleichungen

(3)
$$\left\{ \begin{aligned} X &= a x + b y + c, \\ Y &= d x + e y + f, \end{aligned} \right.$$

und hieraus ergeben sich die Rectascensionen und Poldistanzen durch die
Gleichungen

$$X = \frac{\operatorname{tg}(\alpha - A)\sin q}{\cos(P - q)}, \quad Y = \operatorname{tg}(P - q), \quad \operatorname{tg} q = \operatorname{tg} p \cos(\alpha - A),$$

welche so zu lösen sind, dass man zuerst bestimmt

(4) $$q = P - \operatorname{arc} \operatorname{tg}^{-1} Y,$$

(5) $$\operatorname{tg}(\alpha - A) = \frac{X \cos(P - q)}{\sin q},$$

(6) $$\operatorname{tg} p = \operatorname{tg} q \sec(\alpha - A).$$

Sind sehr viele unbekannte Sterne auf einer Platte, so wird man am besten Tafeln zu deren Bestimmung berechnen.

Für den Fall, dass auf einer Platte nicht drei bekannte Sterne vorhanden sind, lässt sich auch bei der Turner'schen Methode ein Anschluss an benachbarte Platten erreichen, ähnlich wie bei der Loewy-schen Methode, nur sehr viel einfacher.

Werden die Coordinaten der Hauptplatte (0) mit x_0, y_0 bezeichnet, die der Nebenplatte (1) mit x_1, y_1, so erhält man folgende genäherte Relation zwischen denselben:

$$x_0 = \frac{(1 + a)x_1 + by + c}{1 - \mu c x_1 - \mu f y_1},$$

$$y_0 = \frac{d x_1 + (1 + e)y_1 + f}{1 - \mu c x_1 - \mu f y_1}, \quad \text{wo}$$

$$\mu = \frac{1}{(206\,265)^2} \quad \text{ist,}$$

wenn die Coordinaten in Bogensecunden ausgedrückt sind, und wo c und p die Coordinaten des Mittelpunktes der Platte (1) auf Platte (0) sind. Da nun die Ausdrücke $\mu c x_1 x_0$ und $\mu f y_1 y_0$ sehr klein sind, so sind genäherte Werthe von c und p, so wie sie ohne Weiteres gefunden werden können, genügend, und es können die Ausdrücke $x_0(1 - \mu c x_1 - \mu f y_1)$ und $y_0(1 - \mu c x_1 - \mu f y_1)$ für alle Sterne, oder eine grössere Zahl derselben, die auf den zwei Platten (0) und (1) gemeinschaftlich sind, gebildet werden. Nach der Methode der kleinsten Quadrate können dann die a, b, c und d, e, f bestimmt werden, und hiernach lassen sich leicht die Coordinaten derjenigen Sterne auf Platte (1), welche nicht auf (0) vorhanden sind, so erhalten, als ob sie auf der Platte (0) gemessen worden wären. Auf diese Weise erhält man aus Platte (1) die noch nothwendigen Anhaltsterne für Platte (0).

Die Messung und Reduction der Platten in Polarcoordinaten. Die Benutzung rechtwinkeliger Coordinaten, deren eine Axe gegen die

Richtung der täglichen Bewegung nur einen kleinen Winkel bildet, ist die naturgemässeste, sobald man die Messungsresultate zuletzt im System des Aequators ausgedrückt haben will, da dann für den bei weitem grössten Theil des Himmels die beiden Systeme so nahe zusammenfallen, dass die nothwendigen Reductionen klein sind, also mit wenigstelligen Logarithmen gerechnet und leicht in Tafeln gebracht werden können.

Die Verwendung von Polarcoordinaten bedingt deren Umrechnung in Rectascension und Declination, die behufs Einhaltung der nöthigen Genauigkeit mit siebenstelligen Logarithmen ausgeführt werden muss, und dies ist der Hauptgrund, weshalb man bei der Messung zahlreicher Sterne wohl niemals Polarcoordinaten verwenden wird. Bei weniger umfangreichen Untersuchungen fällt dieser Grund fort, und man wird die Methode ohne wesentliche Mehrarbeit anwenden können.

Auch die Messungen in Polarcoordinaten selbst dürften etwas unvortheilhafter sein als in rechtwinkeligen, einmal, weil die Messung der Positionswinkel durch die nothwendige Ablesung zweier Mikroskope oder Nonien zeitraubender wird, als eine einfache Schraubenablesung, und dann, weil eine genaue Untersuchung der Theilungsfehler des Kreises vorgenommen werden muss. Die Verwendung der Gitter ist ebenfalls weniger praktisch, weil man nur auf die Intersectionspunkte einstellen kann und die Striche alle möglichen Neigungen gegen die Fäden des Mikroskopes annehmen, wodurch leicht systematische Fehler entstehen können. Man wird deshalb vielleicht besser thun, überhaupt kein Gitter zu benutzen, sondern die Distanzen vom Mittelpunkte direct zu messen, wobei die Genauigkeit mit zunehmender Distanz im allgemeinen abnehmen wird und etwaige Verzerrungen der Schicht nicht unschädlich gemacht werden können.

Als einfachstes Princip für die Construction eines Messapparates zur Messung der Polarcoordinaten ist folgendes aufzustellen. Die Platte wird justirbar auf einem Rahmen befestigt, der den Theilkreis trägt, zu dessen Ablesung zwei entgegengesetzte, am Fussgestell befestigte Mikroskope dienen. Das Einstellmikroskop befindet sich auf einer geradlinigen horizontalen Schlittenführung und muss so justirt werden können, dass das Fadenkreuz genau durch den Drehungsmittelpunkt des Kreises geht. Die Messung der Distanzen geschieht entweder durch directe Ablesung der Stellung der Mikroskope an der fein getheilten Schlittenführung oder durch Messung mit dem Einstellmikroskope selbst an einem parallel zur Schlittenführung liegenden Massstabe. Nach diesem Principe ist der sonst zur Messung rechtwinkeliger Coordinaten gebaute Messapparat der Leydener Sternwarte (pag. 148 ff.) zu verwenden.

Man kann auch dem Einstellmikroskope eine feste Aufstellung geben und den Positionskreis mit Platte und Ablesemikroskopen auf einem

Schlitten zur Messung der Distanzen anbringen. In dieser Weise ist der ebenfalls wesentlich zur Messung rechtwinkeliger Coordinaten bestimmte Messapparat der Upsalaer Sternwarte eingerichtet.

Was die Reduction der Messungen angeht, so ist bereits auf den Uebelstand der Umrechnung der Polarcoordinaten in rechtwinkelige hingewiesen worden; Vortheile bietet die Methode in Bezug auf die Berücksichtigung der Distorsion, die nur in einfacher Weise in die Distanzen eingeht, und auf die Berechnung der Aberration, die proportional den Distanzen wirkt und ausserdem nur eine Aenderung des Nullpunktes der Positionswinkel bedingt.

Eine vollständig ausgearbeitete Reductionsmethode bei Polarcoordinaten scheint zur Zeit nicht vorzuliegen; wohl aber hat Gill*) den Umriss einer solchen Methode gegeben, der zur numerischen Anwendung genügende Information gewährt.

Wir setzen voraus, dass alle Correctionen, welche die Aufnahmen als solche angehen, erledigt sind; die gemessenen Coordinaten sind dann zunächst wegen Aberration und Refraction zu corrigiren. Zu dem ersteren Zwecke verfährt Gill folgendermassen:

Die Distanzen werden mit s bezeichnet und mit A und B die Reductionsconstanten des Nautical Almanac oder der Connaissance des Temps. Führt man ferner ein:

$$a = - (\sin \alpha \cos \delta + \sin \delta \operatorname{tg} \varepsilon),$$
$$b = \cos \alpha \cos \delta,$$

wo α und δ die Rectascension und Declination des Plattenmittelpunktes, ε die Schiefe der Ekliptik bezeichnen, so bringe man mit dem Argumente s den Werth

$$- 2 \sin \tfrac{1}{2} s (a A + b B)$$

in eine Tafel zur Ermittelung der Correction der Distanzen wegen Aberration.

Wegen der Refraction hat man an die Distanzen anzubringen die Correction

$$s k [\operatorname{tg}^2 \zeta \cos^2 (p - q) + 1],$$

eine etwas mühsame Berechnung, die in Fällen, wo die Aufnahmen zonenartig angestellt worden sind, durch Construction von Tafeln erleichtert werden kann.

Die Berechnung der Refraction für die Positionswinkel nach der Formel

$$- k \operatorname{cosec} 1'' [\operatorname{tg}^2 \tfrac{\zeta}{2} \cos (p - q) \sin (p - q) + \operatorname{tg} \zeta \sin q \operatorname{tg} \delta_0]$$

---

*) Bull. du Comité. 1, 30.

muss ebenfalls durch Construction einer Tafel abgekürzt werden, die etwa von 10° zu 10° des Positionswinkels gerechnet ist und für zonenartige Aufnahme gleicher Declination von 10^m zu 10^m des Stundenwinkels.

Diese Tafeln wird man natürlich mit der mittleren Refractionsconstante rechnen und später die kleinen Correctionen wegen Barometer- und Thermometerstand anbringen.

Für die Anhaltsterne werden nunmehr noch die Positionswinkel auf das gewählte mittlere Aequinoctium (1900) gebracht durch die Formel

$$(1900 - t)\mu \sin \alpha \sec \delta - (Aa' + Bb' + Cc' + Dd'),$$

wo A, B, C, D die Reductionsgrössen des Nautical Almanac sind und

$$n = 20.''05,$$
$$a' = \cos \alpha \operatorname{tg} \delta,$$
$$b' = \sin \alpha \operatorname{tg} \delta,$$
$$c' = 20.''05 \sin \alpha \sec \delta,$$
$$d' = \cos \alpha \sin \delta \quad \text{ist.}$$

Man reducirt nun die Positionen der Anhaltsterne auf das mittlere Aequinoctium, ermittelt einen genäherten Werth für die Rectascension und Declination des Plattenmittelpunktes und berechnet hieraus die Distanzen und Positionswinkel, welche mit C_s und C_p bezeichnet werden sollen.

Die entsprechenden gemessenen Coordinaten seien O_s und O_p; bezeichnet man dann die Correctionen der angenommenen Mittelpunkte mit $\varDelta\alpha$ und $\varDelta\delta$, so erhält man aus der Vergleichung der beiden Systeme für jeden Anhaltstern

aus den Distanzen die Gleichung $f'\varDelta\alpha + f''\varDelta\delta - s\varDelta a + C_s + O_s = 0,$

aus den Positionswinkeln $f_r\varDelta\alpha + f_n\varDelta\delta - \varDelta p + C_p - O_p = 0,$

wo $\varDelta a$ die Correction des angenommenen Bogenwerthes bedeutet, $\varDelta p$ die Correction des Nullpunktes der Positionswinkel und f', f'', f_r, f_n Coëfficienten sind, welche den Einfluss eines Fehlers von $1''$ in der angenommenen Rectascension und Declination des Plattenmittelpunktes auf die Distanzen und die Positionswinkel darstellen. Man verfährt praktisch, vor der Auflösung der Gleichungen diejenigen, welche von den Positionswinkeln abhängen, durch Multiplication mit $\dfrac{s}{206\,265}$ in Bogensecunden auszudrücken.

Ob man $\varDelta s$ als Unbekannte einführt oder nicht, hängt davon ab, ob man durch besondere Untersuchungen über die Abhängigkeit von s von der Temperatur genaue Daten für diesen Werth hat oder nicht; es ist dies eine Frage, die bei jeder Reductionsmethode entschieden sein muss.

Nach Auflösung der Gleichungen werden nun die gefundenen Werthe von $\varDelta\alpha$ und $\varDelta\delta$ an den angenommenen Werth für den Plattenmittelpunkt angebracht und $\varDelta p$ an den gemessenen Positionswinkel, und nunmehr müssen für jeden Stern aus den corrigirten Werthen für p und s die betreffenden Rectascensions- und Declinations-Differenzen gegen die Mitte gerechnet werden.

––––––––

Die hier besprochenen Reductionsmethoden involviren die Ermittelung des Bogenwerthes für jede Platte aus den Anhaltsternen. Es ist bereits darauf hingewiesen, dass dies nicht unbedingt nothwendig ist, sondern dass man auf Grund sorgfältiger Untersuchungen den Bogenwerth jeder Platte aus der Temperatur und der Einstellung des Cameraauszuges berechnen kann. Es ist hierbei vorauszusetzen, dass die Temperaturangaben sich auf die wahre Temperatur des Rohres beziehen und nicht auf die Lufttemperatur in der Kuppel.

Das oder die Thermometer müssen daher in metallische Verbindung mit dem Metalle des Rohres gebracht sein. Ferner muss die Focaleinstellung für die verschiedenen Temperaturen bereits ermittelt sein (siehe pag. 44 f.). Noch auf einen andern Punkt ist besonders zu achten, dass nämlich auch die Platte resp. die Cassette dieselbe Temperatur wie das Rohr hat, was im allgemeinen nicht der Fall sein wird, sofern die Platten in einem andern Raum aufbewahrt werden. Besonders im Winter ist es alsdann nothwendig, die Platten und Cassetten in der Kuppel selbst längere Zeit liegen zu lassen. Bei sehr grossen Temperaturunterschieden zwischen Platte und Rohr tritt schliesslich auch eine Verschlechterung der Bilder ein, wenn sich nämlich bei längerer Expositionszeit die Plattentemperatur stark ändert und damit auch ihre linearen Dimensionen.

Da es nicht angängig ist, die Platten bei derselben Temperatur auszumessen, bei der sie aufgenommen worden sind, so muss eine Reduction der Messungen auf eine bestimmte Temperatur durch Verwendung der Ausdehnungscoëfficienten von Platte und Messapparat erfolgen. Für den Fall, dass die Messungen auf einen Massstab bezogen werden, hat Wilsing[*] das folgende Verfahren zur Ermittelung des Bogenwerthes aus der Temperatur angegeben.

Bezeichnet man den Bogenwerth von 1 mm in der Mitte der Platte mit p, mit l_{ab} die gemessene Distanz bei der Temperatur τ der Aufnahme, mit p_{ab} den entsprechenden Winkelwerth, mit δ_a und δ_b die Winkelabstände der Strecke l_{ab} vom Plattenmittelpunkte, so ist

––––––––

[*] Astr. Nachr. 141, 89.

$$\sin \frac{p_1}{2} = \sin \frac{p_{ab}}{2} \frac{k}{l_{ab}} \, \sqrt{\sec \delta_a \cdot \sec \delta_b} \, ,$$

wobei der Factor k ausgedrückt ist durch:

$$k = 1 + \tfrac{1}{2} \sec \delta_a \sec \delta_b \sin^2 \frac{\delta_a + \delta_b}{2} \cdot \sin^2 \frac{\delta_a - \delta_b}{2} \operatorname{cosec} \frac{p_{ab}^2}{2} \, .$$

Nennt man l die bei der Temperatur t der Messung gefundene Distanz in Einheiten des Massstabes bei der Temperatur T, so ist

$$l_{ab} = l \left[1 + \alpha \, (\sigma - t) + \beta \, (\tau - t) \right] ,$$

wenn α und β die Ausdehnungscoëfficienten von Massstab und Platte bedeuten.

Setzt man nun

$$\sin \frac{p_0}{2} = \sin \frac{p_{ab}}{2} \frac{k}{e} \, \sqrt{\sec \delta_a \sec \delta_b} \quad \text{und}$$

$$dp_0 = - \, 2 \sec \frac{p_0}{2} \sin \frac{p_{ab}}{2} \frac{k}{e} \, \sqrt{\sec \delta_a \sec \delta_b} \left[\alpha \, (T - t) + \beta \, (\tau - t) \right] ,$$

so ist
$$p_1 = p_0 + dp_0 .$$

Wilsing hat gezeigt, dass für den Potsdamer photographischen Refractor bei Berücksichtigung der oben angegebenen Bedingungen sich eine durchaus genügende Genauigkeit in der Ermittelung des Bogenwerthes erhalten lässt. Eine Unsicherheit von $1°$ in den Temperaturangaben bedingt bei einer Distanz von $1°$ erst einen Fehler des Bogenwerthes von $0.''06$.

Capitel IV.

Die photographischen Registrirmethoden.

Die bisherigen Capitel dieses Buches sind dem Hauptgebiete der cölestischen Photographie gewidmet gewesen, dessen Aufgabe es ist, möglichst getreue Darstellungen cölestischer Objecte zu erhalten und dieselben nachträglich durch Messung zu verwerthen. Wir gehen nun über zu einer kurzen Darlegung einer anderen Art der Anwendung der Photographie in der Astronomie: der photographischen Registrirung bei Durchgangsinstrumenten, also zu ihrer Benutzung bei Positionsbestimmungen im Meridianinstrumente und bei Zeit- und Ortsbestimmungen. Definitiven

Eingang in die Praxis hat übrigens diese Verwendung noch nicht gefunden; man ist bisher über das Stadium der Versuche nicht hinausgekommen.

Photographische Registrirmethoden giebt es in vielen Zweigen der Physik und Meteorologie schon lange. Diese Methoden beruhen im Wesentlichen darauf, an demjenigen Theile des Instrumentes, dessen Drehung in letzter Instanz gemessen werden soll, einen Spiegel anzubringen, der ein auf ihn fallendes Lichtbündel nach einem in gleichförmiger Bewegung befindlichen lichtempfindlichen Papierstreifen reflectirt. Durch die combinirte Bewegung von Streifen und Spiegel resultirt eine Curve, deren Abscissen die Zeit und deren Ordinaten die Winkelstellung des Spiegels angeben. Zur Messung von Längenänderungen, z. B. bei Quecksilberthermometern und -Barometern, kann man auch das Schattenbild der Quecksilbersäule continuirlich auf einem hinter der Säule sich verschiebenden lichtempfindlichen Streifen aufnehmen u. s. w. In allen diesen Fällen verhilft die Photographie zu einem wirklichen Registriren, der betreffende Apparat zeichnet automatisch die zu messenden Veränderungen auf.

Fälle, in denen diese Art der Registrirung in der Astronomie angewendet werden könnte, liegen im allgemeinen nicht vor. Es ist allerdings denkbar, die Chronographen, wie sie jetzt bei Durchgangsbeobachtungen angewendet werden, schliesslich nicht rein mechanisch durch den Druck einer Spitze auf den Streifen aufzeichnen zu lassen, sondern dies photographisch zu besorgen; damit wäre aber schwerlich ein Gewinn zu erreichen, sondern wahrscheinlich nur vermehrte Complicirtheit und Unbequemlichkeit. Andere Arten der Registrirung würden vielleicht mehr Vortheil bringen. So liesse sich z. B. unschwer ein Apparat construiren, der es dem Beobachter erlaubte, von seiner Stelle aus bei einem Meridiankreise die relative Stellung der Kreisstriche zu einem Index zu photographiren, die, nachher ausgemessen, die Kreisablesung im Mikroskope ersetzte. Es würde sich hierbei eine grössere Schnelligkeit in der Aufeinanderfolge der Beobachtungen erzielen lassen bei gleichzeitiger Ersparniss eines zweiten Beobachters. Dergleichen »Hülfsvorrichtungen« liessen sich gewiss zu vielen Zwecken herstellen; doch mögen hier diese Andeutungen genügen, und ich gehe zu eigentlichen Registrirmethoden über, bei denen das Auge des Beobachters durch die photographische Platte ersetzt werden soll.

Der Zweck, der hierbei verfolgt wird, kann ein sehr verschiedener sein: Erzielung grösserer Genauigkeit durch Vermehrug der Einzelbestimmungen bei gleichem Zeitverbrauche; Beibehaltung der gleichen Genauigkeit mit Zeitersparniss; Vermeidung persönlicher Fehler. In dieser letzteren Beziehung ist zu bemerken, dass zwar die persönlichen Fehler, wie sie bei directen Beobachtungen auftreten, vermieden werden, dass dafür aber persönliche Fehler anderer Art bei der Ausmessung neu hinzukommen.

Die Eigenthümlichkeit der photographischen Methode bei Durchgangsinstrumenten besteht darin, dass die Sterne ihre Spuren auf der Platte zurücklassen, die als Projectionen der scheinbaren Declinationskreise zu betrachten sind. Soll aus diesen Spuren auf die Zeit geschlossen werden, so müssen Unterbrechungsstellen derselben vorhanden sein, die mit der Beobachtungsuhr in bekanntem Zusammenhange zu stehen haben. Bei Benutzung der Spuren zu Bestimmungen im Sinne der Declination können entweder die Spuren verschiedener Sterne auf derselben Platte relativ aneinander geschlossen werden, oder es muss eine mit dem Fernrohre verbundene Marke (Declinationsfaden) mit zur Abbildung gebracht werden.

Zur Beurtheilung der Helligkeit von Sternen, welche ihre Spuren noch eben abbilden können, sind dieselben Betrachtungen gültig, welche bei Gelegenheit der Photographie der kleinen Planeten (siehe den betreffenden Abschnitt) angestellt werden; die Helligkeit ist demnach abhängig von der Declination der Sterne.

Beim photographischen Refractor von 13 Zoll Oeffnung und dem Brennweitenverhältnisse von 1 : 10 wird von einem Aequatorsterne der Durchmesser des kleinsten Scheibchens (3″) in 0.2 durchlaufen; .für die verschiedenen Declinationen vergrössern sich die Zeiten, wie folgt:

Declination	Expositionszeit
0°	0.2
45	0.3
60	0.4
70	0.6
80	1.2
88°50′	24^s.

Bei laufenden Aequatorsternen wird noch eben die sechste Grösse als schwacher Strich abgebildet. Bei wachsenden Declinationen findet die Vermehrung der Lichtstärke zunächst nur sehr langsam statt; bis 45° ist sie noch unmerklich, und bei 70° beträgt die Vermehrung etwa eine Grössenclasse. Erst bei einer Declination von 88°50′, der eine Expositionszeit von 24^s entspricht, werden alle Sterne der Bonner Durchmusterung, also bis zur Grösse 9.5, abgebildet. Um Schlüsse auf andere Instrumente in Bezug auf die Lichtstärke bei laufenden Sternen ziehen zu können, genügt die etwas rohe Annahme, dass bei allen guten Objectiven, gleichgültig, welche Brennweite und Oeffnung sie besitzen, die linearen Durchmesser der kleinsten Scheibchen dieselben sind; die Lichtstärke wächst also proportional mit abnehmendem Brennweitenverhältnisse, so dass kleinere Objective mit kurzer Brennweite — Portraitlinsen — schliesslich lichtstärker sind als grössere Refractoren. Je heller die Sterne sind, um so kräftiger werden natürlich ihre Spuren; bei ganz hellen Sternen tritt eine sehr merkliche Verbreiterung ein in entsprechender Weise wie bei ruhenden Bildern heller Sterne.

Der Einfluss der Luftunruhe auf die Messungsgenauigkeit ist bei der Aufnahme laufender Sterne ein viel stärkerer als bei ruhenden. Die Schwankungen der Sterne gleichen sich bei letzteren aus, worauf ja wesentlich die Vorzüge der photographischen Methoden vor directen Beobachtungen beruhen. Bei laufenden Sternen wird dagegen der scheinbare Ort in jedem Momente abgebildet; die Sternspur registrirt daher die Luftunruhe sorgfältig, so dass sich hierauf sehr gut eine Methode der Untersuchung der Luftunruhe gründen liesse. Die Schwankungen, welche senkrecht zur Bewegungsrichtung des Sternes stehen, stellen sich als Ausbiegungen der sonst glatten Curven dar; diejenigen, welche in jener Richtung liegen, werden als schwächere resp. kräftigere Stellen, als Knoten, in der Spur erkannt. Das Einstellen einer bei unruhiger Luft erhaltenen Spur zwischen zwei Fäden ist daher sehr schwierig, und die dabei zu erreichende Genauigkeit ist beträchtlich geringer als bei ruhend aufgenommenen Sternen; ja, ich habe den Eindruck gewonnen, als wenn sie geringer sei, als bei directer Beobachtung unter entsprechenden Umständen. Eine bedeutende Verbesserung lässt sich erreichen, wenn man den Stern nicht eine continuirliche Spur aufzeichnen lässt, sondern eine unterbrochene, indem häufig, aber jedesmal nur auf sehr kurze Zeit — kürzer als zur Durchmessung der eigenen Ausdehnung nothwendig ist — exponirt wird. In diesem Falle besteht die Spur aus einzelnen, etwas länglich gezogenen Sternbildchen, auf die sich mit nahe derselben Genauigkeit einstellen lässt, wie auf die Scheibchen ruhender Sterne. Jeder Punkt für sich ist durch die Luftunruhe deplacirt; stellt man auf eine grössere Zahl solcher Punkte ein, so erhält man den Mittelwerth frei vom Einfluss der Luftunruhe. Gleichzeitig dienen dann diese Unterbrechungen als Anhalt im Sinne der Rectascension.

Eine Vorrichtung, die derartig unterbrochene Spuren liefert, ist zuerst auf dem Georgetown Observatory*) in Anwendung gebracht und mit dem Namen Photochronograph belegt worden. In der Focalebene des Fernrohres ist anstatt des gewöhnlichen Fadennetzes eine Glasplatte mit eingerissenen Strichen eingesetzt, gegen welche die empfindliche Platte unmittelbar angedrückt wird.

---

*) The Photochronograph and its Applications. Georgetown Coll. Obs. Publ.

Eine dünne Stahllamelle liegt horizontal vor der Mitte der Netzplatte, so dass das Licht eines durchpassirenden Sterns von der empfindlichen Platte abgeschlossen ist. Diese Lamelle steht mit dem Anker eines Elektromagneten in Verbindung, der seinerseits an den Stromkreis einer elektrischen Pendeluhr angeschlossen ist. Bei jedem Pendelschlage wird die Stahllamelle während eines Zeitraumes von 0$\overset{s}{.}$1 gehoben, so dass also alle Secunden eine Aufnahme von $^1/_{10}$ Secunde Expositionszeit erfolgt. Um die Secunden unterscheiden zu können, fällt der 29te, 57te, 58te und 59te Contact aus. Zum Aufcopiren des Netzes findet eine kurze Belichtung durch das Objectiv hindurch statt, während die Stahllamelle die Sternspur bedeckt, damit letztere nicht durch die Belichtung leidet. Die Fig. 41 stellt eine mit dem Georgetowner Photochronographen aufgenommene Sternspur dar, und zwar diejenige des Doppelsterns Castor.

Fig. 41.

Es ist klar, dass die bewegbaren Theile des Apparates sehr leicht gearbeitet sein müssen, damit keine Erschütterung des Fernrohres durch die Contacte stattfindet. Einen ganz wesentlichen Vortheil in der Anwendung des Photochronographen bietet der Umstand, dass für jede Platte ohne weitere Hülfssterne aus den Distanzen der Einzelbilder der Spuren der Bogenwerth der Messschraube unmittelbar abgeleitet werden kann. Es sind nun auf der Georgetowner Sternwarte einige Anwendungen des Photochronographen gemacht worden, und zwar zunächst zum Zwecke der Polhöhenbestimmung nach der in neuerer Zeit so allgemein in Anwendung gekommenen Römer-Horrebow-Talcott'schen Methode. Das Wesen dieser Methode besteht bekanntlich darin, zwei Sterne, die in nahe gleicher, geringer Zenithdistanz kurz nacheinander nördlich und südlich culminiren, bei unveränderter Einstellung des Fernrohres allein durch Umlegen ins Gesichtsfeld zu bringen und vermittels eines Mikrometers aneinander anzuschliessen. Mit Hülfe feiner Libellen wird der Fehler der Verticalaxe bestimmt, und es ist nur vorausgesetzt, dass innerhalb der Beobachtung eines Sternpaares keine Veränderungen in der gegenseitigen Lage der Libellen zum Instrumente eintreten.

194   I. Die Herstellung und Verwerthung von Himmelsaufnahmen.

Das Instrument*), mit dem der Photochronograph in Verbindung gebracht worden ist, und welches durch Fig. 42 veranschaulicht wird, ist in seinen wesentlichen Theilen dem Chandler'schen Almukanthar nachgebildet. Es ruht mit vier durch die eiserne Fussplatte gehenden Schrauben *s* auf einem Steinpfeiler. Die Fussplatte misst zwei englische Fuss im Quadrat. Die darauf sich erhebende eiserne Säule *S* trägt auf einem Ring einen gusseisernen Trog *T* von 46 × 16 engl. Zoll Fläche und 1³/₄ Zoll Höhe, welcher sich um eine durch die Säule gehende verticale Axe drehen lässt. Er dient zur Aufnahme von etwa 50 Pfund Quecksilber, auf dem eine mit einem eisernen Rahmen eingefasste, den Trog fast ganz ausfüllende Holzplatte *H* schwimmt. An seiner unteren Seite hat der Trog eine mit einem Hahn versehene Ausflussöffnung *h* zum Ablassen des Quecksilbers. Der Boden ist mit Cement ausgegossen, weil der Trog nicht aus einem einzigen Stück hergestellt ist und daher das Quecksilber sonst durch die Fugen durchdringen würde. Um die Bewegung des Quecksilbers zu mässigen, ist der Cementboden nicht geglättet, und auch die schwimmende Holzplatte ist unten durch einen sandhaltigen Firnissüberzug rauh gemacht; ob hierdurch aber der angegebene Zweck erreicht wird, scheint sehr fraglich.

Auf der Platte sind die Lager für die Drehungsaxe des Fernrohres *F* befestigt. Ausserdem ist mit der Platte noch eine in der Figur nicht sichtbare Axe fest verbunden, die mit zwei an ihren äusseren Enden sitzenden, nach unten gerichteten Schneiden versehen ist. Diese liegen ganz schwach, nur um die Azimuthstellung des Fernrohres zu sichern, in zwei an dem Trog befestigten justirbaren Lagern auf. Die bereits erwähnte Fernrohraxe trägt auf der einen Seite das Fernrohr *F* und einen zur Klemmvorrichtung gehörigen Kreis *K₁*, auf der anderen einen eben solchen Kreis *K₂*, dann den durch ein Glühlämpchen beleuchtbaren Einstellungskreis *E* und noch weiter aussen ein verschiebbares, in der Figur nicht sichtbares Gegengewicht für das Fernrohr. Die beiden zur Klemmung dienenden Kreise *K₁* und *K₂* sind eiserne Scheiben von 1 Fuss Durchmesser und ½ Zoll Dicke. Die Klemmung geschieht durch Druck auf die Aussenseite der Kreise an zwei gegenüberliegenden Stellen mittels der Handräder *R*, wie in der Figur zu sehen. Dadurch kommt das Fernrohr in feste Verbindung mit der Holzplatte.

Das Objectiv hat 6 Zoll Durchmesser und 3 Fuss Brennweite. Achromatisirt ist es für die photographisch wirksamen Strahlen. Infolge seiner

---

*) The Photochronograph . . . . siehe besonders: O. Knopf. Der Photochronograph. Zeitschrift f. Instrumenten-Kunde 1893, 151.

Fig. 42.

geringen Brennweite lässt es auf der Platte die Spur eines durch das
Gesichtsfeld gehenden Sternes siebenter Grösse erkennen.

Der am Ocularende befindliche Photochronograph besteht eigentlich
aus zwei solchen Apparaten, wie sie eben beschrieben sind. Es sind
demnach zwei Elektromagnete vorhanden, die sich gegenüber stehen
und sowohl mit, als gegen einander verschoben werden können. Jeder
Elektromagnet zieht in gewissen Zeitintervallen einen Anker an und
lässt ihn dann wieder frei. Mit jedem Anker ist eine quer über
das Gesichtsfeld reichende Zunge verbunden, die so gestellt wird,
dass sie das Licht des Sterns bei seinem Durchgang durch das Gesichtsfeld für gewöhnlich abblendet und nur in jenen Intervallen auf
die dahinter befindliche photographische Platte gelangen lässt. Die Entfernung der beiden Elektromagnete wird durch die Differenz der Zenithdistanzen der beiden Sterne bestimmt, da jede Zunge einen der beiden
Sterne, die ihre Wege auf der Platte aufzeichnen sollen, auch abzublenden
im Stande sein muss. Um dem Fall zu genügen, dass die von den Sternen beschriebenen Wege auf der Platte sehr nahe an einander fallen,
liegt die eine Zunge etwas hinter der anderen, so dass sie sich ein wenig
überdecken können.

Während bei der Anwendung des Photochronographen zu Zeitbestimmungen der Stromschluss jede Secunde auf die Dauer von $1/10$ Secunde stattfindet, ist hier, wo es sich meist um schwächere Sterne handelt,
die Einrichtung so getroffen, dass der Strom nur alle zwei Secunden und
zwar auf die Dauer einer Secunde geschlossen wird; bei der kurzen
Brennweite des Objectivs würden die Bildpunkte, wenn sie jede Secunde
entworfen würden, auch zu nahe an einander fallen. Die helleren Sterne
werden nur auf Bruchtheile der Secunde exponirt. Das Auslassen dreier
Punkte am Ende einer Minute und eines Punktes in der Mitte sichert
die bequeme Identificirung der übrigen Bildpunkte.

Zur Einstellung der Zunge auf den Stern dient ein Ocular O mit
total reflectirendem Prisma. Ist die Einstellung geschehen, so wird die
Platte eingeschoben. Zur Verhinderung einer Lagenänderung wird sie
durch Federn gegen den Tubus gedrückt.

Besondere Sorgfalt erfordert die Nivellirung der Axe. Zunächst
horizontirt man den Trog durch die vier Fussschrauben, so dass das
Quecksilber darin überall gleich hoch steht. Dann setzt man auf die
Umdrehungsaxe des Fernrohres ein Niveau und bringt sie durch Verschieben des schon erwähnten Gegengewichtes in horizontale Stellung,
wobei man das Niveau öfter umzusetzen haben wird. Dabei muss man
Sorge tragen, dass die mit der Holzplatte fest verbundene Axe nicht mit
ihren Schneiden in den auf dem Trog sitzenden Lagern ruht. Hierauf

werden diese Lager, welche, wie oben bereits gesagt, justirbar sind, gehoben, so dass die Schneiden aufliegen. Durch Drehen des Instruments um seine verticale Axe überzeugt man sich, ob die Horizontirung gelungen ist.

Bei den Beobachtungen nach der Horrebow-Talcott'schen Methode wird das Instrument nur im Meridian benutzt. Um es in diese Lage immer sofort wieder bringen zu können, ohne einen Horizontalkreis, den das Instrument auch gar nicht besitzt, nöthig zu haben, ist unten am Trog ein Anschlag A angebracht, der gegen eine mit der Säule in fester Verbindung stehende Schraube stösst.

Die Beobachtungen werden so angestellt, dass man zunächst die beiden Zungen des Photochronographen in eine der Differenz der Zenithdistanzen der beiden Sterne entsprechende Entfernung von einander bringt. Das Fernrohr stellt man mit Hülfe des Verticalkreises auf die mittlere Zenithdistanz der beiden Sterne ein, zuerst natürlich nach der Seite hin, auf welcher der zuerst culminirende Stern steht. Hat man diesen durch das Ocular am Rande des Gesichtsfeldes erscheinen sehen, so verschiebt man die beiden Elektromagnete des Photochronographen so weit, dass der Stern von der einen Zunge verdeckt oder nicht verdeckt wird, je nachdem der Stromkreis geschlossen oder offen ist. Dann schiebt man die photographische Platte ein und lässt nun eine in den Stromkreis eingeschaltete Uhr die regelmässige Folge von Stromschluss und -Unterbrechung bewirken. Hat der Stern in einer bis zwei Minuten das Gesichtsfeld durchlaufen, so dreht man das Instrument um seine Verticalaxe um 180° herum, worauf der zweite Stern sich in derselben Weise auf der Platte abbilden wird.

Der Abstand der beiden Punktreihen auf der Platte giebt die Differenz der Zenithdistanzen und ist mit einem Mikrometer unter dem Mikroskop auszumessen. Fügt man die Hälfte dieser Differenz zu dem Mittel der Declinationen der beiden Sterne, so erhält man die gesuchte Polhöhe des Beobachtungsortes.

Soweit man aus den Resultaten weniger Beobachtungsabende schliessen kann, scheint die mit dem Georgetowner Instrumente zu erreichende Genauigkeit eine recht befriedigende zu sein, doch hat sich auch eine vorher zu erwartende starke Fehlerquelle gezeigt, die in schwingenden Bewegungen des schwimmenden Theils des Instrumentes ihren Grund hat; es hat sich als nothwendig erwiesen, mindestens drei Minuten nach der letzten Berührung zu warten, bis mit der Registrirung des Durchgangs begonnen werden kann.

Eine zweite Methode der Breitenbestimmung ohne die Hülfe von Libellen ist durch die Benutzung reflectirter Bilder von einer Quecksilberoberfläche gegeben und auf der Georgetownsternwarte in Anwendung gekommen. Die Construction eines entsprechenden Instrumentes, ohne Chronographen, ist aber schon einige Jahre früher von Kapteyn*) publicirt worden und soll deshalb zuerst hier besprochen werden.

Das Instrument besteht zunächst aus einem Objective AA, dessen optische Axe sehr nahe vertical ist, einem Quecksilberhorizonte BB, der in einer etwas grösseren Distanz als die halbe Focallänge unter dem Objective aufgestellt ist, und einer empfindlichen Platte PP, genau in der Focalebene der reflectirten Strahlen des Objectivs. Das Bild des Sternes Σ entsteht also im Punkte S. Das Objectiv muss mit der mit ihm fest verbundenen Platte um eine nahezu verticale Axe drehbar sein, damit je eine Aufnahme mit um 180° verschiedenen Lagen des Objectivs von jedem der beiden Zenithsterne gemacht werden kann. Zur Bestimmung des Bogenwerthes soll ein dritter, etwas weiter entfernter Stern benutzt werden. Bei Zenithdistanzen, die 1° nicht übersteigen, ist die nothwendige Correction wegen der Aenderung der Neigung des Objectivs beim Umlegen einfach gegeben durch

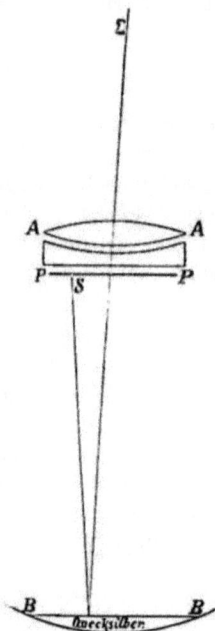

$$\frac{h}{F}\,i\,,$$

wobei h die Distanz der empfindlichen Schicht vom zweiten Hauptpunkte des Objectivs, F die Brennweite und i die Neigungsänderung bedeuten.

Fig. 43.

Das auf der Georgetowner Sternwarte**) von Algué S. J. construirte Zenithteleskop, Fig. 44, weicht wesentlich von dem Kapteyn'schen Principe ab. Es ist ähnlich wie ein Passageninstrument gebaut, jedoch ist das Fernrohr R an beiden Enden völlig symmetrisch und mit zwei Objectiven von 10.5 cm Oeffnung und 64 cm Brennweite versehen. Zur Verminderung der Biegung gehen vom Cubus je vier Arme (a) nach den Objectivenden hin. Bei h sind Handhaben zur Bewegung des Fernrohrs angebracht. Das Fernrohr ruht auf einem justirbaren eisernen

---

*) Astr. Nachr. 125, 81.
**) The Photochronograph . . . siehe besonders: O. Knopf, Photochronograph. Zeitschrift für Instrumentenkunde 1894.

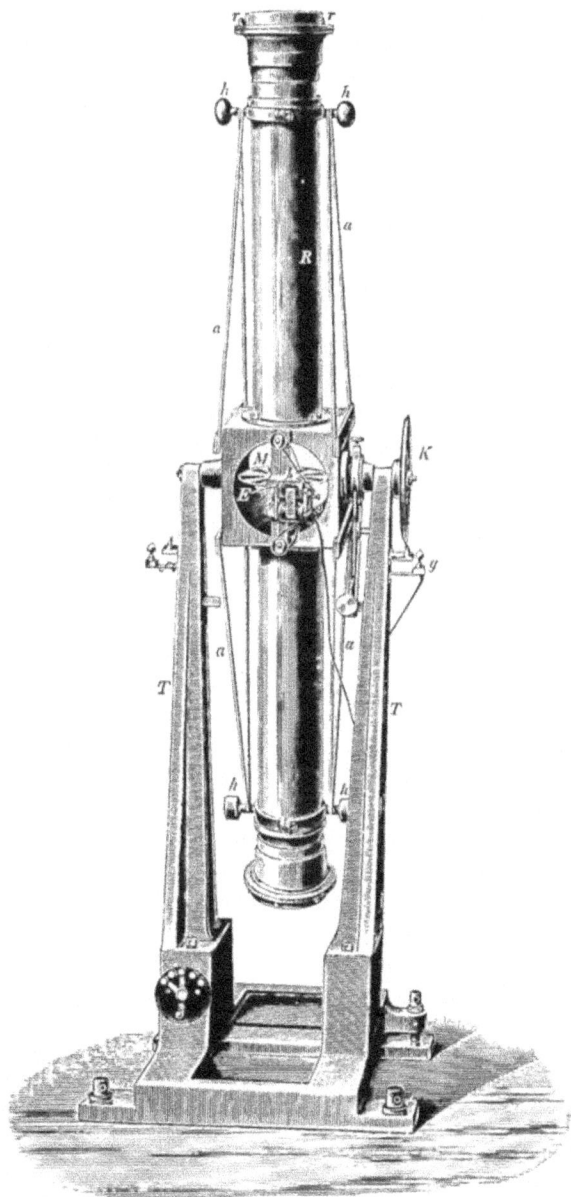

Fig. 44.

Gestelle *T*. *K* ist der Einstellungskreis und wird durch das Glühlämpchen *g* beleuchtet. Unterhalb des Fernrohrs befindet sich der 2 m lange und 18 cm breite Quecksilberhorizont. Er muss eine gegen Erschütterung durchaus gesicherte Aufstellung besitzen und möglichst tief unter dem Fernrohr liegen, damit selbst noch nahe dem Zenith culminirende Sterne darin reflectirt und auch durch das volle Objectiv auf der photographischen Platte abgebildet werden.

In der gemeinsamen Brennebene der beiden Objective befindet sich die lichtempfindliche Schicht der photographischen Platte. Letztere wird durch Federn fest gegen eine Glasplatte gedrückt, wobei die empfindliche Schicht dieser zugewandt ist, so dass die von den Objectiven kommenden Strahlen jedesmal erst eine Glasplatte zu durchdringen haben, ehe sie die lichtempfindliche Schicht treffen. Durch die Brechung, welche die Strahlen beim Eintritt in die Glasplatte erleiden, kommt eine Verzerrung der Bilder zu Stande. Da es sich aber nur um kleine Einfallswinkel handelt, so kann, wie sich unschwer zeigen lässt, diese Verzerrung als in einer Verjüngung des Massstabes des Bildes bestehend betrachtet werden, die dem Abstand der betreffenden Stelle vom Brennpunkt proportional ist. Für die Ausmessung entsteht dadurch jedoch keine besondere Schwierigkeit, da der Massstab, wie wir nachher sehen werden, erst empirisch aus der Platte bestimmt wird.

Die nur durch Correctionsschräubchen innerhalb gewisser Grenzen verstellbare Glasplatte, gegen welche die photographische Platte gedrückt wird, hat auf ihrer inneren, der empfindlichen Schicht zugewandten Seite zwei senkrecht zu einander stehende, mit Diamant eingerissene Striche, welche nach Schluss der Aufnahme durch kurzes Vorhalten einer Handlampe vor das Objectiv auf das Bild photographirt werden und daselbst die Richtung des Meridians und Parallelkreises angeben sollen.

Mit einigen Umständen ist die Justirung des Instruments verknüpft. Hat man nach einer Bestimmung der Brennweiten der Objective die letzteren in die richtige Entfernung von einander gebracht, so dass beider Brennebenen zusammenfallen, so handelt es sich darum, den Collimationsfehler des Instrumentes zu beseitigen, d. h. die als Collimationsaxe zu bezeichnende Verbindungslinie der beiden Objectivmittelpunkte in senkrechte Lage zur Fernrohraxe zu bringen.

Zunächst richtet man das eine Objectiv, das andere ganz unberücksichtigt lassend, auf ein irdisches Object und stellt das Bild desselben, welches man auf einer in die Focalebene gebrachten, matt geschliffenen Glasscheibe auffängt, durch Drehen des Instrumentes im Azimuth auf den verticalen Strich ein, legt dann das Fernrohr um und sieht zu, ob das Bild noch gut auf dem Strich einstellt. Ist dies durch Verschiebung der Strichplatte erreicht, so dreht man das Fernrohr um seine Axe, bis das zweite Objectiv auf jenen terrestrischen Gegenstand gerichtet ist. Fällt das Bild nicht auf den verticalen Strich, so verschiebt man das zweite Objectiv mittels der zu diesem Zweck am Objectivkopf angebrachten Schrauben r so weit nach der Seite, bis das Zusammenfallen bewirkt ist.

Auf diese Weise wird die horizontale Collimation beseitigt; der Schnittpunkt der Collimationsaxe mit· der Ebene des Strichkreuzes weicht vom Mittelpunkt des letzteren in horizontaler Richtung jetzt nicht mehr ab.

Um auch die verticale Collimation wegzubringen, stellt man das Fernrohr wieder auf ein irdisches Object ein, so dass das Bild auf den horizontalen Strich der Strichplatte fällt, dreht es dann um 180° herum und sieht, ob der Strich wiederum einsteht. Ist es nicht der Fall, so kann man den im übrigen ziemlich unschädlichen Fehler entweder durch eine Verschiebung der Strichplatte oder durch eine Verschiebung des zweiten Objectivs wegschaffen.

Hinsichtlich der Neigung und des Azimuthes ist die Justirung dieselbe wie bei anderen Durchgangsinstrumenten.

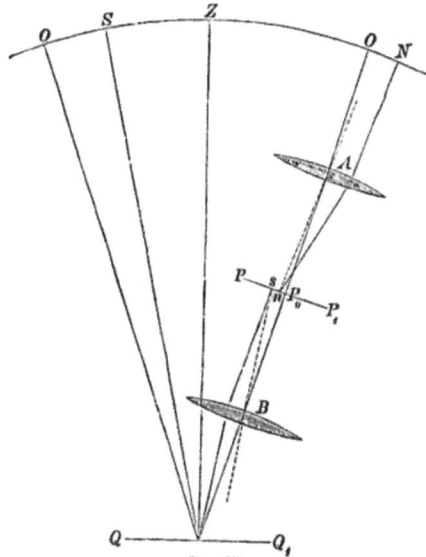

Fig. 45.

In beistehender Skizze (Fig. 45) ist Z das Zenith, S der südliche, N der nördliche Stern im Meridian. ZO ist die mittlere Zenithdistanz der Sterne. Die beiden Objective sind mit A und B bezeichnet, PP_1 ist die lichtempfindliche Schicht der photographischen Platte, QQ_1 der Quecksilberspiegel. Der nördliche Stern wird direct, der südliche nach der Reflexion im Quecksilberspiegel photographirt. Ist der Collimationsfehler vollständig beseitigt, so fällt die Mitte des Strichkreuzes auf P_0. n und s sind die Bilder des nördlichen und des südlichen Sternes bei ihrem Durchgang durch den Meridian. Wie ein Blick auf die Figur lehrt, fallen die Spuren des nördlich und südlich vom Zenith culminirenden Sterns auf dieselbe Seite von der Collimationsaxe. Die Differenz der Zenithabstände der beiden Sterne ist demnach gleich der Summe der Abstände der beiden

Sternspuren von dem Schnittpunkt der Collimationsaxe und der Brennebene, also gleich $P_0 n + P_0 s$, und nicht, wie es bei dem früher besprochenen Instrumente der Fall war, gleich dem Abstand der beiden
Sternspuren von einander selbst. Will man daher aus einem einzigen
Sternpaar die Polhöhe ableiten, so muss man die Lage jenes Schnitt-
punktes P_0 genau kennen. Man bedarf dieser Kenntniss aber nicht,
wenn man noch ein zweites Sternpaar auf dieselbe Platte photographirt,
nachdem man das Fernrohr entweder um seine Axe herumgedreht hat,
so dass das bisher untere Objectiv zum oberen wird und umgekehrt, oder
nachdem man es umgelegt hat.

Aus den Durchgängen zweier Sternpaare kann man auch den verticalen Collimationsfehler seinem Werthe nach bestimmen. und es empfiehlt
sich, dies zu thun, um durch seine Berücksichtigung auch Durchgänge
nur eines Paares, wenn das zweite Paar nicht erhalten wurde, zur Ableitung der Polhöhe benutzen zu können.

Damit endlich das Resultat nicht von der Biegung des Rohres beeinflusst werde, muss man dieselben zwei Sternpaare an zwei verschiedenen Abenden einstellen und jeden der Sterne einmal direct und
einmal reflectirt photographiren. Das Mittel aus diesen Einzelbestimmungen ist frei von einer Correction wegen Biegung. Andrerseits
kann man auch aus den Durchgängen mehrerer Sternpaare von verschiedener Zenithdistanz in verschiedenen Nächten den Biegungscoëfficienten
des Fernrohres bestimmen. Bei dem Georgetowner Instrument war für
die Zenithdistanzen, innerhalb deren das Instrument gebraucht wurde,
keine Biegung des Rohres bemerkbar.

Der Massstab für die Ausmessung des Bildes wird, wie schon bemerkt, gewonnen mit Hülfe des Photochronographen. der hier eine etwas
andere Construction hat. Er besteht aus einem mit einer Uhr in Verbindung stehenden Elektromagneten E (Fig. 44), welcher bei dem alle
Secunden erfolgenden Stromschluss zwei mit sectorförmigen Ausschnitten
versehene, 13 cm im Durchmesser haltende und 25 mm von einander
entfernt auf derselben Axe sitzende Kreisscheiben M jedesmal um ein
Stück weiter treibt, so dass bald eine Oeffnung, bald ein Feld in den
Strahlengang tritt und so dem Licht der beiden Sterne der Weg zur
photographischen Platte bald geöffnet, bald versperrt wird. Je nach der
Lichtstärke der Sterne wendet man Scheiben mit mehr oder weniger
vielen sectorförmigen Oeffnungen an. Die Axe der beiden Scheiben
steht natürlich senkrecht zur Brennebene und liegt in der Verlängerung
des verticalen, der Glasplatte eingeritzten Striches.

Welchem der zur Anwendung der Horrebow-Talcott'schen Methode dienenden Instrumente der Vorzug zu geben ist, lässt sich vielleicht

kaum definitiv entscheiden. Das in Rede stehende hat den Vorzug, dass es während des Durchganges eines Sternpaares nicht berührt zu werden braucht; freilich ist behufs Elimination des Collimationsfehlers die Aufnahme zweier Sternpaare nöthig. Ein weiterer Vorzug besteht darin, dass zwischen den Durchgängen der beiden Sterne kein Zeitintervall, wie es für die Umlegung eines Instrumentes erforderlich ist, liegen muss, und dass endlich bei gewissen Lagen der Sterne die Mikrometerschraube nur auf eine kurze Strecke beansprucht wird. Einen Nachtheil könnte man darin erblicken, dass Sterne, die sehr nahe dem Zenith culminiren, von der Benutzung ausgeschlossen sind; doch brauchten bei dem Georgetowner Instrument die Sterne nur 3° vom Zenith abzustehen, wenn das untere Objectiv mit seiner ganzen Oeffnung zur Geltung kommen sollte. Bedenklicher ist wohl der Umstand, dass der Biegung des Rohres besondere Aufmerksamkeit zugewandt werden muss, da bei Vernachlässigung derselben nicht wie bei den während der Beobachtung umzulegenden Instrumenten die Differenz der in beiden Lagen statthabenden Biegungen, sondern die Summe der Biegungen der beiden Rohrhälften das Resultat verfälschen würde.

Die bisher mit dem Instrument gemachten Erfahrungen sind durchaus befriedigend.

Während sich die bisher besprochenen Instrumente durch besondere Constructionen auszeichnen, hat Marcuse*) den Vorschlag gemacht, mit ganz unwesentlichen Aenderungen die für optische Beobachtungen benutzte Einrichtung beizubehalten und nur das Ocular durch eine Cassette zu ersetzen. Das Umlegen erfolgt also um eine nahe verticale Axe, und die Abweichung von der Verticalen wird in üblicher Weise durch Niveaus bestimmt. Erst längere Beobachtungsreihen werden entscheiden können, welcher Methode der Vorzug eingeräumt werden muss; die Verwerfung des »Photochronographen« ist jedenfalls eher ein Rückschritt als eine Verbesserung, da sich auf die Punkte zweifellos besser, vor allen Dingen unbefangener, einstellen lässt als auf die continuirlichen Spuren.

Der Hauptzweck bei der Anwendung der Photographie auf Ortsbestimmungen ist der gewesen, vermehrte Genauigkeit zu erlangen; ob dieser Zweck thatsächlich durch die angegebenen Methoden zu erreichen ist, muss vorläufig noch dahingestellt bleiben.

---

* V. J. S. **27**, 308.

Anders liegt die Sache bei einem von Schnauder*) gemachten Vorschlage, die Photographie bei rohen Ortsbestimmungen, speciell für Breitenbestimmungen auf Reisen, zu verwenden. Hierbei soll die Genauigkeit gegenüber den bisherigen Methoden nicht vermehrt werden, vielmehr soll erreicht werden, dass die Ortsbestimmungen von astronomisch nicht vorgebildeten Leuten ausgeführt werden können, und dies ausserdem mit viel weniger difficilen Apparaten und in beträchtlich kürzerer Zeit. Als einfachste Vorrichtung hierzu empfiehlt sich eine kleine Camera, die auf einer nahe verticalen Axe, mit Anschlägen drehbar, montirt ist. Als Objectiv kann eine gewöhnliche Portraitlinse mit grossem Gesichtsfelde dienen, welche gegen das Zenith gerichtet ist. An der Camera sind zwei aufeinander senkrecht stehende Niveaus angebracht, zu deren azimuthaler Orientirung ein Compass oder eine Visur auf den Polarstern genügt. Es werden nun in zwei um 180° verschiedenen Lagen der Camera zwei Aufnahmen — behufs Vereinfachung der Rechnung drei Aufnahmen in der Reihenfolge 0°, 180°, 0° — gemacht, welche bei dem grossen Bildfelde der gewöhnlichen photographischen Objective unter allen Umständen von mehreren Sternen die Spuren abbilden. Die Ausmessung der Distanzen der Spuren liefert nun später in Verbindung mit dem während der Aufnahmen ausgeführten Nivellement die scheinbaren Zenithdistanzen der Sterne und damit die geographische Breite des Beobachtungsortes. Auch für Längenbestimmungen liesse sich das Instrument verwerthen, doch müssten auf anderem Wege erhaltene genauere Zeitbestimmungen damit verbunden werden, oder es muss der Mond mit aufgenommen werden. Die Bestimmung der geographischen Länge durch Monddistanzen von helleren Sternen ist ebenfalls auf photographischem Wege ausführbar. Der erste Versuch dieser Art ist wohl von Runge**), der in einer gewöhnlichen feststehenden photographischen Camera zuerst ein Bild des Mondes aufnahm und eine Stunde später das Sternbild des Löwen, nachdem dieses in das Gesichtsfeld der inzwischen verschlossen gewesenen Camera gelangt war. Ein Nachtheil dieser Methode liegt einmal in der nicht controllirbaren Voraussetzung der absoluten Unveränderlichkeit der Stellung der Camera in der Zwischenzeit und besonders in der Unschärfe der Mondränder wegen der Bewegung des Mondes und seiner grossen Helligkeit.

Dieser letztere Uebelstand haftet in noch viel höherem Masse einer von Schlichter***) vorgeschlagenen Methode an, der Mond und Sterne

---

*) Nach gefälliger privater Mittheilung.

**) Ueber die Bestimmung der Länge auf photogr. Wege. Zeitschr. f. Vermessung XXII.

***) Eine neue Präcisionsmethode zur Bestimmung geogr. Längen auf dem festen Lande. Verh. d. 10. Deutschen Geographentages. Berlin 1893.

gleichzeitig photographirt bei solcher Stellung der Camera, dass sich der Mittelpunkt der Platte möglichst in der Mitte zwischen Mond und den betreffenden Sternen befindet. Auf dieselbe Platte werden dann noch zwei bekannte Fixsterne von nahe derselben Distanz in symmetrischer Lage aufgenommen, welche den Winkelwerth für die Monddistanzen liefern. Da der gleichzeitigen Aufnahme der Fixsterne wegen länger exponirt werden muss, so wird das Bild des bewegten Mondes ganz unscharf und zu einigermassen genauen Messungen ungeeignet.

Eine wesentliche Verbesserung in die photographische Methode der Monddistanzmessungen hat Koppe*) durch die Elimination des stets unscharfen Mondbildes eingeführt. Es lässt sich hierzu jedes um 180° umlegbare photographische Instrument benutzen, sofern dasselbe mit einem Haltefernrohr versehen ist. Koppe selbst hat hierzu seinen zu anderen Zwecken construirten Phototheodoliten mit Vortheil benutzt. Man stellt das Fernrohr so auf den Mond und den zu vergleichenden Stern ein, dass der eine Faden des drehbaren Fadenkreuzes durch Mondmitte und Stern geht, während der andere Faden den Mondrand berührt und mittels der Feinbewegung für die Dauer der Expositionszeit — 20^s bis 30^s — in Berührung gehalten wird. Dann wird das Fernrohr mit der Camera um 180° durchgeschlagen, in gleicher Weise eingestellt und eine zweite Aufnahme gemacht. Man erhält dadurch zwei Bilder in einer geraden Linie, die Mondbilder berühren sich, während die Sterne um das Doppelte der Monddistanz von einander entfernt sind. Gemessen werden nur die Sterne, die unscharfen Mondbilder fallen also heraus. Auch hier werden zur Ermittelung des Bogenwerthes zwei bekannte Fixsterne mit aufgenommen.

Das Halten des Mondrandes lässt sich während der verhältnissmässig kurzen Expositionszeiten nach einiger Uebung unschwer ausführen; immerhin sind durch die unvermeidlichen Schwankungen und durch die Eigenbewegung des Mondes die resultirenden Sternbilder nicht ganz rund und symmetrisch. Trotzdem ist die zu erreichende Genauigkeit eine recht hohe, wie Koppe an einem Beispiele gezeigt hat. Das Mittel der Monddistanzen gegen α Virginis aus vier Platten mit je drei Aufnahmen zeigte gegen die berechnete Monddistanz eine Abweichung von nur 1″3, entsprechend einem Fehler von 2:8 in der Länge. Damit ist die Brauchbarkeit der Methode für Längenbestimmungen auf Reisen erwiesen. Wenn der betreffende Beobachter auch nicht gerade astronomisch vorgebildet zu sein braucht, so ist eine genauere Kenntniss in der Hand-

---

*) Koppe, C. Photogrammetrie und internationale Wolkenmessung. Braunschweig 1896. Pag. 30.

habung des Phototheodoliten und eine specielle Einübung im Halten doch erforderlich.

Eine genaue Beschreibung und Abbildung des Koppe'schen Phototheodoliten befindet sich in der oben citirten Abhandlung.

Auf pag. 99 ff. habe ich eine Methode angegeben, vermittels welcher es möglich ist, ein parallaktisch montirtes Fernrohr mit einem hohen Grade von Genauigkeit justiren zu können, viel genauer, als dies unter Benutzung der Einstellungskreise möglich ist.

Rambaut*) hat diese Methode dahin erweitert, die infolge der Aufstellungsfehler entstehenden Abweichungen eines Sterns vom Declinationsfaden photographisch zu registriren und durch die nachträgliche Ausmessung die Grösse der Justirungsfehler zu bestimmen. Es werden zu diesem Zwecke zwei Aufnahmen mit einer Zwischenzeit von 15 bis 30 Minuten auf derselben Platte angefertigt, während inzwischen die Fortführung des Fernrohres allein durch das Uhrwerk erfolgt ist. Es möge zunächst angenommen werden, dass die Justirung bereits auf einige Bogenminuten stimmt, und dass das Uhrwerk genau nach Sternzeit geht. Dann sei (Fig. 46) P

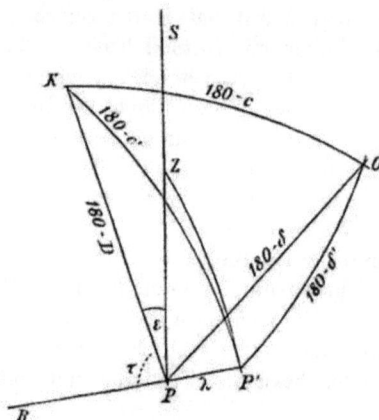

Fig. 46.

der Himmelspol, PS der Meridian nach Süden hin, Z der Zenith, P' der Instrumentenpol, K der Punkt am Himmel, auf welchen die Declinationsaxe zeigt, und O der Punkt, auf den das Fernrohr gerichtet ist.

Es sei nun t_0 die Ablesung des Stundenkreises, wenn sich K auf dem grössten Kreise PP' befindet, und t die Ablesung, wenn das Fernrohr auf O, westlich vom Meridian, gerichtet ist. Ferner werde bezeichnet der Bogen ZP' mit ζ, Winkel SPP' mit h, Winkel SPO mit θ, Winkel KPR mit τ. Dann ist der Winkel $KP'P = t - t_0$, und es ergiebt sich aus dem Dreiecke KPP'

$$\sin D = \sin i \cos \lambda + \cos i \sin \lambda \cos (t - t_0),$$
$$\sin \tau \cos D = \cos i \sin (t - t_0).$$

*) M. N. **54**, 85.

oder genähert:

$$D = i + \lambda \cos(t - t_0)$$

(1)

$$\tau = t - t_0 \, .$$

θ ist also der Stundenwinkel des Fernrohrs. Man bezeichne ferner mit δ die wahre und mit δ' die instrumentale Declination des Punktes O; dann ist δ' also constant für die Dauer der Aufnahmen. Bildet nun die optische Axe des Fernrohrs den Winkel $90° - c$ mit der Declinationsaxe, also $KO = 90° - c$, so ist

$$\sin c = \sin D \sin \delta + \cos D \cos \delta \cos(\omega + \theta - \tau - h), \quad \text{oder}$$

$$c = D \sin \delta + \cos \delta \sin\left(\tau + h - \theta - \frac{\pi}{2}\right).$$

Befindet sich der zu beobachtende Stern nicht ganz nahe am Pol, so ist $\tau + h - \theta - \frac{\pi}{2}$ ein kleiner Winkel, also

$$\theta = \tau + h - \frac{\pi}{2} - c \sec \delta + D \operatorname{tg} \delta \, ,$$

oder in (1) eingesetzt:

(2) $\theta - t = - t_0 + h - \dfrac{\omega}{2} - c \sec \delta + i \operatorname{tg} \delta + \lambda \operatorname{tg} \delta \cos(t - t_0) \, ,$

also

$d(\theta - t) = - \lambda \operatorname{tg} \delta \sin(t - t_0) dt - [c \sec \delta \operatorname{tg} \delta + i \sec^2 \delta + \lambda \sec^2 \delta \cos(t - t_0)] d\delta.$

Aus dem Dreieck $PP'O$ folgt:

$\sin \delta' = \sin \delta \cos \lambda + \cos \delta \sin \lambda \cos(\theta - h) = \sin \delta + \lambda \cos \delta \cos(\theta - h).$

Nach (2) ist aber genähert

$$\frac{\pi}{2} - \theta - h = t - t_0 \, , \quad \text{also}$$

$$\sin \delta' - \sin \delta = \lambda \cos \delta \sin(t - t_0) \quad \text{oder}$$

$$\delta = \delta' - \lambda \sin(t - t_0) \, , \quad \text{also}$$

$$d\delta = - \lambda \cos(t - t_0) dt \, .$$

Bezeichnet man mit φ die Breite, so ist

$$\cos \zeta = \sin \varphi \cos \lambda + \cos \varphi \sin \lambda \cos h = \sin \varphi + \lambda \cos h \cos \varphi \, .$$

Ist nun der Instrumentenpol um den Winkel k zu hoch, d. h. ist $\zeta + k = 90° - \varphi$, so ist

$$\cos \zeta = \sin(\varphi + k) = \sin \varphi + k \cos \varphi \quad \text{und}$$

$$\sin \zeta = \cos \varphi - k \sin \varphi \, , \quad \text{also}$$

$$k = \lambda \cos h \, .$$

Ist also A das Azimuth des Punktes P', von Nord nach West gerechnet, so ist

$$\sin A = -\frac{\sin \lambda \sin h}{\sin z}, \quad \text{oder} \quad A = \lambda \sin h \sec q.$$

Bezeichnet man nun die Verstellungen der zweiten Aufnahme gegen die erste im Sinne von Rectascension und Declination mit X und Y, so ist

(4)
$$\begin{cases} X = d(\theta - t) \cos \delta = -\lambda \sin \delta \cos (\theta - h) \dfrac{15\,dt}{206\,265} \\[2mm] Y = d\delta = \lambda \sin (\theta - h) \dfrac{15\,dt}{206\,265}. \end{cases}$$

Hieraus folgt:

(5)
$$\begin{cases} k = -\left(\dfrac{X}{\sin \delta} \cos \theta - Y \sin \theta \right) \dfrac{206\,265}{15\,dt} \\[2mm] A = -\left(\dfrac{X}{\sin \delta} \sin \theta + Y \cos \theta \right) \dfrac{206\,265}{15\,dt} \sec \varphi, \end{cases}$$

wobei θ der Stundenwinkel des Sterns in der Mitte des Intervalls der beiden Aufnahmen ist.

Mit Rücksicht auf die Vorzeichen der hier eingeführten Quantitäten ist also folgende Regel aufzustellen:

1) k ist der Winkel, um welchen der Pol des Instruments gesenkt werden muss.

2) A ist der Winkel, um welchen das Nordende der Stundenaxe nach Ost corrigirt werden muss.

3) Aus der ersten der Gleichungen (4) folgt, dass X positiv ist, wenn $d\theta > dt$ ist, d. h. wenn das Uhrwerk vorgeht. Die zweite Aufnahme wird also auf die folgende Seite der ersten fallen, oder X muss nach der folgenden Richtung positiv gerechnet werden.

4) Y ist positiv (aus der zweiten der Gleichungen (4)), wenn das zweite Bild südlich vom ersten liegt.

Die an die gemessenen X und Y anzubringenden Correctionen wegen Refraction sind

für X:
$$\beta \, \frac{\cos \varphi (\cos \delta \cos \varphi + \sin \delta \sin \varphi \cos \theta)}{(\sin \delta \sin \varphi + \cos \delta \cos \varphi \cos \theta)^2} \cdot \frac{15\,dt}{206\,265},$$

für Y:
$$\beta \, \frac{\cos \varphi \sin \varphi \sin \theta}{(\sin \delta \sin \varphi + \cos \delta \cos \varphi \cos \theta)^2} \cdot \frac{15\,dt}{206\,265}.$$

Kann man sich auf den Gang des Uhrwerks in der Zwischenzeit nicht verlassen, so darf man nur auf die Abweichungen in Declination Rücksicht nehmen, d. h. man muss auf die von mir pag. 100 gegebene Regel zurückgehen und zur Bestimmung des Fehlers im Azimuth einen Stern im Meridian nehmen $\left(A = -\dfrac{Y\,206\,265}{15\,dt}\sec\varphi\right)$ und zur Ermittelung des Fehlers in Höhe einen Stern im Stundenwinkel 6^b, wo $k = \dfrac{Y\,206\,265}{15\,dt}$ ist. Dieser letztere Fall wird im allgemeinen der häufigere sein.

II. Theil.

Die photographische Photometrie und die Entstehung der photographischen Bilder.

Seit der ersten Anwendung der Photographie auf die Aufnahme des gestirnten Himmels ist es bekannt, dass sich die Sterne als Scheibchen abbilden, deren Durchmesser sowohl mit der Helligkeit der Sterne als auch mit der Dauer der Exposition zunimmt. Man kann daher auf den photographischen Platten die Helligkeitsunterschiede der Sterne mit derselben Leichtigkeit erkennen wie bei der directen Betrachtung; man kann aber auch diese Helligkeitsunterschiede auf der Platte messen, und damit ist für die cölestische Photometrie eine neue Methode gegeben, die sich von der optischen in einem principiellen Punkte so wesentlich unterscheidet, dass zwischen beiden eigentlich gar keine Aehnlichkeit besteht. Jede optisch-photometrische Methode beruht in letzter Beziehung auf der Beurtheilung von Intensitätsunterschieden, ganz gleichgültig, wie der messende Apparat beschaffen ist, und der Beurtheilungsgenauigkeit ist eine Grenze gesetzt, die in physiologischen Eigenthümlichkeiten des Auges ihre Ursache hat, und die durch keinen Apparat erweitert werden kann. Es ist bekannt, dass das menschliche Auge Intensitätsunterschiede, die unter $1^0/_0$ der Intensität liegen, nicht mehr wahrnehmen kann.

Bei der photographischen Methode *) werden die Intensitätsunterschiede in Längendifferenzen umgewandelt, deren exacter Bestimmung durch physiologische Eigenthümlichkeiten keine Grenze gesetzt ist, sondern nur durch die Unvollkommenheiten der Methode und der Apparate, deren immer weiterer Verbesserung aber principiell nichts im Wege steht. Das ist meines Erachtens ein ganz enormer Vorzug der photographischen Methode vor der optischen, der bisher entschieden nicht genügend gewürdigt worden ist.

*) Scheiner, Astr. Nachr. 121, 49.

Die Frage nach der Ursache der Verbreiterung der photographischen Sternscheibchen hängt so innig mit der Ermittelung der physikalischen Beziehungen zwischen den Durchmessern der Scheibchen und der Intensität und Expositionszeit zusammen, dass ihre Lösung auch vereint mit letzterer behandelt werden muss.

Die photographische Verbreiterung oder Ausbreitung stark belichteter Stellen der Platten über die Belichtungsgrenze hinüber zeigt sich übrigens nicht nur bei Sternaufnahmen, sondern bei allen contrastreichen Photographien; man bezeichnete diese Ausbreitung früher als »photographische« oder »chemische« Irradiation und glaubte, dass sie auf einer Ausbreitung der chemischen Vorgänge innerhalb der empfindlichen Schicht durch Contact beruhe, dass sie also einen ähnlichen Vorgang darstelle, wie die Ausbreitung der chemischen Vereinigung oder Trennung innerhalb eines explosiven Gemisches, welche an einer Stelle eingeleitet worden ist.

Der erste, der sich genauer mit der Frage nach der Ausbreitung der Sternscheibchen beschäftigt hat, war G. P. Bond*), Cambridge, dessen Untersuchungen hierüber im Jahre 1857 begonnen haben; es ist charakteristisch, wie genau Bond bereits damals die Eigenthümlichkeiten des Vorganges erforscht hat, und wie er die Vortheile der photographisch-photometrischen Methode erkannt hat, soweit dies nach dem damaligen Stande der physikalischen Kenntniss überhaupt möglich war: »Photographien von Sternen ungleicher Helligkeit bieten deutliche Unterschiede in Gestalt und Intensität dar, wenn ihre mit gleicher Expositionszeit erhaltenen Bilder mit einander verglichen werden; es drängt sich sofort die Möglichkeit auf, sie nach einer Scala ihrer photographischen oder chemischen Grössen zu ordnen, welche analog der gewöhnlichen optischen Scala ist, sich aber von ihr wesentlich durch die Thatsache unterscheidet, dass sie auf wirkliche Messungen gegründet werden kann, gegenüber den vagen und ungewissen Schätzungen, auf welche sich die Astronomen bisher beschränkt haben, um die relative Helligkeit der Sterne in Zahlen auszudrücken. In drei Besonderheiten wird das vorgeschlagene System einen fraglosen Vortheil über das gewöhnlich benutzte haben, vorausgesetzt, dass die chemische Wirkung des Sternenlichtes kräftig genug ist, um genaue Bestimmungen seines Betrages zu geben. Es wird weniger zugänglich für individuelle Eigenthümlichkeiten unseres Gesichtssinnes sein. Es wird weniger Raum sein für Unterschiede zwischen verschiedenen Beobachtern oder für schlechte Uebereinstimmungen zwischen den Resultaten ein- und desselben Beobachters zu verschiedenen Zeiten, in Beziehung auf das Intensitäts-Verhältniss der verschiedenen Grössenclassen

---

*) G. P. Bond. Stellar Photography. Astr. Nachr. 49, 81.

untereinander. — Schliesslich wird es vollkommen die grösste der dem Problem entgegenstehende Schwierigkeit überwinden — die Vergleichung der Sterne verschiedener Farbe.«

Die Beschreibung des Aussehens der Platten unter dem Mikroskope, welche Bond giebt, befindet sich in so völliger Uebereinstimmung mit derjenigen, welche man von den jetzigen Gelatineplatten geben kann — Bond hat nasse Collodiumplatten benutzt —, dass dieselbe auch heute noch unverändert gültig ist:

»Die ganze Oberfläche dieser Platten erscheint unter dem Mikroskope mit unzähligen undurchsichtigen Partikeln übersäet, von unregelmässiger Begrenzung und von gleichem Aussehen, gleichgültig, ob sie durch ihre Vereinigung das Bild eines Sterns liefern, oder ob sie bloss den Untergrund darstellen, auf welchen die Sterne projicirt sind. Obgleich die Durchmesser dieser Partikel sehr stark bei verschiedenen Platten variiren, wahrscheinlich infolge unbeabsichtigter Veränderungen der chemischen Entwickelung, bleibt doch ihre mittlere Grösse auf allen Theilen derselben Platte nahe dieselbe. Wenn sie ein Sternscheibchen bilden, zeigt in ihrem allgemeinen Aussehen nichts die Helligkeit oder Lichtschwäche des Objects an als das einzige Charakteristicum, dass, je heller der Stern ist, um so grösser die Menge des Niederschlages wird, und zwar erkennbar durch die vermehrte Zahl der Theilchen innerhalb eines gegebenen Areals.

Eine bemerkenswerthe Eigenthümlichkeit zeigt sich übrigens bei der Entstehung des Bildes, dass nämlich eine gewisse bestimmte Expositionszeit, welche von der Helligkeit des Sterns abhängt, erforderlich ist, ehe irgend eine Spur von Lichtwirkung entdeckt werden kann. Unmittelbar nachher wird das Bild dadurch plötzlich erzeugt, dass 10 bis 20 Partikel innerhalb eines Areals von etwa 1″ Durchmesser sich vereinigen. Ihre Zahl wächst dann sehr schnell, und schliesslich berühren sie einander und überdecken sich, während sich die Grenzen des Bildes nach allen Seiten ausbreiten, ein immer grösser werdendes Areal einschliessen, in der Mitte dichter, nach den Rändern diffuser werdend.«

In Betreff der Ursache der Lichtausbreitung hat Bond folgende Ansicht: »Die Erklärung für die Ausbreitung der Lichtwirkung, welche durch die Messungen angezeigt wird, ist etwas dunkel. Wenn sie durch Lichtzerstreuung in Folge der Unvollkommheiten des Objectivs verursacht wäre, müsste sie durch Verminderung der Oeffnung gehemmt werden; aber oft entstehen ähnliche Bilder bei verschieden grossen Oeffnungen, sofern man die Aenderung der Lichtmenge hierbei in Rechnung zieht. Es ist aber sehr wahrscheinlich, dass atmosphärische Störungen zum Theil die Erscheinung verursachen.« Fig. 47 zeigt den Anblick eines stark verbrei-

terten Sternscheibchens bei starker Vergrösserung. Die in der Mitte gelegene Aufhellung rührt von der bereits eingetretenen Solarisation her.

Aus einer grösseren Zahl von Durchmesserbestimmungen von Sternscheibchen bei verschiedenen Expositionszeiten leitet Bond folgende Sätze
ab, von denen der erste natürlich nur für das nasse Collodiumverfahren
Bedeutung hat.

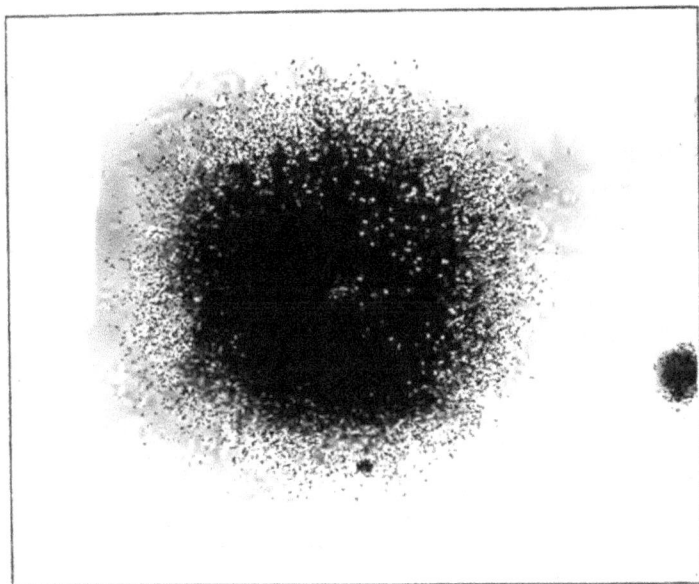

Fig. 47.

1) Die Empfindlichkeit der Platten wird gegen das Ende der Exposition hin grösser.

2) Das erste Bild des Sterns erscheint plötzlich, und folglich kann
der Moment des Erscheinens sehr genau festgelegt werden.

3) Der Flächeninhalt der Bilder wächst proportional mit der Expositionszeit.

Aus Nr. 3 leitet Bond unter der Annahme, dass Expositionszeit und
Lichtintensität umgekehrt proportional verlaufen, ab:

4) Die Classification der Sterne nach ihren photographischen Licht-
stärken kann vermittels der Formel erfolgen

$$Pt + Q = y^2,$$

in welcher t die Expositionszeit, y den Durchmesser des Scheibchens, und P und Q zwei Constanten bedeuten, welche für jede Platte gesondert bestimmt werden müssen.

Die übrigen Untersuchungen Bonds, welche auf dem photometrisch unrichtigen Princip der Objectivabblendung beruhen, mögen hier übergangen werden.

Beinahe dreissig Jahre waren seit den Untersuchungen Bonds verflossen, in denen dieselben wohl ziemlich der Vergessenheit anheimgefallen gewesen sind, bis im Jahre 1886 die Frage der photographischen Photometrie durch Pickering*) neu angeregt worden ist. Bezeichnet man mit

  a die Oeffnung des Objectivs,
  f die Focallänge desselben,
  t den Betrag des durch die Linse durchgelassenen Lichtes,
  d den Durchmesser des kleinstmöglichen photographischen Bildes des schwächsten Sterns, welcher noch ein Bild erzeugt,
  m die Grösse eines solchen Sterns,
  l das Verhältniss des von einem solchen Stern ausgesandten Lichtes zu dem eines Sterns von der Grösse 0,
  T die Expositionszeit,
  s die Empfindlichkeit der Platte, gemessen durch die Lichtmenge, welche erforderlich ist, um die schwächste photographische Wirkung zu erzeugen,

so ist nach Pickering:

$$m = -2.5\,(\lg A + 2\lg d + \lg s - 2\lg a - \lg t - \lg T).$$

Pickering nimmt hierbei an, dass l proportional d^2 und s ist, und umgekehrt proportional a^2 und t und auch T; dann ist $l = A\,\dfrac{d^2 s}{a^2 t T}$, wo A eine Constante bedeutet.

Pickering deutet selbst an, dass diese Formel keinen praktischen Werth besitzt, besonders weil d nur sehr unsicher zu bestimmen ist. Die Grösse von d hängt für ein gegebenes Instrument ab zunächst von der Luftunruhe; eine Vergleichung der d bei verschiedenen Instrumenten aus den optischen Constanten derselben ist gar nicht möglich. Auch einige andere Voraussetzungen in der Formel sind nicht richtig oder wenigstens nicht bewiesen.

Die grossen Fortschritte in der Fixsternaufnahme, welche durch die Verwendung der äusserst empfindlichen Bromsilberplatten und durch das

---

*) E. C. Pickering. An Investigation in Stellar Photography. Memoirs of the Amer. Acad. 11, 179.

Instrument der Gebrüder Henry in Paris herbeigeführt worden sind, haben auch eine erneute Anregung zum Studium der photographischen Photometrie gegeben und dieselbe zu einem vorläufigen Abschlusse gebracht.

Im Jahre 1889 habe ich zuerst eine Untersuchung*) angestellt über die Beziehungen zwischen den Durchmessern der photographischen Sternscheibchen und den optisch bestimmten Sterngrössen. Ich benutzte kürzere Plejadenaufnahmen mit verschiedenen Expositionszeiten, welche v. Gothard mit einem Spiegelteleskope erhalten hatte, sowie eigene Aufnahmen mit einem fünfzölligen, für die chemischen Strahlen achromatisirten Objective, ausserdem aber noch Aufnahmen der künstlichen Sterne eines Zöllner'schen Photometers. Es zeigte sich, dass die gemessenen Durchmesser innerhalb des gegebenen Intervalls von sechs resp. vier Grössenclassen durch eine äusserst einfache lineare Beziehung mit den Sterngrössen in Verbindung stehen, nämlich durch die Form $m = a + bD$, wo a und b zwei Constanten sind, während m die Grössenclasse und D den Durchmesser bedeuten.

Für die Beziehung zwischen Durchmesser und Expositionszeit fand ich bei den künstlichen Sternen des Photometers die Form $D = D_0 \sqrt[3]{t}$, entsprechend dem früheren Bond'schen Resultate, während bei den Plejadensternen die Durchmesser gleichmässig wachsen, wenn die Expositionszeit in einer geometrischen Progression fortschreitet, wenn also eine logarithmische Beziehung zwischen beiden Quantitäten besteht; das letztere Resultat ist auch später von M. Wolf**) erhalten worden.

Eine umfangreiche Untersuchung über die photographischen Sterngrössen ist ebenfalls noch im Jahre 1889 von Charlier***) veröffentlicht worden, auf Grund von Plejadenaufnahmen.

Unter Vernachlässigung der Diffraction nimmt derselbe an, dass bei der Helligkeit $H = 0$ auch der Durchmesser der Scheibchen $D = 0$ wird, und dass dann H durch die folgende Potenzreihe darstellbar ist:

$$H = pD^\alpha(1 + \beta_1 D + \beta_2 D^2 + \cdots).$$

Die Charlier'schen Aufnahmen ergeben nun, dass bereits $\beta_1 = 0$ gesetzt werden kann, dass also $H = pD$ zu setzen ist; es wird dann die Sterngrösse

$$m = a - b \lg D, \quad \text{wo}$$
$$b = 2.5a \quad \text{und} \quad a = -2.5 \lg p \quad \text{ist.}$$

---

*) Scheiner, J. Application de la Photographie á la Détermination des Grandeurs Stellaires. Bull. du Comité. 1, 227.

**) M. Wolf. Sur la Loi des Diamètres Photographiques des Disques Stellaires. Bull. du Comité. 1, 389.

***) Charlier, C. V. L. Ueber die Anwendung der Sternphotographie zu Helligkeitsbestimmungen der Sterne. Publ. d. Astr. Gesellschaft. Nr. 19.

a und D werden hierbei als Functionen der Expositionszeit t aufgefasst, und zwar kann a aus D bestimmt werden. Für D fand Charlier das allgemeine Gesetz

$$D = D_0 \sqrt[4]{t}, \quad \text{und hiernach}$$

$$a = a_0 + \frac{b}{4} \lg t.$$

Charlier betrachtet demnach a_0 und b als wirkliche Constanten, als photographische Instrumentconstanten, und findet auch für seine Beobachtungen thatsächlich b als constant, indem für vier Platten mit Expositionszeiten von 13^m bis 3 Stunden die Werthe für b betragen 6.72, 6.78. 6.68 und 6.81.

Ich bin unter Benutzung der Charlier'schen Formel in dieser Beziehung zu dem entgegengesetzten Resultate*) gelangt: Für vier Platten mit den Expositionszeiten von 24^s bis 6^m 15^s erhielt ich folgende Werthe von b : 5.17, 6.35, 7.06 und 8.08, also ein rapides Anwachsen von b mit der Expositionszeit. Der Unterschied ist darauf zurückzuführen, dass Charlier im Gegensatze zu mir überhaupt nur beträchtlich lange Expositionszeiten verwendet hat; vielfache Erfahrungen haben aber ergeben, dass die interessantesten und wichtigsten Details bei photographisch-photometrischen Untersuchungen verschwinden oder in viel unbestimmterer Form auftreten, sobald die Expositionszeiten verhältnissmässig sehr gross werden.

Schaeberle**) hat aus Aufnahmen von Polaris und Wega folgendes Durchmessergesetz abgeleitet:

$$d = a + \beta \lg D + \gamma \lg t,$$

wo a, β, γ Constanten sind und D den Objectivdurchmesser bedeutet. Hierbei kommen Abblendungen des sechszölligen Objectivs bis auf 2 Zoll vor. Auch in diese Formel ist also eine Instrumentalconstante eingeführt.

Trépied***) findet aus seinen Beobachtungen eine Bestätigung der Charlier'schen Formel in ihrer weitesten Form:

$$m = a_0 b_0 \lg \frac{d}{\sqrt[4]{t}}, \quad \text{und}$$

zu dem gleichen Resultate kommt Pritchard, nur mit dem Unterschiede, dass anstatt $\sqrt[4]{t}$ zu setzen ist $\sqrt[3.8]{t}$.

---

* Scheiner, J. Recherches Photométriques sur les Clichés Stellaires. Réunion du Comité 1890, 81.
) Schaeberle, J. M. Pac. **1, 51.
***) Trépied, Ch. Sur la Relation .... Réunion du Comité 1890, 77.

Der Umstand, dass die verschiedenen Beobachter zu durchaus verschiedenen Formeln geführt worden sind, und dass unter diesen Formeln keine einzige sich befindet, welche alle Beobachtungen, die mit anderen Instrumenten und mit anderen Expositionszeiten erhalten worden sind, gut darstellt, zeigt schon, dass dieselben keine physikalische Bedeutung besitzen, sondern nur als Interpolationsformeln betrachtet werden können. Je mehr Constante in eine derartige Formel gebracht werden, um so bessere Darstellung der Beobachtungen ist natürlich zu erwarten. Um nun den Ursachen der Ausbreitung der Sternscheibchen und damit der Frage, ob überhaupt eine allgemein gültige Form für die Beziehungen zwischen Durchmesser der Sternscheibchen einerseits und der Helligkeit und Expositionszeit andrerseits existirt, näher zu kommen, ist es erforderlich, eine kurze theoretische Betrachtung vorzuschicken.

Das Licht verrichtet auf der empfindlichen Schicht eine gewisse Arbeit, deren Form noch völlig unbekannt ist, die sich aber darin äussert, dass nach der Belichtung das Silbersalz eine Modification erfahren hat, welche es befähigt, unter der Einwirkung reducirender Substanzen sich zu zerlegen und das Silber als Niederschlag auszuscheiden, dessen grössere oder geringere Dichtigkeit ein Mass für die geleistete Arbeit abgiebt. Die Grösse der Arbeit, welche das Licht leisten kann, ist direct proportional dem Producte aus der Intensität i des Lichtes und der Zeit t, während welcher es wirkt, bei gleicher Arbeit ist also it eine Constante; dass dies aber für die zunächst allein sichtbare Wirkung der Arbeit, für die Dichtigkeit des Niederschlages, nicht der Fall ist, oder dass wenigstens eine obere Grenze hierfür existirt, ist bekannt. Wird die Arbeit über eine gewisse Grenze hinaus vermehrt, so findet ein Dichterwerden des Niederschlages nicht mehr statt, sondern vielmehr umgekehrt: bei der Solarisation hellt sich der Niederschlag wieder auf. Es ist klar, dass schon lange, bevor diese Grenze erreicht ist, eine Proportionalität von i und t nicht mehr vorhanden sein kann, sondern dass eine solche nur bei geringen Schwärzungsgraden und innerhalb enger Grenzen näherungsweise anzunehmen ist. Dieser Punkt spielt in der ganzen photographischen Photometrie die wichtigste Rolle, und seine Erwähnung musste deshalb zunächst vorausgeschickt werden.

Von nahe gleicher Wichtigkeit ist die Frage nach der Ursache der Verbreiterung der Sternscheibchen. Die zuerst aufgestellte Ansicht darüber, eine chemische Irradiation sei als Ursache anzunehmen, ist bereits erwähnt, ebenso, dass Bond hauptsächlich an den Einfluss der Luftunruhe gedacht hat, die auch zweifellos hierbei eine Rolle spielt. Ich selbst kam durch gewisse Erscheinungen auf die Erklärung der Verbreiterung durch seitliche Reflexion von den beleuchteten Partikeln in die

Schicht hinein. Unter der Annahme, die Ausbreitung eines Sternscheibchens finde durch Reflexion des Lichtes von dem primär beleuchteten Mittelpunkte aus statt, ist die jeweilige Grenze des Scheibchens bedingt durch die in der Schicht stattfindende Absorption. Es sei i die mittlere Intensität eines Punktes des Sternscheibchens während der Expositionszeit t. Der Abstand dieses Punktes von dem allein beleuchteten Mittelpunkte des Scheibchens, dem Orte des Brennpunktsbildes des Sterns, sei r. Durch die Luftunruhe wird der sonst als wirklicher Punkt aufzufassende Mittelpunkt zu einem kleinen Scheibchen mit dem Radius ϱ; unter J möge die Intensität des Mittelpunktes verstanden werden. Die Intensität i hängt nun als Function von r hauptsächlich von der Stärke der Absorption innerhalb der Schicht ab, ferner auch von der secundären Beleuchtung durch die erhellten benachbarten Bromsilbertheilchen, welch letztere jedoch ganz unberücksichtigt bleiben soll. Ferner besteht eine merkliche Abhängigkeit des i von der durch die Luftunruhe hervorgebrachten Vergrösserung des ursprünglichen Mittelpunktes, welche mit $\psi(\varrho)$ bezeichnet werden möge.

Als einfachste Beziehung lässt sich hiernach aufstellen:

$$ i = J\psi(\varrho)e^{\alpha r}, $$

wo α den Absorptionscoëfficienten der empfindlichen Schicht bezeichnet. Da man nun bei Durchmesserbestimmungen auf Punkte gleicher Schwärzung am Rande einstellt, so hat man für zwei beliebige Sternscheibchen (dieselbe Emulsion und Entwickelung)

$$ \frac{t_0}{t_1} = \frac{J_1}{J_0}\frac{\psi(\varrho_1)}{\psi(\varrho_0)}\, e^{\alpha(r_1 - r_0)} \quad \text{oder} $$

$$ \lg\frac{t_0}{t_1} = \lg\frac{J_1}{J_0} + \alpha(r_1 - r_0) + \lg\frac{\psi(\varrho_1)}{\psi(\varrho_0)}. $$

Für Sternscheibchen derselben Aufnahme ist $t_0 = t_1$ und $\varrho_0 = \varrho_1$ und demnach

$$ \alpha(r_1 - r_0) = \lg\frac{J_1}{J_0} = \frac{0.4}{\text{Mod.}}(m_1 - m_0), $$

wenn m_0 und m_1 die betreffenden Sterngrössen sind, d. h. es besteht zwischen Sterngrössen und den Durchmessern der photographischen Scheibchen eine lineare Beziehung, entsprechend meiner früher aufgestellten Formel.

Die Relation zwischen Durchmesser und Expositionszeit erhält man. wenn $J_0 = J_1$ und ebenfalls $\varrho_0 = \varrho_1$ gesetzt wird, nämlich

$$ \lg\frac{t_0}{t_1} = \alpha(r_1 - r_0). $$

also eine logarithmische Beziehung, wie ebenfalls von Wolf und mir gefunden.

Diese Betrachtung könnte den Anschein einer physikalischen Bedeutung der Endformeln erwecken; wenn man aber bedenkt, dass implicite die Forderung der Proportionalität von Zeit und Intensität in ihnen enthalten ist, so erhellt, dass die Formeln nur als erste Annäherungen betrachtet werden dürfen. Noch bedenklicher aber ist der Umstand, dass a in seiner Eigenschaft als Absorptionscoëfficient constant sein müsste, während es sich bei Versuchen als stark mit t veränderlich zeigt, und man wird besonders darauf geführt, dass die Erklärung der Ausbreitung der Sternscheibchen durch die Lichtreflexion allein nicht ausreicht, während allerdings an ihrer Existenz nicht gezweifelt werden kann. M. Wolf hat nun zuerst experimentell bewiesen, dass dies thatsächlich der Fall ist. Er liess den Bildpunkt eines Sterns auf einen schmalen undurchsichtigen Gitterstrich fallen, so dass auf der Platte überhaupt kein primärer Lichtpunkt vorhanden war. Trotzdem erschienen auf beiden Seiten des Striches die Segmente des Sternscheibchens und zwar von derselben Grösse wie bei Aufnahmen ohne Gitterstriche. Damit war bewiesen, dass das Scheibchen nicht durch Reflexion von einem primären Lichtpunkte aus entstanden war. Ein weiterer Versuch bestand darin, dicht neben dem Brennpunktsbilde des Sterns die photographische Schicht durch ein Stäubchen oder dergl. zu bedecken, wobei dann an dieser Stelle kein Lichteindruck auf der Platte entstand: das Stäubchen hatte einen Schatten geworfen. Hieraus folgte, dass die Verbreiterung von Licht herrührte, welches aus der Richtung vom Objective herkam. Durch die Versuche Wolfs bin ich zu folgenden Betrachtungen und Schlüssen geführt worden.

Wenn die Verbreiterung der Sternscheibchen von der Beschaffenheit des vom Objective (Spiegel) kommenden Lichtes herkommt, so muss sich ein wesentlicher Unterschied zwischen der Wirkung eines durch eine Linse erzeugten primären Lichtpunktes und eines solchen zeigen, bei welchem jeglicher Lichtvorgang vor der empfindlichen Schicht ausgeschlossen ist. also eines durch eine feine Oeffnung erzeugten Lichtpunktes.

Eine feine Oeffnung, welche diese Bedingung erfüllt, also auch eine Diffractionswirkung ausschliesst, erhält man leicht auf folgende Weise. In eine kräftige Messingscheibe bohrt man einen Conus ein, bis dessen Spitze die gegenüber liegende Fläche nahe erreicht, welch letztere man alsdann bis zur Spitze des Conus vorsichtig abschleift; man kann auf diese Weise beliebig feine kreisrunde Oeffnungen herstellen, deren scharfkantige Begrenzung in der Ebene der Metallscheibe liegt. Drückt man gegen letztere die empfindliche Schicht einer photographischen Platte an

und belichtet mit nahe parallelem Lichte durch die conische Oeffnung,
so sind wegen der innigen Berührung von Kante und Schicht merkliche
Diffractionen ausgeschlossen, und es kann, wenn die Reflexwirkung von
der Rückseite der photographischen Platte in der üblichen Weise beseitigt
wird, eine Lichtwirkung auf neben dem primär beleuchteten Punkte gelegenen Theilen der Platte nur noch durch Reflexe innerhalb der Schicht
stattfinden.

Mit einer derartigen Vorrichtung angestellte Versuche ergaben nun,
dass auch hierbei die Durchmesser der entstehenden Scheibchen mit
wachsender Intensität oder Expositionszeit zunehmen, dass also mit
Sicherheit eine Verbreiterung durch innere Reflexion stattfindet, dass aber
die Scheibchen relativ sehr klein bleiben.

Um die Durchmesser der durch Linsen und durch Oeffnungen erhaltenen Scheibchen mit einander vergleichen zu können, ist es erforderlich, die Lichtintensitäten der beiden primären Scheibchen zu kennen.
Im allgemeinen dürfte die Erlangung dieser Kenntniss aber grosse
Schwierigkeiten bereiten, und nur in einem Specialfalle, in welchem die
beiden Intensitäten einander gleich werden, ist die Vergleichung ohne
Weiteres möglich, nämlich dann, wenn Intensität und Expositionszeit
genügend gross sind, um eine beginnende Solarisation des primären
Scheibchens zu erzeugen; die Mitten der verbreiterten Scheiben werden
alsdann wieder hell, sowohl bei Sternen als auch bei den durch Oeffnungen erzeugten Scheiben. Bei einer Reihe von Aufnahmen bei zunehmender Expositionszeit lässt sich der Beginn der Solarisation mit
ziemlicher Sicherheit erkennen, und damit ist ein gemeinschaftliches
Mass für die vom Lichte geleistete Arbeit gegeben. Wenn man hierbei
die Intensitäten noch so wählt, dass die Expositionszeiten bei beiden
Methoden nicht zu sehr von einander verschieden sind, so sind auch die
wegen der Nichtproportionalität von Zeit und Intensität zu befürchtenden
Fehler nicht von merklichem Betrage.

Ich habe nun folgende Durchmesser für die verbreiterten Scheibchen
im Beginne der Solarisation erhalten:

	Durchmesser in mm	Durchm. in Bogensec.	Durchm. des prim. Scheibch.
Photographischer Refractor	0.98	60″	0.05 mm
Voigtländer Euryskop	0.88	480″	0.05
Feine Oeffnung	0.20	—	0.06

Hiernach ist beim Refractor und beim Euryskop die Solarisation bei
16- bis 18maliger Verbreiterung des primären Scheibchens eingetreten,

bei den durch Oeffnungen erzeugten Scheibchen schon bei 3- bis 4maliger, und es kann also nicht mehr dem geringsten Zweifel unterliegen, dass die Lichtreflexion im Innern der Schicht nur einen verhältnissmässig geringen Beitrag zur Verbreiterung der Sternscheibchen liefert.

Hierbei lässt sich gleichzeitig auch genähert feststellen, wie sich die Intensitäten in der Mitte der solarisirten Scheibchen und an dem äussersten Rande, wo nur noch eben eine Lichtwirkung stattgefunden hat, zu einander verhalten. So beginnt z. B. für den Refractor die Solarisation der Mitte (einstündige Expositionszeit) bei Sternen der 3. bis 4. Grössenclasse, und in derselben Zeit erscheinen als schwächste Sterne, von der Intensität des Randes der verbreiterten Sternscheibchen, die Sterne der 12. bis 13. Grössenclasse; die Helligkeit des Randes ist also um 9 bis 10 Classen geringer als die der Mitte, die Intensitäten verhalten sich demnach annähernd wie 1 zu 5000 bis 10000. Man ersieht hieraus, dass hier Intensitätsunterschiede in Frage treten, wie solche bei optischen Untersuchungen überhaupt nicht vorkommen; zur Erklärung der Erscheinung der Verbreiterung müssen also Factoren in Rechnung gezogen werden, auf welche man sonst bei Fernrohrobjectiven nicht Rücksicht nimmt. Ich werde im Folgenden einen Erklärungsversuch an der Hand der hier für den photographischen Refractor geltenden Zahlen geben.

Von den in Frage tretenden Factoren könnte man in erster Linie an die das Mittelbild umgebenden Diffractionsringe denken. Ich habe schon früher*) gezeigt, dass für das von Gothard'sche Spiegelteleskop die Diffractionsringe nicht die Hauptursache der Verbreiterung sind; dasselbe gilt auch für den photographischen Refractor. Das Intensitätsverhältniss von $1/5000$ bis $1/10000$ wird beim 7. bis 9. Ringe erreicht, welche Ringe bei dem genannten Instrumente einen Halbmesser von 10″ bis 12″ haben. Ich habe oben dieselbe Intensität für einen Radius der Scheibchen von 30″ angegeben, die Diffractionsringe allein können also nur bis zur Hälfte der verbreiterten Scheiben gewirkt haben.

Man könnte dann weiter an den Einfluss der unvollkommenen Achromasie denken; dieser Gedanke ist um so mehr berechtigt, als bei Aufnahmen mit für optische Strahlen achromatisirten Objectiven überhaupt keine scharfen Sternscheibchen entstehen und hier zweifellos die sehr grossen blauen und violetten Abweichungskreise hauptsächlich die Verbreiterung bewirken. Bei dem Potsdamer photographischen Objective sind jedoch die Strahlen von F bis ins äusserste Ultraviolett (das Gebiet der photographisch wirksamen Strahlen) sehr gut vereinigt, und zwar

---

* Astr. Nachr. Nr. 2889.

derart, dass der Halbmesser des stärksten Abweichungskreises — F —
nur etwa 0.1 mm = 6″ beträgt. Erst bei C erreicht dieser Halbmesser
den Betrag von 0.5 mm = 30″, wie sich leicht durch Anwendung rothempfindlicher Platten constatiren lässt.

Der Einfluss der sphärischen Aberration ist bei dem besprochenen
Objective wie bei allen guten astronomischen Objectiven sehr gering und
beträgt für die Randstrahlen höchstens 0.05 mm = 3″.

Bei allen nicht verkitteten Objectiven, bei denen die Krümmungsradien der beiden inneren Flächen nicht sehr von einander verschieden
sind, entsteht durch doppelte Reflexion in der Nähe des Focalbildes ein
zweites Bild, dessen Distanz vom Focalbilde von der Differenz der beiden
Krümmungshalbmesser abhängt (s. pag. 40). Bei Bildern ausserhalb der optischen Axe liegt dieses Reflexbild zwar nicht genau centrisch zum eigentlichen
Bilde, man könnte jedoch diesem, in der wahren Brennfläche als Scheibchen erscheinenden Bilde die Ursache der Verbreiterung zuschreiben. Es
lässt sich aber leicht zeigen, dass dies nicht zulässig ist. Die Intensität
des zweiten Bildes ist wegen seiner Entstehung durch doppelte Reflexion
zu annähernd $1/_{400}$ anzunehmen. Nimmt man den Halbmesser des Bildes
selbst zu 1″5 an, ein jedenfalls eher zu grosser, als zu kleiner Werth, so
reducirt sich seine Flächenintensität aber auf etwa $1/_{60000}$, wenn es eine
solche Distanz vom Focus hat, dass es in der Brennfläche als Scheibchen
mit dem geforderten Halbmesser von 30″ erscheint.

Ich glaube, hiermit gezeigt zu haben, dass keine der bei einem Objective rechnungsmässig zu verfolgenden Fehlerquellen für sich allein
eine Erklärung für die Verbreiterung der photographischen Sternscheibchen
geben kann, und dass auch ihr Gesammteinfluss nicht die bei langen
Expositionszeiten und grossen Intensitäten auftretende starke Verbreiterung
zu erklären vermag. Da ausserdem nach Angabe von Steinheil die
Flächen des ungefassten Objectivs nicht um Beträge von $1/_{100000}$ mm
von der wahren Kugelgestalt abweichen, so können zur Erklärung der
Verbreiterung nur noch die unregelmässigen Fehler des Objectivs herbei-
gezogen werden. Hierbei hat man zwei Arten derselben zu unterscheiden,
einmal die Rauhigkeiten der Oberflächen, kleine Schlieren, Luftbläschen etc.,
welche dem Objective unveränderlich angehören, und in zweiter Linie
Deformationen des Objectivs durch die Fassung desselben.

Was die ersteren angeht, so ist es klar, dass sie bewirken, dass ein
Theil des auf das Objectiv fallenden Lichtes nicht im Bildpunkte vereinigt wird, sondern als zerstreutes Licht sich über das ganze Gesichtsfeld
verbreitet; man erkennt diese Erscheinung sehr deutlich, wenn man schräg
auf ein von der Sonne beschienenes Objectiv blickt.

Da aber kleinere Fehler naturgemäss häufiger vorkommen als grössere, so sind geringere Abweichungen der Strahlen vom regelmässigen Gange häufiger als grosse, und folglich ist die Intensität des zerstreuten Lichtes in der Nähe des Bildpunktes grösser, als weiter von demselben. Diese Ursache kann augenscheinlich eine unbegrenzte Ausbreitung der Sternscheibchen im Gefolge haben.

Die Fassung des Objectivs äussert sich im Strahlengange folgendermassen. Alle mir bekannten Objective (auch Spiegel), welche an drei Punkten gefasst sind, oder bei welchen die unmittelbare Berührung der beiden Linsen durch drei Stanniolstreifen verhindert ist, liefern photographische Scheibchen, von welchen sechs Strahlen ausgehen, die nach den drei Druckpunkten orientirt sind. Es ist also anzunehmen, dass bei solchen Objectiven durch die Vertheilung des Druckes auf drei Punkte Einsattelungen entstehen, welche bewirken, dass in den Richtungen auf die Druckpunkte zu die Vereinigung der Strahlen theilweise in grösserer Entfernung vom Bildpunkte erfolgt. Der Umstand, dass nicht drei Strahlen, sondern sechs entstehen, dass also jeder Strahl eine Fortsetzung über den Bildpunkt hinaus erfährt, und besonders, dass diese Fortsetzung fast genau gleich dem eigentlichen Strahl in Bezug auf Länge und Intensität wird, scheint darauf hinzudeuten, dass auch eine Diffractionswirkung hierbei mitspielt; dass letztere allein die Ursache der Strahlen bilden sollte, ist für das Objectiv des photographischen Refractors völlig ausgeschlossen, da hier die Stanniolblättchen nicht in die freie Oeffnung heraustreten. Objective, die voll gefasst sind, z. B. das Voigtländer'sche Euryskop, zeigen die sechs Strahlen natürlich nicht; es ist aber anzunehmen, dass der allseitige Druck auf den Rand auch eine allgemeine Deformation des Objectivs bewirkt, ähnlich wie wenn die Flächen des ungefassten Objectivs Abweichungen von der regelmässigen Kugelgestalt besässen. Es mag dies theilweise die Ursache für die im Winkelwerth 8mal stärkere Ausbreitung der Sternscheibchen im Euryskop gegenüber dem Refractor sein, zum anderen Theile sind hierfür gewiss die etwas weniger exacte Ausführung der Flächen und die Zusammensetzung aus vier Linsen massgebend.

Auch bei der Fassung durch drei Druckpunkte muss eine geringe Deformation des ganzen Randes erfolgen und somit ein Beitrag zur allgemeinen Verbreiterung der Sternscheibchen geliefert werden. Um dies experimentell zu prüfen, habe ich beim photographischen Refractor eine Central- und eine Randblende, welche gleiche Flächenräume abblendeten, benutzt.

Die Randblende bewirkte nun zunächst eine Verkleinerung des primären Scheibchens, entsprechend der theilweisen Aufhebung der sphärischen Aberration, gleichzeitig auch eine im Verhältniss nur sehr geringe Abnahme der photographischen Lichtstärke, weil die durch die Randscheibe des Objectivs gehenden Strahlen wesentlich nur eine Verbreiterung des primären Bildes bewirken und nur eine geringe Verstärkung der Flächenintensität desselben. Die an sich nur geringe Veränderung des primären Scheibchens kann auf das Verhalten des verbreiterten Scheibchens nur einen geringen oder ganz verschwindenden Einfluss ausüben; trotzdem zeigten die Versuche, dass bei gleichen Expositionszeiten die verbreiterten Scheibchen mit Randblende im Verhältniss von 3:2 grösser wurden als bei Centralblende. Diese Erscheinung lehrt also, dass die Randpartien des Objectivs mehr zur Verbreiterung beitragen als die mittleren Theile, dass dies aber, da die Flächen des ungefassten Objectivs am Rande gerade so gut sind wie in der Mitte, eine Folge der durch die Fassung bedingten Deformation des Objectivs ist.

Die verbreiterten Scheibchen besitzen eine Eigenschaft, auf welche m. E. bisher zu wenig Gewicht gelegt worden ist. Sie sind nämlich zuerst sehr scharf begrenzt, und erst von einem gewissen Durchmesser an beginnt der Rand verwaschen zu werden, bis schliesslich bei sehr grossen Scheiben die Verwaschenheit eine grössere Ausdehnung besitzt als der schwarze Kern. Unter der nicht zu bezweifelnden Annahme, dass bei einer gegebenen Intensität eine untere Grenze der Expositionszeit existirt, unterhalb welcher keine in die Erscheinung tretende Wirkung auf die empfindliche Schicht ausgeübt wird, oder umgekehrt, bei einer gegebenen Expositionszeit eine entsprechende untere Grenze der Intensität, ist nur die folgende Erklärung für die obige Eigenthümlichkeit der Scheibchen zulässig: Der Intensitätsabfall in der Nähe des Bildpunktes ist ein so steiler, dass einer sehr geringen Aenderung der Entfernung eine so starke Aenderung der Intensität entspricht, dass der Uebergang vom völlig ausexponirten Bromsilber bis zum unzersetzten innerhalb einer sehr kleinen Strecke erfolgt, während der Intensitätsabfall in grösserer Entfernung vom Bildpunkte immer flacher wird. Die Intensitätscurve hat also die Form der in der nebenstehenden schematischen Figur punktirt gezeichneten steilen Curve, bei welcher die Ordinatenaxe in den Rand des primären Sternscheibchens verlegt ist.

Ich denke mir nun die Entstehung dieser Curve folgendermassen: In der Nähe des Bildpunktes wirken auf die Verbreiterung zunächst die ersterwähnten Ursachen, also Diffraction, sphärische und chromatische Aberration und innere Reflexion in der Schicht: diese Intensitätscurven mögen in der Figur durch die ausgezogenen Linien angedeutet sein; sie erreichen die Wirkungsschwelle schon alle nahe beim Bildpunkte. Die gestrichelte Curve möge nun den Intensitätsverlauf der durch die unregelmässigen Fehler des Objectivs und die Fassung verursachten Licht-

zerstreuung darstellen; diese Curve hat die Eigenschaft, erst in weit
grösserer Entfernung von der Axe den Schwellenwerth zu erreichen, also
sehr viel flacher zu verlaufen. Die Gesammtwirkung der fünf Curven
giebt die oben festgestellte Intensitätscurve der verbreiterten Scheibchen.

Es ist nun auch ohne Weiteres
einleuchtend, dass für jedes Objectiv
je nach seiner Construction, der Feinheit seiner Bearbeitung und der Art
seiner Fassung die Curve anders ausfallen wird, und hieraus sind die
Verschiedenheiten in den Formeln
für die Verbreiterung der Scheibchen
als Function von Zeit und Intensität
zu erklären, welche verschiedene Beobachter bisher erhalten haben. Ebenso
ergiebt sich unmittelbar die Richtigkeit meiner schon früher ausgesprochenen Behauptung, dass keine
der bisher hierfür gefundenen Formeln eine physikalische Bedeutung
hat, sondern dass sie nur als Interpolationsformeln zu betrachten sind,
dass also das praktischste Verfahren bei photographisch - photometrischen Untersuchungen stets die
graphische Ausgleichung sein wird.
Diese Bemerkung bezieht sich auch
auf diejenigen Formeln, welche gewisse Instrumentenconstanten enthalten, z. B. die Objectivöffnung, und
welche den meisten Anschein von
physikalischer Bedeutung besitzen.

Auch bei ein- und demselben

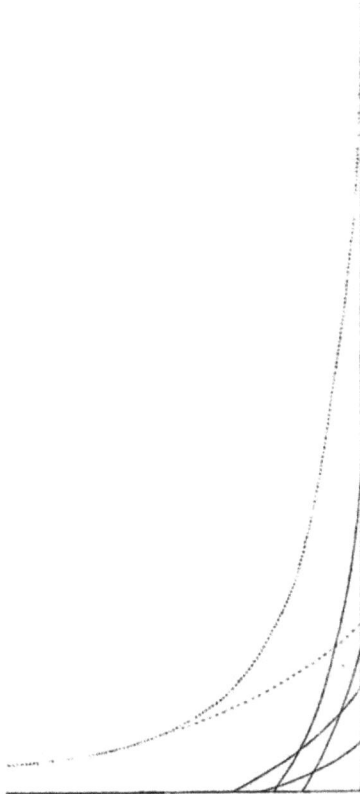

Fig. 48.

Objective treten je nach der Lage des Bildpunktes auf der Platte, je
nach der Plattensorte und je nach dem Luftzustande Aenderungen in der
Ausbreitung der Sternscheibchen auf; ihre Ursachen mögen als störende
bezeichnet und zunächst besprochen werden.

Nimmt man einen Stern bei derselben Expositionszeit einmal in der
optischen Axe und dann in grösserem Abstande auf, so ergeben diese
beiden Aufnahmen nicht denselben Durchmesser. Je weiter das Bild von
der optischen Axe entfernt ist, um so grösser wird der Durchmesser bei

gleichzeitiger Deformation der Bilder. Diese Erscheinung ist eine Folge
der bereits näher besprochenen Distorsion der Objective in Verbindung
mit dem Umstande, dass die Abbildung auf einer Kugelfläche erfolgt,
während die Platte eben ist. Die Zunahme der Durchmesser hängt dementsprechend von der Construction des Objectivs ab und bei demselben
Objective ausserdem noch von der Focussirung der Platte, je nachdem
dieselbe die Brennfläche in der optischen Axe tangirt oder sie in geringem
Abstande durchschneidet, zwecks einer grösseren Gleichförmigkeit der
Schärfe über den mittleren Theil der Platte. Allgemein gültige zahlen-
mässige Angaben lassen sich also über den Einfluss des Abstandes von
der optischen Axe auf die Helligkeitsbestimmungen der Sterne nicht
machen; dagegen dürfte es von Interesse sein, in einem bestimmten Falle
en Einfluss kennen zu lernen.

Mit dem Potsdamer photographischen Refractor habe ich auf zwei
Platten Aufnahmen desselben Sterns an verschiedenen Stellen der Platten
bei gleichen Expositionszeiten gemacht und dabei die folgenden Resultate
erhalten, welche gleichzeitig auch den Betrag der Ellipticität der Sternscheibchen bei diesem Instrumente zeigen.

1. Aufnahme.

Distanz von der optischen Axe	Gemessener Durchmesser		Mittel	Differenz in Grössenclassen
	in der radialen Richtung	in der transversalen Richtung		
0′	4″53	4″50	4″52	M. 0.00
6	4.47	4.50	4.49	— 0.01
17	4.51	4.41	4.46	— 0.02
24	4.89	4.57	4.73	+ 0.07
29	4.59	4.86	4.73	+ 0.07
35	4.77	4.54	4.66	+ 0.04
40	5.06	4.62	4.84	+ 0.11
46	5.09	4.11	4.60	+ 0.03
52	5.37	5.00	5.19	+ 0.22
57	5.92	4.71	5.32	+ 0.26

2. Aufnahme.

11	4.40	4.32	4.36	0.00
27	4.40	4.26	4.33	— 0.01
36	4.43	4.50	4.47	+ 0.03
42	4.26	4.59	4.43	+ 0.02
47	4.74	4.47	4.61	+ 0.08
51	4.92	4.14	4.53	+ 0.05
57	5.76	4.20	4.98	+ 0.21
61	5.70	4.64	5.17	+ 0.27

Eine graphische Ausgleichung führt zu folgenden Werthen:

Distanz von der optischen Axe	Differenz in Sterngrössen
	M.
30'	0.00
40	+ 0.03
50	+ 0.10
55	+ 0.15
60	+ 0.25

Es zeigt sich also, dass bei 40' Abstand von der Plattenmitte ein merklicher Einfluss auf die Grössenbestimmungen aus Messungen der Durchmesser der Sternscheibchen nicht existirt, dass sich aber von da an bis zu 60' Abstand eine Differenz bis zu einer Viertelgrössenclasse zeigt, in dem Sinne, dass um diesen Betrag die Sterne zu hell gemessen werden.

Ein Blick auf die gemessenen Durchmesser lehrt, dass selbst bis zu 1° Abstand die Vergrösserung der transversalen Durchmesser nur sehr gering, kaum merklich ist, und dass die ganze Störung fast allein dem radialen Durchmesser zur Last fällt, so dass man sich von derselben ziemlich frei machen kann, wenn man bloss die transversalen Durchmesser benutzt. Es ist also weniger der Abstand der Platte von der Brennfläche selbst, welcher die Scheibchengrösse beeinflusst, als die durch diesen Abstand verursachte Distorsion der Scheibchen.

Während bei den ausexponirten Sternscheibchen eine Vermehrung der abzuleitenden Helligkeit nach dem Rande der Platten zu eintritt, findet naturgemäss für schwächere Sterne das Umgekehrte statt. Die Lichtmenge wird am Rande auf eine grössere Fläche vertheilt, die Intensität, und dementsprechend die Dichte des Silberniederschlages verringert. In welchem Umfange dies geschieht, lässt sich nur sehr schwer ermitteln; soviel aber ist sicher, dass ein Stern, der in der Mitte der Platte noch eben wahrnehmbar wird, in grösserem Abstande von der Mitte verschwindet.

Ausser der, um es kurz auszudrücken, gesetzmässigen Ungleichförmigkeit des Gesichtsfeldes in Bezug auf die Lichtstärke existirt noch eine andere, gänzlich unregelmässige, welche durch ungleiche Empfindlichkeit der Platte an verschiedenen Stellen verursacht wird. Ihrer Unregelmässigkeit wegen ist sie nicht zu ermitteln, sondern sie vermischt sich mit den zufälligen Messungsfehlern. Nach meinen Erfahrungen ist sie bei guten Platten im allgemeinen verschwindend gering, doch glaube ich, einzelne Fälle sonst unerklärlicher stärkerer Abweichungen auf sie zurückführen zu müssen.

Der Uebergang von den auf einer Platte ermittelten Helligkeiten zu denjenigen einer anderen, mit demselben Instrumente bei gleicher Expositionszeit erhaltenen Aufnahme wird im allgemeinen durch sehr viele Fehlerursachen erschwert und ist, wenn es sich um grössere Genauigkeit handelt, überhaupt nur dann möglich, wenn beide Aufnahmen identische Objecte enthalten. Die Fehlerursachen liegen im photographischen Verfahren, im Instrumente und in den atmosphärischen Umständen.

In ersterer Beziehung ist Folgendes zu bemerken.

So lange man Platten derselben Emulsion verwendet und die Aufnahmen zeitlich nicht weit aus einander liegen, ist von Seiten der Plattenempfindlichkeit nur geringer störender Einfluss zu erwarten, da von den bessern Fabriken die Platten derselben Emulsion eine bemerkenswerthe Gleichförmigkeit zeigen. Es scheint indessen, als ob sich die Plattenempfindlichkeit innerhalb längerer Zeiträume verändert und zwar so, dass zunächst eine Zunahme der Empfindlichkeit und nach einigen Monaten wieder eine Abnahme derselben eintritt; liegen also die Aufnahmen zeitlich weit aus einander, so ist gleiche Empfindlichkeit auch bei Platten derselben Emulsion nicht mehr anzunehmen. Verschiedene Emulsionen oder gar Platten aus verschiedenen Fabriken zeigen stets recht beträchtliche Unterschiede in der Empfindlichkeit und sind ohne Weiteres gar nicht mit einander vergleichbar; es ist daher bei ihrer Verwendung in der cölestischen Photographie eine anderweitige Ermittelung der relativen Empfindlichkeit mittels eines Sensitometers erforderlich, wobei grosse Genauigkeit freilich nicht erreichbar ist.

Es ist stillschweigend vorausgesetzt, dass das Entwickelungsverfahren bei den verschiedenen Aufnahmen durchaus das gleiche ist, dass also bei genau der gleichen Zusammensetzung des Entwicklers auch bei gleicher Temperatur und während gleicher Zeiträume entwickelt wird. Eine Nichtbeachtung dieser Bedingung bringt natürlich weitere Unregelmässigkeiten des photographischen Verfahrens hervor.

Das Instrument selbst kann im allgemeinen nur dadurch bei Aufnahmen zu verschiedenen Zeiten zur Fehlerquelle werden, dass die Aufnahmen nicht bei genau gleicher Lage der Platte zum Brennpunkte erhalten worden sind. Durch sorgfältige Focussirung ist man also stets in der Lage, einen hieraus entspringenden Fehler zu vermeiden.

Von der grössten Bedeutung bei photographisch - photometrischen Untersuchungen unter Verwendung verschiedener Aufnahmen ist der jeweilige Luftzustand. Die Erfahrung hat gelehrt, dass die photographische Lichtstärke weit mehr durch dunstige Luft in schädlicher Weise beeinflusst wird als die optische. Wie bei dieser entzieht sich die durch dunstige Luft verursachte Absorption jeglicher exacten Beurtheilung, und bei trüber Luft sind photographisch-photometrische Beobachtungen noch weniger zulässig als optisch-photometrische.

Ueber den Einfluss der Luftunruhe auf die absoluten photographischen Helligkeiten ist bereits auf pag. 51 berichtet worden, doch muss hier noch etwas näher darauf eingegangen werden. Wir hatten — pag. 218 — diesen Einfluss mit $\psi(\varrho)$ bezeichnet, und um denselben für einen bestimmten Fall festzulegen, habe ich mehrere Aufnahmen der Plejaden, die einmal bei sehr unruhiger, mit IV bezeichneter, im übrigen aber recht durchsichtiger Luft, das andere Mal bei sehr ruhiger Luft (I—II) erhalten waren, genauer untersucht. Die folgende Tafel wird keiner besonderen Erklärung bedürfen.

Stern	Grösse (Charlier)	Expos. 6ᵐ15ˢ Luft IV	Luft I—II	Δ	Expos. 2ᵐ30ˢ Luft IV	Luft I—II	Δ	Expos. 1ᵐ6ˢ Luft IV	Luft I—II	Δ	Expos. 24ˢ Luft IV	Luft I—II	Δ
		Durchmesser			Durchmesser			Durchmesser			Durchmesser		
g	5.5	19".43	16".49	+2".94	16".28	13".34	+2".94	14".30	10".76	+3".54	10".58	8".93	+1".65
k	5.75	18.30	14.84	+3.46	15.50	12.36	+3.14	12.98	9.93	+3.05	9.66	7.61	+2.05
34	6.1	17.77	13.20	+4.57	14.30	11.35	+2.95	12.21	8.57	+3.64	9.86	7.10	+2.76
p	6.4	16.88	13.70	+3.18	13.94	10.43	+3.51	10.80	8.70	+2.10	8.70	6.18	+2.52
l	6.4	16.08	13.25	+2.83	13.41	10.65	+2.76	11.04	8.73	+2.31	8.75	5.95	+2.80
12	6.75	14.27	11.34	+2.93	11.91	9.85	+2.06	10.02	7.43	+2.59	6.86	5.66	+1.20
24	7.75	14.22	11.91	+2.31	11.51	9.72	+1.79	9.32	7.38	+1.94	7.00	5.49	+1.51
29	7.1	13.52	11.93	+1.59	11.12	9.39	+1.73	9.23	7.97	+1.26	6.36	5.49	+0.87
19	7.25	13.70	11.37	+2.33	11.18	9.59	+1.59	9.51	6.98	+2.53		Mittel	+1.92
22	7.3	12.26	10.65	+1.61	10.44	8.18	+2.26	8.06	6.50	+1.56			
4	7.55	13.10	12.53	+0.57	10.34	8.63	+1.71	8.46	6.39	+2.07			
33	7.75	10.68	8.71	+1.97	9.06	7.00	+2.06	7.10	5.07	+2.03			
20	7.9	11.16	9.08	+2.08	8.97	7.83	+1.14	7.22	5.46	+1.76			
30	8.05	9.96	8.21	+1.75	8.18	6.33	+1.85	5.94	4.20	+1.74			
1	8.25	10.17	8.54	+1.63	8.15	6.56	+1.59	5.81	4.50	+1.31			
9	8.45	10.67	7.80	+2.87	8.01	6.42	+1.59	6.20	4.62	+1.58			
		Mittel	+2.41		Mittel	+2.17		Mittel	+2.19				

Diese Zahlen geben nun Aufschluss über das Verhalten von $\psi(\varrho)$. Bei allen Expositionszeiten zeigt sich zunächst eine Abnahme der Durchmesserdifferenzen mit abnehmender Helligkeit der Sterne, und daraus folgt, dass die Constanten in den oben angegebenen Formeln für die Beziehungen zwischen Durchmesser und Sternhelligkeit unter sonst gleichen Umständen nur bei verschiedener Luftunruhe nicht gleich ausfallen, dass also, wenn diese Formeln verwendet werden sollen, eine Berechnung der Constanten für jede einzelne Aufnahme erforderlich ist. Die Expositionszeit scheint

auf die Grösse der Differenz nur geringen Einfluss zu haben (innerhalb
der Grenzen von 6^m 15^s bis 24^s), doch zeigt sich eine Tendenz zum Ge-
ringerwerden hin bei kürzerer Expositionszeit.

Die Vergrösserung des Durchmessers der ausexponirten Sterne entspricht einer Vermehrung der Helligkeit um nahe $^3/_4$ Grössenclassen, um
welchen Betrag man bei sehr unruhiger Luft die Sterne heller erhält als
bei sehr ruhiger.

Auf das Erscheinen der schwächsten Sterne übt, wie schon pag. 51
bemerkt, die Luftunruhe wegen der Verbreitung des Lichtes auf eine
grössere Fläche den entgegengesetzten Einfluss aus; die folgende Zusammenstellung wird dies näher erläutern. Zu derselben sind ebenfalls
Plejadenaufnahmen verwendet worden.

Stern	Grösse	Luft IV (24^s Expos.)	Luft I (24^s Expos.)
23	8.1	gut messbar	sehr gut messbar
13	8.15	kaum messbar	»
1	8.25	messbar	»
27	8.45	»	»
18	8.5	kaum messbar	
21	8.6	»	
2	8.65	»	»
25	9.0	»	»
8	9.05	»	»
11	9.2	kaum sichtbar, kaum messbar bei 1^m Exp.	gut messbar
6	9.35	nicht messbar; messbar bei 1^m Exp.	messbar
26	9.4	unsichtbar, kaum messbar bei 1^m Exp.	messbar
14	9.5	unsichtbar, kaum messbar bei 1^m Exp.	kaum messbar
3	9.8	unsichtbar, auch bei 1^m; kaum messbar bei 2^{m}30^s Exp.	kaum sichtbar

Man ersieht hieraus, dass man bei dem Luftzustande IV etwa
$^3/_4$ Grössenclassen Lichtverlust hat gegenüber dem Zustande I, und dass
der Uebergang von den kaum sichtbaren Sternen bis zu den messbaren
Sternen viel schneller bei ruhiger als bei unruhiger Luft erfolgt.

Von sehr merklichem Einflusse auf photographische Grössenbestimmungen ist die Extinction in unserer Atmosphäre. Auch bei durchaus
klarer Luft werden die blauen und violetten Strahlen beträchtlich stärker
absorbirt als die optischen; es ist bekannt, dass für Strahlen von weniger

als 290 $\mu\mu$ Wellenlänge unsere Atmosphäre vollständig undurchsichtig ist. In welchem Masse die Extinction bei verschiedenen Höhen mit der kleineren Wellenlänge zunimmt, zeigen die Beobachtuugen von G. Müller*). Hiernach beginnt eine merkliche Zunahme der Extinction erst bei einer Zenithdistanz von 45°, sie wächst aber dann bis zum Horizonte sehr beträchtlich. Gleichzeitig lehren die Müller'schen Zahlen, dass die mittlere Extinction des weissen Lichts gleich ist derjenigen der gelben Strahlen, also derjenigen Strahlen, für welche unser Auge ein Maximum der Empfindlichkeit besitzt. Man kann hieraus den Analogieschluss ziehen, dass die mittlere Extinction bei photographischen Strahlen zusammenfällt mit der Extinction für diejenigen Strahlen, für welche die photographische Platte ein Maximum der Empfindlichkeit besitzt, d. h. für die Wellenlänge von ungefähr 434 $\mu\mu$. Die Müller'sche Tafel reicht nicht ganz bis zu dieser Wellenlänge, doch lässt sie sich noch mit ziemlicher Sicherheit bis dahin extrapoliren. Rechnet man die Helligkeitslogarithmen in Grössenclassen um und fügt die für 45° Zenithdistanz gültige Extinction**) von 0.06 Grössenclassen hinzu, so erhält man folgende, theoretisch abgeleitete photographische Extinctionstabelle:

Zenithdistanz	Extinction	
45°	0.06	Grössenclassen
50°	0.16	»
55°	0.29	»
60°	0.45	»
65°	0.59	»
70°	0.86	»
75°	1.26	»
80°	1.98	»
82°	2.56	»
84°	3.21	»
86°	4.25	»
87°	5.01	»

Durch Vergleich mit der optischen Extinctionstabelle ist zu erkennen, dass die photographische Extinction ungefähr doppelt so stark anzunehmen ist als die optische. Aus einer allerdings nur sehr kleinen Beobachtungsreihe***) habe ich eine praktische Bestätigung dieser Resultate

---

*) Astr. Nachr. 103, 241.
**) G. Müller. Photometrische und Spectroskopische Beobachtungen auf dem Säntis. Publ. d. Astroph. Obs. zu Potsdam. 8.
***) Astr. Nachr. 124, 276.

nachgewiesen, im Gegensatze zu Abney, der nach mir nicht weiter bekannt gewordenen Beobachtungen für die photographische Extinction den dreifachen Betrag wie für die optische gefunden hat.

Eine sehr umfangreiche Untersuchung über die photographische Extinction hat neuerdings Schaeberle*) angestellt.

Zur Darstellung seiner Beobachtungen hat Schaeberle allerdings nur eine rein empirische Formel angewendet, die gar nicht mit einigermassen physikalisch begründeten Formeln verglichen werden kann, indessen werden die Beobachtungen durch dieselbe gut dargestellt.

Die folgende Tabelle enthält in abgekürzter Form die Extinctionswerthe von Schaeberle; zum Vergleiche sind die auf voriger Seite abgeleiteten Werthe nach Müller zugesetzt.

Zenithdistanz	Extinction	
	nach Schaeberle	nach Müller
0°	0.00	
10°	0.01	
20°	0.06	
30°	0.15	
40°	0.27	
45°	0.35	0.06
50°	0.45	0.16
55°	0.57	0.29
60°	0.71	0.45
65°	0.89	0.59
70°	1.12	0.86
75°	1.45	1.26
80°	1.93	1.98
82°	2.19	2.56
84°	2.54	3.21
86°	3.00	4.25
87°	3.30	5.01

Die beiden Curven stimmen recht wenig zusammen. Bis 80° Zenithdistanz sind die Schaeberle'schen Werthe höher, darüber kommend, sind sie kleiner als die nach der Müller'schen Curve. Da die Schaeberle-schen Aufnahmen hauptsächlich auf der sehr hoch gelegenen Licksternwarte gemacht worden sind, so ist es nicht auffallend, dass die letzten Werthe kleiner sind als die in Potsdam erhaltenen. Sehr auffallend aber

*) Terrestrial Atmospheric Absorption of the Photographic Rays of Light. Sacramento 1893.

sind die starken Werthe bei geringen Zenithdistanzen; sie entsprechen nicht den allgemeinen Erfahrungen.

Jedenfalls darf man die Untersuchungen über die photographische Extinction noch nicht als abgeschlossen betrachten; man kann annehmen, dass sie etwa doppelt so stark ist als die optische, und man soll also bestrebt sein, bei photographischen Aufnahmen in möglichst grossen Höhen zu operiren. Auf die Aufnahme lichtschwacher Objecte, welche wegen ihrer Declination nur geringe Höhen erreichen können, muss man verzichten und dieselbe günstiger gelegenen Sternwarten überlassen.

Hat man nun auf den verschiedenen Aufnahmen mehrere identische Objecte, so ist der Uebergang von einer Aufnahme zur andern mit grosser Exactheit herzustellen; es sind alsdann alle Aufgaben der Photometrie der Sterne auf photographischem Wege zu lösen möglich, und zwar, wie die Erfahrung gelehrt hat, mit einer Genauigkeit, welche den genauesten Messungen mit dem Zöllner'schen Photometer mindestens entspricht. Das Intervall, innerhalb welches diese Genauigkeit erreicht werden kann, ist auf etwa sechs Grössenclassen anzugeben. Wird das Intervall grösser, so tritt bei den helleren Sternen bereits eine solche Unschärfe der Begrenzung der Scheibchen ein, dass die Durchmesserbestimmungen weniger exact ausfallen. Ich habe bereits angedeutet, dass einem weiteren Fortschritte hierin nur technische und keine principiellen Schwierigkeiten entgegenstehen, deren Beseitigung darin gesucht werden müsste, die Begrenzung der Sternscheibchen schärfer und damit ihre Durchmesserbestimmung exacter zu machen. Hierauf gerichtete Bestrebungen hätten sich also in der Richtung zu bewegen, die die Verbreiterung der Scheibchen wesentlich hervorrufenden unregelmässigen Fehler der Objective möglichst herabzudrücken.

Bei Benutzung der Photographie zur Mappirung des Himmels oder zur Herstellung eines Sterncatalogs wird man ähnlich wie bei Durchmusterungen und Zonenbeobachtungen weniger Werth auf eine sehr genaue Grössenbestimmung der Sterne legen, als auf möglichste Gleichförmigkeit an den verschiedenen Stellen des Himmels. Auch schon der grossen Arbeitsvermehrung wegen wird man auf die Messung der Durchmesser der Sternscheibchen verzichten und vielmehr directe Grössenschätzungen nach einer durch Vergleiche mit bekannten Sternen erworbenen Scala anstellen. Die so gewonnenen Angaben sind nun ausser den eigentlichen, vom Beobachter abhängigen Schätzungsfehlern mit den sämmtlichen bisher besprochenen Fehlern behaftet, und da dieselben, wie wir gesehen haben, sehr beträchtliche Werthe erreichen können, so ist es nothwendig, besondere Rücksicht auf ihre möglichste Vermeidung und Unschädlichmachung zu nehmen.

Für die Zwecke der photographischen Himmelskarte hat man vorgeschlagen, an jedem Beobachtungsabende eine Aufnahme einer photometrisch genau festgelegten Sterngruppe zu machen und nach Ausweis dieser Aufnahme die Expositionszeit für den Abend festzustellen resp. durch Modification der vorgeschriebenen mittleren Expositionszeit die an dem betreffenden Abende vorhandenen Fehlerquellen aufzuheben. Dieser Vorschlag leidet an zwei Mängeln, welche seine Benutzung unmöglich machen. Einmal pflegt während einer klaren Nacht weder die Unruhe der Luft noch ihre Durchsichtigkeit constant zu sein, sondern besonders in unseren Gegenden finden häufig sehr beträchtliche Schwankungen dieser Verhältnisse statt; zweitens aber würde für jeden klaren Abend ein grosser Theil der nutzbaren Zeit hierbei verloren gehen. Die Probeaufnahme würde incl. Entwicklung, Fixirung und Betrachtung unter dem Mikroskope und Berechnung der Expositionszeit nahe eine Stunde erfordern, und die Verwerthung halbklarer Abende wäre damit unmöglich gemacht.

Es bleibt daher nichts Anderes übrig, als alle Aufnahmen bei der gleichen Expositionszeit anzufertigen, dabei aber folgende Vorsichtsmassregeln zu beachten. Bei ausgesprochen dunstiger Luft und bei stärkerer Luftunruhe — nach meiner Bezeichnung der Luftunruhe von I bis IV, unterhalb des Zustandes III — soll man überhaupt diese Aufnahmen nicht machen, was sich auch aus Gründen der Messungsgenauigkeit empfiehlt, da auf die sehr diffusen Sternscheibchen schlechter einzustellen ist, als auf scharf begrenzte. Alle Aufnahmen werden in nahe derselben Höhe über dem Horizonte angestellt, möglichst nahe dem Zenith; man kann aber unbedenklich bis zu 30° oder 35° Zenithdistanz gehen. Durch besondere Abmachung mit der Fabrik, von welcher man die Platten bezieht, und durch Controllirung der Platten mittels eines Sensitometers sorge man für möglichste Gleichförmigkeit des Materials, und durch Entwicklung der Platten nach der Zeit und Benutzung eines gleichmässig zubereiteten Entwicklers, wobei besonders der gegen Temperatureinflüsse sehr constante Eisenoxalatentwickler (ohne Bromkalium) zu empfehlen ist, vermeide man auch in dieser Beziehung alle Unregelmässigkeiten nach Möglichkeit. Unter Beobachtung dieser Vorsichtsmassregeln gewinnt man ein photometrisches Material von derselben Genauigkeit, wie man es bei Durchmusterungen oder Zonen erhält, d. h. im allgemeinen wird man bei den Grössenschätzungen Fehler, die eine halbe Grössenclasse erreichen oder übersteigen, nicht begehen.

Das Schätzen der Grössen selbst muss durch Uebung erlernt werden, wie auch bei directen Beobachtungen; besondere Rücksicht ist aber darauf zu nehmen, ob der Stern dem Rande oder der Mitte der Platte nahe ist. Man muss sich für beide Lagen geradezu besonders einüben; es bildet sich

aber bald für jeden Beobachter eine feste Scala aus, deren individuelle
Abweichungen durch Vergleichung mit photometrisch bestimmten Sternen
ermittelt und durch spätere Reduction unschädlich gemacht werden müssen.
Es ist sehr anzurathen, auch wegen der Messungen selbst, nicht mit
einfachen, sondern mit Doppelfäden zu messen; die Vergleichung der
Durchmesser der Sternscheibchen mit der Fadendistanz erleichtert das
Grössenschätzen in hohem Masse.

Unterhalb einer gewissen Helligkeit wird bei gegebener Expositions-
zeit keine Verbreiterung des primären Scheibchens mehr hervorgebracht.
Die Sterne unterscheiden sich auf der Platte nur noch durch die Dichte
des Niederschlags innerhalb der Scheibchen, und man kann hiernach die
Grössenschätzungen bis zu den schwächsten Sternen fortsetzen. Die
Schätzungen fallen aber sehr viel ungenauer aus als bei den helleren
Sternen; die Luftunruhe ist hier von noch grösserem Einflusse, und die
Construction und Güte des Objectivs bedingen die Grenzen des Helligkeitsintervalls dieser Sterne. Im allgemeinen wird man annehmen können, dass
die schwächsten, noch eben erkennbaren Sterne $1\frac{1}{2}$ bis 2 Grössenclassen
unterhalb der Helligkeit liegen, bei welcher eben ein in der Mitte noch
ausexponirtes Scheibchen ohne merklich vergrösserten Durchmesser entsteht.

Bei exacten photometrischen Untersuchungen können die unterexpo-
nirten Scheibchen nicht mehr benutzt werden; sie bieten aber für die
Frage nach der Lichtstärke photographischer Instrumente noch besonderes
Interesse, und wir werden deshalb weiter unten noch ausführlich darauf
zurückkommen müssen.

Es ist bisher stillschweigend vorausgesetzt worden, dass die Helligkeitsbestimmungen, welche auf photographischem Wege erhalten worden
sind, durch die Verwendung optisch ihrer Helligkeit nach bestimmter
Sterne an die optische Grössenscala angeschlossen werden, d. h., dass
das mittlere Intervall der photographischen Scala gleich dem mittleren
Intervall der optischen (2.5) genommen wird, und dass an mindestens
einer Stelle die beiden Scalen einen identischen absoluten Werth haben.
Diese Forderung ist streng nur dann zu erfüllen, wenn man sich auf
die sogenannten weissen Sterne beschränkt, genauer ausgedrückt, auf die
Sterne der ersten Spectralclasse, bei denen der blaue und violette Theil des
Spectrums, der für die Photographie massgebend ist, nicht mehr durch
Absorptionen beeinflusst ist als die weniger brechbaren, für das Auge
wirksamsten Theile des Spectrums. Bei den Sternen der zweiten Spectralclasse sind alle Theile des Spectrums durch Absorption geschwächt, so
dass auch für das Auge ein solcher Stern schwächer ist, als er unter
übrigens gleichen Umständen — gleiche Entfernung und gleiche wahre

Grösse — erscheinen würde, wenn er der ersten Classe angehörte. Die Zunahme der Absorption ist aber keine gleichförmige; sie ist im Blau und Violett beträchtlich stärker als im Roth und Gelb, und deshalb ist die photographische Intensität des Sterns beträchtlich stärker abgeschwächt als die optische. Bei der dritten Spectralclasse ist dies in noch bedeutend vermehrter Weise der Fall; bei diesen Sternen hört die Strahlung gleich hinter G fast gänzlich auf.

Man kann den Betrag des Unterschiedes zwischen optischer und photographischer Helligkeit bei den Sternen der verschiedenen Spectralclassen leicht ermitteln, und man könnte somit auch diese Sterne auf die optische Grössenscala reduciren; dazu genügt aber nicht bloss die ungefähre Angabe der Spectralclasse, so wie sie etwa durch die Farbe des Sterns gegeben ist, sondern es muss die Stellung des Sterns in der Spectralreihe sehr genau bekannt sein, da gerade beim Uebergang von der zweiten zur dritten Classe sehr beträchtliche Unterschiede in der photographischen Wirkung auftreten, die sich nur bei genauer Betrachtung des Spectrums, nicht aber bei blossen Farbenschätzungen deuten lassen. Von einer solchen Kenntniss der Spectra sind wir aber mit Ausnahme bei den 50 hellsten Sternen der nördlichen Hemisphäre noch sehr weit entfernt, und es bleibt daher vorläufig nichts Anderes übrig, als zur Grundlage der photographischen Grössenschätzungen optisch bestimmte weisse Sterne zu benutzen, deren Zahl etwa $^2/_3$ aller Sterne beträgt, im übrigen aber die photographische Grössenscala als eine besondere für sich zu betrachten, innerhalb welcher man genau dieselben Untersuchungen anstellen kann, wie innerhalb der optischen, die aber nicht in jedem einzelnen Falle mit der optischen übereinstimmt. Einen Aufschluss über die Grösse der Differenzen zwischen beiden Scalen für Sterne der zweiten und dritten Spectralclasse können die folgenden Beobachtungen abgeben, die ich mit dem Potsdamer photographischen Refractor erhalten habe.

Stern	Photo-graphische Grösse	Optische Grösse (Pickering)	Differenz	Farbe (Schmidt)
	m	m	m	
β Lacertae	5.0	4.5	— 0.5	orange
ψ Pegasi	5.1	4.6	— 0.5	roth
ι Lacertae	5.7	4.1	— 1.6	roth-orange
δ Androm.	5.0	3.4	— 1.6	tief goldgelb
ω Persei	6.3	4.7	— 1.6	roth
α Arietis	3.9	2.0	— 1.9	goldgelb
σ Persei	6.4	4.4	— 2.0	röthlich
β Androm.	4.4	2.2	— 2.2	roth
λ Androm.	6.2	4.0	— 2.2	goldgelb
τ Persei	6.3	3.9	— 2.4	roth

Zwischen den Farbenbezeichnungen nach Schmidt und den obigen Differenzen ist ein Zusammenhang nicht zu erkennen; es darf dies bei der Unsicherheit derartiger Angaben, wie schon angedeutet, nicht verwundern. In Betreff der Spectra ist Genaueres nur über α Arietis und β Andromedae bekannt, die sich etwa auf der ersten Uebergangsstufe von der zweiten zur dritten Classe befinden. η Persei wird nahe der Classe III a angehören. Sterne der Classe III b sind in dem obigen Verzeichnisse nicht enthalten; es steht zu erwarten, dass für diese die Differenzen noch beträchtlicher werden würden. Als Resultat der Vergleichung ist zu entnehmen, dass die Differenzen zwischen photographischer und optischer Grösse für die zweite Spectralclasse etwa zwischen 1.5 und 2.0 Grössenclassen liegen und für die Classe III jedenfalls mehr als 2.5 betragen werden.

Die Benutzung einer photographischen Grössenscala neben einer optischen, bei gleicher Berechtigung beider, stösst nur in einem Punkte auf Schwierigkeiten, nämlich in allen Fragen, in denen eine Beziehung zwischen Sterngrösse und Parallaxe auftritt. Es ist bisher, wie es scheint, überhaupt auf diesen Punkt nur wenig Rücksicht genommen worden. Auch bei optischen Grössenbestimmungen ist die Lichtmenge, welche ein Stern der zweiten oder gar dritten Spectralclasse aussendet, bei gleicher Masse des Sterns eine beträchtlich geringere als diejenige eines Sterns der I. Classe. Die bisher gefundenen Beziehungen zwischen Grösse und Parallaxe sind daher inhomogen, und da etwa $\frac{1}{3}$ aller Sterne zur zweiten oder dritten Classe gehören, so sind für dieses Drittel zu kleine Parallaxenwerthe gefolgert. Dieses Missverhältniss wird für die Sterne, deren Grössen nach der photographischen Scala angegeben sind, beträchtlich gesteigert, indem für das erwähnte Drittel der Sterne die Intensitäten um das Vier- bis Fünffache kleiner erhalten werden als bei optischer Grössenbestimmung. Wie gross bei der letzteren bereits der Fehler ist, lässt sich nicht leicht übersehen, da eine grosse Reihe von Factoren bei den gefärbten Sternen in dem Sinne einer Herabsetzung der Lichtintensität auftritt, nämlich niedrigere Temperatur, vermehrte elective und allgemeine Absorption, und ferner der Umstand, dass bei diesen Sternen die Dichtigkeit eine grössere ist, dass also bei sonst gleicher Masse eine kleinere ausstrahlende Oberfläche vorhanden ist.

Um die Unbequemlichkeiten und Uebelstände einer mit der optischen nicht identischen photographischen Helligkeitsscala zu umgehen, hat man die Benutzung der sogenannten orthochromatischen Platten vorgeschlagen. Es ist bereits in dem Abschnitte über Objective darauf hingewiesen worden, dass bei den absolut achromatischen Reflectoren sowie bei den mehrlinsigen Objectiven, bei denen nahe alle Strahlen vereinigt sind, diese

Platten mit Vortheil benutzt werden können, besonders bei der Aufnahme
von Nebelflecken, indem ein entschiedener Gewinn an Lichtstärke dadurch eintritt. Bei den für die photographischen Strahlen geschliffenen
Objectiven ist dagegen ihre Benutzung ausgeschlossen, indem hierbei die
sehr starken rothen oder gelben chromatischen Abweichungskreise mit
zur Abbildung gelangen. Aber auch ganz abgesehen hiervon, würde für
die Photometrie kein besonderer Gewinn aus ihrer Verwendung resultiren,
da die Platten durchaus nicht orthochromatisch sind. Es ist bisher kein
Sensibilisator gefunden worden, der die Empfindlichkeit der Platten derjenigen unseres Auges einigermassen gleichbrächte. Es wird immer nur
für eine bestimmte, abgegrenzte Strecke des Spectrums eine mehr oder
weniger hohe Empfindlichkeit erzielt, und ausserdem bleibt das Maximum
der Empfindlichkeit, im Gegensatze zum Auge, im blauen und violetten
Theile des Spectrums. In der künstlerischen Photographie wird eine
weitere Annäherung an die Empfindlichkeit des Auges durch Einschalten
einer gelben Glasscheibe erreicht, durch welche ein Theil der blauen und
violetten Strahlen zurückgehalten wird; damit ist aber natürlich ein ganz
beträchtlicher Verlust der gesammten Lichtstärke verbunden, und eine
Anwendung dieses Princips auf den Himmel wäre nur bei speciellen Aufgaben an helleren Sternen möglich. Selbst hiermit würde nur wenig gewonnen sein, indem auch dann die beiden Scalen nicht identisch, sondern
nur einander genähert würden; die Differenzen würden kleiner, aber sie
fielen nicht fort. Bei der im allgemeinen geringen Haltbarkeit der farbenempfindlichen Platten und der noch immer bestehenden Unsicherheit in
ihren quantitativen Leistungen würden ausserdem neue Fehlerquellen in
das Problem eingeführt werden.

Wir kommen nun zu einem der wichtigsten Abschnitte der photographischen Photometrie, zu der Frage, welche Grössenclassen bei gewissen Expositionszeiten und bei gegebenen Instrumenten noch eben zur
Abbildung gelangen. Diese Frage ist von besonderem Interesse durch
den Umstand, dass die Photographie unter Benutzung sehr lichtstarker
Instrumente und sehr langer Expositionszeiten noch Sterne zur Wahrnehmung bringt, welche optisch nicht mehr erkennbar sind. Sobald die
11. oder 12. Grösse überschritten ist, wird auch optisch die Helligkeitsbestimmung der schwächsten Sterne eine sehr unsichere: die Sichtbarkeitsgrenze ist für die grossen Refractoren ziemlich willkürlich festgesetzt,
und besonders ist nicht mehr von einer einigermassen exacten Innehaltung
des bei helleren Sternen üblichen Helligkeitsintervalls der Grössenclassen
die Rede.

Als die Fixsternphotographie in der zweiten Hälfte der achtziger Jahre ihren plötzlichen Aufschwung nahm, glaubte man, auch für die Helligkeitsbestimmung der schwächeren Sterne mit einem Male ein Mittel gefunden zu haben; man nahm als ganz selbstverständlich an, dass Intensität und Expositionszeit im reciproken Verhältnisse ständen, und dass daher durch fortgesetzte Multiplication der Expositionszeit mit $2\frac{1}{2}$ fortgesetzt ein Gewinn von je einer Grössenclasse erzielt würde. Man gelangte hierdurch selbst bei noch verhältnissmässig kurzen Expositionszeiten zu ganz ausserordentlich niedrigen Helligkeitsangaben: so sollten z. B. die für die Aufnahme der Himmelskarte bestimmten 13zölligen photographischen Refractoren in zwei Stunden Sterne der 17. Grössenclasse abbilden. Das Ansehen, welches die Himmelsphotographie berechtigtermassen zu diesem Zeitpunkte erlangte, wurde durch die Angabe derartig enormer Leistungen der Instrumente noch beträchtlich erhöht; und insofern hat die überschwengliche und wissenschaftlich nicht begründete Lobpreisung doch der astronomischen Wissenschaft einen Nutzen gebracht, als vielleicht ohne sie nicht das allgemeine Interesse an der Himmelsphotographie in dem Masse erweckt worden wäre, wie es zur internationalen Vereinigung der Astronomen behufs Herstellung der grossen Himmelskarte nothwendig war.

Die Annahme, dass bei vermehrter Expositionszeit ein mit dieser in proportionalem Verhältnisse stehender Gewinn an Lichtstärke erhalten wird, involvirt die weitere, bereits erwähnte Hypothese, dass der vom Lichte auf der Platte geleisteten Arbeit eine unter allen Umständen genau gleiche Menge von Silberniederschlag entspricht. Die Arbeit, welche vom Lichte geleistet wird, oder vielmehr geleistet werden kann, ist gegeben durch das Product von Intensität und Zeit, durch das Product $i \cdot t$, und die obige Annahme setzt voraus, dass, sofern it constant ist, auch die Niederschlagsmenge constant ist, gleichgültig, welchen Werth die einzelnen Factoren besitzen. Dass diese Annahme nicht richtig ist, ist bereits kurz gezeigt; es muss aber der Wichtigkeit dieses Punktes wegen zunächst ausführlicher hierauf eingegangen werden.

Die gewöhnlichen Trockenplatten enthalten das Bromsilber in einem recht feinkörnigen Zustande. Die mittlere Grösse der Körner entspricht etwa derjenigen der Bacterien; sie sind also bei Betrachtung durch die Lupe oder durch die zum Messen bestimmten Mikroskope, deren Vergrösserung das 30fache im allgemeinen nicht überschreitet, gar nicht oder kaum zu erkennen. Die grobe Structur der Platten, welche bereits bei fünf- bis sechsmaliger Vergrösserung erkennbar wird, und die um so stärker ist, je empfindlicher die Platten sind, rührt her von der Vereinigung der kleinsten Körner in grössere Gruppen und Configurationen, die unter

Umständen schon dem blossen Auge sichtbar werden können. Es scheint
so, als ob gerade das stärkere Zusammenballen der Körner die grössere
Empfindlichkeit der Platten bedingt; es lässt sich vorstellen, dass, wenn
nur eines der zusammengeballten Körner durch die Belichtung afficirt
wird, sich die Fähigkeit·des Reducirtwerdens im Entwickler auch allen
sich berührenden Körnern mittheilt, während sie sonst auf das isolirte
Korn beschränkt geblieben wäre.

Worin eigentlich die Wirkung des Lichts auf das Bromsilber besteht,
ist zur Zeit noch nicht bekannt; doch hat man verschiedene Hypothesen
hierüber aufgestellt. Einige nehmen an, dass thatsächlich eine chemische
Umwandlung des Bromsilbers, welches für gewöhnlich durch reducirende
Mittel, wie z. B. oxalsaures Eisen, Pyrogallussäure etc., nicht zersetzbar ist,
in eine andere Verbindung, in das Silbersubbromid stattfindet, welch
letzteres dann leicht reducirbar ist. Von anderer Seite ist die Hypothese
aufgestellt worden, dass das Bromsilber durch die Belichtung in eine
Modification desselben umgewandelt wird, ohne chemische Veränderung.
Analoge Beispiele dieser Art giebt es ja viele; charakteristisch ist z. B.
die durch Wärme zu bewirkende Umsetzung des rothen Jodquecksilbers
in die gelbe Modification, welche ihrerseits wieder durch mechanischen
Druck zurückverwandelt wird.

Es giebt indessen einen Umstand, auf den man bisher bei der vorliegenden Frage nur wenig geachtet hat, der, meiner Meinung nach, gegen
die beiden vorstehenden Hypothesen spricht und dafür an eine andere
denken lässt, welche ich hier mit allem Vorbehalte angeben möchte.

Bei sehr starker Belichtung tritt eine Ausscheidung des Silbers direct
ein, ohne die sonst nothwendige Entwicklung. Der entstehende Niederschlag ist zwar niemals so kräftig, wie der bei normaler Belichtung durch
die Entwicklung hervorgebrachte; das ist aber auch nicht zu erwarten,
da die Ausscheidungen erst bei so starken Belichtungen eintreten, dass
eine sehr beträchtliche Solarisation vorhanden ist, bei welcher auch durch
Entwicklung der Niederschlag nur sehr matt sein würde. Es ist nun
zunächst die wahrscheinlichste Annahme, dass zwischen der Entwicklungs-
und der directen Methode der Silberausscheidung kein materieller, sondern
nur ein gradueller Unterschied besteht, d. h., dass auch schon bei schwacher
Belichtung die Silberausscheidung bei den betreffenden Körnern in geringem Masse stattgefunden hat, die nun durch den Entwickler bis zur
völligen Zersetzung des ganzen Kornes fortgesetzt wird. Es würde dies
ein ähnlicher Vorgang sein, wie bei der Krystallisation, die, nachdem der
erste Anstoss dazu gegeben ist, unter geeigneten Verhältnissen sehr schnell
zu Ende geführt wird.

Welches nun auch der eigentliche Vorgang sein mag, jedenfalls ist sicher, dass die Bromsilbertheilchen, welche die empfindliche Schicht zusammensetzen, nicht von gleicher, sondern von sehr verschiedener Empfindlichkeit sind. Wären sie dies nicht, so müssten bei der geringsten wirksamen Belichtung sämmtliche Körner reducirbar geworden sein, es müsste sofort die totale Schwärzung der Platten erreicht werden, was aber durchaus nicht der Fall ist. Um die letztere zu erzielen, ist vielmehr eine Lichtarbeit nothwendig, welche etwa das Hundertfache derjenigen beträgt, die bereits die ersten Spuren eines Niederschlags erzeugt. Diese Eigenschaft, welche übrigens allen lichtempfindlichen Substanzen eigen zu sein scheint, ist von höchster Wichtigkeit, da sonst die Photographie nicht im Stande sein würde, Intensitätsübergänge continuirlich darzustellen; sie würde sonst nur zur Wiedergabe von in Punkt- oder Strichmanier hergestellten Zeichnungen geeignet sein. Es wird übrigens von anderer Seite angenommen, dass die Körner alle gleich empfindlich seien, dass aber ihre Reducirbarkeit nicht die gleiche sei; für den Erfolg ist es gleichgültig, welche dieser Annahmen man machen will, sie laufen genau auf dasselbe hinaus, indem eigentlich Empfindlichkeit und Reducirbarkeit im vorliegenden Falle identische Begriffe sind.

Der graduelle Vorgang von der Belichtung Null an bis zur äusserst kräftigen ist nun der folgende.

Jede unbelichtete, auch mit der grössten Vorsicht bei der Fabrication behandelte Platte weist nach der Entwicklung eine nicht unbeträchtliche Anzahl von Silberkörnern auf, allerdings nicht in dem Masse, dass dieselben mit dem blossen Auge erkennbar wären oder gar einen leichten Schleier hervorbrächten. Dieser Umstand beweist, dass bereits während der Fabrication die Reducirbarkeit einzelner Körner eingetreten ist, so dass also deren Empfindlichkeit gleich unendlich zu setzen wäre. Beginnt man nun mit sehr geringen Belichtungen, so wird zwar die Zahl der zersetzten Körner stetig vermehrt, aber bis zu einer gewissen Grenze doch nur in sehr geringem Masse, so dass von einer Schleierbildung noch keine Rede ist. Die Platte befindet sich jetzt im Zustande der Vorbelichtung; denn es genügt nun eine weitere, sehr geringe Belichtung, die, einer gänzlich unbelichteten Platte applicirt, keine merkliche Wirkung hervorbringen würde, um eine plötzliche beträchtliche Vermehrung der reducirten Körner zu bewirken. Eine solche Vorbelichtung hat also die Platte empfindlicher gemacht, und der ganze Vorgang beweist, dass eine gewisse kleine Lichtarbeit zu einer Vorbereitung für die Reducirbarkeit nothwendig ist; eine direct erkennbare Leistung wird durch diese Vorarbeit nicht bewirkt, und hieraus folgt eine weitere, für unsere Zwecke sehr wichtige Thatsache, dass es nämlich eine gewisse, sehr kleine Intensität giebt, welche auch bei sehr grosser Expositionszeit, die man

242 II. Die photographische Photometrie

praktisch als unendlich gross bezeichnen kann, keine erkennbare Wirkung auf die Platte ausübt.

Ist die Grenze der Vorbelichtung überschritten und verstärkt man die Belichtung graduell, so findet auch eine graduelle Vermehrung des Silberniederschlags statt, die, falls man nicht wirkliche Messungen anstellt, der Belichtung proportional zu verlaufen scheint, bis man sich dem Maximum der Dichtigkeit des Niederschlags genähert hat. Es beginnt dann die Zunahme der Dichtigkeit immer geringer zu werden und schliesslich gänzlich aufzuhören. Verstärkt man die Belichtung immer mehr, so fängt wieder eine gewisse Aufhellung des Niederschlags an, die Zahl der reducirbaren Theilchen wird immer geringer, bis schliesslich nur noch ein schwacher Schleier übrig bleibt; es ist dann der höchste Grad der sogenannten Solarisation erreicht. Derselbe tritt ein, wenn die Belichtung das normale Mass um viele Tausendmal überschritten hat; bei noch weiterer Verstärkung der Belichtung beginnt auch wieder eine Verstärkung des Niederschlags bis zu einem gewissen Maximum, dessen Dichtigkeit aber beträchtlich geringer ist, als die des normalen Maximums; es folgt dann wieder ein Minimum u. s. w. Es scheint demnach, als ob die Dichte des Niederschlags eine periodische Function der Belichtung sei, mit stark abnehmender Amplitude. Es herrscht hierüber aber eine gewisse Unklarheit; die verschiedenen Untersuchungen widersprechen einander, und es ist jedenfalls noch sehr viel freies Feld zu Studien auf diesem Gebiete vorhanden.

Auch über das eigentliche Wesen der Solarisation ist man noch durchaus im Unklaren. Es ist mehrfach angenommen worden, dass bei sehr starken Belichtungen ein gewisser Oxydationsprocess eintrete, durch welchen die Reducirbarkeit der Bromsilbertheilchen wieder aufgehoben wird; doch würde dieser Erklärung eine weitergehende Periodicität der Erscheinung, falls eine solche wirklich existirt, widersprechen. Indessen hat Michalke*) doch einen Erklärungsversuch in dieser Richtung unternommen. Derselbe bemerkt Folgendes: »Man könnte die Solarisation durch den Einfluss zweier Ursachen erklären: 1) einer rein physikalischen, ähnlich der galvanischen Polarisation, 2) einer chemischen, indem die Stelle, an welcher viele Brommoleküle ausgeschieden sind, hierdurch weniger entwickelungsfähig wird. Führt man einer Stelle der Platte durch Belichtung Energie zu, so kann diese zur Reduction von Bromsilber zu Silbersubbromid verwandt werden. Die benachbarten und die tieferen Stellen werden nur Bromsilbertheilchen enthalten. Es tritt hierdurch das Bestreben der Ausgleichung ein, indem die minder belichteten Stellen

* Photogr. Mitth. 27, 127.

Bromatome abgeben, die belichteten ebenso viele wieder aufnehmen. Es tritt infolge dessen an den belichteten Stellen partielle Reduction (Arbeitsaufnahme), an den weniger belichteten Stellen Oxydation (Arbeitsabgabe) ein. Ausserdem werden an den stark belichteten Stellen mehr freie Bromtheilchen sich befinden als an den schwach belichteten. Es werden daher bei der Entwicklung trotz der geringen Arbeitsaufnahme die geringer belichteten Stellen dunkler erscheinen. (Positiv I. Ordnung.)

Die vergrösserte Arbeitsaufnahme an den dunkleren Partien wird aber ebenfalls eine Grenze finden. Es wird sich auch hier eine grosse Zahl von Bromtheilchen ansammeln, welche die weitere Reduction schwächen und auch den Polarisationsstrom (Ausgleichungsstrom) vermindern. Es tritt daher bei der Entwicklung wieder ein Zurückgehen der Schwärzung ein, während die helleren Partien wieder an Schwärzung zunehmen werden. So wird man bei genügend langer Exposition einen Zustand erhalten, bei welchem die stärker belichteten Partien wieder dunkler erscheinen (Negativ II. Ordnung), und so fort. Der Polarisationsstrom selbst wird nur unter dem Einflusse des Lichtes stattfinden, da dieses die Leitung bewirkt, daher wird im Dunkeln bei einer partiell belichteten Platte der Ausgleich nicht stattfinden.«

Für uns ist es nun von besonderem Interesse, dass der Solarisationsvorgang, dessen erste Anfänge wahrscheinlich schon lange vor der Erreichung des ersten Maximums beginnen, aufs deutlichste der Proportionalität von Belichtung und Dichte des Niederschlags widerspricht, und auch noch auf einen weiteren in derselben Richtung wirkenden Umstand muss aufmerksam gemacht werden, der darin besteht, dass infolge der merklichen Dicke der Gelatineschicht eine mehrfache Uebereinanderlagerung der Bromsilberkörner stattfindet, so dass die Körner der unteren Schichten sich im optischen Schatten der oberen befinden; es tritt hierdurch bereits bei den Anfangsbelichtungen ein Verzögerungsfactor auf, der um so grösser sein muss, je dicker die Gelatineschicht und je silberhaltiger dieselbe ist.

Das Verhalten der Dichte des Niederschlags oder auch umgekehrt der Transparenz der Platte zu den beiden Factoren, welche die Belichtung zusammensetzen, zu Zeit und Intensität, ist nur massgebend bei der Aufnahme von Flächenobjecten (Sonne, Mond, Planeten und Nebelflecken), bei denen man doch behufs möglichster Deutlichkeit einen möglichst grossen Contrast erzeugen will. Nach Versuchen von Michalke (a. a. O.) stellte sich folgendes Verhältniss der Transparenzen heraus, wenn die Expositionszeit eine Vermehrung um je 50% ihres Betrages erfuhr. Die unbelichtete Gelatine hatte die Transparenz 0.4; sie nahm bei den ersten Graden der Belichtung um 8% ab und schliesslich bis zu 47%, um als-

zielen. Bei der Verzögerung der Entwickelung, z. B. durch Zusatz von
Bromkalium beim Eisenentwickler, werden die nur wenig belichteten
Stellen in viel stärkerem Masse zurückgehalten als die kräftig belichteten.
Man kann dies soweit treiben, dass die schwächer belichteten Stellen
eines Objectes, die bei gewöhnlicher Entwickelung noch einen sehr merklichen Niederschlag gezeigt haben würden, glashell bleiben, während
doch die am kräftigsten belichteten Partien ihre volle Schwärzung erhalten. Da eine derartige Verzögerung auch auf das Hervortreten der
Solarisationserscheinungen stark hemmend wirkt, so kann bei dieser Art
der Entwickelung ein zweiter Gewinn an Contrast auch dadurch erzielt
werden, dass die hellsten Stellen des Objectes, welche bereits eine merkliche Solarisation und damit Schwächung des Niederschlags bei gewöhnlicher Hervorrufung bewirkt hätten, nunmehr doch in voller Kraft erscheinen. Die nachträgliche Verstärkung von Aufnahmen, auf denen
durch Verzögerung des Entwickelns die dunkelsten Stellen des Objectes
gänzlich klar geblieben sind, bringt eine noch weitere Vermehrung des
Contrastes hervor, indem die klaren Stellen gar nicht und die Mitteltöne
weniger durch Verstärkung gewinnen als die kräftigsten.

Ueber den Zusammenhang zwischen Expositionszeit und Intensität
einerseits und der Transparenz der Niederschläge andrerseits sind in
neuerer Zeit mehrere theils theoretische, theils experimentelle Untersuchungen angestellt worden von Abney[*), Huster[**), Driffield und
Elder[***). Die von den Genannten aufgestellten Formeln und Entwickelungen haben indessen für die Erkenntniss der Erscheinungen keine
Bedeutung; sie beruhen auf gänzlich willkürlichen Voraussetzungen.

Nachdem auf den vorigen Seiten in allgemeiner Weise die Unrichtigkeit des Gesetzes $i \cdot t =$ constans klargelegt worden, müssen wir auf
speciellere Untersuchungen hierüber übergehen, von denen indessen nur
eine solche von Michalke[+) der Wiedergabe werth erscheint. Zunächst
zeigt Michalke, unter welcher einfachen Voraussetzung das Gesetz $i \cdot t$
$=$ constans ableitbar ist. Diese Voraussetzung besteht darin, dass die
Zahl der in jedem Zeittheilchen durch das Licht modificirten Körner proportional ist der Anzahl der noch überhaupt vorhandenen nicht modificirten
Körner, ferner der indicirten Helligkeit (oder Intensität) und der Expositionszeit.

Enthält eine Platte in der Flächeneinheit n reducirbare Körner, so
werden nach der Belichtungszeit x Körner beeinflusst sein, also noch
$n — x$ Körner reducirbar bleiben. Werden nun in dem kleinen folgenden

---

*) Eders Jahrb. 1894, 36.   **) Eders Jahrb. 1894, 157.
***) Eders Jahrb. 1894, 23.   +) Photogr. Mitth. 27, 261, 290, 305.

Zeittheilchen $dt\ dx$ Körner modificirt, so ist, wenn p einen von der Empfindlichkeit der Platte abhängenden Factor bezeichnet:

$$dx = p(n-x)\,i\,dt.$$

Hieraus folgt:

$$t = \int_0^x \frac{dx}{p(n-x)\,i} \quad \text{und}$$

$$x = n(1 - e^{-p.i.t}).$$

In dieser Formel kommen i und t nur als Producte vor, d. h. unter den obigen rein willkürlichen Voraussetzungen ist das Gesetz $it = \text{constans}$ abzuleiten.

Michalke hat nun seine Untersuchungen in der Weise angestellt, dass er ermittelte, welche Expositionszeit erforderlich war, um bei gegebener Intensitätsänderung gleiche Schwärzung hervorzubringen. Die Versuche ergaben, dass sich die Platten aus verschiedenen Fabriken in dieser Beziehung verschieden verhalten; als Beispiel für eine bestimmte Platte giebt er folgendes Täfelchen:

Intensität	Berechnete Expositionszeit	Richtige Expositionen	Abweichung von $it = \text{constans}$
1	1	1	—
$1/4$	4	4.8	20%
$1/16$	16	20	25%
$1/25$	25	32	30%
$1/36$	36	48	33%

Die Abweichung nimmt also mit abnehmender Intensität zu. Die Grösse der Einheit der Expositionszeit schien gleichgültig zu sein, wenigstens innerhalb ziemlich beträchtlicher Grenzen, und es wird daher die Grösse der Abweichung nur von der Intensität selbst abhängen. Die Schwärzung S der Trockenplatten lässt sich demnach allgemein darstellen durch

$$\varphi = \varphi[it(1 + ci)],$$

wo c eine constante Grösse ist. Ueber die Function φ selbst kann vorläufig nichts Näheres angegeben werden.

Bei der Beantwortung unserer eingangs dieser Betrachtungen gestellten Frage, welche Grössenclassen bei gegebenem Instrumente und gegebener Expositionszeit noch zur Wahrnehmung gelangen, kommt nun alles darauf an, ob und in welchem Masse das Gesetz $it =$ constans bei den geringsten Niederschlägen unrichtig ist. An der allgemeinen Unrichtigkeit dieses Gesetzes kann kein Zweifel mehr sein; die Michalke-sche Untersuchung steht aber bis jetzt noch ganz allein, und ich habe deshalb bereits im Jahre 1891 eine Reihe von Untersuchungen hierüber, und zwar direct mit Bezug auf die Aufnahme von Sternen angestellt. Ich bin hierbei zu folgenden Resultaten gelangt*).

Bei Aufnahmen der Plejaden, die behufs Verminderung der Licht-stärke des Instruments theils mit sehr unempfindlichen Platten, theils mit abgeblendetem Objective bei Expositionszeiten, die mit dem Vielfachen von 2.5 als Exponenten zunahmen, hergestellt waren, erhielt ich folgende Sichtbarkeitsgrenzen der Sterne:

Aufnahme	Expos. 24ˢ	1ᵐ	2ᵐ 30ˢ	6ᵐ 15ˢ	15ᵐ 3ˢ
	M.				
1	9.0	9.4	9.9	10.6	—
2	6.4	7.25	7.7	8.45	8.85
3	7.7	8.3	8.55	9.3	9.7
4	8.2	8.75	9.3	9.65	—

Es resultirt hieraus, dass bei einer $2^1/_2$ fachen Vermehrung der Ex-positionszeit der Gewinn nicht eine Grössenclasse beträgt, sondern nur:

$$
\begin{aligned}
&1) \quad 0.53\\
&2) \quad 0.61\\
&3) \quad 0.50\\
&4) \quad 0.48
\end{aligned}
$$

Mittel 0.53

d. h. man erhält durch $2^1/_2$ fache Vermehrung der Expositionszeit nur einen Gewinn von einer halben Grössenclasse. Versuche mit künstlichen, durch das Zöllner'sche Photometer hergestellten Sternen ergaben einen der $2^1/_2$ fachen Expositionszeit entsprechenden Gewinn von 0.71 Grössen-classen.

Wegen der grossen Tragweite dieser Resultate habe ich versucht, auch auf anderen, wenn auch weniger sicheren Wegen zur Beantwortung der Frage zu gelangen. Von der Gegend von ε Orionis habe ich zwei Aufnahmen gefertigt, die eine mit einstündiger, die andere mit acht-stündiger Expositionszeit. Die Anzahl der Sterne auf der ersten Platte

---

*) Astr. Nachr. Nr. 3054; Réunion du Comité 1891. 81.

beträgt 1174, diejenige auf der zweiten 5689. Es wurde zu beiden, innerhalb dreier Tage erhaltenen Aufnahmen dieselbe Emulsion verwendet, ausserdem waren die Luftzustände sehr nahe gleich, so dass eine Vergleichung beider Aufnahmen wohl erlaubt ist. Unter der Annahme, dass man bei $2\frac{1}{2}$facher Expositionszeit eine Grössenclasse gewinnt, müsste die achtstündige Aufnahme etwas über zwei Grössenclassen mehr aufweisen als die einstündige, oder unter weiterer Annahme des für die Sterne bis zur neunten Grössenclasse gültigen Gesetzes, dass die Anzahl der Sterne einer Grössenclasse das Doppelte derjenigen aller vorhergehenden beträgt, hätte man auf der achtstündigen Aufnahme 10566 Sterne zu erwarten, also das Doppelte der wirklich vorhandenen. Die Durchmusterung enthält auf derselben Stelle des Himmels 125 Sterne; nach der üblichen Rechnungsweise müsste die einstündige Aufnahme 10125 Sterne enthalten, also neunmal mehr als sie wirklich aufweist. Aus dem Verhältniss der beiden Aufnahmen würde sich ergeben, dass der Zuwachs für die $2\frac{1}{2}$fache Expositionszeit 0.63 Grössenclassen beträgt, und auch der Uebergang von der Anzahl der Sterne der Durchmusterung zu derjenigen der einstündigen Aufnahme kommt unter dieser Voraussetzung einigermassen in Uebereinstimmung.

Auch aus der Vergleichung von photographischen Aufnahmen mit den Chacornac'schen Karten kann ein ähnliches Resultat gefolgert werden; indessen sind die Chacornac'schen Grössen der schwächeren Sterne so wenig der Argelander'schen Scala entsprechend, dass ich einen bestimmten Zahlenwerth nicht abgeleitet habe.

Alle meine Versuche deuten also darauf hin, dass man bei einer $2\frac{1}{2}$fachen Expositionszeit nur einen Gewinn von 0.5 bis 0.75 Grössenclassen hat. Welche Unterschiede hierdurch bei langen Expositionszeiten gegen die frühere Annahme entstehen, zeigt das folgende Täfelchen der Leistungsfähigkeit der für die Himmelskarte bestimmten 13zölligen photographischen Refractoren. Mit denselben erhält man durchschnittlich bei 24^s Exposition alle Sterne der Durchmusterung, also die $9\frac{1}{2}$te Grössenclasse.

Die zweite Columne giebt die noch eben zu erlangenden Grössenclassen an bei der Annahme, dass bei $2\frac{1}{2}$facher Expositionszeit der Gewinn 1 Grössenclasse ist; die anderen Columnen geben die entsprechenden Werthe unter Benutzung der oben gefundenen Gewinnbeträge von 0.5 bis 0.7 Grössenclassen.

Exposition	1.0	7.0	0.6	0.5
24^s	9.5	9.5	9.5	9.5
1^m	10.5	10.2	10.1	10.0
2 30	11.5	10.9	10.7	10.5
6 15	12.5	11.6	11.3	11.0
15 38	13.5	12.3	11.9	11.5
39	14.5	13.0	12.5	12.0
$1^h 37$	15.5	13.7	13.1	12.5
4 3	16.5	14.4	13.7	13.0
10 7	17.5	15.1	14.3	13.5

Sollte also z. B. der Werth 0.5 der Wahrheit am nächsten kommen, so würde man erst bei einer Expositionszeit von 10 Stunden das erreichen, was man bisher in 16^m zu erreichen geglaubt und vorgegeben hatte. Da es indessen ziemlich sicher erscheint, dass die Abweichung von dem Gesetze $i \cdot t =$ constans sowohl von der absoluten Helligkeit der Objecte als auch von der Plattensorte abhängt, so wird sich ein allgemein gültiges Resultat nicht ableiten lassen, und damit gelangt man zu der Ueberzeugung, dass der exacten Bestimmung der höheren Grössenclassen auf photographischem Wege noch sehr beträchtliche Schwierigkeiten entgegenstehen.

Einige weitere Versuche, nach dieser Richtung hin zu exacten Zahlenwerthen zu gelangen, bestätigen die obigen Angaben im allgemeinen. Als beste Methode zur Untersuchung der Beziehungen zwischen Expositionszeit und Helligkeitsgrenze der Sterne wurde bei der Versammlung des permanenten Comités zur Herstellung der photographischen Himmelskarte im Jahre 1891 von Kapteyn*) die Benutzung feiner Gitter vor dem Objective empfohlen und von der Versammlung auch genehmigt. Die Benutzung von feinen Gittern vor dem Objective zur Abblendung der Sterne ist ein durchaus einwandfreies Princip, da einmal hierbei keine Region des Objectivs vor einer anderen bevorzugt, andrerseits aber auch der Durchmesser des Diffractionsbildes nicht geändert wird. Die Lichtabschwächung setzt sich aus zwei Theilen zusammen, aus dem directen Lichtverluste durch die undurchsichtigen Drähte des Gitters und aus demjenigen durch Diffraction. Die in symmetrischer Anordnung um das Mittelbild herumgelegenen Diffractions-Spectra berühren bei genügender Feinheit der Gittermaschen das Mittelbild nicht, haben also keinen Einfluss auf dasselbe. Hat man nun die Absorption eines solchen Gitters

---

*) Réunion du Comité. 1891. 54.

optisch an helleren Sternen bestimmt, so steht nichts im Wege, dieselbe
Absorption auch photographisch anzunehmen, da die Formeln, welche die
Intensität des Mittelbildes darstellen, nicht die Wellenlänge enthalten. In
einer ausführlichen theoretischen Untersuchung von Skirks*) ist dies
noch besonders bewiesen worden.

Trotzdem haben Pritchard**) und Ellery***) gewisse Abweichungen,
welche sie bei Benutzung von Gittern gefunden haben, nur durch die
Verschiedenheit der Gitterwirkungen bei verschiedenen Farben erklären
zu können geglaubt, während alle übrigen Untersuchungen, welche mit
Gittern angestellt worden sind, deren Constante vorher optisch bestimmt
war, die Richtigkeit des Factums beweisen, dass eine Vermehrung der
Expositionszeit um das 2.5fache nicht genügt, um einen Gewinn von
einer Grössenclasse zu erhalten. Donner†) findet in genauer Uebereinstimmung
mit meinem Resultat, dass man nur 0.58 Grössenclassen durch
Multiplication der Expositionszeit mit 2.5 gewinnt; Christie††) findet
1.7 Grössenclassen durch Multiplication der Expositionszeit mit 2.5×2.5
$= 6.25$, und nach den Untersuchungen von Henry†††) muss man statt
mit 2.5 mit 2.93 multipliciren. Trépied§) findet 2.62 und Rayet§§) 3.54.
Christie, Henry und Trépied deuten zwar ihre Resultate dahin, dass
die verwendeten Gitter photographisch stärker absorbiren, als durch optische
Ermittelung gefunden ist, indem sie wieder von der Voraussetzung ausgehen,
dass man bei $2\frac{1}{2}$facher Vermehrung der Zeit eine Grössenclasse
gewinne; sie setzen also das wieder als richtig voraus, zu dessen Prüfung
die Untersuchung dienen soll, und begehen somit einen Zirkelschluss,
worauf bereits Dunér§§§) hingewiesen hat.

Ganz neuerdings hat Dunér*†) auf gänzlich anderem Wege einen
neuen Beweis für die Nichtgültigkeit des Gesetzes $it =$ constans und
gleichzeitig durch directe Aufnahmen am Himmel einen neuen Zahlenwerth
für das Verhältniss der Expositionszeiten zu den Intensitäten bei Sternen
einer bestimmten Grösse geliefert. Als Object wurde aus bekannten
Gründen die Plejadengruppe gewählt und dieselbe bei den verhältnissmässig
kurzen Expositionszeiten:

$$t_{-2}, t_{-1}, t_0, t_1, t_2, t_3 \text{ etc.}$$

---

*) Skirks. Versl. akad. Amsterdam 3 9.
** Pritchard. Bull. du Com. 11, 73.   ***) Ellery. Ebenda II, 57.
†) Donner. Ebenda II. 58.
†† Christie. Ebenda II, 48.   ††† Henry. Ebenda II, 49.
§ Trépied. Ebenda II, 51.
§§ Rayet. Ebenda II, 52.   §§§ Dunér. Ebenda II. 107.
*† Nach gütiger directer Mittheilung.

und bei den beträchtlich längeren Zeiten

$$t'_{-2},\ t'_{-1},\ t'_{0},\ t'_{1},\ t'_{2}\ldots.$$

photographirt. Dann wurden mit stark abgeblendetem Objective zwei Aufnahmen mit den Expositionszeiten T und zwei weitere mit den Zeiten T'
angefertigt. Schliesslich wurde die erste Reihe der Aufnahmen wiederholt
zur Eliminirung etwaiger Aenderungen des Luftzustandes.

T wurde so gewählt, dass ungefähr die Sterne der neunten Grösse
bei abgeblendetem Objective erhalten wurden, und t_0 so, dass annähernd
dieselbe Grösse ohne Abblendung erschien. T' wurde festgesetzt durch
die Gleichung $T' = 6.25\ T$, und t'_0 endlich ist die genäherte Zeit, in
welcher man mit voller Oeffnung dieselbe Grösse erhält wie in T' bei
abgeblendetem Objective.

Es wurden nun die schwächsten Sterne aufgesucht, welche noch bei
den Expositionszeiten T' und T'' erschienen waren, und gleichzeitig wurde
für dieselben Sterne die Sichtbarkeitsgrenze bei den Reihen t_{-2}, t_{-1} etc.
und t'_{-2}, t'_{-1} etc. aufgesucht, so dass durch Interpolation für die Sichtbarkeitsgrenze die Zeiten t_m und t'_u ermittelt werden konnten. Wenn nun
die Formel $it = \text{constans}$ richtig wäre, so müsste sein

$$\frac{T}{t_m} = \frac{T'}{t'_u}\quad \text{oder}\quad \frac{t'_u}{t_m} = \frac{T'}{T}.$$

Einerseits sind hierbei t'_u und t_m und andrerseits T' und T unter
genau gleichen Umständen erhalten worden; folglich ist die Beziehung
zwischen ihnen völlig frei von constanten Fehlerquellen und von dem
Einflusse des Diaphragmas.

Bei der von Dunér ausgeführten Prüfung dieser Formeln wurde
$T = 50^s$, $T' = 312^s$ genommen. Die Serien $t_{-2}\ldots$ variirten von 9^s bis 14^s,
diejenigen $t'_{-2}\ldots$ von 44^s bis 74^s, und für die obigen Verhältnisse ergab sich

$$\frac{T}{t_m} = 4.3\,;\qquad \frac{T'}{t'_u} = 5.55\,.$$

Die Formel $it = \text{constans}$ ist also nicht richtig.

Für die Zeiten t_m und t'_u fanden sich die Werthe

$$t_m = 11^s6,\qquad t'_u = 56^s2\,,$$

und als diesen Zeiten entsprechende Grenzwerthe der Sternhelligkeit er-
geben sich $9.\overset{\text{M.}}{0}$ und $10.\overset{\text{M.}}{3}$. Um also von der 9. Grösse an einen Gewinn
von 1.3 Grössenclassen zu erhalten, musste die Expositionszeit mit 4.8
multiplicirt werden, und wenn man annehmen wollte, dass dieser Factor
bis zur 11. Grösse derselbe bliebe, so würde man die 11. Grösse erhalten,

wenn man die Expositionszeit für die 9. Grösse mit 7.4 anstatt 6.25 multiplicirte. Diese Annahme ist aber für noch schwächere Sterne nicht richtig, da der Factor mit abnehmender Sternhelligkeit zunimmt. Es war gefunden worden $\frac{T}{t_m} = 4.3$ und $\frac{T'}{t_n} = 5.55$; man muss also 7.4 mit $\frac{5.55}{4.3}$ multipliciren, wenn man die untere Grenze des Factors erreichen will, mit dem man die Expositionszeit multipliciren muss, um von der 11. Grösse auf die 13. Grösse zu gelangen. Diese Grenze wird 9.55, und das ist sehr nahe derselbe Werth, wie er aus der Anwendung der Gitter vor dem Objective sich ergeben hat.

Durch eine weitere Fortsetzung der Dunér'schen Methode und Ueberlegungen wird man leicht die verschiedenen Werthe des Factors für die verschiedenen Helligkeiten der Sterne finden und so wenigstens für bestimmte Plattensorten das Gesetz, welches die Helligkeiten und Expositionszeiten mit einander verbindet, empirisch ermitteln können.

Die Durchmesserbestimmung der Sternscheibchen ist nicht der einzige Weg, auf welchem photographisch-photometrische Untersuchungen angestellt werden können.

Soweit dem Verfasser bekannt ist, hat Janssen zuerst den Vorschlag gemacht, die Sterne stark ausserhalb des Focus aufzunehmen und nach dem Abstande vom Focus und der Transparenz der entstehenden Scheiben die Helligkeiten zu ermitteln. Praktische Versuche hierüber scheinen nicht angestellt worden zu sein, und es ist auch nicht zu erwarten, dass diese Methode Vortheile bieten wird, da gerade die Messung der Transparenzen recht unsicher, jedenfalls aber der allen optischen Methoden eigenen physiologischen Genauigkeitsbegrenzung unterworfen ist.

Eine andere Methode besteht darin, die Platte während der Exposition nicht in relativer Ruhe zu den Sternen zu halten, sondern die letzteren über die Platte laufen zu lassen, wobei ihre Spuren zurückbleiben. Es kann dies auf verschiedenem Wege erreicht werden, am einfachsten durch Feststellung des Fernrohrs, wobei dann die Sterne vermöge der täglichen Bewegung über die Platte geführt werden. Die Geschwindigkeit, mit welcher die Sterne die Platte passiren, ist dann proportional dem Cosinus der Declination. Von diesem Verfahren hat Pickering*) zuerst praktische Anwendung gemacht, gleichzeitig aber auch ein anderes Verfahren in der Nähe des Pols angewendet, bei welchem die Sterne auf

---

* Annals of the Harvard College Obs. 18.

einer Platte mit gleicher Geschwindigkeit laufen. Es wird nämlich die Stundenaxe des Fernrohrs sehr stark aus ihrer richtigen Lage gebracht, und dann werden die Aufnahmen mit gehendem Uhrwerk angestellt. Holden und Schaeberle haben vorgeschlagen, auch der Cassette durch ein Uhrwerk eine gleichförmige Bewegung zu ertheilen. Will man die tägliche Bewegung zur Erzeugung der Spuren verwerthen, so kann man dies auch durch blosse Aenderung des Uhrganges erzielen; man erhält hierdurch beträchtlich langsamere Bewegung, und dieses Verfahren eignet sich daher

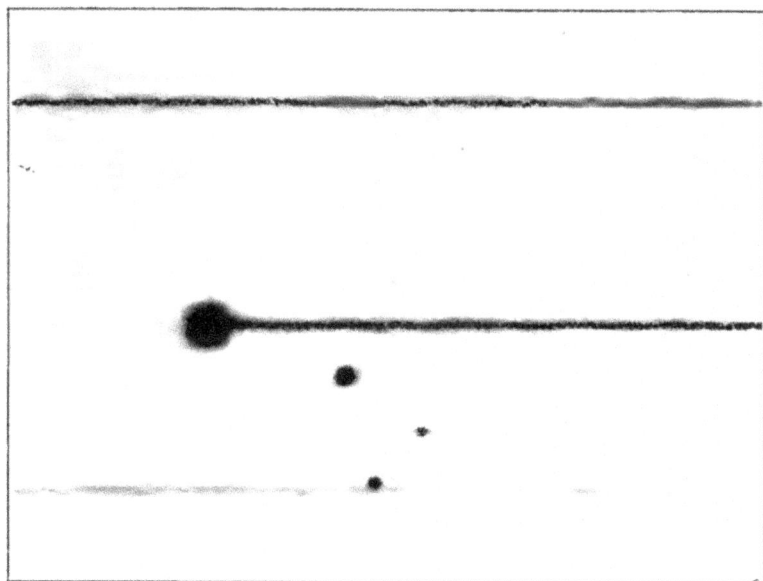

Fig. 49.

besonders für schwächere Sterne, die bei stillstehendem Fernrohre keine Spuren erzeugen würden.

Bei sehr hellen Sternen oder bei sehr langsamen Bewegungen werden die Spuren völlig ausexponirt, und es tritt eine Verbreiterung derselben ein, die auf genau denselben Ursachen beruht, wie bei ruhenden Sternen die Ausbreitung der Scheibchen. Die Messung der Durchmesser solcher Spuren führt also zur Helligkeitsbestimmung der Sterne, aber im allgemeinen nicht mit demselben Grade von Genauigkeit, weil infolge der Luftunruhe die Spuren nicht glatt erscheinen, sondern aus lauter kleinen Curvenstücken zusammengesetzt sind und vielfache Verdichtungen (Knoten) oder schwächere Stellen zeigen (siehe Fig. 49). Man hat deshalb wohl diese

Methode bisher nicht benutzt, sondern sich nur auf die Beurtheilung der Transparenz des Niederschlags in den Spuren beschränkt, damit aber auch die Bedenken wieder hervorgerufen, welche bereits bei der Benutzung von ausserhalb des Focus aufgenommenen Sternen hervorgehoben worden sind.

Die durch die Aufnahme von laufenden Sternen von Pickering[*] erhaltenen photometrischen Resultate sind leider durch die Verwerthung eines unrichtigen photometrischen Princips (kreisförmige Objectivabblendung) stark in ihrem Werthe herabgedrückt; indessen haben sie doch zu einem interessanten Ergebnisse geführt. Bei laufenden Sternen ist die Expositionszeit eines Flächenelements proportional der Geschwindigkeit der Bewegung; man müsste daher erwarten, dass die Transparenz der Spuren proportional dem Cosinus der Declination abnimmt. Pickering hat aber gefunden, dass dies durchaus nicht stattfindet, sondern dass die Abweichungen hiervon die Hälfte des ganzen Betrages der Cosinuscorrection erreichen, und zwar in dem Sinne, dass die Transparenzen weniger stark abnehmen, dass also die Niederschlagsdichte nicht der Expositionszeit proportional verläuft. Pickering hat hiernach also schon in den Jahren 1886 bis 1889 einen Beweis für die Ungültigkeit des Reciprocitätsgesetzes von Zeit und Intensität geliefert.

Fig. 50.

Es dürfte am Schlusse dieses Capitels der Ort sein, auf die eigenthümliche Erscheinung der Lichtringe einzugehen, von welchen die Scheibchen heller Sterne häufig umgeben sind, und die im hohen Masse störend wirken, weil dadurch die in der Umgebung heller Sterne befindlichen schwächeren Sterne zum Theil verschleiert werden. Die Erscheinung äussert sich darin, dass bei hellen Sternen die Scheibchen zunächst in normaler Weise bis zum Verschwinden an Intensität abnehmen, dass alsdann aber in einem gewissen Abstande eine neue Schwärzung der Platte scharf ansetzt, um wiederum allmählich bis zum Verschwinden abzunehmen Fig. 50). Die Erscheinung hat also grosse Aehnlichkeit mit dem Halo.

---

*) Annals Harvard College Obs. 18.

welcher häufig bei dunstigem Wetter den Mond umgiebt; es lässt sich aber leicht zeigen, dass sie auf durchaus andere Weise zu Stande kommt, nämlich durch die Totalreflexion von der Rückseite der Platte.

In Fig. 51*) sei O der belichtete Punkt der empfindlichen Schicht $OCHN$. Da diese Schicht nicht durchsichtig, sondern nur durchlässig ist, so ist der Punkt O als primäre Lichtquelle zu betrachten, die nach allen Richtungen hin ausstrahlt, also auch nach der Rückseite $EBLM$ der Platte hin. Die Strahlen OE, OB, OL werden zum grössten Theile gebrochen und verlassen die Glasplatte nach rückwärts, wie z. B. der Strahl BS. Nur ein geringer Theil des Lichtes wird durch die gewöhnliche Reflexion zurückgeworfen und trifft wieder auf die empfindliche Schicht. Ganz anders verhalten sich die Strahlen vom Punkte M an, wo die Totalreflexion beginnt. Dieselben werden alle, abgesehen von der Absorption im Glase, mit unveränderter Intensität zurückreflectirt und treffen die empfindliche Schicht vom Punkte N an. Da die Grenze der Totalreflection eine scharfe ist, so ist auch die Begrenzung des Ringes nach Innen im Punkte N eine scharfe. Alle Strahlen, welche diesen Ring bilden, kommen aus dem virtuellen Bilde O'.

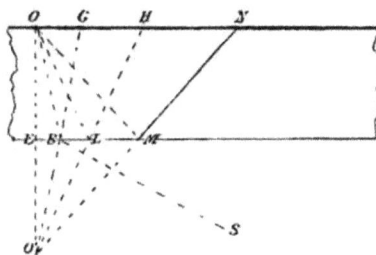

Fig. 51.

Bezeichnet man mit n den Brechungsindex von Luft gegen Glas, mit R den Grenzwinkel der Totalreflexion, so ist

$$n \sin R = 1 .$$

Ist nun e die Dicke der Glasplatte und $\varrho = OH$ der innere Radius des Halos, so ist

$$\varrho = 2e \operatorname{tg} R \quad \text{oder} \quad \varrho = \frac{2e}{\sqrt{n^2 - 1}} .$$

Der Halbmesser des Ringes ist also proportional der Dicke der Glasplatte und wird kleiner, je grösser n wird. Für die violetten Strahlen ist er also kleiner als für die rothen.

Da n im Mittel gleich $3/2$ ist, so ist $\varphi = e \cdot \gamma \cdot \sqrt{5} = 3.58\,e$; der Durchmesser des Ringes ist also nicht ganz viermal so gross wie die Glasdicke.

Die starke Helligkeitsabnahme des Ringes nach aussen hin erklärt sich aus zwei Gründen, einmal durch die immer grösser werdende

---

*) Cornu. Sur le halo des lames épaisses. C. R. 110, 551.

Entfernung der virtuellen Lichtquelle O', dann aber auch durch das immer schrägere Auffallen der Lichtstrahlen auf die empfindliche Schicht.

Es lässt sich leicht zeigen, in welcher Weise die Intensität des Ringes mit der Dicke der Glasplatte abnimmt. Betrachtet man zwei Glasplatten von verschiedener Dicke, welche aber auf die gleiche Weise im Punkte O belichtet werden, und betrachtet man die Punkte, welche Strahlen gleich gerichteter Reflexion entsprechen, so sind die Distanzen dieser Punkte von O' proportional der Glasdicke, die Intensitäten an diesen Punkten verhalten sich wie die Quadrate der Glasdicken; bei dicken Gläsern werden die Ringe also sehr merklich schwächer.

Nach den vorigen Betrachtungen ist es nun leicht, ein Mittel zur Vermeidung der Halos anzugeben; man braucht die Rückseite der Platte nur mit einer Schicht zu versehen, welche nahe denselben Brechungs-coëfficienten hat, und welche gleichzeitig alle in sie eindringenden photographisch wirksamen Strahlen absorbirt. Unter den vielen Mitteln, welche man hierfür angegeben hat, und die alle mehr oder weniger gut ihren Zweck erfüllen, möge das von Cornu benutzte erwähnt werden, welches sich vorzüglich bewährt hat und auch die angenehme Eigenschaft besitzt, während der Exposition nicht zu trocknen, so dass die Rückseite leicht vor dem Entwickeln gereinigt werden kann. Dieses Mittel besteht aus einer Mischung von Nelkenessenz ($n = 1.520$) und Zimmtessenz ($n = 1.610$), welche stark mit Russ versetzt ist.

III. Theil.

Geschichte der Himmelsphotographie und ihrer Ergebnisse für die Astronomie.

Die Ergebnisse, welche die wissenschaftliche Himmelsphotographie seit der kurzen Zeit ihres Bestehens zu Tage gefördert hat, und die ihrerseits in vielen Zweigen der Astronomie eine wesentliche Förderung der Kenntnisse herbeigeführt und zum Theil sogar gänzlich neue Gesichtspunkte eröffnet haben, sollen hier nach zwei verschiedenen Richtungen hin dargestellt werden. Sie sollen einmal durch Beschreibung, und vor allem durch eine möglichst getreue Reproduction in dem diesem Buche beigegebenen Atlas — unter Auswahl sowohl der interessantesten und lehrreichsten Objecte als auch der besten mir zugänglich gewesenen Aufnahmen — ein Bild von dem jetzigen Stande der Himmelsphotographie gewähren und somit jedem, der sich mit dieser Wissenschaft praktisch befassen will, das zum mindesten Erstrebenswerthe zeigen; sie sollen aber auch in Bezug auf ihre wissenschaftliche Bedeutung für die Astronomie besprochen werden, was aber nur dann von Nutzen sein kann, wenn die Darstellung nicht eine bloss referirende, sondern auch eine kritisirende ist.

Eine Beschreibung des jetzigen Standpunktes der cölestischen Photographie würde zum Theil unverständlich bleiben, wenn nicht gleichzeitig ihr Entwicklungsgang klargelegt wird, und ich habe mich daher zu einer historischen Darstellungsweise entschlossen. Die Schwierigkeiten, welche eine derartige Behandlung des Stoffes bietet, sind mir bedeutend erleichtert worden durch die gütige Erlaubniss des Herrn Rayet, seine im 4. Bande des Bulletin Astronomique veröffentlichten »Notes sur l'Histoire de la Photographie Astronomique« an dieser Stelle verwerthen zu dürfen; ferner konnte ich auch die Angaben der Preisschrift von P. J. Kaiser aus dem Jahre 1862: »De Toepassing der Photographie op de Sterrekunde« mit Vortheil benutzen.

Capitel I.

Der Mond.

Die mittlere Stellung, welche in Bezug auf Helligkeit der Mond unter den Gestirnen einnimmt, besonders aber der verlockende Reichthum an leicht erkennbaren Oberflächengebilden sind wohl die Ursache gewesen, dass dieses Gestirn zuerst auf photographischem Wege abzubilden versucht worden ist.

Der Erfinder des photographischen Verfahrens, Daguerre, war im Jahre 1839 auf Veranlassung Aragos *) der erste, der den Versuch machte, die Mondscheibe zu photographiren. Seine Resultate waren, entsprechend seinen Hülfsmitteln, sehr unvollkommen; von der Structur der Mondoberfläche war nicht eine Spur zu erkennen, und seine Bemühungen hatten nur den für die damalige Zeit nicht unwichtigen Nachweis geliefert, dass die Mondstrahlen chemisch wirksam sind.

J. W. Draper**) nahm 1840 die Versuche Daguerres mit grösserem Erfolge auf. Er benutzte einen 13zölligen Reflector Newton'scher Construction, der Focalbilder des Mondes von 25 mm Durchmesser gab, und es gelang ihm, bei Expositionszeiten von etwa 20 Minuten Daguerreotypebilder des Mondes zu erhalten, welche die hauptsächlichsten Gebirge erkennen liessen. Trotz zahlreicher Versuche wurde erst 10 Jahre später, aber noch immer unter Beibehaltung des Daguerre'schen Processes, ein Fortschritt in der Aufnahme des Mondes erzielt. Im Jahre 1850 verwendete W. C. Bond***) das grosse Cambridger Aequatoreal von 38 cm Oeffnung zu Mondaufnahmen; er erhielt unter Assistenz des Photographen J. A. Whipple in Boston bei einer Expositionszeit von 40 Secunden Mondbilder von 12 cm Durchmesser, welche allgemeines Aufsehen erregten. Bond†) setzte seine Versuche fort, die noch günstiger ausfielen, als 1856 der Cambridger Refractor ein besseres Uhrwerk erhielt. G. P. Bond††) stellte im Jahre 1860 Versuche über den Unterschied der photographischen Lichtstärke zwischen Mond und Jupiter an.

Inzwischen hatte der photographische Process einige wesentliche Verbesserungen erfahren. Die so sehr wenig empfindliche Daguerre'sche

*) Arago. Oeuvres. 7, 458 und 498.
**) On the Construction of a Silvered Glass Telescope etc. Washington 1864, 33.
***) M. N. 22, 133.
†) M. N. 14, 134; 16, 76; 17, 43.
††) On the Results of Photometric Experiments. Cambridge 1861.

Platte wurde zum Theil durch das Chlorsilberpapier Talbots ersetzt, ferner durch das Verfahren von Niépce de Saint-Victor, der zur Aufnahme des Silberchlorids dünne Eiweissschichten auf Glas benutzte. Letzterer*) stellte mit Hülfe seines Verfahrens unter Benutzung einer gewöhnlichen photographischen Camera Mondbilder in 20 Secunden her, die irgend einen Werth aber nicht besassen, da sie zu klein waren und er auch der Bewegung des Mondes nicht folgen konnte. Im Jahre 1851 wurde von verschiedenen Seiten das Verfahren des nassen Collodiums in die Photographie eingeführt, und damit beginnt auch ein neuer Aufschwung in der Abbildung des Mondes.

Warren de la Rue wandte im Jahre 1852 zuerst das nasse Collodium-verfahren auf den Mond an und setzte seine Versuche mit vorzüglichem Erfolge längere Zeit fort. Er benutzte zuerst einen Reflector von 33 cm Oeffnung und 3.05 m Focalweite, welcher zwar parallaktisch aufgestellt war, aber kein Uhrwerk besass. Um der Bewegung des Mondes zu folgen, drehte er mit der Hand die am Stundenkreis befindliche Tangential-schraube, indem er mit dem Fadenkreuze des Suchers einen bestimmten Krater zu halten versuchte. Obgleich unter so ungünstigen Verhältnissen angefertigt, waren die Aufnahmen doch recht gut.

Inzwischen hatten auch andere Astronomen diese Versuche mit Collo-dium aufgenommen. Bereits 1853 erhielt J. Phillips**) mit einem Re-fractor von 159 cm Oeffnung und 3.35 m Brennweite bei ungefähr einer Minute Expositionszeit brauchbare Mondbilder von 32 mm Durchmesser.

Auf der Sternwarte in Liverpool versuchten im Jahre 1854 Crookes und Edwards***), das Aequatoreal von 203 cm Oeffnung und 3.90 m Brennweite auf die Photographie des Mondes anzuwenden. Dieselben constatirten, wie auch schon Phillips, dass der Focus für die chemischen Strahlen nicht mit dem für die optischen zusammenfällt, und dass es nöthig war, einen Punkt der Mondscheibe im Sucher festzuhalten durch ständige Correction der Bewegung des Uhrwerks.

In den Jahren 1855 und 1856 gelang es Crookes†) durch wichtige Verbesserungen in der Bereitung des Collodiums, bereits in 4 Secunden Mondbilder herzustellen.

Mit einem eigenthümlichen Instrumente hat im Jahre 1854 J. B. Read Mondnegative erhalten, die sehr schön gewesen sein sollen. Derselbe

*) C. R. **33,** 709.
**) On Photographs of the Moon. Rep. of the 23. Meeting of the Br. Ass. 1853. 2. Theil, 14.
***) Edwards, E. On Collodium Photographs of the Moons Surface. Rep. of the 24. Meeting of the Br. Ass. 1854. 2. Theil, 66.
†) On the Photographs of the Moon. Proc. R. Soc. **8,** 1857.

benutzte ein Spiegelteleskop von 60 cm Oeffnung und 23.5 m Brennweite.
Diese ungewöhnlich grosse Brennweite hatte eine aequatoreale Montirung
des Instruments verhindert, und deshalb war die Einrichtung getroffen,
dass die Cassette selbst mit Hülfe einer Mikrometerschraube in der Richtung der Mondbewegung verschoben wurde. Wenige Secunden genügten
zur Aufnahme der Mondbilder, die einen Durchmesser von 23 cm besassen.

Bemerkenswerth sind in dieser Zeit noch die Versuche von Grubb,
der einen Refractor von 32 cm Oeffnung und 6.1 m Brennweite benutzte
und mit demselben Mondbilder von 53 mm Durchmesser erhielt bei einer
Expositionszeit von 20 bis 24 Secunden. Grubb hatte nach einem Vorschlage von W. de la Rue und Lord Rosse dem Instrumente eine eigenthümliche Einrichtung gegeben. Die Cassette war an einem Rahmen senkrecht zur optischen Axe des Fernrohrs derartig verschiebbar angebracht,
dass ihr mit Hülfe eines Uhrwerkes eine der Declinationsbewegung des
Mondes entsprechende Verschiebung ertheilt werden konnte. Gleichzeitig
war das Uhrwerk des Refractors auf die Bewegung des Mondes in Rectascension justirt. — Von anderen Astronomen, welche sich bis zum Jahre
1857 mit photographischen Aufnahmen des Mondes beschäftigt haben,
sind noch zu nennen: Fry, Bertch, Arnauld, Huggins, Dancer,
Baxendell und Williamson.

Im Jahre 1857 siedelte W. de la Rue mit seinem Reflector nach
Crawford über und versah denselben mit einem nach der Bewegung des
Mondes regulirbaren Uhrwerke. Seine Aufnahmen hatten vor den meisten
der von anderen Astronomen hergestellten den Vorzug, mit einem absolut achromatischen Fernrohre erhalten zu sein, bei welchem die
wahre Focalebene leicht durch optische Beobachtung gefunden werden
konnte. Sie besassen einen Durchmesser von 28 mm und konnten eine
ungefähr 20 malige Vergrösserung vertragen. De la Rue fand im Laufe
seiner Untersuchungen über Mondphotographien, dass Theile der Mondoberfläche, welche optisch in gleichmässiger Helligkeit erscheinen, auf
der Photographie starke Lichtdifferenzen zeigen können, dass die Photographie also z. B. Theile der Oberfläche erkennen lässt, die wegen ihrer verschiedenen chemischen oder physikalischen Zusammensetzung die chemisch
wirksamen Strahlen verschieden stark reflectiren, während dies für die
optischen Strahlen nicht stattfindet. Ferner zeigte es sich, dass einzelne
Stellen der Mondoberfläche, welche sehr schräg beleuchtet waren, eine
5 oder 6 mal längere Expositionszeit erforderten als andere Stellen; de
la Rue schloss hieraus auf die Gegenwart einer Atmosphäre an den
tiefsten Stellen der Oberfläche. Es ist heute bekannt, dass dieser Schluss
nicht richtig ist.

M. L. Rutherfurd, der schon lange mit Interesse die photographischen Arbeiten Bonds verfolgt hatte, entschloss sich im Jahre 1858, den elf-zölligen Refractor seiner Privatsternwarte zu Mondaufnahmen zu benutzen. Es gelang ihm auch, Resultate zu erhalten, die den bisher erwähnten gleichkamen; sie befriedigten ihn indessen nicht, und er erkannte, dass nur eine bessere Achromatisirung für die brechbareren Strahlen Fortschritte geben würde.

Rutherfurd*) versuchte dies zunächst dadurch zu erreichen, dass er hinter das Objectiv passende Linsen setzte, und erzielte auch thatsächlich auf diese Weise für die Mitte des Gesichtsfeldes eine bessere Achromasie; aber es gelang ihm nicht, die Verbesserung auf ein Gesichtsfeld von 30′ Durchmesser auszudehnen. Er ging deshalb zur Benutzung eines Casse-grain'schen Spiegelteleskopes von 33 cm Oeffnung über; aber auch die mit diesem Instrumente erhaltenen Resultate befriedigten ihn nicht. Der Grund hierfür beruhte auf der ungünstigen Lage seiner Sternwarte; das Instrument wurde durch den Wagenverkehr der benachbarten Strasse er-schüttert, und der Spiegel selbst erblindete sehr rasch in der dunstigen Atmosphäre New Yorks. Um letzteren Uebelstand zu vermeiden, con-struirte Rutherfurd zum ersten Male ein für die chemischen Strahlen achromatisirtes Objectiv von 29 cm Oeffnung, und mit diesem hat er einen Theil seiner vorzüglichen Mondphotographien angefertigt. Die mit der Anwendung eines solchen, für optische Zwecke unbrauchbaren Objectivs verbundenen Unbequemlichkeiten veranlassten indessen Rutherfurd, auf neue Mittel zur Verwendung eines optisch corrigirten Objectivs zu photo-graphischen Zwecken zu sinnen, und er fand ein solches in der Benutzung einer concav-convexen Flintglaslinse vor dem Objective; mit einem der-artig corrigirten Objective hat Rutherfurd seine letzten Aufnahmen (bis 1870) angefertigt.

Mit zu den interessantesten Versuchen Rutherfurds gehören dessen stereoskopische Mondansichten, die er in der Weise erhielt, dass er Auf-nahmen zusammenstellte, welche zwar bei genau derselben Phase, aber bei stark extremen Werthen der Libration angefertigt waren. Bei der Betrachtung im Stereoskope erschien alsdann der Mond deutlich plastisch. Der Umstand, dass viele derartige Stereoskopbilder den Mond nicht kugel-förmig, sondern eiförmig verlängert, mit der Spitze nach vorne zeigten, veranlassten H. Gussew im Jahre 1859 zwei derartige Rutherfurd'sche Aufnahmen auszumessen, behufs Feststellung der von Hansen auf theo-retischem Wege entdeckten Eigenthümlichkeit, dass der geometrische Mittelpunkt der Mondfigur nicht mit dem Schwerpunkte zusammenfällt.

---

* On Astronomical Photography. Amer. Journ. 39, Mai 1865.

Gussew*) erhielt auch ein dem Sinne nach mit Hansen übereinstimmendes Resultat; es ist indessen schon von O. Struve**) und von Kaiser***) gezeigt worden, dass die Messungen nicht genügend genau zur Feststellung des Resultates gewesen sind.

Gleichzeitig mit Rutherfurd stellte H. Draper†) seine Versuche über Mondaufnahmen an. Im Jahre 1860 hatte er bereits einen Spiegel aus Spiegelmetall hergestellt, der indessen, da er sehr schnell verdarb, nicht in Benutzung kam. Auf den Rath von J. Herschel verfertigte er nunmehr einen versilberten Glasspiegel von 40 cm Oeffnung und parabolischer Form, der im Jahre 1863 vollendet wurde. Die optischen Eigenschaften dieses Spiegels scheinen sehr gute gewesen zu sein; die mit ihm erhaltenen Mondnegative von 32 mm Durchmesser wurden später noch durch ein besonderes optisches System vergrössert, in welchem nur sphärische Spiegel zur Verwendung kamen. Die Mondaufnahmen Drapers sind entschieden die besten, welche bis zum Jahre 1864 hergestellt worden sind. Nicht zufrieden mit diesen Leistungen vollendete Draper im Jahre 1871 ein Spiegelteleskop Cassegrain'scher Construction, dessen Hauptspiegel 72 cm Oeffnung und 3.75 m Brennweite hatte, während der kleinere Spiegel 20 cm Oeffnung und 74 cm Focaldistanz besass. Das Rohr, welches die Spiegel mit einander verband, war behufs freier Circulation der Luft durchbrochen. Mit diesem Instrumente hat zwar Draper einige vorzügliche Mondaufnahmen erhalten; hauptsächlich wurde dasselbe von ihm aber zu Spectralphotographien der Sterne verwendet.

Die Geschichte der Mondphotographie bis zu Rutherfurd lehrt bei näherer Betrachtung auf das deutlichste, nach welcher Richtung hin die Bestrebungen zu gehen hatten, um eine weitere Vervollkommnung der Mondaufnahmen zu erhalten: in der Herstellung noch grösserer Fernrohre, um bei möglichst kurzer Expositionszeit ein Brennpunktsbild von möglichst grossen Dimensionen zu erlangen; dass gleichzeitig die Versuche nur bei den allergünstigsten Luftzuständen angestellt werden durften, ist selbstverständlich. Die letzten Jahre haben denn auch eine Bestätigung dieser Ansicht geliefert, indem wesentliche Fortschritte gegenüber den Rutherfurd'schen Mondaufnahmen nur mit Hülfe der grössten Fernrohre gemacht worden sind, mit dem Lick-Refractor von 26 Zoll Oeffnung und

---

*) H. Gussew. Ueber die Gestalt des Mondes. Bulletin de St. Pétersburg. 1, 276.

**) O. Struve. Rapport concernant le mémoire de M. Goussef. Bulletin de St. Pétersbourg 1, 204.

*** P. J. Kaiser. De Toepassing der Photographie op de Sterrekunde. Leiden 1862, 73.

† H. Draper. On the Construction of a Silvered Glass Telescope.

15 m Brennweite, der Mondnegative von 14 cm Durchmesser liefert, und mit dem 28 zölligen Aequatoreal coudé der Pariser Sternwarte, dessen noch etwas grössere Brennweite von 19 m Mondbilder von 18 cm Durchmesser giebt.

Die günstige Lage der Lick-Sternwarte, durch welche dieselbe fast allen anderen Observatorien in Bezug auf die Ruhe der Luft überlegen ist, hat es ermöglicht, bereits eine ziemlich grosse Zahl von ausgezeichneten Mondnegativen zu erhalten, während auf der Pariser Sternwarte sich nur wenige Nächte als zum Zwecke von Mondaufnahmen passend erwiesen haben, weshalb die Zahl der guten Aufnahmen nur eine sehr geringe ist.

Dafür scheinen aber die besten derselben, von Loewy und Puyseux aufgenommen, die durchschnittliche Güte der Lick-Aufnahmen noch zu übertreffen. Es kann gar keinem Zweifel unterliegen, dass die auf beiden Sternwarten erzielten Resultate einen hohen wissenschaftlichen Werth besitzen, zu dessen Ausbeutung allerdings der bisher eingeschlagene Weg nicht der geeignetste zu sein scheint, indem nur eine Verwendung zu rein selenographischen Zwecken, d. h. zur Herstellung einer Mondkarte und zur Aufsuchung neuen Details auf der Mondoberfläche, stattgefunden hat. Weinek in Prag hat die systematische Benutzung der in Paris und Mount Hamilton aufgenommenen Negative zur Herstellung einer Mondkarte von 4 m Durchmesser übernommen, und die von demselben hergestellten Vergrösserungen der einzelnen Theile der Mondoberfläche übertreffen in Bezug auf künstlerische Ausführung alles bisher Erhaltene. Die Weinek'schen Vergrösserungen sind zweifelsohne das Schönste, was auf dem Gebiete der Himmelsphotographie zu erreichen gewesen ist, und da sie ferner an Naturtreue die exactesten Mondkarten übertreffen, so wird durch den Weinek'schen Atlas ein Werk von hohem wissenschaftlichen Werthe geschaffen werden. Ganz in neuerer Zeit hat auch Loewy die Herstellung eines derartigen Atlasses unternommen und einen Theil desselben bereits publicirt.

Leider hat sich in Bezug auf die Frage, ob die Mondaufnahmen resp. die danach angefertigten Vergrösserungen in Bezug auf die Erkennung feinsten Details den directen Beobachtungen überlegen sind oder nicht, ein sich schon seit Jahren hinziehender unfruchtbarer Streit zwischen Vertretern der Selenographie der beiden Richtungen entsponnen, unfruchtbar, weil es sehr leicht zu übersehen ist, dass die Photographie hier höchstens die directe Beobachtung erreichen, sie aber nie übertreffen kann. Eine absolut ruhige Luft giebt es für astronomische Beobachtungen nicht; der Beobachter lernt aber die Kunst, die kurzen Augenblicke, in denen die feinsten Einzelheiten auf der Mondoberfläche objectiv sichtbar

werden, auch zu ihrer Erkennung zu benutzen, d. h. sie als vorhanden
zu erkennen und eventuell durch Zeichnung festzulegen. Die Zeitdauer
dieser »Momente« wird nur in ganz abnormen Fällen einmal so gross
sein, wie die zur Aufnahme des Mondes erforderliche, und dass alsdann
gerade ein solcher Moment gefasst werden sollte, ist äusserst unwahrscheinlich; wird er nicht gefasst, so sind alle Contouren von einer Verwaschenheit, welche den Excursionen, die jeder Punkt des Bildes infolge
der Luftunruhe während der Expositionszeit ausgeführt hat, entspricht
— es sollen hier der Einfachheit halber nur die seitlichen Schwingungen
der Bildpunkte in Rücksicht gezogen werden —; das entstehende Bild
entspricht also in Bezug auf Schärfe nicht der Leistungsfähigkeit des
Objectivs. Aber wenn auch einmal während einer Aufnahme absolute
Bildruhe geherrscht haben sollte, so würde doch die resultirende Photographie minderwerthiger sein als eine entsprechende directe Beobachtung,
weil infolge der Rauheit der Platte die Leistungsfähigkeit des Objectivs
wiederum nicht ausgenutzt wird. Um möglichst kurze Expositionszeit
zu erhalten, um also den Einfluss der Luftunruhe möglichst unschädlich
zu machen, müssen sehr empfindliche Platten, das sind stets solche mit
grobem Silberkorn, verwendet werden. Gerade in der photographischen
Selenographie tritt das Bedürfniss nach empfindlichen Platten mit sehr
feinem Korn am stärksten hervor.

Dass diese Betrachtungen zutreffend sind, beweisen die Weinek-
schen Vergrösserungen selbst am besten. Sie erscheinen wie rauhe Kreide-
zeichnungen, und ihre Schönheit tritt erst hervor, wenn man sie aus
grösserer Entfernung betrachtet. Es hat aber keinen Zweck, zwanzig-
bis dreissigmal zu vergrössern, wenn man die Vergrösserung nachher weit
ausserhalb der deutlichen Sehweite betrachten muss, um das Gefühl allzu
grosser Unschärfe zu vermeiden; es würde daher für die meisten Zwecke
einer Mondkarte genügt haben, eine Vergrösserung anzuwenden, welche
eine befriedigende Betrachtung der Vergrösserungen in der deutlichen
Sehweite geliefert hätte, also eine acht- bis zehnmalige.

Abgesehen von den Zwecken der Kartographie mag für gewisse ausgedehnte Gebilde der Mondoberfläche schliesslich die Betrachtung der
Photographie auch günstiger sein, als die directe Beobachtung, nämlich
für solche, welche vermöge ihrer Färbung auf der Photographie contrastreicher werden als bei directer Beobachtung, vielleicht auch bei sehr ausgedehnten Strahlen und dergl., die man sonst kaum auf einmal übersehen
kann. Loewy und Puyseux*) haben auf Grund ihrer Mondaufnahmen
eine Beschreibung der verschiedenen Mondgebilde gegeben, die sich zum

---

* C. R. 122, 967.

Theil mit den schon bekannten decken, jedoch auch mancherlei Neues enthalten. Sie kommen zu folgenden Schlüssen: 1) Die Gebirgsgegenden des Mondes sind auf grosse Strecken hin von geradlinigen Furchen durchzogen, in deren Verlauf sich zahlreiche Trichter gebildet haben. 2) Diese Furchen sind in mehrere parallele Systeme vertheilt, haben oft die Grenzen für den Umfang der Ringgebirge gebildet und so dazu beigetragen, dass diese eine polygonale Gestalt angenommen haben. 3) Die grossen Ringgebirge haben eine Tendenz, sich in an einander stossende Gruppen von zwei, drei oder vier zu ordnen in bestimmten Richtungen, die mit den geradlinigen Furchen derselben Gegend übereinstimmen. 4) Nicht selten sieht man sie umgeben von einem mehr oder weniger vollständigen Gürtel secundärer Ringe; der Wallrücken ist ein bevorzugter Ort für die weitere Bildung von Trichtern oder Explosionsöffnungen. 5) Wenn mehrere Ringgebirge in dieser Art in einander greifen, so ist das kleinste gewöhnlich das tiefste und besitzt allein einen vollständigen Wall und eine centrale Erhebung. 6) In den tieferen Ringgebirgen ist das Innere gewöhnlich uneben und mit zahlreichen Hügeln besetzt, die um einen centralen Berg gruppirt sind. Wenn der Boden weniger vertieft ist, zeigt er sich als Ebene, aus welcher die centrale Erhebung allein hervorragt. Wenn er sich noch mehr erhebt, verschwindet die centrale Erhebung, und das ganze Innere bietet ein gleichmässiges Aussehen, analog dem der Meere. Eine letzte Art besteht aus Ringgebirgen ohne innere Vertiefung, wo die ringförmige Erhebung allein besteht, aber oft unvollständig und halb eingesunken. 7) Die grossen, unter dem Namen Meere bekannten Ebenen haben im allgemeinen eine kreisförmige Gestalt und unterscheiden sich von den grossen Ringgebirgen nur durch ihre Dimensionen. Sie zeigen nur ausnahmsweise an ihrer Oberfläche die Kegel, die Trichter und die geradlinigen Furchen, welche sich in so grosser Zahl auf den Hochebenen finden. Ihr Umriss wird häufig durch einen einfachen oder doppelten Spalt bezeichnet, der die Grenze zwischen der Ebene und der Gebirgsgegend markirt. Man sieht auch an der Oberfläche der Meere vorspringende Adern von wenig ausgesprochenem Relief verlaufen, die ebenso wie die Spalten eine zum Wall concentrische Anordnung darbieten. 8) Die Meere haben im allgemeinen eine dunkle Färbung, ebenso wie die inneren Ebenen der Ringgebirge; die Hochflächen sind von hellerer Farbe. Ein eigenthümliches Weiss bedeckt die Centralberge vieler Ringgebirge. 9) Die Oberfläche des Mondes zeigt sich besäet mit einer grossen Zahl weisser Flecken. In der Mehrzahl der Fälle sieht man sie die Umgebungen eines Kraters von kleiner oder mittlerer Dimension bedecken, und wenn die centrale Oeffnung zu fehlen scheint, kann man mit einer an Gewissheit grenzenden Wahrscheinlichkeit sagen, dass eine andere Beleuchtung ihre

Existenz enthüllen würde. Alle Ringgebirge einer Gegend sind zuweilen
von diesen weissen Höfen umgeben; unter ihnen sind besonders hervor-
zuheben eigenthümliche Streifen, welche um eine kleine Zahl von Centren
bis zu enormen Entfernungen ausstrahlen. 10) Die divergirenden Streifen
lassen das Relief der Gegenden, welche sie bedecken, unberührt; ohne
Biegung überschreiten sie die Ebenen und Gebirge und zeigen keine
Tendenz, durch die Thäler abzufliessen.

Die Herren L o e w y und P u y s e u x haben auf Grund der hier angegebenen Resultate auch eine Theorie der Bildung der Mondoberfläche
gegeben, die hier, wenn auch nur ganz kurz, als erste auf photographischen Aufnahmen basirte Theorie in ihren Hauptzügen angegeben
werden. soll.

Nimmt man als Ausgangspunkt den Zustand vollkommener Flüssig-
keit, so erkennt man als erste gut charakterisirte Periode die, in welcher
an der Oberfläche in mehr oder weniger ausgedehnten Bänken zusammen-
geschobene Schlacken erscheinen, oft unter der Wirkung·von Strömungen
dislocirt und mit der Zeit infolge der Abkühlung verschmelzend. Die
Verbindungs- und Bruchlinien sind in beiden Fällen sichtbar geblieben
und ordnen sich nach regelmässigen Systemen, welche durch die Photographien klar aus Licht gestellt werden. Die Bildung einer zusammenhängenden Rinde des Mondes bezeichnet den Anfang einer zweiten Periode,
in der die Laven sich unter dem Einflusse der Erdanziehung oder einer
anderen Ursache an bestimmten Stellen anhäufen und, da sie keinen
freien Austritt zur Oberfläche haben, gezwungen werden, sich einen solchen
zu schaffen. In einer mässig resistenten Hülle verräth sich diese Tendenz
durch die Bildung von Spalten. Laven dringen auf dem so geöffneten
Wege an die Oberfläche des Mondes; sie erstarren bald und geben den
Theilen, die sie bedeckt haben, das Aussehen zusammenhängender Ebenen.
Mit der Zeit wird die Rinde fester; sie öffnet sich nur noch unter der
Wirkung innerer Drucke, die stark genug sind, um sie zu heben, und so
Anschwellungen erzeugen, die von Abstürzen gefolgt sind. Diese dritte
Periode ist die des Auftretens der grossen Ringgebirge. Mit der Zeit
werden die Erhebungen zur Ausnahme und umfassen nur sehr beschränkte
Gebiete. Hingegen bleiben allgemeine Senkungen möglich und können
sich auf um so grössere Flächen erstrecken, je mehr sich die Rinde ohne
Stütze halten kann. Man kann so eine vierte Periode unterscheiden, die
der allgemeinen Senkungen, welche die unter dem Namen der Meere
bekannten Depressionen erzeugten. Die Existenz der Flecken und Streifen,
welche ohne Unterschied die Meere, die Hochebenen, die Wälle und den
Boden der Ringgebirge bedecken, beweist widerspruchslos die Existenz
einer Thätigkeitsphase, die jünger ist als die Erstarrung der Oberflächen

der Meere. Man muss daher eine fünfte Periode in Erwägung ziehen, in welcher wegen der stets zunehmenden Dicke der Rinde die intensivsten vulkanischen Kräfte allein temporäre und auf weniger ausgedehnte Oeffnungen beschränkte Eruptionen veranlassen. Diese Erscheinungen verändern zum Theil die Farbe des Bodens, ohne seine hauptsächlichsten Unebenheiten zu verwischen. Weisse Streifen, von bestimmten Centren ausgehend, strahlen nach allen Richtungen aus und erstrecken sich zuweilen auf weite Entfernungen. Ihr geringes Alter wird dadurch bewiesen, dass sie das Relief der Gebiete, welche sie durchziehen, unberührt lassen, und die Gesammtheit ihrer Charaktere bietet zu Gunsten der früheren Existenz einer Atmosphäre des Mondes einen Beweis dar, dem man sich schwerlich entziehen kann. (Die divergirenden Streifen sollen aus der Zerstreuung von Aschenausbrüchen auf grosse Entfernungen unter der Wirkung veränderlicher atmosphärischer Strömungen resultiren.) —

Es bleibt nun ein Gebiet, auf dem auch in exacter Beziehung die photographische Aufnahme des Mondes der directen Beobachtung zweifelsohne weit überlegen sein wird, das aber bisher noch gar nicht betreten worden ist, die directe Ausmessung der Mondnegative. Es würde sich hier eine Reihe sehr schöner Aufgaben bieten, von denen nur einige angedeutet werden mögen: Messung von Berghöhen aus Schattenlängen, Bestimmung der Libration des Mondes, Fortsetzung der Gussew'schen Versuche zur Ermittelung der wahren Gestalt des Mondes u. s. w. Es wäre sehr zu wünschen, dass dieser Theil der Himmelsphotographie im Laufe der nächsten Jahre einmal in Angriff genommen würde.

Capitel II.

Die Sonne.

Bereits Bouguer hatte, ohne ein eigentliches Bild der Sonne herzustellen, auf photographischem Wege gefunden, dass die Helligkeit der Sonnenscheibe von der Mitte nach dem Rande zu stark abnimmt. Das erste wirkliche Daguerreotypebild der Sonne hat Lerebours im Jahre 1842 aufgenommen, welches sehr deutlich diese ungleichmässige Lichtvertheilung zeigte. Auf Veranlassung Aragos, der die Lichtabnahme nach dem Rande hin nicht für reell hielt, sondern sie durch Solarisation entstanden glaubte, nahmen 1845 Foucault und Fizeau die ersten Sonnenbilder bei sehr kurzen Expositionszeiten auf, welche ausser der

Lichtabnahme zum ersten Male Fleckengruppen zeigten, wogegen die
Fackeln noch vollständig fehlten. Im Jahre 1850 hat Niépce de Saint-
Victor*) mit einer kleinen Porträtlinse Sonnenaufnahmen angefertigt,
welche er selbst als sehr scharf bezeichnet, die aber ihrer Kleinheit wegen
natürlich gar keine Details aufweisen konnten.

Im Jahre 1854 benutzte J. B. Read**) sein grosses Teleskop zu
Sonnenaufnahmen, und ein von ihm erhaltenes Bild der Sonne von 25 cm
Durchmesser liess bereits die Granulation der Oberfläche erkennen. Ebenfalls mit einem Fernrohre von sehr langer Brennweite, 15 Meter, photo-
graphirten im Jahre 1858 Faye und Porro***) die Sonne bei einer partiellen Verfinsterung mit grossem Erfolge, da in der Nähe des Sonnenrandes die feinsten Granulationen zu erkennen waren. Um kleinere Theile
der Sonnenoberfläche in sehr grossem Massstabe zu photographiren, benutzte im Jahre 1860 Challis†) das grosse Aequatoreal der Cambridger
Sternwarte, nachdem das Objectiv bis auf 35 mm abgeblendet war; das
Focalbild wurde ausserdem noch durch ein Ocular auf das 100fache vergrössert. Er verwendete zum ersten Male hierzu das nasse Collodium.
Von einer brauchbaren Schärfe der Bilder kann natürlich bei der abnormen
Abblendung des Objectivs keine Rede gewesen sein.

Im Jahre 1854 machte J. F. Herschel die British Association auf
die Bedeutung aufmerksam, welche eine regelmässige Aufnahme der Sonne
behufs Ausmessung der Flecken einnehmen würde. Auf diese Veranlassung
hin wurde sofort mit dem Bau eines Heliographen begonnen, der im
Jahre 1858 unter der Leitung Warren de la Rues in Kew aufgestellt
und in Benutzung genommen wurde††). Der optische Theil dieses Instruments bestand aus einem Objective von 86 mm Oeffnung (gewöhnlich
auf 50 mm abgeblendet) und 1.27 m Brennweite. Das Focalbild wurde
durch ein Huygens'sches Ocular bis zu 10 cm Durchmesser vergrössert.
Zwischen den beiden Linsen des Oculars befand sich das Mikrometer,
bestehend aus zwei auf einander senkrechten Fadenpaaren, deren Winkeldistanz auf anderem Wege ermittelt wurde. Als Momentverschluss diente
ein schmaler Spalt, der möglichst genau im Focus des Objectivs durch
eine starke Feder vorbeigeschnellt wurde. Die Aufstellung des Instruments
war eine parallaktische. Nach W. de la Rues Angaben sollen die Kewer
Sonnenbilder bei geeigneter Vergrösserung mehr Detail gezeigt haben, als

*) C. R. 30, 709.
**) Rep. on the 24. Meeting of the Brit. Assoc. 1854.
***) C. R. 1860. Mai 28.
†) M. N. 21, 36.
††) Rep. on the 29. Meeting of the Brit. Assoc. 1859.

im Fernrohre direct sichtbar wird. Aehnlich gebaute Instrumente sind in Wilna und Lissabon vorhanden.

Zunächst zum Zwecke der Aufnahmen der Sonnenfinsternisse von 1869 und 1870 hat Winlock*) einen horizontal montirten Heliographen ohne Vergrösserungsapparat benutzt. Das Objectiv von 10 cm Durchmesser besass 10 m Brennweite; die directen Focalbilder hatten also einen Durchmesser von 9 cm. Spiegel, Objectiv, Momentverschluss und photographische Camera waren jedes für sich auf besonderen Pfeilern angebracht.

Auch Rutherfurd**) hat im Jahre 1871 gute Sonnenphotographien angefertigt.

In demselben Jahre begannen auch die Sonnenaufnahmen von H. C. Vogel***) in Bothkamp, die mit Hülfe des auf 95 mm abgeblendeten Objectivs des dortigen Refractors von 294 mm Oeffnung erhalten wurden. Durch ein Vergrösserungssystem wurde das Focalbild auf 105 mm Durchmesser gebracht.

Vom Jahre 1877 an beginnen die bisher nicht übertroffenen Sonnenaufnahmen Janssens in Meudon. Janssen, der der Vervollkommnung dieses Specialzweiges der cölestischen Photographie sein ganzes Leben gewidmet hat, ist mit seinen Vorversuchen durchaus systematisch vorgegangen. Er begann damit, die Stelle des Spectrums zu ermitteln, welche auf die nassen Collodiumplatten die stärkste Wirkung hat; zu diesem Zwecke nahm er das Sonnenspectrum auf derselben Platte mit immer kürzeren Expositionszeiten auf, bis schliesslich nur die empfindlichste Stelle noch einen schwachen Eindruck zeigte. Das Spectrum wurde hierbei durch Prismen aus denselben Glassorten erzeugt, aus denen nachher das Objectiv angefertigt werden sollte. Als Region der Maximalwirksamkeit ergab sich die Gegend bei G. Bei Verwendung möglichst kurzer Expositionszeiten kommt somit nur ein sehr schmaler Streifen des Spectrums zur Wirksamkeit; die Bedingung für die Achromatisirung des Objectivs ist also eine sehr günstige. Die Verwendung möglichst kurzer Expositionszeiten bietet aber auch noch dadurch besondere Vortheile, dass sie die Contraste bedeutend stärker hervortreten lässt, als sie in Wirklichkeit sind, und als sie dementsprechend bei directer Beobachtung erscheinen. Wählt man bei der Aufnahme der Sonnenoberfläche z. B. die Expositionszeit so kurz, dass nur die hellsten Partien derselben, die Körner, welche die Oberfläche zusammensetzen, eine Wirkung auf die Platte ausüben, während die dunkleren Zwischenräume überhaupt nicht mehr wirken, so

---

*) Annals Harvard Coll. Obs. 8, 37.
**) On a solar photography. M. N. 38, 410.
***) Bothkamper Beobachtungen. 1, 77.

III. Geschichte der Himmelsphotographie.

kann durch kräftiges Hervorrufen und nachheriges Verstärken der Aufnahmen die Structur der Oberfläche viel deutlicher zur Erscheinung gebracht werden, als durch directe Betrachtung möglich ist. Durch die sorgfältige Beachtung dieser Umstände ist es Janssen gelungen, die besten bisherigen Sonnenaufnahmen herzustellen, und nicht zum mindesten hat hierbei die Verwendung des nassen Collodiumverfahrens geholfen, von dem Janssen auch heute noch nicht abgegangen ist, trotz der viel grösseren Bequemlichkeiten, welche die gewöhnlichen Bromsilberplatten bieten. Es darf übrigens nicht unerwähnt bleiben, dass auch Janssen nur wenige wirklich vorzügliche Aufnahmen gelungen sind, da die hierzu nöthigen atmosphärischen Bedingungen zu selten eintreten.

Ueber die Form der kleinsten Elemente, welche die Sonnenoberfläche zusammensetzen, berichtet Janssen*) folgendermassen. Die Gestalt der Körner ist zwar eine sehr verschiedene, aber sie nähert sich doch im allgemeinen sehr der sphärischen, und zwar um so mehr, je kleiner sie sind. Bei den zahlreichen Körnern, welche mehr oder weniger unregelmässig gestaltet sind, lässt sich erkennen, dass sie durch die Verbindung mehrerer kleiner Elemente entstehen, welche selbst wieder nahe kreisförmig begrenzt werden. Ohne hier auf die weiteren Schlüsse Janssens in Betreff der Erklärung der Granulation und damit der Constitution der Sonnenoberfläche näher einzugehen, kann ich die Bemerkung nicht unterdrücken, dass die Beobachtung, dass die kleinsten Elemente der Sonnenoberfläche sich am meisten der sphärischen Gestalt nähern, nicht eine reelle Grundlage zu besitzen braucht, da Objecte von nur wenig über eine Bogensecunde Durchmesser infolge der Diffraction und der Unvollkommenheit der optischen Theile stets mit mehr oder weniger Näherung als Kreise abgebildet werden.

Bei Gelegenheit der Aufnahme**) eines grösseren Sonnenflecks am 22. Juni 1885 hat Janssen gefunden, dass die Granulation sich nicht bloss auf die Penumbra, sondern auch auf die den Fleck umgebenden Fackeln erstreckt; er schliesst daraus, dass die Granulation das constituirende Element der ganzen Photosphäre sei, gleichgültig, ob sich dieselbe in der Form von Fackeln oder anderen Gebilden zeigt.

Die interessanteste Entdeckung, welche Janssen mit Hülfe seiner Sonnenaufnahmen gelungen ist, bezieht sich auf das sogenannte »photosphärische Netz« der Sonnenoberfläche. Janssen***) sagt hierüber Folgendes:

»Eine aufmerksame Untersuchung der Sonnenphotographien von 0.30 m Durchmesser zeigt, dass die Photosphäre nicht in allen Theilen eine gleich-

---

*) C. R. 85, 1253.　　**) C. R. 105, 326.　　*** C. R. 85, 775.

mässige Zusammensetzung besitzt, sondern, dass sie in eine Anzahl mehr oder weniger von einander abstehender Figuren getheilt ist. Während in den Intervallen dieser Figuren die Körner zwar von verschiedener Grösse, aber doch deutlich und scharf begrenzt sind, erscheinen im Innern derselben die Körner zur Hälfte verschwunden, ausgelöscht und verzerrt; sehr häufig sind sie ganz verschwunden, um streifigen Gebilden Platz zu machen. Alles dies zeigt an, dass innerhalb dieser Flächen die photosphärischen Massen sehr heftigen Bewegungen ausgesetzt sind, welche die Granulation verwirren. Die gestörten Flächen selbst besitzen mehr oder weniger abgerundete Begrenzungen, zuweilen aber auch ziemlich geradlinige, so dass sie polygonartig erscheinen. Der Durchmesser ist sehr verschieden; er erreicht häufig mehr als eine Bogenminute.«

Nur die besten Janssen'schen Aufnahmen zeigen das photosphärische Netz; optisch hat es nie wahrgenommen werden können, was auch nach den angeführten Vorzügen, welche die kurz exponirten Aufnahmen vor der directen Beobachtung besitzen, nicht anders zu erwarten ist. Die besseren Aufnahmen, welche Lohse mit dem Potsdamer Heliographen erhalten hat, lassen Andeutungen des Netzes deutlich erkennen. Janssen und mit ihm die meisten Astronomen vertreten die Ansicht, dass die Erscheinung des photosphärischen Netzes eine reelle ist, d. h., dass sie auf der Sonnenoberfläche selbst oder innerhalb der Sonnenatmosphäre zu Stande kommt. Janssen selbst giebt folgende Erklärung: »Da die Schicht, welche die Photosphäre bildet, nicht im Gleichgewichte ist, so durchbrechen die aufsteigenden Gasströme, um sich Luft zu machen, diese Schicht an den verschiedensten Punkten; daher entstehen überhaupt die Elemente der Oberfläche, welche nichts Anderes sind, als die Bruchstücke der photosphärischen Hülle, und welche wegen der Schwere ihrer einzelnen Theilchen bestrebt sind, eine sphärische Form anzunehmen; daher die kugelförmige Gestalt, welche, wie man sieht, nicht einem absoluten Gleichgewichtszustand entspricht, sondern einem relativen, welcher aber nur recht selten zu Stande kommt; denn an zahlreichen Stellen reissen die aufsteigenden Ströme die Granulationselemente mehr oder weniger stark mit sich fort, und ihre kugelförmige Gleichgewichtsgestalt wird bei heftigen Bewegungen so verändert, dass sie schliesslich gar nicht mehr zu erkennen ist.«

Es lässt sich gegen diese Erklärung nicht mehr anführen als gegen die meisten sogenannten Sonnentheorien, die, weit davon entfernt, wirkliche Theorien zu sein, nur aus Speculationen bestehen, die nicht durch die moderne Mechanik unterstützt sind.

Huggins*) hat bei der Untersuchung des Janssen'schen Netzes

*) Huggins. On a cyclonic arrangement of the solar granules. M. N. 28, 101.

eine gewisse Neigung zur Bildung von spiraligen Anordnungen zu erkennen geglaubt und schliesst daraus auf Wirbelstürme in der Sonnenatmosphäre, welche die Körner der Photosphäre in Mitleidenschaft ziehen.

Langley*) erklärt die Körner als die Spitzen von Fasern, welche
wir aus der Vogelschau erblicken. In der Sonnenatmosphäre existiren
grosse Gaswellen, welche diese Fasern biegen, ihre Form und Anordnung
ändern und gewisse Gegenden der Sonnenoberfläche verdunkeln. Die
Abwechslung zwischen derartig veränderten Gegenden und den unveränderten erzeugt das photosphärische Netz.

Eine recht ähnliche Nachbildung des photosphärischen Netzes hat
Stanoiewitsch dadurch erhalten, dass er eine granulirte Fläche durch
eine gewöhnliche Fensterscheibe hindurch photographirt hat. Die Aehnlichkeit ist eine sehr grosse; die Erklärung, die Stanoiewitsch dazu giebt,
ist aber eine durchaus verfehlte. Die höchst einfache Erklärung der Thatsache, dass beim Passiren der Lichtstrahlen durch ein von ganz unebenen
Flächen begrenztes Medium eine unregelmässige Brechung derselben entsteht und also nachher ein nur an einzelnen Stellen scharfes Bild resultiren kann, umschreibt Stanoiewitsch durch Einwirkung eines durchsichtigen Körpers von »unregelmässiger molecularer Constitution« und
kommt zu folgendem Schlusse:

»1) Welches auch der Ursprung der Sonnengranulation sein mag,
das photosphärische Netz, so wie es sich auf den photographischen Platten
darstellt, existirt nicht in Wirklichkeit auf der Sonnenoberfläche.

2) Es ist hervorgebracht durch die unregelmässige Brechung in einem
durchsichtigen Körper von einer unregelmässigen molecularen Constitution,
welcher sich zwischen der Sonnenoberfläche und dem photographischen
Fernrohre befindet.

3) Diese unregelmässige Brechung ist hervorgebracht durch die gas-
förmige Umhüllung der Sonne, welche durch Strömungen nach allen
Richtungen hin erregt ist und so in ihrer Gesammtheit einen Körper von
einer höchst unregelmässigen molecularen Structur darstellt.«

Die Frage, ob das photosphärische Netz wirklich der Sonne, sei es
nun der Granulation selbst oder der Sonnenatmosphäre, angehört, würde
sich ohne Weiteres durch zwei unmittelbar nach einander aufgenommene
Sonnenbilder entscheiden lassen, da Veränderungen des Netzes innerhalb
weniger Secunden nicht möglich sind, wenn die Erscheinung der Sonne
angehört, sich also über ausserordentlich grosse Flächen hin ausdehnt.
Diesen Versuch hat Janssen meines Wissens niemals ausgeführt, und da

---

*) Langley. On the Janssen solar photograph and optical studies. Amer.
Journ. 15, 297.

das Gelingen einer guten Sonnenaufnahme von dem seltenen Zusammentreffen mehrerer günstiger Umstände abhängt, so ist es ziemlich unwahrscheinlich, einmal zwei gute Aufnahmen hinter einander zu erhalten. So lange dieser Beweis noch nicht erbracht ist, muss meines Erachtens die Ursache der Erscheinung anderswo als auf der Sonne gesucht werden. Es bieten sich hier zwei Möglichkeiten: die Erscheinung entsteht durch die Luftunruhe unserer Atmosphäre und deckt sich mit der auf pag. 52 dieses Buches gegebenen Wirkung derselben, eventuell verstärkt durch die von der nassen Collodiumplatte stattfindende Verdunstung, oder sie entsteht durch Brechung des Lichtes in den kleinen Tröpfchen der Silberlösung, welche sich auf der fettige Eigenschaften besitzenden empfindlichen Schicht befinden. Auf eine solche Verstärkung der Erscheinung deutet bereits der Umstand hin, dass die Potsdamer Aufnahmen mit Trockenplatten davon weniger zeigen als die Janssen'schen; durch Anwendung der sogenannten kornlosen Gelatineplatten würde eine Entscheidung in letzterem Sinne leicht erhalten werden können.

Es ist keine Frage, dass die Aufnahmen Janssens in Bezug auf Reichthum und Deutlichkeit der Einzelheiten der Sonnenoberfläche bisher unerreicht dastehen; neben ihnen verdienen wohl nur noch die (allerdings wenigen) Potsdamer Sonnenaufnahmen in grossem Massstabe erwähnt zu werden, welche von Lohse angefertigt worden sind. Im allgemeinen hat der Potsdamer Heliograph bisher nur zu kleinen Aufnahmen gedient, die zur Positionsbestimmung der Flecken und Fackeln benutzt werden.

Die durch Hale in die Praxis eingeführte Methode der Sonnenaufnahmen in monochromatischem Lichte hat seit der kurzen Zeit ihres Bestehens bereits eine sehr wesentliche Bereicherung unseres Wissens über den Sonnenkörper herbeigeführt, und sie wird zweifelsohne in Zukunft die führende Stellung in der Sonnenbeobachtung einnehmen.

Die Bilder der Protuberanzen, welche der Spectroheliograph giebt, sind zwar nicht besser als diejenigen, welche man direct im Spectroskope beobachten kann, eher findet das Gegentheil statt; aber wie überall ist auch hier die grössere Sicherheit in der objectiven Darstellung von überwiegendem Vortheil. Die Formveränderungen grosser Protuberanzen können durch schnell auf einander folgende Aufnahmen nicht bloss sicherer constatirt, sondern auch durch Messung noch viel sorgfältiger ermittelt werden als bei directen Beobachtungen. Von ganz besonderem Werthe aber werden die Protuberanzaufnahmen für die Statistik dieser Gebilde werden und damit für die Erforschung des Zusammenhangs zwischen Protuberanzen und anderen Erscheinungen auf der Sonnenoberfläche. In dieser Beziehung erfüllt der Spectroheliograph die Erwartungen, die vorher an die Methode geknüpft werden konnten, im vollen Masse. Gleichzeitig aber hat er ein vorher nicht erwartetes Resultat von vielleicht noch viel grösserer Bedeutung geliefert: die ständige Beobachtung der Sonnenfackeln und damit zusammenhängender Erscheinungen.

Bereits Young hatte erkannt, dass die H- und K-Linien des Spectrums der Sonnenflecken meist hell erscheinen; im Jahre 1891 fanden Hale und Deslandres nahe gleichzeitig, dass diese Linien nicht bloss stellenweise hell sind, sondern auch eine doppelte Umkehr zeigen, indem die helle Linie durch eine feine dunkle, in der Mitte gelegene, in zwei Hälften getheilt ist. Dass hier eine wirkliche Umkehr und nicht etwa eine blosse Doppellinie vorliegt, ist von Hale*) durch die Beobachtung bewiesen, dass nach dem Sonnenrande hin die dunkle Linie verschwindet und die beiden Componenten der hellen Linie sich in eine einzige verwandeln von der gleichen Breite, deren Mitte genau mit der dunklen Linie zusammenfällt. Die Erklärung der doppelten Umkehr der H- und der K-Linie liegt nach dem Kirchhoff'schen Satze auf der Hand und kann leicht experimentell im elektrischen Bogen bestätigt werden: Stellenweise muss der Metalldampf, der die hellen Linien erzeugt (Calcium in der K-Linie) oberhalb der Photosphäre heisser sein als letztere, darüber muss sich wiederum eine kühlere Schicht desselben Dampfes befinden, der absorbirend wirkt. Dass die hierdurch entstehende Absorptionslinie beträchtlich schmäler ist, als die helle Linie, folgt ohne Weiteres aus der höheren Lage der kühleren Schicht, die sich dadurch unter geringerem Drucke befindet.

Nimmt man nun vermittels des Spectroheliographen die Sonnenscheibe in der hellen K-Linie auf, so erhält man also ein Abbild aller Stellen, an denen der Ca-Dampf heisser ist als die Photosphäre. Die Gesammtheit dieser Stellen ergiebt ein über die ganze Sonnenscheibe sich erstreckendes Netz, welches besonders kräftig in den Fleckenzonen und in unmittelbarer Nähe der Flecken auftritt und in seiner Erscheinung genau denselben Eindruck macht, wie die für gewöhnlich nur in einem eng begrenzten Ringe in der Nähe des Sonnenrandes sichtbaren Fackeln. Es ist durch Hale bereits nachgewiesen, dass sich in diesem Ringe das Netz der hellen Stellen der heliospectrographischen Aufnahmen mit den Fackeln der gewöhnlichen Aufnahmen deckt, dass also beide Erscheinungen identisch sind.

Es ist somit das Problem gelöst worden, die Fackeln ständig über die ganze Sonnenscheibe hinüber verfolgen zu können, und die Schwierigkeiten, welche bisher bei Untersuchungen über die Bewegung der Fackeln

*) Astron. and Astrophys. **13**, 113.

in der Identificirung der einzelnen Objecte bestand, fällt damit weg. Es steht somit zu hoffen, dass den Fackeln eine ähnlich sorgfältige Berücksichtigung zufallen wird, wie sie schon seit vielen Jahren den Sonnenflecken gewidmet ist.

Es möge nicht unerwähnt bleiben, dass Deslandres*) das im Spectro-. heliographen erscheinende Netzwerk für nicht identisch mit den Fackeln hält. Er giebt zwar zu, dass das Netzwerk in seiner Lage und Form mit den Fackeln übereinstimme, aber es sei über demselben befindlich, und er will die einzelnen Theile desselben als »Flammen« bezeichnet wissen. Es ist nicht recht einzusehen, weshalb etwas, was sich mit den Fackeln vollständig deckt, nicht mit ihnen identisch sein soll, und man wird sich vorläufig zweifellos der Hale'schen Ansicht anschliessen müssen.

Die Aufnahme der Erscheinungen, welche bei totalen Sonnenfinsternissen auftreten, bietet insofern weniger Schwierigkeiten als diejenige der Sonne selbst, als keine besonderen Einrichtungen zur Abkürzung der Expositionszeiten erforderlich sind. Die Intensität des Coronalichtes ist mit derjenigen des Vollmondes in Vergleich zu stellen; die Aufnahmen können also mit beliebigen Instrumenten erfolgen. Wir haben bei der Besprechung des Coronographen bereits gesehen, dass die Technik noch nicht so weit gelangt ist, ohne totale Finsternisse Coronabilder zu erlangen, welche einen wissenschaftlichen Werth besitzen.

Majocchi**) war der erste, der versucht hat, eine Sonnenfinsterniss photographisch festzulegen. Bei der totalen Finsterniss vom 8. Juli 1842 erhielt derselbe in Mailand auf einer Daguerreotypeplatte mit Hülfe einer gewöhnlichen Camera bei einer Expositionszeit von 2 Minuten ein Bild von der Sichel der Sonne kurz vor der Totalität; auf einer zweiten Aufnahme während der Totalität bei gleicher Expositionszeit war von der Corona nicht die geringste Spur wahrzunehmen. Ein anderer Versuch mit Bromsilberpapier führte zu demselben Ergebnisse.

Für die Beobachtung der totalen Sonnenfinsterniss vom 28. Juli 1851 hatte die British Association grosse Vorbereitungen getroffen, unter denen auch photographische Aufnahmen ins Auge gefasst waren. Zu Rixhöft verwendete Busch***), der Director der Königsberger Sternwarte, einen Refractor von 60 mm Oeffnung und 79 cm Brennweite mit Unterstützung des Photographen Berkowski zur Aufnahme der Totalität. Mit einer

---

*) C. R. 1893. Nr. 27.

**) Annalen der k. k. Sternwarte in Wien. Neue Folge 2, 38.

***) Busch. Beobachtungen der totalen Sonnenfinsterniss am 28. Juli 1851 zu Rixhöft. Beob. d. K. Sternwarte zu Königsberg. 28, 17.

Expositionszeit von 24^s erhielten dieselben ein Daguerreotypebild der Corona und der hauptsächlichsten Protuberanzen, welches als der erste gelungene Versuch gelten kann.

Die Fortschritte der Photographie ermöglichten erst im Jahre 1860 eine ergiebige Anwendung auf die Corona. In Labrador war eine amerikanische Expedition von Stephen Alexander*) etablirt, die ein Rutherfurd gehöriges Fernrohr von 1.85 m Focallänge benutzte. Die Photographen der Expedition, Duchochois und Thompson, erhielten trotz ungünstiger Luftzustände drei Collodiumbilder, welche die inneren Theile der Corona deutlich erkennen liessen.

Die ersten Aufnahmen von wirklich wissenschaftlichem Werthe wurden bei dieser Finsterniss in Spanien von Warren de la Rue und Secchi erhalten. W. de la Rue, der auch Gelegenheit gehabt hatte, das von Busch aufgenommene Daguerreotype zu untersuchen und dabei zu constatiren, dass die Silberplatten eine nicht genügende Empfindlichkeit besitzen, um ein Bild der Corona und der Protuberanzen zu geben, welches von hohem wissenschaftlichen Werthe sein könnte, hatte beschlossen, das Collodiumverfahren anzuwenden, gleichzeitig aber auch den Aufnahmen grössere Dimensionen zu geben, um etwaige Fehler der Schicht möglichst unschädlich zu machen. Es gelang W. de la Rue**), die Erlaubniss zur Benutzung des bereits beschriebenen Heliographen in Kew zu erhalten, der mit seinen Sonnenbildern von nahe 10 cm Durchmesser den gestellten Anforderungen genügte und in Rivabellosa aufgestellt wurde. Mit diesem Instrumente erhielt de la Rue drei Aufnahmen von 60 Secunden Expositionszeit, welche gleichzeitig die Protuberanzen und die inneren und äusseren Theile der Corona enthielten. Man konnte auf denselben leicht die auf einander folgenden Positionen der Protuberanzen in Bezug auf den Mondmittelpunkt ermitteln und hierdurch auf das bestimmteste nachweisen, dass die Protuberanzen zur Sonne und nicht zum Monde gehören.

Zu demselben Resultate führten die Aufnahmen Secchis, der das Cauchoix'sche Aequatoreal des Collegio Romano von 16 cm Oeffnung und 2.5 m Brennweite in Desierto de los Palmas aufgestellt hatte. An Stelle des Oculars war eine Kammer angesetzt; der Durchmesser der Sonnenbilder betrug 25 mm. Monserat, der das Instrument bediente, erhielt während der drei Minuten der Totalität fünf Aufnahmen von 20^s Expositionszeit. Die verhältnissmässig kurze Brennweite hätte eine noch kürzere Expositionszeit zugelassen, wie sich aus einer der Aufnahmen ergiebt, bei welcher ein zufälliger Stoss an das Fernrohr drei neben einander liegende Bilder der Protuberanzen erzeugt hat.

---

*) Coast Survey Report for 1861.   ** Philos. Trans. 1862.

Von französischer Seite*) war Foucault zur Aufnahme der Sonnen-finsterniss nach Spanien gesendet worden. Derselbe benutzte ·eine ge-wöhnliche Camera, die aber parallaktisch montirt und mit einem Sucher versehen war, mit Hülfe dessen das Sonnenbild auf derselben Stelle der Platte gehalten werden konnte. Es wurden drei, natürlich sehr kleine Bilder mit Expositionszeiten von 10, 20 und 60 Secunden erhalten, welche das Wachsen der Corona mit grösserer Expositionszeit sehr deutlich zeigen; auf der letzten Aufnahme sind sogar einige Spuren von Strahlen in der Corona zu erkennen.

Die Erfolge der photographischen Aufnahmen dieser Sonnenfinsterniss gaben Veranlassung, bei Gelegenheit der totalen Finsterniss vom 18. August 1868 die photographischen Versuche weiter fortzusetzen, ohne dass indessen ein Fortschritt erzielt worden wäre.

In Aden wurden die Aufnahmen der deutschen Expedition durch H. W. Vogel**) wenig durch die Witterung begünstigt, und es gelang nur, Protuberanzen zu fixiren. In Guntoor benutzten Tennant***) und Phillips einen Reflector von 25 cm Durchmesser und 1.40 m Brennweite; sie erhielten indessen nach einer Expositionszeit von 10 Secunden nur schwache Spuren der Corona.

Mit der Finsterniss vom 7. August 1869 waren die Astronomen glück-licher. In Ottumwa erhielten Himes†), Browne und Backer mit einem Fernrohr von 152 mm Oeffnung und 2.6 m Brennweite bei Expositionszeiten von 6, 12 und 16 Secunden vergrösserte Bilder von 54 mm Durchmesser von grosser Feinheit, welche einen Theil der Corona wiedergaben.

In Burlington erhielt M. A. Mayer††) mit einem ähnlich gebauten Fernrohr Negative, auf denen die Protuberanzen zwar sehr gut dargestellt sind, auf denen aber die Corona kaum zu sehen ist. In Shelbyville be-nutzten Winlock†††) und Whipple das kleine Aequatoreal der Stern-warte des Harvard College (140 mm Oeffnung, 2.3 m Brennweite) und erhielten im Focus in 40 Secunden ein Bild der Corona, welches sehr deutlich ihre an den Polen abgeplattete Gestalt erkennen lässt.

Für Winlock§) kann übrigens die Finsterniss von 1869 als Vor-bereitung für diejenige vom 22. December 1870 betrachtet werden, wo derselbe in Xerez de la Frontera mit zwei Fernrohren Coronabilder von

---

* Le Verrier. Rapport adressé ... Moniteur univ. 25. Juli 1860.
** V. J. S. 7, 241.
*** Mem. of the R. Astr. Soc. 37.
† Mem. of the R. Astr. Soc. 36, 607.
†† Mem. of the R. Astr. Soc. 16, 610.
††† Coast Survey Report for 1869.
§ Coast Survey Report for 1870, Appendix Nr. 16.

grosser Ausdehnung erhielt. Dieselbe Finsterniss wurde noch von
Brothers*) in Syracuse mit einem Dallmeyer'schen Objectiv von
102 cm Durchmesser und 46 cm Focalweite photographirt. Die mit Expositionszeiten von 8 und 15 Secunden erhaltenen Negative sind sehr befriedigend ausgefallen; sie zeigen in den äusseren Theilen der Corona
leuchtende, durch dunklere Zwischenräume getrennte Strahlen, so wie sie
in Fernrohren bei schwacher Vergrösserung erscheinen, und welche durch
Zeichnung nur sehr schwierig festzuhalten sind.

Die Resultate von Brothers ergaben den grossen Vortheil der Objective von relativ kurzer Brennweite gegenüber den Objectiven gewöhnlicher Construction bei der Aufnahme der Corona, und deshalb wurden
bei der Sonnenfinsterniss vom 12. December 1871 von Seiten der englischen Astronomen zwei Dallmeyer'sche Porträtlinsen von 102 cm
Oeffnung und 84 cm Brennweite verwendet.

In Baïkul beobachtete Davis**) und in Dodabetta Hennessy***)
und Waterhouse. Die Platten, welche von diesen beiden Expeditionen
angefertigt wurden, geben zwar nur ein Sonnenbild von 8 mm Durchmesser, aber sie zeigen die Corona bis zu einem Abstande von 20' bis
25' vom Sonnenrande und enthalten eine Menge Detail, dessen Realität
durch die zwei Serien der Aufnahmen bewiesen ist. Eine sehr ausführliche Beschreibung der Aufnahmen von Ranyard befindet sich im
41. Bande der Memoirs of the Royal Astronomical Society.

Es unterliegt keinem Zweifel, dass von diesem Zeitpunkte an die
Schwierigkeiten der Coronaaufnahmen bei totalen Finsternissen als gelöst
zu betrachten sind. Wohl keine Sonnenfinsterniss, die in einigermassen
zugänglichen Gegenden stattfand, ist seitdem vergangen, ohne dass Coronaaufnahmen erhalten worden wären, die zum Theil die Corona bis zu einer
Ausdehnung von mehreren Sonnendurchmessern zeigen. Die hierzu benutzten Apparate bestehen im wesentlichen aus parallaktisch montirten
Objectiven von kurzer Brennweite und grossem Gesichtsfelde, die vielfach
am Cameraende besondere Vorrichtungen enthalten, um mit möglichster
Geschwindigkeit die Platten wechseln zu können.

Wenn die zahlreichen Aufnahmen der Corona bisher auch noch nicht
zu einer endgültigen Erklärung des Phänomens geführt haben, so haben
sie doch eine Reihe charakteristischer Eigenschaften desselben zu unserer
Kenntniss gebracht, die durch directe Beobachtungen allein wohl schwerlich
hätten erkannt werden können.

---

*, Mem. of the R. Astr. Soc. 16, 648.
** Mem. of the R. Astr. Soc. 16, 702.
*** Mem. of the R. Astr. Soc. 17.

Zunächst kann es keinem Zweifel mehr unterliegen, dass die Ausdehnung und Gestaltung der Corona einem vielfachen Wechsel unterworfen ist; ganz besonders äussert sich dies darin, dass zu den Zeiten geringer Sonnenthätigkeit (Fleckenminimum) die Corona nur geringe Ausdehnung besitzt, während sie im Maximum der Sonnenthätigkeit sehr viel weiter von der Sonne weg zu verfolgen ist.

Hiermit steht die äussere Form der Corona im engsten Zusammenhange; denn im allgemeinen zeigt sie in den Verlängerungen der sogenannten Fleckenzonen ihre grösste Ausdehnung, während die Pole abgeplattet sind und der Aequator selbst als ein Defect in der Coronamaterie sichtbar wird: die Corona zeigt die Form eines in der Richtung des Sonnenäquators liegenden, von der Sonne weg gerichteten Fischschwanzes. Bemerkenswerthe Abweichungen von dieser Form sind übrigens auch schon beobachtet worden, so z. B. im Jahre 1878, wo die grösste Ausdehnung der Corona in der Richtung des Sonnenäquators lag und sich durch zwei über mehrere Sonnendurchmesser weit zu verfolgende Streifen documentirte*).

Von besonderem Interesse sind die fast immer vorhandenen Streifen der Corona, welche mehr oder weniger symmetrisch von der Sonne ausgehen, bald geradlinig, bald gekrümmt, und im allgemeinen sehr an die Kraftlinien in der Umgebung magnetischer Pole erinnern. Gerade sie sind wesentlich massgebend gewesen bei der Aufstellung der verschiedenen Theorien über das Wesen der Corona, von den elektro-magnetischen Theorien an bis zu den rein mechanischen, bei welchen diese Streifen einfach durch mechanisch fortgeschleuderte Sonnenmaterie gedeutet werden.

Die Venusdurchgänge von 1874 und 1882. Bei der Beobachtung der beiden Venusdurchgänge dieses Jahrhunderts, besonders aber bei dem vom Jahre 1874, hat die Photographie eine sehr umfangreiche Anwendung gefunden. Die Hoffnungen, die man gerade an diese Art der Beobachtungen geknüpft hatte, sind einerseits zwar nur zu geringem Theile in Erfüllung gegangen, andrerseits sind die nächsten Venusdurchgänge durch einen solchen Zeitraum noch von uns entfernt, dass ein Versuch, die Erfolge der Photographie auf diesem Gebiete und die Gründe der Misserfolge hier auseinanderzusetzen, keinen belehrenden Zweck haben kann, und doch möchte ich diesen Versuch nicht unterlassen und zwar aus zwei Gründen: Einmal spielen die Venusdurchgänge in der Geschichte der Himmelsphotographie eine sehr hervorragende Rolle,

*) Huggins. On the Corona of the Sun. Proc. R. Soc. 1885. Nr. 239.

und die Vorarbeiten und Erfahrungen bei Gelegenheit derselben sind
nicht ohne Einfluss auf ihre Weiterentwickelung geblieben; dann aber besteht meines Wissens überhaupt noch kein zusammenhängender Bericht
über diesen Gegenstand.

Fast alle civilisirten Völker haben sich in mehr oder weniger umfangreicher Weise an den Beobachtungen der Venusdurchgänge betheiligt
und viele von ihnen auch unter Anwendung der photographischen Methode. Besonders in Bezug auf letztere, über welche praktische Erfahrungen ja noch gar nicht vorlagen, hat man allgemein den Durchgang
von 1874 gleichsam als Versuchsobject betrachtet, um die bei demselben
gewonnenen Erfahrungen in vervollkommneter Weise bei dem Durchgange
von 1882 verwerthen zu können.

Ein von der Astronomischen Gesellschaft ausgegangener Versuch,
eine internationale Vereinigung zur Beobachtung der Durchgänge herbeizuführen, ist nicht zu Stande gekommen, sondern jedes Land hat seine
Vorbereitungen und Ausrüstungen für sich allein durchgeführt, so dass
wesentlich verschiedene Methoden und damit auch eine wesentlich verschiedene Güte der Resultate die Folge gewesen sind.

Auf eine allen Methoden gemeinsame Fehlerquelle bei der photo-
graphischen Aufnahme der Venusdurchgänge habe ich bereits an früherer
Stelle aufmerksam gemacht. Die Expositionszeit für eine Sonnenaufnahme
kann, selbst bei dem damaligen unempfindlichen nassen oder trockenen
Collodium- oder Albuminverfahren, nur eine sehr kurze, höchstens nach
Hundertsteln der Zeitsecunde zu zählende sein. Der sonst so wichtige
Vorzug der Photographie, die automatische Mittelbildung aller durch die
Luftunruhe verursachten Verzerrungen, kommt damit in Wegfall, und
jede Aufnahme giebt von der im Expositionsmoment gerade vorhandenen
Verzerrung ein getreues Bild. Wenn man nun auch annehmen kann,
dass bei der Verwendung zahlreicher Aufnahmen sich diese Verzerrungen
wieder aufheben, so folgt doch eine beträchtliche Vergrösserung des wahrscheinlichen Fehlers der Aufnahmen, die bei der geforderten höchsten
Genauigkeit der Messungen der Distanz der Venusscheibe vom Sonnen-
mittelpunkt sehr merklich wird, und die zweifellos in manchen Fällen
zu einem Misserfolge stark beigetragen hat.

Bei der vor 1874 zu treffenden Wahl der Instrumente, welche zur
photographischen Aufnahme der Venusdurchgänge dienen sollten, besass
man erst geringe Erfahrung in derartigen Arbeiten; immerhin aber
war es doch schon damals möglich, einige ganz unzweifelhafte Ueberlegungen anzustellen, die bei allgemeiner Berücksichtigung ein besseres
Gelingen des Unternehmens herbeigeführt haben würden. Diese Ueberlegungen folgen eigentlich unmittelbar aus der geforderten hohen Ge-

nauigkeit und sind speciell von Newcomb*) angestellt und bei den amerikanischen Beobachtungen berücksichtigt worden. Theilweise wenigstens
ist dies auch von Seiten der französischen Astronomen geschehen, von
allen anderen Ländern aber gar nicht oder nur in sehr geringem Masse.
Darüber, dass die bei früheren Venusdurchgängen allein angewandte Methode der Parallaxenbestimmung aus den Contactbeobachtungen keinen
genügenden Genauigkeitsgrad erwarten liess, auch bei photographischer
Fixirung dieser Momente, war man im allgemeinen klar, da die photographische Feststellung des Contactes nicht allein vom wirklichen Contacte
abhängig ist, sondern von der photographischen Irradiation, also von Expositionsdauer, Sonnenhöhe und dergl. Es konnten nur die Messungen
der Distanzen der Mittelpunkte von Sonne und Venus und der Positionswinkel zum Ziele führen. Bei Verwendung der Photographie konnte dann
nach Newcomb die Aufgabe in folgende drei Theile zerlegt werden:

1) Ein Bild der Sonnenscheibe mit der Venus so aufzunehmen, dass
aus den Begrenzungen der beiden Scheiben die Punkte auf der photographischen Platte, welche den Centren der Scheiben entsprechen, mit
einem hohen Genauigkeitsgrade ermittelt werden können.

2) Es müssen Mittel vorhanden sein, die auf den Platten in linearem
Masse gemessene Distanz in Winkeldistanz umzurechnen.

3) Es muss auf der Platte eine Anhaltlinie vorhanden sein, aus welcher der Positionswinkel der beiden Mittelpunkte bestimmt werden kann.

Wie aus dem Capitel über die Heliographen zu ersehen ist, genügen
diese Instrumente alle zur Lösung dieser drei Aufgaben, sofern es sich um
die Genauigkeit handelt, welche für Positionsbestimmungen auf der Sonnenscheibe erforderlich und bei den stets unregelmässig gestalteten und ihre
Form stark wechselnden Objecten möglich ist. Die bei Venusdurchgängen erforderliche Genauigkeit ist aber eine ungleich höhere, wenn
die resultirende Parallaxe gegenüber auf anderen Wegen ermittelten
Werthen stimmfähig sein soll. Die beim Durchgange von 1874 zu messende Distanz der beiden Scheibencentra ist aber 50 mal grösser als der
mittlere Effect der Parallaxe an den verschiedenen Stationen; die Parallaxe wird also als Differenz zwischen zwei grossen Quantitäten bestimmt,
und ein Fehler, der die ganze gemessene Distanz in einem bestimmten
Verhältnisse beeinflusst, wirkt auf die Parallaxe in einem 50 mal grösseren
Verhältnisse, und hieraus ist ohne Weiteres klar, welcher Anspruch von
Genauigkeit z. B. an die Bestimmung des Bogenwerthes, der die gemessenen Distanzen constant beeinflusst, erhoben werden muss. Newcomb
verlangt, dass für jede Station oder jedes Instrument der constante Fehler

*) Papers relating to the Transit of Venus in 1874, **1.** Washington 1872.

der Distanz der beiden Mittelpunkte den Betrag von $0.''02$ nicht überschreiten solle, das ist $^1/_{40000}$ der gemessenen Länge ($800''$).

Um die nothwendige Kleinheit des zufälligen Fehlers der Distanzen ($0.''03$ für jede Station nach Newcomb) zu erlangen, muss das Bild der Sonne eine gewisse Grösse haben, die nicht gut unter 10 cm betragen kann, und um das zu erreichen, muss dem Objective entweder eine Brennweite von etwa 10 m bis 12 m gegeben werden, oder es muss bei kürzerer Brennweite ein Vergrösserungssystem eingeschaltet werden. Beide Wege sind 1874 beschritten worden, und nach ihnen scheiden sich streng die erhaltenen Erfolge.

Die Benutzung eines Objectivs von grosser Brennweite bei verhältnissmässig nicht grosser Oeffnung (5 bis 6 Zoll) bietet zweifellos die grössten Vortheile. Das erhaltene Bild ist nahe distorsionsfrei und wegen des günstigen Oeffnungsverhältnisses möglichst scharf. Bei Einschaltung eines Vergrösserungsapparates entsteht eine meist sehr starke Distorsion, die entweder ein für allemal sehr genau ermittelt werden muss, oder die durch Anbringung eines Netzes genau im Brennpunkt behufs Mitabbildung eliminirt werden muss. Die letztere, bei den deutschen Expeditionen angewandte Methode stellt hohe Anforderungen an die mechanische Ausführung der Instrumente. Der wichtigste Punkt aber, der ganz entscheidend in die Wagschale hätte fallen müssen, betrifft die Möglichkeit der Bestimmung des Bogenwerthes. Die einfachste und beste Methode hierzu, die bei Sternaufnahmen, gleichgültig, ob dieselben im Focus oder erst in der Bildebene eines Vergrösserungssystems gemacht sind, zu den sichersten Resultaten führt, nämlich Ermittelung aus auf der Platte selbst gegebenen Distanzen, ist leider bei Sonnenaufnahmen nicht anwendbar: der Durchmesser des photographischen Sonnenbildes ist wegen Diffraction und vor allem wegen der »photographischen Irradiation« eine sehr complicirte Function von Expositionszeit, Plattenempfindlichkeit und Luftzustand, so dass derselbe bei verschiedenen Aufnahmen um viele Bogensecunden variiren kann. Das war schon damals wesentlich durch Rutherfurd bekannt und hätte Veranlassung geben sollen, das Hauptgewicht auf eine möglichst einfache und sichere Bestimmung des Bogenwerthes nach einer anderen Methode zu legen, wie sie nur bei Brennpunktaufnahmen möglich ist: durch directe Messung der Distanz von Platte zu Hauptpunkt im Objective. Andere Gründe, welche für die Benutzung von Vergrösserungen sprechen, wie bequeme Länge der Fernrohre und damit die Möglichkeit, dieselben mittels parallaktischer oder horizontaler Montirung direct auf die Sonne richten zu können, hätten nicht massgebend sein dürfen.

Die Verwendung von Objectiven mit grosser Brennweite macht eine bewegliche Aufstellung der Instrumente unmöglich; es muss also in diesem Falle eine feste, am bequemsten horizontale Aufstellung erfolgen, die dann die Verwendung eines Heliostaten erfordert. Die Einführung eines Spiegels in den Strahlengang ist nicht unbedenklich, falls seine Fläche in merklicher Weise von der Ebene abweicht, resp. sich infolge der Bestrahlung verändert. Unter den von Newcomb gemachten Voraussetzungen darf der Krümmungsradius des Spiegels nicht unter einem Betrage von 80 000 Fuss liegen, wenn nicht eine die Grenze des erlaubten constanten Fehlers überschreitende Verfälschung der Distanz von Hauptpunkt zu Platte eintreten soll. Eine stärkere constante Krümmung würde übrigens nicht so sehr schädlich sein, da sie genau ermittelt und in Rechnung gezogen werden kann. Dagegen würden Veränderungen der Krümmung während des Durchgangs die ganze Genauigkeit der Resultate in Frage stellen. Glücklicherweise lassen sich derartige Veränderungen aber fast ganz vermeiden, wenn der Spiegel nur während kurzer Zeiträume, $1/2$ bis 1 Secunde, der Bestrahlung ausgesetzt wird.

Abgesehen von diesem einen bedenklichen Punkte gewährt die horizontale feste Aufstellung nur Vortheile, die auf der Erschütterungsfreiheit, dem Wegfallen des Rohres und damit verbundener Vermeidung von Luftströmungen beruhen. Der erste Vorschlag zu einer derartigen Aufstellung ist von Laussedat*) gegeben; unabhängig hiervon hat ihn auch Winlock für die amerikanischen Expeditionen gemacht.

Diese kurzen allgemeinen Angaben werden genügen, um ein Urtheil über die im einzelnen noch genauer zu beschreibenden, von den verschiedenen Ländern angewendeten Methoden und Instrumente fällen zu können.

Es möge zuerst über die amerikanischen und französischen Expeditionen berichtet werden, als diejenigen, welche sich der horizontalen festen Aufstellung ohne Vergrösserungssystem bedient haben.

1) Die amerikanischen Beobachtungen. Die Instrumente besassen folgende Einrichtung: Auf einem eisernen, isolirt stehenden Pfeiler befinden sich das 5 zöllige Objectiv von 40 Fuss Brennweite und der Heliostat, der durch ein auf einem besonderen Pfeiler stehendes Uhrwerk getrieben wird und in sehr vereinfachter Art construirt ist. In 40 Fuss Entfernung befindet sich ein Pfeiler, auf dem der Plattenhalter befestigt ist. Dieser Pfeiler steht im Laboratorium, dessen Wand eine Oeffnung zum Durchlassen der vom Objectiv kommenden Strahlen hat; die Oeffnung ist nach aussen mit einem kurzen Rohrstutzen versehen zur Abhaltung von Seitenlicht. In dem nach jeder Richtung hin justirbaren Plattenhalter befindet sich eine mit eingerissenem Netz versehene Glasplatte, welche

---

* C. R. 79, 455.

vor der empfindlichen Platte dieser in geringem Abstande gegenübersteht. Zwischen den beiden Platten hängt als Lothlinie ein feiner Platindraht, dessen Schattenbild auf der empfindlichen Platte später die Richtung der Verticalen angiebt. Das mit abgebildete Netz dient zur Ermittelung etwaiger Schichtverzerrungen.

Zur Bestimmung des Bogenwerthes wurde die Distanz vom Objective bis zur Platte direct gemessen; hierzu diente eine aus eisernen Röhren zusammengesetzte Stange, die dicht beim Objective und dicht bei der Platte endete und ständig auf einem Holzgestelle liegen blieb, und zwar oberhalb der optischen Axe. Die Länge der Stange wurde auf die optische Axe durch Lothen übertragen, und die Messung der Abstände der Lothlinien gegen die Rückseite des Objectivs resp. gegen die Netz-Platte geschah durch ein besonders zu dem Zwecke von Harkness construirtes Mikrometer.

Um die optische Axe des Heliographen genau in Bezug auf den Horizont und die Meridianrichtung justiren zu können, war die Einrichtung getroffen, dass das zu Zeitbestimmungen dienende Passageninstrument in derselben Höhe und im gleichen Meridian aufgestellt war, so dass die mittlere Linie der Netzplatte als Meridianmarke für das Passageninstrument dienen konnte. Als photographischer Process kam allein das Verfahren mit nassem Collodium in Anwendung.

Mit den eben beschriebenen Apparaten wurden folgende Stationen ausgerüstet:

1. Wladiwostok.
Professor A. Hall,
Mr. Wheeler
und 4 photogr. Assistenten.

2. Nagasaki.
Professor G. Davidson.
Mr. Tittmann
und 3 photogr. Assistenten.

3. Peking.
Professor J. C. Watson,
Professor C. A. Young
und 3 photogr. Assistenten.

4. Molloy Point, Kerguelen Island.
Commander C. P. Ryan,
Lieut.-Comm. C J. Train
und 3 photogr. Assistenten.

5. Hobart Town.
Professor W. Harkness,
Mr. Waldo
und 3 photogr. Assistenten.

6. Campbelltown.
Capitain C. W. Raymond,
Lieut. S. E. Tillmann
und 3 photogr. Assistenten.

7. Queenstown, New Zealand.
Dr. C. H. F. Peters,
Lieut. E. W. Bars
und 4 photogr. Assistenten.

8. Whangarva, Chatam Island.
Mr. E. Smith,
Mr. A. H. Scott.
3 photogr. Assist. u. 1 Mechaniker.

Die Verarbeitung des gewonnenen Materials bis zur Aufstellung der Bedingungsgleichungen ist wesentlich durch Newcomb geschehen, wobei ganz besondere Rücksicht auf die Bestimmung des Bogenwerthes gelegt wurde, zu welchem Zwecke umfangreiche Untersuchungen über die Krümmung der angewandten Heliostatenspiegel erforderlich waren. Die Zahl der brauchbaren Aufnahmen beläuft sich auf 213, die sich auf die einzelnen Stationen folgendermassen vertheilen:

Wladiwostok	13	Hobart Town	37
Nagasaki	45	Campbelltown	32
Peking	26	Queenstown	45
Kerguelen	8	Whangarva	7

Eine definitive Berechnung der Parallaxe aus diesen Aufnahmen ist nicht erfolgt, insofern als für die geographischen Längen einiger der Stationen provisorische Werthe benutzt worden sind und einige Correctionen, welche von der Absorption der Sonnen- und Erdatmosphäre herrühren, keine Berücksichtigung gefunden haben. Eine wesentliche Aenderung des von Todd*) berechneten Werthes dürfte übrigens nicht zu erwarten sein.

Die resultirende Parallaxe ist:

$$\text{aus Distanzen} \qquad \pi = 8{.}''888 \pm 0{.}''040$$
$$\text{aus Positionswinkeln} \quad \pi = 8.873 \pm 0.060$$
$$\text{im Mittel } \pi = 8{.}''883 \pm 0.034.$$

2) Die französischen Beobachtungen**). Die für die französischen Expeditionen bestimmten Instrumente hatten Objective von 13.5 cm Oeffnung bei 3.8 m Brennweite, so dass die direct im Brennpunkte aufgenommenen Sonnenbilder einen Durchmesser von ungefähr 35 mm besassen, der nach den vorgeschickten allgemeinen Bemerkungen als zu klein bezeichnet werden muss. Die Instrumente wurden auf einer Mauer horizontal montirt, und zwar waren sie auf das für die Mitte der Erscheinung geltende Azimuth der Sonne gerichtet. Das Sonnenlicht wurde durch einen auf derselben Mauer angebrachten Spiegel in das Fernrohr geworfen, der mit einem als Sucher dienenden kleineren Spiegel verbunden war. Um Verziehungen des Spiegels durch die Bestrahlung möglichst zu verhindern, wurde derselbe nur ganz kurz im Momente der Aufnahmen belichtet, zu

*) Amer. Journal of Science 21, 49.
**) Recueil de Mém., Rapports et Documents. Acad. d. Sciences. 3 Bände.

dem gleichen Zwecke durften die Justirungen des Apparates am Tage des Durchganges nur mit Hülfe des kleinen Spiegels ausgeführt werden. Als photographisches Verfahren wurde das Daguerre'sche nach Fizeau s Vorschlag angenommen; als Gründe hierfür waren massgebend die grössere Sicherheit und längere Haltbarkeit gegenüber dem Collodiumverfahren. Während des Ein- und Austritts der Venus am Sonnenrande sollten zonenweise angeordnete Aufnahmen der betreffenden Randstellen in möglichst kurzen Intervallen aufgenommen werden behufs Ermittelung der Contactzeiten. Während des eigentlichen Durchganges sollten dagegen Bilder der ganzen Sonnenscheibe zum Zwecke der Distanzbestimmung von Venus- und Sonnenmitte angefertigt werden. · Die Ermittelung des Bogenwerthes der Aufnahmen sollte nach zwei verschiedenen Methoden erfolgen, einmal durch auf einander folgende Sonnenaufnahmen bei festgeklemmtem Spiegel und dann durch ein eigenthümliches Verfahren mit Hülfe der den Expeditionen mitgegebenen Refractoren. Letztere sollten so auf den Spiegel gerichtet werden, dass im Focus des Heliographen ein Bild der Mikrometerfäden des Refractors aufgenommen werden konnte, deren Distanzen vorher durch Sterndurchgänge ermittelt worden waren. Unter Berücksichtigung der hierbei stattgehabten Temperaturen glaubte man, sehr sichere Resultate für den Bogenwerth erhalten zu können.

Von den sechs französischen Stationen waren vier mit der photographischen Ausrüstung versehen; das Personal der Stationen setzte sich folgendermassen zusammen:

1. Ile Saint-Paul.

　　Capitain Monchez,
　　Professor Cazin,
　　Lieut. Turquet de Beauregard,
　　M. Dilisle.

2. Nouméa.

　　M. André, Astronome.
　　M. Angot, Phys.

3. Pékin.

　　Lieut. Fleuriais.
　　Lieut. Blarez,
　　M. Lapied.

4. Nagasaki.

　　M. Janssen, Membre de l'Institut.
　　M. Tisserand, Directeur de l'Obs.
　　d. Toulouse,
　　Lieut. Picard.

Die Stationen sind vom Wetter ziemlich begünstigt gewesen; nur in Peking sind die Aufnahmen durch Wolken sehr beschränkt worden.

Wie es vorauszusehen war, haben die Aufnahmen zur Bestimmung der Contacte kein brauchbares Resultat ergeben; aber auch die Ausmessung und Verwerthung der übrigen Platten hat bedeutende Schwierigkeiten gemacht, die im Wesentlichen in der Irradiation des Sonnenrandes und in der Bestimmung der Bogenwerthe ihre Ursache hatten.

Die Ermittelung der Sonnenparallaxe aus den französischen Aufnahmen ist erst 1887 durch Obrecht zu Ende geführt worden. Derselbe hat zunächst aus einer beschränkten Zahl von Aufnahmen den Werth gefunden:

$$\pi = 8\rlap{.}''80 + 0\rlap{.}''004\,dL + 0\rlap{.}''004\,dy ,$$

wo dL den Fehler der nur unsicher bestimmten geographischen Länge von Peking bedeutet und y eine Function der Tafelfehler von Sonne und Venus ist. dL kann zwischen $+ 5^s$ und $- 5^s$ liegen, dy zwischen $+ 2''$ und $- 2''$, so dass der Parallaxenwerth schwanken kann zwischen

$$8\rlap{.}''77 \text{ und } 8\rlap{.}''83 .$$

Eine zweite Bestimmung ist von Obrecht nach einer Methode durchgeführt worden, nach welcher durch eine gewisse Combination der Beobachtungen an den verschiedenen Stationen die Tafelfehler eliminirt werden. Von 94 ausgemessenen Daguerreotypen konnten 82 verwerthet werden; das Resultat ist in sehr naher Uebereinstimmung mit dem erst gefundenen:

$$\pi = 8\rlap{.}''81 + 0\rlap{.}''004\,dL \pm 0\rlap{.}''06 .$$

Eine dritte Berechnung nach einer von Fizeau und Cornu vorgeschlagenen Methode, bei welcher die Parallaxenwerthe aus jeder einzelnen Station gesondert abgeleitet werden, und bei welcher ebenfalls die Tafelfehler eliminirt werden, führte zu genau dem ersten Werthe

$$\pi = 8\rlap{.}''80 \pm 0\rlap{.}''06 .$$

3) Die deutschen Beobachtungen*). Die deutschen Expeditionen zur Aufnahme des Venusdurchganges wurden mit Fernrohren kurzer Brennweite und Vergrösserungsapparat ausgerüstet. Als Gründe hierfür waren massgebend die grössere Bequemlichkeit in der Aufstellung und Handhabung und der Wegfall des Spiegels. Die Objective waren nach Art der Euryskope aus vier Linsen zusammengesetzt, so dass der optische und der photographische Brennpunkt zusammenfallen sollten. Die Oeffnung betrug 6 Zoll und die Brennweite etwas über 6 Fuss. Das Vergrösserungssystem vergrösserte etwa 6 mal, so dass der Durchmesser des Sonnenbildes etwa 110 mm bis 120 mm betrug. Die Instrumente waren einfach horizontal montirt; nur der Kerguelen-Expedition war das nach Hansens Angaben construirte Horizontalstativ mit parallaktischer Bewegung (pag. 60)

---

*) Die Angaben über die Resultate sind dem VI. Bande von »Die Venus-Durchgänge von 1874 und 1882« entnommen, dessen Correcturbogen mir Herr Auwers auf meine Bitte hin gütigst zur Verfügung gestellt hat.

beigegeben. In der gleichen Fassung mit dem Vergrösserungssysteme befand sich eine fein getheilte Gitterplatte, welche, genau in die Brennebene gebracht, gleichzeitig mit der Sonne vergrössert wurde und hauptsächlich zur Ermittelung der nicht unbeträchtlichen Verzerrung durch das Vergrösserungssystem dienen sollte, ausserdem aber auch zur Orientirung des Sonnenbildes benutzt wurde. Die Bestimmung des Bogenwerthes sollte hauptsächlich durch die Ermittelung der Brennweiten von Objectiv und Vergrösserungssystem erfolgen; ausserdem aber wurden auch andere Methoden in Anwendung gebracht, z. B. die Bestimmung der Winkelwerthe der Gitterstrichdistanzen mit Hülfe eines Universalinstrumentes. Die Vorschriften in Bezug auf die Justirung und Centrirung der einzelnen Theile der Instrumente waren sehr ausführlich und strenge gegeben.

Als photographisches Verfahren war dasjenige mit trockenen Albuminplatten gewählt worden; nur zur Controlle der Expositionszeiten sollten zwischendurch auch einige Aufnahmen mit nassen Collodiumplatten genommen werden, und nur, wenn wegen undurchsichtiger Luft die sehr unempfindlichen Albuminplatten keine genügend kräftigen Bilder ergaben, sollte zum nassen Collodium definitiv übergegangen werden.

Folgende vier Expeditionen wurden mit photographischen Instrumenten ausgerüstet:

1. Tschifu.

Valentiner. Leiter der Exp.,
Adolph, zweiter Astronom,
Reimann, Astronom der photogr. Abth.,
Kardätz, Fachphotograph,
Deichmüller }
Erehke   } Gehülfen.

2. Betsy Cove, Kerguelen.

Bürgen, Leiter der Exped.
Weinek, zweiter Astronom und Astr. der photogr. Abth.,
Wittstein, dritter Astronom,
Bobzin }
Studer } Photographen,
Krille, Mechaniker.

3. Port Ross, Auckland.

Seeliger, Leiter der Exp..
Schur, zweiter Astronom,
H. Krone }
Wolfram   } Photographen,
Leyer   }
J. Krone } Gehülfen.

4. Ispahan.

Fritsch, Leiter der Exp. u. Astr. d. photogr. Abth.,
Becker, Astronom.
Stolze. Photograph.
Buchwald, Gehülfe.

Schon bei der Ausmessung der Platten, welche von Weinek ausgeführt worden ist, erwies sich ein grösserer Theil der Aufnahmen als unbrauchbar, so dass von 317 Platten nur 124 als messbar befunden wurden. Dieselben vertheilen sich folgendermassen auf die einzelnen Stationen (in den Klammern ist die Gesammtzahl der Aufnahmen angegeben):

Tschifu	47 (117)
Kerguelen	35 (61)
Auckland	30 (115)
Ispahan	12 (24).

Bei Auckland ist für den Ausschluss so vieler Platten die sehr grosse Luftunruhe massgebend gewesen; bei den anderen Stationen scheint vielfache Verschleierung durch Wolken und auch Verderben der Platten durch schlechten Lack die Ursache hierfür gewesen zu sein.

Die von Auwers durchgeführte Discussion der Messungen hat vielfache, zum Theil unüberwindliche Schwierigkeiten geboten. Von einer Benutzung der Positionswinkel musste gänzlich abgesehen werden, und bei der Verwerthung der Distanzen hat, wie ja vorauszusehen gewesen war, die Ermittelung des Bogenwerthes nicht in befriedigender Weise erfolgen können. Die Justirungen der Gitter müssen während des Durchganges zum Theil ganz ungenügend gewesen sein, hauptsächlich wohl bedingt durch die mangelhafte mechanische Ausführung der Instrumente; so muss z. B. bei einer der Stationen der Centrirungsfehler des Vergrösserungssystems und des Gitters ungefähr 4° betragen haben.

Obgleich die schliesslich aus den Distanzen abgeleitete Parallaxe ziemlich gut zu anderen Bestimmungen passt, muss dies in Anbetracht des grossen w. Fehlers als Zufall betrachtet werden; das Endresultat ist

$$\pi = 8''810 \pm 0''120.$$

4) Die englischen Beobachtungen*). Ueber die von den englischen Expeditionen benutzten Instrumente ist nur wenig bekannt geworden. Sie waren mit Vergrösserungssystem versehen und parallaktisch montirt. Der Durchmesser der Sonnenbilder betrug nahe 4 engl. Zoll.

Fünf Expeditionen waren mit photographischen Instrumenten ausgerüstet, und zwar diejenigen nach Luxor, Honolulu, Rodriguez, Burnham und Kerguelen; dazu kommen noch diejenigen von Australien, nämlich in Melbourne, Sydney, Wordfort und Eden. Das Personal bestand zum grossen Theile aus Marineofficieren.

Die Zahl der erhaltenen Aufnahmen, meistens auf trockenen Albuminplatten, ist sehr gross; aber die mit einem ausserordentlichen Aufwand von Zeit und Mühe von Capt. Tupman ausgeführten Messungen haben

---

*) Account of Observations of the Transit of Venus 1874. Edit. by Airy. London 1881.

ihre völlige Unbrauchbarkeit ergeben. Auf allen Aufnahmen erscheinen die Ränder von Sonne und Venus ganz verwaschen, so dass von irgend exacten Messungen keine Rede sein kann. Tupman*) schreibt dies der Ungeeignetheit der photographischen Methoden zu diesem Zwecke im allgemeinen zu; die wirkliche Ursache dürfte aber wesentlich in der schlechten Beschaffenheit der optischen Theile der Instrumente zu suchen sein. Bis zu einer sorgfältigen Discussion der Messungen ist es überhaupt nicht gekommen.

Einige der Expeditionen führten ausser den Heliographen auch einen von Janssen nach dem »Revolver«-Princip construirten Apparat mit sich, mit welchem während der Ränderberührungen Aufnahmen dieses Phänomens in sehr schneller Aufeinanderfolge gemacht werden konnten. Dass die photographische Methode zur Feststellung der Contactmomente noch ungeeigneter ist als die optische, ist bereits gesagt; die zahlreichen Aufnahmen dieser Art, die von den Engländern erhalten worden sind, haben sich ebenfalls als völlig unbrauchbar erwiesen.

5) Die russischen Beobachtungen. Von den zahlreichen russischen Expeditionen waren nur zwei mit photographischer Ausrüstung versehen, eine unter Hasselberg nach Possiet, die andere unter Ceraski nach Kiachta. Hasselberg hat eine grössere Zahl von Aufnahmen erhalten und auch ausgemessen; die Resultate**) sind publicirt. In Kiachta sind wegen der Ungunst der Witterung nur wenige, unbrauchbare Aufnahmen gemacht worden. Die Instrumente waren fast genau so wie die deutschen eingerichtet, nur waren sie parallaktisch montirt. Eine Bearbeitung der Hasselberg'schen Messungen, sowie überhaupt der übrigen Resultate der russischen Expeditionen, scheint nicht erfolgt zu sein; dieselbe war Döllen übertragen worden. Bei der Beobachtung des Durchgangs von 1882 hat sich Russland überhaupt nicht betheiligt.

6) Die holländischen Beobachtungen***). Von Seiten Hollands wurde eine Expedition zur Beobachtung des Venusdurchganges ausgesendet, und zwar nach St. Denis, der Hauptstadt der Insel Réunion. Die Expedition stand unter der Oberleitung von Prof. Oudemans und war aus zwei Theilen zusammengesetzt, von denen der erste Heliometerbeobachtungen ausführen sollte, während dem zweiten die photographischen Aufnahmen zufielen. Das Personal des zweiten Theiles bestand aus:

---

*) M. N. 38, 508.

**) Russische Expeditionen zur Beobachtung des Venusdurchgangs 1874. Abth. 2. Nr. 1. St. Petersburg 1877.

***) Nach gütigen brieflichen Mittheilungen des Herrn van de Sande Bakhuyzen.

Dr. P. J. Kaiser,
Dr. E. F. Van de Sande Bakhuyzen,
M. R. Roch van Tonningen (Photograph).

Das Instrument zu den photographischen Aufnahmen war ein Dallmeyer'scher Heliograph, in dessen Brennebene aber nicht eine Glasscala, sondern ein wirkliches Fadennetz angebracht war. Die Montirung war eine horizontale, und eine genauere Nivellirung der Horizontalaxe konnte vorgenommen werden; die geringen Abweichungen der Horizontalfäden des Fadennetzes liessen sich durch ein Collimatorfernrohr ermitteln; ausserdem sollte nach je 10 Aufnahmen die Verticalaxe des Fernrohrs um 180⁰ gedreht werden. Die Bestimmung des Winkelwerthes sollte nach zwei Methoden erfolgen, und zwar

1) Es wurden in derselben Lage des Instrumentes auf einer Platte zwei Aufnahmen desselben Sonnenrandes mit einer Zwischenzeit von ungefähr 2 Minuten angefertigt. Aus der gemessenen Distanz der Sonnenränder und der genau registrirten Zwischenzeit konnte der Bogenwerth ermittelt werden.

2) Es wurden in einer Entfernung von ungefähr 8 Kilometer 9 Heliotrope aufgestellt, deren äusserste vom Heliographen aus in einem Abstande von ungefähr 30′ erschienen. Die linearen Abstände der Heliotrope unter einander und vom Heliographen aus wurden durch eine Triangulation ermittelt, und durch die photographische Aufnahme der Heliotropenbilder wurde dann der Bogenwerth des Fadennetzes bestimmt.

Wegen der Ungunst der Witterung ist die Beobachtung des Venusdurchganges vollständig verunglückt. 19 Platten wurden exponirt, von denen jedoch nur 3 gute Bilder aufwiesen und 5 weitere noch eben sichtbare Bilder ergeben haben.

Der Venusdurchgang von 1882. Infolge der Enttäuschungen, welche die Anwendung der Photographie für den Venusdurchgang von 1874 gebracht hatte, wurde diese Methode mit einer einzigen Ausnahme für die Erscheinung von 1882 vollständig verworfen. Diese Ausnahme machten die Amerikaner, die ihre 1874 mit Erfolg benutzten Instrumente von Neuem in Anwendung brachten und die gewonnenen Erfahrungen hierbei verwertheten. Die Festlegung der Expositionsmomente geschah diesmal auf chronographischem Wege; als photographisches Verfahren kam ausschliesslich das Bromsilber-Collodiumtrockenverfahren zur Anwendung.

Nur auf der Station New Haven wurde eine andere Construction des Instrumentes verwendet; doch sind die damit erhaltenen Aufnahmen nicht zur Parallaxenbestimmung mit verwendet worden, auch habe ich eine genauere Beschreibung desselben nicht auffinden können.

Es waren im ganzen 11 Stationen besetzt, die zum grösseren Theile sehr reiche Ausbeute erhalten haben. Die Gesammtzahl der Aufnahmen beträgt 1561, die sich folgendermassen auf die einzelnen Stationen vertheilen:

Washington	49	Santiago	197
Cedar Keys	165	Auckland	51
San Antonio	121	Princeton	162
Cerro Roblero	216	Lick Observatory	123
Wellington	180	New Haven	86
Santa Cruz	211		

Die Bearbeitung der Aufnahmen ist von Harkness*) ausgeführt worden und hat zu einer sehr sicheren Bestimmung der Parallaxe geführt, nämlich:

$$\text{aus den Distanzen } \pi = 8.''847 \pm 0.''012 \,.$$

Aus den Positionswinkeln konnte die Parallaxe trotz der grossen Zahl der Aufnahmen nur unsicher bestimmt werden:

$$\pi = 8.''772 \pm 0.''050 \,.$$

In Betreff der aus den Distanzen abgeleiteten Parallaxe bemerkt Newcomb**), dass der sehr kleine w. Fehler nicht streng als Mass für die Genauigkeit des erhaltenen Werthes betrachtet werden darf, da in denselben nicht der w. Fehler aus den Bogenwerthen eingeschlossen ist.

Das Endurtheil über den wissenschaftlichen Werth der durch die Benutzung der photographischen Methode bei den Venusdurchgängen erhaltenen Resultate kann kein befriedigendes sein, und die Gründe hierfür liegen klar auf der Hand. Es ist nicht etwa die Unzulänglichkeit der Photographie für diesen Zweck überhaupt, die den Misserfolg verschuldet hat, sondern es ist die vorher nicht genügend durchdachte Construction der Apparate. Wirklich sorgfältige und mit Sachkenntniss durchgeführte Vorarbeiten haben nur die amerikanischen Astronomen, an ihrer Spitze Newcomb, geliefert, und theilweise auch noch die französischen Astronomen resp. Physiker (Cornu und Fizeau). Was geleistet werden konnte, zeigen die amerikanischen Resultate, und es ist gar keine Frage, dass bei allgemeiner Adoptirung der amerikanischen Methode und bei gemeinsamer internationaler Durchführung der Discussion der Aufnahmen

---

*) Report of the Superintendent of the United States Naval Observatory. 1888 und 1889.

**) Newcomb, S. The Elements of the four Inner Planets. Washington 1895.

die Photographie bei den beiden Venusdurchgängen dieses Jahrhunderts eine Bestimmung der Sonnenparallaxe von hohem Werthe geliefert haben würde. Ob allerdings die photographischen Resultate sicherer ausgefallen wären als die heliometrischen, besonders bei Verwendung grösserer Heliometer neuerer Construction, erscheint sehr fraglich; ich möchte dies sogar unter Rücksichtnahme auf die ungünstigere Wirkung der Luftunruhe ernstlich bezweifeln.

Dass man überhaupt in späteren Jahrhunderten die Venusdurchgänge noch zur Parallaxenbestimmung verwerthen wird, scheint sehr zweifelhaft. Voraussichtlich wird man dann längst nach anderen und besseren Methoden einen genügend sicheren Werth dieser Constante ermittelt haben, und hierbei dürfte die Parallaxenbestimmung kleiner Planeten in erster Linie in Frage treten. Dass aber dann die Photographie als das beste und wichtigste Hülfsmittel eintreten wird, steht schon heute ausser Zweifel.

Capitel III.

Die Planeten.

Es lässt sich nicht feststellen, wer die erste Aufnahme eines grossen Planeten angefertigt hat. Es ist anzunehmen, dass mancher, der sich mit Himmelsaufnahmen beschäftigte, auch einmal einen Versuch mit der Photographie Jupiters oder Saturns gemacht, aber, durch den geringen Erfolg abgeschreckt, hierüber nichts publicirt hat.

Die Verhältnisse liegen bei den Oberflächen der grossen Planeten viel ungünstiger als beim Monde. Die Einzelheiten, auf deren Wiedergabe es ankommt, sind viel feiner und zarter, vor allem viel weniger contrastreich als auf dem Monde, so dass auch bei gleicher Winkelgrösse eine viel unvollkommenere Abbildung erfolgt. Dabei braucht man sich ja nur zu erinnern, dass selbst bei den grössten Fernrohren der Durchmesser des Brennpunktsbildes der grossen Planeten nur wenige Millimeter erreichen kann. Die für die Planeten erforderliche Expositionszeit hängt nur von ihrer Albedo für die photographischen Strahlen und ihrer Entfernung von der Sonne ab, nicht aber von ihrer Distanz von der Erde, da ja Flächenabbildung stattfindet. Sie ist also für jeden Planeten eine Constante, wenn man die Excentricität der Bahnen vernachlässigt, was hierfür erlaubt ist; aber gerade wie bei den directen Beobachtungen ist natürlich eine möglichst grosse Nähe an der

Erde zur Erkennung der Oberflächenobjecte am günstigsten. Die Expositionszeit ist in erster Annäherung als proportional dem Quadrat der Entfernung von der Sonne anzunehmen; indessen ist z. B. bei Mars die Albedo für die photographischen Strahlen so gering, dass für ihn etwa dieselbe Expositionszeit erforderlich ist wie für Jupiter. Jedenfalls ist die Expositionszeit für die hauptsächlich in Frage kommenden Planeten Venus, Mars, Jupiter und Saturn von derselben Ordnung wie für den Mond; bei Brennpunktaufnahmen beträgt sie also Bruchtheile einer Secunde. und der Einfluss der Luftunruhe äussert sich demnach in entsprechender Weise. Man wird mithin nur sehr selten ein Bild erhalten, welches den besten Momenten bei directer Betrachtung entspricht. Es geht hieraus hervor, dass die directe Beobachtung in noch viel stärkerem Masse als beim Monde der photographischen Aufnahme überlegen sein muss, und die bisher gewonnenen Resultate der photographischen Aufnahmen der grossen Planeten bestätigen dies durchaus.

Die besten Aufnahmen, welche die Herren Henry, Pickering, Barnard u. a. von Jupiter und Saturn erhalten haben, zeigen nicht mehr als das typische Aussehen dieser Planeten in kleineren Fernrohren; zu einem detaillirten Studium sind sie unzureichend. Noch viel deutlicher lehrt dies das Beispiel von Mars. Den Erfolgen, welche hier die directe Beobachtung durch das Studium der Marsoberfläche und ihrer Veränderungen in neuerer Zeit geliefert hat, stehen photographische Aufnahmen gegenüber, die zur Noth den weissen Polarfleck und die grösseren Continente erkennen lassen. In einigen Fällen ist vielleicht eine kleine Ueberlegenheit der Aufnahmen gegenüber der directen Beobachtung zu erzielen. Bei einzelnen Gebilden kann der Contrast gegen die Umgebung für die photographischen Strahlen stärker sein als für die optischen, und dann ist die photographische Abbildung der optischen überlegen, in der Praxis aber auch nur, wenn das betreffende Gebilde ziemlich gross ist. Ein Beispiel hierfür bietet der bekannte rothe Fleck auf Jupiter, der zur Zeit seines Verschwindens photographisch entschieden länger erkennbar blieb, als optisch.

Die vorstehenden Bemerkungen beziehen sich sowohl auf die Brennpunktaufnahmen der Planeten, als auch auf die directen Vergrösserungen am Fernrohr; es bleiben dieselben Betrachtungen gültig, die bereits bei der Aufnahme des Mondes besprochen worden sind.

Ein Gebiet beim Capitel der grossen Planeten giebt es jedoch, auf dem die Photographie zweifellos berufen ist, die directen Beobachtungen zu übertreffen, wenngleich bisher noch nicht der Anfang dazu gemacht ist; das ist die Aufnahme der (helleren) Monde bei Jupiter und Saturn behufs Ableitung der Planetenmassen. Besonders bei den Jupitersmonden, bei denen die Expositionszeit sehr kurz genommen werden kann, wird die Messungsgenauigkeit, sofern die Monde nur unter einander angeschlossen werden, genau wie bei den Fixsternen weiter getrieben werden können als durch directe Beobachtung. Sollen die Bahnelemente der Monde ebenfalls bestimmt werden, muss also auch ein Anschluss der Monde an die Scheibe erfolgen, so wird letzterer wohl ebenso unsicher werden, wie bei der directen Messung, und die photographische Methode wird dann vielleicht keinen Vortheil vor anderen gewähren. Vielleicht gelingt es aber auch hierbei, durch gewisse Hülfsmittel etwas weiter zu kommen. Treibt man z. B. die Expositionszeit so weit, dass die Jupitersscheibe solarisirt wird, so wird die verbreiterte Scheibe mit einem dunklen Rande erscheinen (siehe pag. 82), auf den wahrscheinlich recht gut eingestellt werden kann, und der genau concentrisch zur Scheibe liegt.

Gleichzeitig aber werden die Bilder der Monde stark verbreitert und verwaschen, und es kann nur Sache der Praxis sein, zu entscheiden, ob der hiermit verbundene Nachtheil den durch die Solarisation erreichten Vortheil aufhebt oder nicht.

Die Aufsuchung der kleinen Planeten ist durch die Anwendung der Photographie in den letzten Jahren in ganz ausserordentlichem Masse erleichtert worden, und die Zahl der Entdeckungen hat sich dadurch gegenüber den Vorjahren verdoppelt. Ob hieraus für die Astronomie ein wirklicher Vortheil erwachsen ist, scheint mehr als fraglich. Für unser Jahrhundert ist die Entdeckung der kleinen Planeten und die damit zusammenhängenden Bemühungen, einerseits durch Karten und Fixsternpositionen die Auffindung und Ortsbestimmung zu erleichtern, andrerseits aber durch die Vervollkommnung der Theorie die einmal gefundenen Objecte auch dauernd festzuhalten, eine ausgiebige Quelle des Fortschritts in der Richtung der Exactheit gewesen. Das massenhafte Eintreten von Planetenentdeckungen aber gerade zu einer Zeit, als das schon vorhandene Material auch nicht annähernd mehr zu bewältigen war, wirkt im entgegengesetzten Sinne: Durch die Nothwendigkeit bedingte Unexactheit erzeugt ein Gefühl der Unsicherheit, welches sonst der Astronomie fern geblieben ist. Es ist nicht streng wissenschaftlich, nach immer neuen Planetenentdeckungen zu trachten, wenn man bestimmt weiss, dass der grösste Theil derselben doch wieder verloren geht und ihre Auffindung wieder einem Zufall überlassen bleiben muss. Dieses Urtheil über die Planetenentdeckungen darf aber nicht Veranlassung sein, über den Werth der photographischen Methode selbst absprechend zu urtheilen, mit welcher wir uns nun etwas näher befassen müssen.

Die Unterscheidung der kleinen Planeten von Fixsternen geschieht allein durch ihre eigene Bewegung; bei den directen Aufsuchungsmethoden

ist wegen des meist geringen Betrages der Bewegung die Ortsveränderung
erst innerhalb grösserer Zeiträume mit Sicherheit zu erkennen, und man
vergleicht daher Messungen und Zeichnungen mit einander, die von zwei auf
einander folgenden Abenden herrühren. Auf der photographischen Platte
dagegen bildet sich der Planet nicht mehr als Punkt, sondern als kurzer
Strich ab, sofern eine genügend lange Expositionszeit hierzu gewählt wird
1 bis 2 Stunden. Der Planet wird also durch seine abweichende Form
von den Fixsternen unterschieden.

Bei ruhenden Objecten ist die Lichtstärke eines Fernrohrs photographisch nahe eine unbegrenzte, da sie mit der Expositionszeit ständig,
wenn zuletzt auch nur sehr langsam, wächst; bei bewegten Objecten ist das
nicht mehr der Fall, sondern nach Ablauf einer gewissen Expositionszeit
wirkt eine Verlängerung derselben nicht mehr im Sinne der Lichtstärke,
sondern erzeugt nur eine Deformation des Bildes. Diese Grenze ist erreicht, wenn der Bildpunkt auf der Platte infolge der Eigenbewegung
des Objectes seinen eigenen Durchmesser durchlaufen hat. Die absolute
Lichtstärke eines Fernrohrs für Planetenaufnahmen ist also abhängig
von Oeffnung und Brennweite des Objectivs, von der Grösse der Eigenbewegung und ausserdem von einem schwer definirbaren Factor, der
seinerseits von der Grösse des Objectivs und der Luftunruhe abhängt.

Kennt man für ein Fernrohr den Durchmesser des kleinsten Bildpunktes und die Lichtstärke für verschiedene Expositionszeiten, so lässt
sich ungefähr die untere Helligkeitsgrenze der mit diesem Instrumente
noch aufnehmbaren kleinen Planeten angeben. Man kann annehmen,
dass die eigene Bewegung der kleinen Planeten in der Opposition im
Mittel 0.''5 in der Zeitminute beträgt. Für den photographischen Refractor
von 13 Zoll Oeffnung und 3.4 m Brennweite ist der Durchmesser des
kleinsten Scheibchens zu 3'' anzunehmen; ein Planet durchläuft diese
Strecke in etwa 6 Minuten, in welcher Zeit der Refractor noch die
Sterne der 11. Grösse liefert. Kleine Planeten bis zur 11. Grösse lassen
sich mithin mit diesem Instrumente noch aufnehmen. Dasselbe, ja noch
mehr, lässt sich aber durch viel einfachere Mittel erreichen. Das Euryskop
von 4 Zoll Oeffnung, welches am photographischen Refractor der Potsdamer Sternwarte angebracht ist, giebt kleinste Scheibchen von 30'' Durchmesser; diese Strecke wird von einem kleinen Planeten erst in 60 Minuten
durchlaufen, und in dieser Zeit liefert das Instrument Sterne der 11.5.
bis 12. Grösse; es eignet sich also besser zur Aufnahme von kleinen
Planeten als der grosse Refractor.

Dieser Vorzug der kleineren Instrumente mit kurzer Brennweite vor
den grösseren ist aber noch fast nebensächlich gegenüber einem anderen,
der durch das grössere Gesichtsfeld der ersteren bedingt wird. Mit den

kleinen aplanatischen Objectiven lassen sich leicht Flächen von 100 Quadratgrad und mehr aufnehmen, während die grösseren Refractoren höchstens 4 Quadratgrad zu liefern vermögen. Durch das grosse Gesichtsfeld kommt hauptsächlich erst die photographische Methode zu ihrer Bedeutung; erst dadurch tritt die Wahrscheinlichkeit ein, bereits nach wenigen Aufnahmen einen neuen kleinen Planeten im aufgenommenen Felde zu haben. Es ist das Verdienst von M. Wolf, die Bedeutung der Instrumente mit grossem Gesichtsfelde und kurzer Brennweite für die Aufsuchung kleiner Planeten zuerst erkannt und in die Praxis übersetzt zu haben.

Wenn auch im allgemeinen die Planetenstriche neben den Punkten der Fixsterne leicht erkannt werden können*), sobald die Helligkeit eine genügende ist, so kann doch nur selten aus einer einzigen Aufnahme ein sicherer Schluss auf die Existenz eines Planeten gezogen werden. Besonders sind es Unreinlichkeiten auf der Platte, welche zu Täuschungen Anlass geben; aber auch Doppelsterne und Aneinanderreihungen schwacher Sterne können ähnliche Striche wie Planeten erzeugen. Eine sichere Entscheidung erhält man nur, wenn zwei Aufnahmen möglichst kurz hinter einander gemacht werden. Auf der einen Platte ist dann die Stelle, wo sich ein Strich auf der anderen befindet, leer; aber der eine Strich muss die Fortsetzung des anderen bilden. Bei zweistündiger Expositionszeit für jede Aufnahme resultirt hieraus ein beträchtlicher Zeitaufwand, und Wolf hat deshalb eine modificirte Methode unter Benutzung zweier gleicher Objective angewendet. Zuerst wird eine Stunde mit dem einen Objective allein aufgenommen, die zweite Stunde mit beiden Objectiven und die dritte mit dem zweiten allein. Damit erhält man zwei auf einander folgende Aufnahmen mit je zwei Stunden Expositionszeit zusammen in drei Stunden.

Aus der Richtung und Länge eines Planetenstriches lässt sich Richtung und Grösse der täglichen Bewegung des Planeten einigermassen feststellen; dagegen ist das Taxiren der Grössen sehr schwierig, und man scheint meist geneigt zu sein, die Grössen zu unterschätzen, die Helligkeiten also zu schwach anzugeben.

Bei der Verfolgung eines bereits aufgefundenen Planeten bietet die Photographie keinen wesentlichen Vortheil mehr. Man erhält in diesem Falle schneller und mit grösserer Genauigkeit weitere Positionen, wenn man nach der alten Methode mit grösseren Instrumenten direct beobachtet.

Die erste photographische Aufnahme eines bereits bekannten kleinen Planeten dürfte diejenige der Sappho sein, die Roberts**) mit seinem

---

*) M. Wolf. Die Photographie der Planetoiden. Astr. Nachr. 139, 97.
**) M. N. 47, 265.

Spiegelteleskope im December 1886 erhalten hat. Der Planet war damals 11. Grösse.

Die erste eigentliche Entdeckung geschah durch Wolf am 22. December 1891; sie bezog sich auf den Planeten (323) Brucia. Von da an häufen sich diese Entdeckungen in ganz ausserordentlicher Weise durch Wolf und Charlois. Das Jahr 1892 weist 29 Planetenentdeckungen auf, darunter 25 auf photographischem Wege; für 1893 beträgt die Zahl 26 (25), für 1894 22, so dass Ende 1894 die Numerirung der kleinen Planeten bis über 400 gestiegen ist. Die Entdeckungszahlen für die vorhergehenden Jahre sind:

1888   10 Entdeckungen
1889   6   »
1890   15   »
1891   22   »   , darunter 2 auf photographischem Wege.

Die Zahl der Entdeckungen hat sich also im Durchschnitt seit Einführung der photographischen Methode verdoppelt.

Capitel IV.

Die Cometen und Sternschnuppen.

Die Cometen. Für die Aufnahme von Cometen, als von Objecten mit Flächenausdehnung, gelten dieselben Regeln wie für diejenigen der Nebelflecken. Als erschwerender Umstand kommt aber die meist sehr starke scheinbare Bewegung dieser Himmelskörper hinzu, die es in fast allen Fällen nothwendig macht, den Cometenkern selbst während der Aufnahme zu halten, was bei schwachen Cometen sehr schwierig ist und unter allen Umständen zur Folge hat, dass die gleichzeitig mit aufgenommenen Sterne wegen ihrer scheinbaren Bewegung gegen den Cometen als Striche abgebildet werden.

Der helle Comet des Jahres 1858, der Donati'sche, war der erste, dessen photographische Aufnahme unternommen wurde. W. de la Rue versuchte es vergeblich, mit seinem 10füssigen Spiegelteleskope das Bild des Cometen zu fixiren; dagegen gelang dies bei verhältnissmässig sehr kurzer Expositionszeit dem Photographen Usherword*) in Walton Common mit Hülfe einer gewöhnlichen Porträtlinse.

---

*) M. N. 19, 135.

Der nächste hellere Comet, der von 1861, wurde ebenfalls von W. de la Rue zu photographiren versucht, aber wieder ohne Erfolg. Gute Erfolge wurden erst bei dem grossen Cometen von 1881 erzielt. H. Draper erhielt bei einer Expositionszeit von $2^h 42^m$ ein Bild des Cometen, auf dem sowohl der Kern und die Coma als auch der Schweif, letzterer in einer Ausdehnung von 10°, zu erkennen waren. Auch Common erhielt mit seinem Spiegelteleskope von 91 cm Oeffnung schon bei einer Expositionszeit von 20 Minuten ein gutes Bild des Cometen und seines Schweifes. Janssen in Meudon verwandte zur Aufnahme dieses Cometen ein Fernrohr von 50 cm Oeffnung und 1.60 m Brennweite. Er erhielt mit demselben eine Reihe von Aufnahmen bei verschiedenen Expositionszeiten, aus denen er dann durch Zeichnung ein Gesammtbild des Cometen herstellte und im Annuaire du Bureau des Longitudes für 1882 in photographischem Drucke veröffentlichte. Dieses Bild ist also keineswegs eine directe Aufnahme des Cometen, wie anfangs vielfach geglaubt wurde.

Von dem grossen Septembercometen des Jahres 1882 sind vornehmlich durch Gill gute Aufnahmen bei verschiedenen Expositionszeiten erhalten worden. Derselbe verwandte hierzu ein gewöhnliches Porträtobjectiv von 6·cm Oeffnung und 28 cm Brennweite. In den letzten Jahren sind von fast jedem hellen Cometen zahlreiche Aufnahmen gemacht worden, ja man hat bereits sehr lichtschwache Cometen auf photographischem Wege entdeckt (Comet Barnard 1892).

Eine wesentliche Förderung ist durch die photographische Aufnahme von Cometen bis jetzt für die Astronomie nicht erzielt worden. Das dürfte aber weniger darin liegen, dass hierfür die photographische Methode etwa nicht geeignet wäre, als an dem rein äusserlichen Umstande, dass seit der Vervollkommnung der photographischen Methoden und Instrumente auffallend grosse und helle Cometen nicht erschienen sind. Es kann keinem Zweifel unterliegen, dass z. B. die bei grossen Cometen beobachteten, vielfachem Wechsel unterworfenen Ausstrahlungen durch die Photographie der Messung viel besser zugänglich gemacht werden müssen als durch directe Beobachtungen.

Bei dem Cometen Holmes konnte durch Aufnahmen die sternartige Feinheit des Kerns constatirt werden, weil bei diesem Cometen die grossen Refractoren zu verwenden waren. Sonst beziehen sich die Resultate der bisherigen Cometenaufnahmen wesentlich auf die Form der Schweife.

Bei längeren Expositionszeiten mit Porträtlinsen erhält man leicht bei Cometen noch die Bilder von Schweifen, die optisch nicht mehr wahrnehmbar sind, und diese Schweife erscheinen im allgemeinen sehr viel schmäler, als man nach der bei grossen Cometen gemachten Erfahrung annehmen sollte. So zeigt z. B. der Comet Gale 1894 auf den Barnard'schen*) und Wolf'schen**) Aufnahmen einen Schweif von etwa 10° Länge bei einer Breite von nur wenigen Bogenminuten.

Sehr viele Einzelheiten zeigen die Barnard'schen Aufnahmen des Cometen Brooks***) 1893. Der Hauptschweif geht geradlinig vom Kopfe etwa 5° bis 6° aus, ist auch zunächst sehr schmal, wird aber schliesslich etwas breiter und zerfällt in einzelne wolkenartige Theile. Neben diesem Hauptstrahl gehen noch mehrere, sehr schmale und scharfe Strahlen vom Kopfe aus, die mit dem Hauptstrahl Winkel bis zu etwa 10° einschliessen.

Schon zweimal ist auf Aufnahmen, die bei Gelegenheit einer totalen Sonnenfinsterniss erhalten worden sind, ein sonnennaher Comet gefunden worden; doch konnte in beiden Fällen der Comet späterhin nicht wieder entdeckt werden. Der erste Fall dieser Art ereignete sich bei der Sonnenfinsterniss von 1882 Mai 16, der zweite bei derjenigen von 1893 April 16; bei letzterer ist der Comet auf fast allen Aufnahmen, die während der Totalität gemacht sind, sichtbar.

Die Sternschnuppen. Für die Beurtheilung, von welcher Helligkeit Sternschnuppen sein müssen, um mit einem gegebenen Instrumente aufgenommen werden zu können, gelten dieselben Regeln wie bei bewegten Objecten überhaupt: Sterne bei feststehendem Fernrohr und kleine Planeten. Bei Sternschnuppen sind die scheinbaren Geschwindigkeiten im allgemeinen ausserordentlich viel grösser als bei den anderen genannten Objecten, und daher muss die Helligkeit derselben selbst für Instrumente mit kurzer Brennweite sehr gross sein. Am vortheilhaftesten ist die Aufnahme in der Nähe des Radiationspunktes, weil hier die scheinbaren Geschwindigkeiten am geringsten sind.

Die Festlegung einer Sternschnuppenbahn durch directe Beobachtung resp. durch Einzeichnen in Sternkarten liefert nur eine sehr mässige Genauigkeit, während auf einer photographischen Aufnahme dies mit mehr als der hundertfachen geschehen kann. Das Problem der Höhenbestimmung von Sternschnuppen aus correspondirenden Beobachtungen ist photographisch demnach in demselben Verhältnisse exacter zu lösen, und deshalb sind schon vielfach Vorschläge und Versuche in dieser Richtung gemacht worden, ohne dass indessen, soweit mir bekannt, es zu einem wirklichen Resultat gekommen wäre.

Die ersten Versuche wurden von Zenker†) bei Gelegenheit des grossen Sternschnuppenfalls am 27. November 1885 gemacht, waren aber nur wenig vom Wetter begünstigt. Zwei Apparate mit lichtstarken

*. Astr. and Astrophys. **13**, 421   ** Astr. Nachr. **135**, 257.
*** Astr. and Astrophys. **13**, 759.   † Astr. Nachr. **113**, 228.

Porträtlinsen waren in 3 km Entfernung von einander aufgestellt, und vor dem Objective des einen derselben war eine Scheibe mit sectorförmigen Ausschnitten angebracht, so dass durch deren Drehung Belichtungen von $1/_{10}$ Secunde Dauer erreicht werden konnten. Die Sternschnuppenbahnen mussten sich also stückweise abbilden, und aus der Distanz der Stücke sollte die Winkelgeschwindigkeit der Bewegung bestimmt werden. Resultate sind nicht erhalten worden, weil, wie es scheint, keine Sternschnuppe für die betreffenden Apparate hell genug gewesen ist.

Fig. 52.

In ähnlicher Weise wurde bei demselben Sternschnuppenfalle von Weinek*) verfahren, nur war die Basis ausserordentlich viel grösser; sie umfasste nämlich die Strecke Prag-Dresden. In Dresden konnten wegen schlechten Wetters überhaupt keine Aufnahmen erhalten werden; auf den Prager Platten ist eine einzige Sternschnuppe abgebildet.

Diese sowie andere Versuche haben gezeigt, dass die angewandten Objective für die durchschnittliche Geschwindigkeit und Helligkeit der Sternschnuppen noch zu lichtschwach sind. Jesse**) macht daher auch darauf aufmerksam, lieber nur in der Nähe des Radiationspunktes aufzunehmen, um kleinere scheinbare Geschwindigkeiten zu haben. Vor allem

*) Astr. Nachr. 113, 374. **) Ebenda 119, 153.

aber muss bei diesen Versuchen auf grössere Lichtstärke geachtet werden, und in dieser Beziehung wird man daher auf die Euryskope, wie sie zur Aufsuchung der kleinen Planeten und zu Aufnahmen der Milchstrasse benutzt werden, allein angewiesen sein. Dass diese Objective hierzu geeignet sind, haben die Aufnahmen von Wolf *) bewiesen, der auf seinen Platten mehrfach durch Zufall das Gesichtsfeld durchschneidende Sternschnuppenbahnen aufgefunden hat. Diese Aufnahmen haben auch zu physikalisch interessanten Resultaten geführt, indem bei zweien der erhaltenen Bahnen diese letzteren keineswegs gleichförmig waren, sondern mehrere Maxima und Minima aufwiesen, also ein periodisches Heller- und Schwächerwerden der Sternschnuppen andeuteten.

Zur systematischen Abfangung von Sternschnuppen hat Elkin **) einen Apparat construirt, mit dem der verfolgte Zweck wohl erreicht werden dürfte, falls er mit geeigneten Objectiven versehen wird. Das Instrument besteht, wie die Fig. 52 (vor. Seite) zeigt, aus einer langen Polaraxe nach Art der englischen Montirung, die durch ein Uhrwerk gedreht wird. Auf dieser Axe ist in der Mitte die Declinationsaxe angebracht, welche an jedem Ende einen Arm trägt, an welchem je drei Kammern drehbar befestigt sind. Bei dem grossen Gesichtsfelde der hierzu verwendbaren Objective kann natürlich durch sechs derselben gleichzeitig ein grosser Theil des Himmels unter Controlle gehalten werden. Die Dimensionen des Apparats sind recht gross; die Stundenaxe ist 12 Fuss lang.

Capitel V.

Die Fixsterne.

Die ersten erfolgreichen Versuche der photographischen Aufnahme von Fixsternen datiren bis zum Jahre 1850 zurück, wo es W. C. Bond und Whipple gelang, auf einer im Brennpunkte des grossen Cambridger Aequatoreals angebrachten Daguerreotypeplatte ein Bild des hellen Sterns α Lyrae und des Doppelsterns α Geminorum, welcher letztere länglich erschien, aufzunehmen. Diese Aufnahmen liessen erkennen, dass ein Fortschritt in diesem Zweige der Himmelsphotographie zunächst nicht zu erwarten war, einmal wegen der Unempfindlichkeit der Daguerreotypeplatten und dann wegen des ungenügenden Functionirens des Uhrwerks.

---

*) Astr. Nachr. 129, 101.   **) Astr. and Astroph. 13, 626.

Infolge des letzteren Umstandes war es bei Verlängerung der Expositionszeit auf einige Minuten nicht möglich, kreisrunde Bilder zu erhalten.

Im Jahre 1857 nahm G. P. Bond*) in Gemeinschaft mit Whipple und Black die Versuche wieder auf, nachdem das Aequatoreal mit einem besseren Uhrwerke versehen worden war und inzwischen der Collodiumprocess das Daguerre'sche Verfahren verdrängt hatte. Gleich die ersten Aufnahmen gaben überraschend schöne Resultate, und wie Bond, wie bereits an anderer Stelle gezeigt ist (pag. 212), schon damals alle charakteristischen Eigenschaften der photographischen Sternscheibchen gedeutet hat, so hat er auch die Wichtigkeit und die Tragweite der Einführung der Photographie in die Fixsternastronomie erkannt und hat gelehrt, dass dieselbe wesentlich in der Exactheit der Positionsbestimmungen zu suchen ist. Die Messungen an einer Anzahl von Aufnahmen des Doppelsterns Mizar führten zu der Distanz von $14.''49$ und dem Positionswinkel $147.°50$. Die Struve'schen Messungen hatten hierfür ergeben $14.''40$ resp. $147.°40$. Als wahrscheinlichen Fehler einer einzelnen photographischen Distanz fand Bond $\pm 0.''12$.

Diese ausserordentlich erfolgreichen Versuche, die zu sehr viel besseren Resultaten geführt hatten, als man jemals hatte erwarten können, waren die Veranlassung zu einem Briefe G. P. Bonds**) an Wm. Mitchell, in welchem er die Vorzüge der neuen Methode und ihre Aussichten in klarster Weise auseinandersetzt: »So- weit ich informirt bin, ist sonst noch nirgendwo der Versuch gemacht worden, Fixsterne zu photographiren; das Gerücht über ein in Italien angefertigtes Daguerreotype eines Nebels hat sich nicht bestätigt.

»Vor ungefähr sieben Jahren (1850, Juli 7) erhielt Mr. Whipple Daguerreotypeaufnahmen des Bildes von α Lyrae im Brennpunkte des grossen Aequatoreals und ebenfalls von Castor, indem er so die einfache, aber nicht uninteressante Thatsache feststellte, dass ein solches Verfahren überhaupt möglich ist. Hierbei war eine Expositionszeit von ein oder zwei Minuten erforderlich, um einen Eindruck auf der Platte zu erhalten, und während dieser Zeit waren die Unregelmässigkeiten des Münchener Uhrwerks so gross, dass die Symmetrie des Bildes zerstört wurde, während die schwächeren Sterne der zweiten Grösse überhaupt die Platte nicht »fassten« (»take«).

»Einige Jahre später wandte Mr. Whipple seine Aufmerksamkeit der Photographie von Mond und Sonne zu, und die Sterne wurden sich selbst überlassen. Aber die Verbesserungen schritten rasch vor; die Präparirungen

---

*) Stellar Photography. Astr. Nachr. 47, 1—6.
**) Publ. of the Astr. Soc. of the Pacific. 2, 300.

wurden empfindlicher; die Künstler hatten mehr Geschicklichkeit erlangt.
Gleichzeitig wurde das Princip des »spring-governor« gründlich untersucht,
und man fand, dass dasselbe geeignet war, eine grosse Lücke in der
Fortführung der Teleskope auszufüllen und ihnen eine unvergleichlich
viel gleichförmigere Bewegung zu ertheilen, als dies mit dem Münchener
Mechanismus erreicht werden konnte.

»Die Herren Whipple und Black fingen ihre Versuche mit Sternaufnahmen (vermittels des Collodiumprocesses) im März dieses Jahres
wieder an und fahren zur Zeit noch damit fort. Die Ausgabe an Zeit,
Chemikalien etc. ist viel beträchtlicher, als man vorher geglaubt haben
würde — jede Nacht eröffnet thatsächlich neue Gesichtspunkte, welche
erklärt sein wollen. Das Gebiet der Erfahrung ist ein zu ungeheures,
als dass es auf einmal beherrscht werden könnte, selbst wenn wir mit
unbeschränkteren Mitteln versehen wären. Aber die Resultate, welche
wir schon aus den bis jetzt angestellten einzelnen Versuchen haben erhalten können, sind von höchstem Interesse und eröffnen Möglichkeiten
für die Zukunft, welche man sich kaum auszumalen getrauen kann.
Wenn noch ein solcher Fortschritt, wie der seit 1850, erzielt werden
könnte, so würde derselbe zweifellos von unberechenbarer Wichtigkeit
für die Astronomie sein.

»Dasselbe Object, α Lyrae, welches im Jahre 1850 100 Secunden zur
Erzeugung eines immer noch unvollkommenen Bildes auf der Platte er-
forderte, wird nun momentan als eine symmetrische Scheibe photo-
graphirt, vollkommen geeignet zur exacten mikrometrischen Ausmessung.
Wir waren damals auf ein oder zwei Dutzend der hellsten Sterne be-
schränkt, während wir jetzt alle aufnehmen können, welche mit blossem
Auge sichtbar sind. Sogar von Woche zu Woche können wir entschiedene
Fortschritte erkennen.

»Von der Schönheit und der Bequemlichkeit der Methode werden Sie
sich kaum eine genaue Vorstellung machen können, ohne sie selbst kennen
gelernt zu haben, wozu Sie, wie ich hoffe, bald im Stande sein werden.

»Die Menge von Material, welches in einer schönen Nacht erhalten
werden kann, bei gänzlicher Freiheit von Belästigung und Ermüdung,
die selten bei gewöhnlichen Beobachtungen zu fehlen pflegen, ist erstaun-
lich. Die Platten, normal hergestellt, können für zukünftiges Studium
bei Tageslicht und Musse zurückgelegt werden. Das Resultat liegt da,
ohne Raum zu Zweifeln und Irrthümern, in voller Treue. Bis jetzt jedoch
können wir nur Bilder von Sternen bis zur 6. Grösse inclusive erhalten.

»Um von wirklichem Nutzen für die Astronomie zu sein, müssen auf
alle Fälle noch grosse Verbesserungen gemacht werden, und dies wird
sicherlich nicht ohne eine Menge von Erfahrungen eintreten.

»Wenn wir dies beschleunigen könnten, würden wir bald im Stande sein, anzugeben, was wir in der Fixsternphotographie erreichen können und was nicht. Die letzte Grenze haben wir jedenfalls noch nicht erreicht. Gegenwärtig muss die Hauptaufmerksamkeit darauf gerichtet sein, die Empfindlichkeit der Platten zu erhöhen, für welche, wie mir von höchsten Autoritäten in der Chemie versichert worden ist, von theoretischem Gesichtspunkte aus kaum eine Grenze zu setzen ist. Wir wollen voraussetzen, dass wir schliesslich im Stande sein werden, noch Bilder von Sternen der 7. Grösse zu erhalten.

»Es ist gestattet, dann anzunehmen, dass wir auf einem hohen Berge und bei reinerer Atmosphäre mit demselben Teleskope noch die 8. Grösse aufnehmen werden. Die Oeffnung des Objectivs auf das Dreifache zu vermehren, ist eine mögliche Sache, wenn nur das Geld dazu gefunden werden kann. Dies würde die Helligkeit der Sternbilder auf das ungefähr Achtfache vermehren, und wir würden dann im Stande sein, alle Sterne bis zur 10. oder 11. Grösse zu photographiren. Es liegt also nichts Extravagantes darin, eine zukünftige Anwendung der Photographie auf die Stellarastronomie in diesem höchst prächtigen Massstabe vorauszusagen. Es ist sogar in diesem Augenblicke nur eine Frage, ein oder zwei Hunderttausend Dollar aufzutreiben, um hiermit das Teleskop herzustellen und die Experimente aufzunehmen.

»Welche bewundernswürdigere Methode könnte zum Studium der Bahnen der Fixsterne und zur Lösung des Problems ihrer jährlichen Parallaxe erdacht werden, denn diese, wenn wir die Eindrücke der teleskopischen Sterne bis zur 10. Grösse erhalten könnten? Bedenken Sie dabei, dass Gruppen von 10 oder 50 sogar, wenn so viele im Gesichtsfelde vorhanden sind, eben so rasch aufgenommen werden können, wie nur einer allein — vielleicht nur in wenigen Secunden —, und dass jeder mit ausserordentlicher Genauigkeit ausgemessen werden könnte.

»Ich habe zwei wichtige Gesichtspunkte in der Stellarphotographie noch nicht berührt. Einer ist der, dass die Intensität und Grösse der Bilder in Verbindung mit der Zeit, während welcher die Platte exponirt worden ist, die relative Sterngrösse misst. Der andere Punkt ist der, dass die Messungen der Distanzen und Positionswinkel von Doppelsternen, welche wir auf unseren besten Platten erhalten haben, sich von derselben Genauigkeit wie die besten mikrometrischen Messungen ergeben haben. Unsere späteren Aufnahmen sind viel vollkommener und werden noch bessere Erfolge geben.« Die kühnsten Hoffnungen Bonds sind heute nicht nur erreicht, sondern sogar weit übertroffen.

Gleichzeitig mit Bond oder kurz nach ihm hat sich W. de la Rue mit der Aufnahme der Fixsterne beschäftigt. In dem »Report of the

British Association hold at Manchester in September 1861« finden sich
folgende Bemerkungen von ihm: »Ich möchte jetzt Ihre Aufmerksamkeit
auf einen neuen Gegenstand richten, auf die photographische Reproduction einer Sterngruppe, z. B. einer solchen, welche das Sternbild des
Orion bildet, oder mit anderen Worten, auf die photographische Herstellung einer Sternkarte. Ich habe schon mehrere Versuche in dieser
Richtung angestellt und befriedigende Resultate erhalten; ich glaube
wenigstens, ein Verfahren zu haben, durch welches diese Methode der
Construction einer Himmelskarte leicht verwirklicht werden kann. Das
hierfür am besten geeignete Instrument ist ein photographisches Objectiv
von im Verhältniss zu seiner Oeffnung kurzer Brennweite (die Brennweite
kann so gewählt werden, dass man einen gewünschten Massstab für die
Karte erhält), welches mit seiner Camera auf einem mit Uhrwerk versehenen Aequatoreal montirt ist.

»Die Fixsterne bilden sich mit grosser Schnelligkeit auf der Collodiumschicht ab; ich habe keine Schwierigkeit darin gefunden, bei mässiger
Expositionszeit Photographien der Plejaden im Brennpunkte meines Tele-
skops zu erhalten; sie würden noch schneller mit einem Porträtobjectiv
erhalten werden können. Die Schwierigkeit in der Herstellung der Sternkarten liegt nicht in der Fixirung der Bilder, sondern im Auffinden der
vorhandenen Bilder; sie sind thatsächlich nicht grösser als die (Staub-)
Körnchen, welche man auch im besten Collodium findet«.

Von besonderem Interesse ist in dieser Aeusserung de la Rues der
Hinweis auf die Benutzung von Objectiven mit verhältnissmässig kurzer
Brennweite, deren Verwendung in den letzten Jahren eine so vielseitige
geworden ist.

De la Rue scheint übrigens später keine weiteren Versuche in der
Stellarphotographie angestellt zu haben, wenigstens hat er nichts mehr
darüber publicirt*).

Einen weiteren Fortschritt in der Photographie der Fixsterne bezeichnen die Arbeiten Rutherfurds, die Ende 1864 begannen. Derselbe
ist wesentlich bedingt durch die Benutzung eines Objectivs (28 cm Oeffnung), welches für die photographisch wirksamen Strahlen achromatisirt
war und somit eine bessere Vereinigung dieser Strahlen und also grössere
Lichtstärke herbeiführte. Rutherfurd konnte hiermit Sterne bis zur
9. Grösse aufnehmen. Im Sternhaufen der Praesepe erhielt er bei 3 Minuten Expositionszeit und einem Gesichtsfelde von einem Quadratgrad
23 Sterne der 9. Grösse. Eine Expositionszeit von einer Secunde lieferte
ein kräftiges Bild von Castor, und in einer halben Secunde wurde bereits

---

*) Rayet. Notes sur l'Histoire de la Photographie Astronomique. Paris 1887.

der Begleiter dieses Sterns sichtbar; mit einem Objective von gleicher Oeffnung, welches aber für die optischen Strahlen achromatisirt war, konnte dasselbe Resultat erst in 6 Secunden erhalten werden.

Rutherfurd gebührt das grosse Verdienst, nicht bloss Aufnahmen angefertigt, sondern auch deren Ausmessung mit einem besonders zu diesem Zwecke construirten Apparate vorgenommen zu haben (die Bond'schen Messungen an Mizar sind nur angestellt worden, um die Genauigkeit der Methode zu zeigen). Die Messungen von drei Aufnahmen der Plejaden sind bereits 1866 von Gould reducirt und mit den Bessel-schen Heliometermessungen verglichen worden, wobei sich eine sehr befriedigende Uebereinstimmung ergab. Auch die Messungen an der Praesepe sind 1870 von Gould berechnet worden.

Während Rutherfurd einerseits auf seine Resultate in der Fixstern-photographie mit Befriedigung blicken konnte, indem sie schon nahe die Hoffnungen Bonds realisirten, erkannte er andrerseits, dass weitere Fort-schritte nunmehr bloss von einer Verbesserung des photographischen Ver-fahrens zu erwarten waren, und dies war Grund genug für ihn, sich überhaupt von der Himmelsphotographie abzuwenden. Gould beabsich-tigte, die Versuche fortzusetzen, und nahm 1870 das Rutherfurd'sche Objectiv mit nach Cordoba. Leider zerbrach während des Transportes die Flintglaslinse, und erst 1875 konnte Gould nach Beschaffung einer neuen Flintglaslinse die photographischen Arbeiten aufnehmen; es ge-lang ihm, in wenigen Jahren 1350 Photographien von Sternhaufen des südlichen Himmels, eine grosse Zahl von Doppelsternaufnahmen und schliesslich Beobachtungsreihen von Fixsternen mit starker Eigenbewegung behufs Untersuchung derselben auf Parallaxe zu erhalten. In der ersten Zeit benutzte Gould hierzu noch Collodiumplatten, in den letzten Jahren dagegen schon die viel empfindlicheren Bromsilber-Gelatineplatten. Mit der Ausmessung und Reduction dieser Aufnahmen ist zwar begonnen worden, doch liegt eine Publication darüber noch nicht vor.

Gleichzeitig mit Gould hat sich auch H. Draper erfolgreich mit der Stellarphotographie befasst; seine Arbeiten beziehen sich aber einerseits mehr auf die photographische Aufnahme von Sternspectren und gehören also nicht in den Rahmen dieses Buches, andrerseits auf die Aufnahme von Nebelflecken und werden daher erst im nächsten Capitel besprochen werden.

Vom Jahre 1882 an ist bereits die Zahl der Astronomen, welche sich mit der Stellarphotographie beschäftigt haben, eine so grosse, dass es nicht möglich ist, eine exacte Chronologie festzuhalten. Es kommen hier wesentlich in Betracht*) die Arbeiten von Common, von der astro-

---

*) Rayet. Notes sur l'Histoire de la Photographie Astronomique. Pag. 39.

nomischen Gesellschaft zu Liverpool, von Gill und von den Gebrüdern
Henry. Der Beginn dieser Epoche fällt zusammen mit der weiteren
Verbreitung der Erfindung der Bromsilber-Gelatineplatten durch Maddox.

Die ersten Arbeiten Commons beziehen sich auf Aufnahmen von
Nebelflecken; dann aber hat er sich ernstlich der Aufgabe der Herstellung
einer Himmelskarte auf photographischem Wege zugewandt. Zu diesem
Zwecke benutzte er zunächst eine gewöhnliche photographische Kammer
mit einem Objectiv von 10 cm Oeffnung, die er auf dem Rohre seines
grossen Spiegelteleskops befestigte. Dieselbe hatte ein Gesichtsfeld
von 10° und zeichnete in etwa 20 Minuten die Sterne bis zur 9. Grösse
auf. Aus der Gesammtheit seiner . Versuche schliesst Common, dass
derartige Objective am besten zur Herstellung einer Himmelskarte geeignet
seien, und dass die grossen Spiegelteleskope nur zur Aufnahme von
interessanten Objecten, wie Nebelflecken und Sternhaufen, verwendet
werden sóllten. Bei diesen kleinen Instrumenten genüge es auch vollständig, zur Erzielung runder Sternscheibchen einen Stern mit Hülfe der
Feinbewegung im Sucher des Fernrohrs zu halten.

Von Seiten der astronomischen Gesellschaft in Liverpool beschäftigte
sich zunächst Roberts mit der Herstellung einer Himmelskarte. Seine
ersten Versuche gehen bis zum Jahre 1883 zurück und beziehen sich auf
die Vergleichung verschiedener Objective, deren Oeffnung unter 15 cm
war; sie wurden an einem Aequatoreal von 18 cm Oeffnung angebracht.
Die Erfahrungen, welche Roberts hiermit gewann, veranlassten ihn, die
Versuche in grossem Massstabe aufzunehmen, und so liess er sich von
Grubb ein Spiegelteleskop (versilberter Glasspiegel) von 50 cm Oeffnung und 2.54 m Brennweite anfertigen, welches im Jahre 1885 an Stelle
des Gegengewichtes auf der Declinationsaxe seines Aequatoreals von 18 cm
Oeffnung angebracht wurde. Mit Hülfe dieser Einrichtung, die übrigens
bereits 1883 von Huggins benutzt worden war, haben beide Instrumente
dieselbe Bewegung in Rectascension, aber eine unabhängige in Declination;
das eine kann als Leitfernrohr für das andere dienen, und die Ungleich-
heiten in der Bewegung des Uhrwerks können auf diese Weise aufgehoben werden, nicht aber diejenigen, welche durch verschiedenartige
Durchbiegung der beiden Fernrohre entstehen (s. pag. 96). Mit diesem
Spiegelteleskope hat Roberts bei einem Gesichtsfelde von 2 Quadratgrad
und einer Expositionszeit von 15 Minuten eine Anzahl von Aufnahmen
der nördlichen Polarzone erhalten, welche im doppelten Massstabe der
Bonner Durchmusterung beträchtlich mehr Sterne als letztere enthalten.

Mit einem der Liverpooler astronomischen Gesellschaft gehörigen
Grubb'schen Fernrohr von 23 cm Oeffnung und 4.85 m Brennweite hat
ferner T. E. Espin eine Anzahl von Sternaufnahmen erhalten.

In den Beginn der achtziger Jahre fallen auch die ersten Versuche Pickerings auf dem Gebiete der Stellarphotographie. Er benutzte zuerst ein photographisches Objectiv von 18 cm Oeffnung und 0.94 m Brennweite, welches auf dem grossen Acquatoreal angebracht wurde und bei einem Gesichtsfelde von 15 Quadratgrad in 15 Minuten Expositionszeit Sterne der 8. Grösse aufnehmen liess. Auf Grund dieser Versuche hat nun Pickering ein nach besonderer Art montirtes photographisches Aequatoreal construirt, dessen Objectiv 20 cm Oeffnung und 1.15 m Brennweite besitzt. Das Fernrohr ist am äussersten Ende einer U-förmig gebogenen Stahlaxe angebracht, welche sich in der Polaraxe dreht. Das ganze Instrument hat in seiner Aufstellung also eine gewisse Aehnlichkeit mit demjenigen, welches Chr. Scheiner zur Beobachtung der Sonnenflecken anwandte. Das Gesichtsfeld umfasst 5 Quadratgrad. In welchem Umfange Pickering mit diesem Instrumente Aufnahmen hergestellt hat, ist mir nicht bekannt.

Die erste umfangreiche Anwendung der Photographie zur Mappirung des gestirnten Himmels ist von Gill am Cap der guten Hoffnung gemacht worden, und zwar zur Fortsetzung der Bonner Durchmusterung auf den südlichen Himmel. Das von Gill benutzte Instrument besteht aus einem Dallmeyer'schen Objective von 15.2 cm Oeffnung, welches auf einem viereckigen Holzrahmen befestigt ist, der seinerseits eine mit Uhrwerk versehene aequatoriale Montirung besitzt. Als Sucher dient ein Fernrohr von 7.6 cm Oeffnung und 1.4 m Brennweite. Jede Platte umfasst 36 Quadratgrad; bei einer Expositionszeit von einer Stunde werden die Sterne bis zur 9. und 10. Grösse abgebildet, so dass sich die erhaltene Karte in Bezug auf Helligkeit der Bonner Durchmusterung vollständig anschliesst. Die Beobachtungen sind bereits über den ganzen südlichen Himmel abgeschlossen, und auch die enorme Arbeitsleistung, welche die Ausmessung der Platten und die Catalogisirung der einzelnen Sterne erfordert hat, ist durch Kapteyn in Groningen bereits erledigt; das Erscheinen des ersten photographischen Himmelsatlases steht in nächster Zeit zu erwarten.

Die Unmöglichkeit, die von Chacornac in Paris begonnene Mappirung der ekliptischen Region des Himmels in gleich umfangreicher Weise auf die in der Milchstrasse gelegenen Theile auszudehnen, veranlasste die Gebrüder.Henry, zu diesem Zwecke die Photographie als Hülfsmittel zu verwenden. Selbst geschickte Mechaniker und Optiker, vermochten sie nach eigenem Ermessen ihre Apparate herzustellen, unterstützt durch das Interesse, welches der Director der Pariser Sternwarte, Mouchez, ihren Bestrebungen entgegenbrachte, und nicht zum mindesten durch die Munificenz der französischen Regierung. Sie construirten zuerst ein für die chemisch wirksamen Strahlen geschliffenes Objectiv von 16 cm Oeff-

nung und 2.10 m Brennweite. Dieses Objectiv wurde mit einer hölzernen
photographischen Camera auf dem Rohre eines kleinen Aequaforeals der
Pariser Sternwarte angebracht. Das Fernrohr des Aequatoreals selbst
diente als Sucher resp. Leitfernrohr, und es gelang, bei einer Expositionszeit von 45 Minuten Sterne bis zur 12. Grösse*) aufzunehmen, wobei
die Definition der Bilder eine so vorzügliche war, dass Doppelsterne
von 1."8 Distanz noch getrennt werden konnten. Diese erfolgreichen Versuche veranlassten die Gebrüder Henry nunmehr, ein photographisches
Fernrohr in grossen Dimensionen herzustellen und an demselben gleichzeitig die von ihnen als nothwendig erkannten mechanischen Verbesserungen
anzubringen. Sie verfertigten zu diesem Zwecke ein für die photographischen Strahlen achromatisirtes Objectiv von 34 cm Oeffnung und einer
Brennweite von 3.43 m, also mit einem Brennweitenverhältnisse von 1:10,
wie es bisher bei einfachen achromatischen Linsen wohl noch nicht in
Anwendung gekommen war. Bei der gewählten Focalweite entspricht
einer Bogenminute ein linearer Werth von 1 mm. Als Leitfernrohr verwandten sie ein für die optischen Strahlen achromatisirtes Objectiv von
24 cm Oeffnung und von nahe der gleichen Brennweite wie das photographische. Die wesentlichste Vervollkommnung besteht nun darin, dass
sowohl das photographische Instrument als auch das Leitfernrohr in demselben Rohre angebracht sind, beide nur durch eine dünne Scheidewand
getrennt. Wie an anderer Stelle, pag. 96, aus einander gesetzt, ist
diese Einrichtung die einzige, welche ein strenges Halten der Sterne,
frei von den Fehlern der Durchbiegung etc., ermöglicht. Das Doppel-
fernrohr wurde als englisches Aequatoreal montirt, wobei zwar der Pol
selbst nicht zu erreichen ist, wohl aber ein ungehinderter Uebergang von
der einen Seite des Meridians auf die andere stattfinden kann.

Um mit Sicherheit die Bilder schwacher Sterne von zufälligen Fehlern der empfindlichen Schicht unterscheiden zu können, verwandten die
Gebrüder Henry in etwas modificirter Weise ein bereits von Rutherfurd
vorgeschlagenes und benutztes Verfahren. Sie machten drei Aufnahmen
derselben Gegend auf derselben Platte bei geringer Verstellung, so dass
jeder Stern ein kleines gleichseitiges Dreieck von 3" bis 4" Seitenlänge
bildet. Die Erfahrung hat inzwischen gelehrt, dass bei der Ausmessung
der Platten unter dem Mikroskop auch bei einfachen Aufnahmen Ver-
wechslungen von Sternen mit Fleckchen u. dgl. nicht leicht vorkommen,
so dass die allerdings noch etwas vermehrte Sicherheit durch den dreifachen Zeitaufwand doch allzu theuer erkauft ist. Uebrigens soll nicht
verhehlt werden, dass die dreifachen Aufnahmen noch für einen anderen

---

* Ueber die Grössenangaben der Pariser Astronomen siehe pag. 238.

Zweck von Vortheil sind, nämlich für die directe Reproduction, bei welcher sonst die kleineren Sternscheibchen gewöhnlich verloren gehen.

Der neue photographische Refractor in Paris ist seit dem Jahre 1885 in Benutzung, und von diesem Jahre an datirt der eigentliche Aufschwung der Himmelsphotographie, besonders noch dadurch gefördert, dass bei einer dreistündigen Aufnahme der Plejaden ein den hellen Stern Maja umgebender Nebel entdeckt wurde, der bis dahin auch in viel grösseren Refractoren optisch nicht bemerkt worden war.

Als unmittelbare Folge der grossen Fortschritte, welche durch die Pariser Astronomen auf dem Gebiete der Stellarphotographie gemacht worden sind, ist das grossartigste Unternehmen, welches bisher auf astronomischem Gebiete unternommen worden ist, die internationale Vereinigung zur Herstellung einer den ganzen Himmel umfassenden photographischen Karte und eines Sterncatalogs, ins Leben gerufen worden. Auf mehreren, Ende der achtziger und Anfang der neunziger Jahre in Paris stattgehabten Congressen haben sich die Astronomen der verschiedensten Länder vereinigt, die Mappirung des ganzen gestirnten Himmels vorzunehmen. Die dazu erforderlichen Instrumente sind nach dem Muster des Pariser photographischen Refractors hergestellt worden. Zunächst findet eine zweimalige Aufnahme des Himmels statt bei kurzer Expositionszeit (5^m); die hierbei auf der Platte befindlichen Sterne bis zur 11. Grösse werden mit aller Exactheit ausgemessen und an die bereits mit Meridianinstrumenten festgelegten Sterne angeschlossen, so dass das Endziel ein Catalog aller Sterne bis inclusive der 11. Grösse ist, mit einer Genauigkeit der einzelnen Positionen, die in relativer Weise den besten Mikrometermessungen entspricht, in Bezug auf die absoluten Positionen sich den bei Meridianbeobachtungen erhaltenen anschliesst.

Bei dem enormen Arbeitsaufwande, den allein schon die Ausmessung erfordert, hat man auf den meisten Sternwarten vorläufig von der Berechnung der gebräuchlichen Coordinaten der Rectascension und Declination abgesehen und beabsichtigt zunächst, nur die auf den Platten gemessenen rechtwinkeligen Coordinaten zu publiciren. Wann einmal der wirkliche Catalog fertig sein wird, lässt sich zur Zeit noch nicht übersehen.

Ausser diesen zur Ausmessung bestimmten Aufnahmen werden nun aber auch solche mit langer Expositionszeit (1 Stunde) hergestellt, auf denen etwa die Sterne bis nahe zur 13. Grösse vorhanden sein werden. Diese Platten sollen die eigentliche Himmelskarte liefern; über die Art ihrer Publication resp. über ihre Zugänglichmachung für jeden Astronomen, ist aber nichts Näheres beschlossen worden; es spielt hierbei nicht mehr bloss der Arbeitsaufwand eine Rolle, sondern vor allem fallen die ganz bedeutenden Kosten des Unternehmens ins Gewicht.

Die einzelnen Gebiete des Himmels sind zonenweise an die verschiedenen Sternwarten vertheilt worden; es ist bei dieser Vertheilung die geographische Breite der letzteren berücksichtigt worden, soweit dies nach Massgabe der Lage der Sternwarten möglich war, da es bei photographischen Aufnahmen noch wichtiger ist als bei optischen Beobachtungen, in möglichst grossen Höhen über dem Horizonte zu arbeiten. Die Berücksichtigung dieses Umstandes geht aus dem folgenden Verzeichniss der betheiligten Sternwarten und der ihnen zugewiesenen Zonen hervor.

Zonen-Declin.			Sternwarten	Geogr. Breite
+ 90°	bis	+ 65°	Greenwich	+ 51°
+ 64	»	+ 55	Rom	+ 42
+ 54	»	+ 47	Catania	+ 37
+ 46	»	+ 40	Helsingfors	+ 61
+ 39	»	+ 32	Potsdam	+ 52
+ 31	»	+ 25	Oxford	+ 51
+ 24	»	+ 18	Paris	+ 49
+ 17	»	+ 11	Bordeaux	+ 45
+ 10	»	+ 5	Toulouse	+ 43
+ 4	»	− 2	Algier	+ 36
− 3	»	− 9	San Fernando	+ 36
− 10	»	− 16	Tacubaya	+ 19
− 17	»	− 23	Santiago	− 33
− 24	»	− 31	La Plata	− 34
− 32	»	− 40	Rio de Janeiro	− 23
− 41	»	− 51	Cap der guten Hoffnung	− 34
− 52	»	− 64	Sydney	− 34
− 65	»	− 90	Melbourne	− 38

Die Vorarbeiten, welche in grossem Umfange für die Ermöglichung der Herstellung der photographischen Himmelskarte erforderlich waren, haben naturgemäss eine beträchtliche Erweiterung der Kenntnisse in diesem Zweige der Astrophysik herbeigeführt; dieselben sind in anderen Theilen dieses Buches verwerthet worden. Von noch grösserer Bedeutung dürfte der Umstand sein, dass durch die Betheiligung an der gemeinschaftlichen Arbeit eine beträchtliche Zahl von Astronomen in den Besitz vorzüglicher und wichtiger photographischer Instrumente gelangt ist, die nun auch zu anderen als den speciell vorgesehenen Zwecken Verwendung finden und bis jetzt zahlreiche wichtige Resultate geliefert haben, deren einzelne Besprechung weiter unten folgen wird. Ueberhaupt hat die gesammte Anwendung der Photographie in der Astronomie durch das internationale Unternehmen eine fortschreitende Bewegung erhalten, die auch Früchte auf anderen Gebieten der Himmelsphotographie gezeitigt hat.

Wenn ich nunmehr beabsichtige, einen Ueberblick über diejenigen Resultate zu geben, welche in der Astronomie der Fixsterne und Sternhaufen durch die Einführung der Photographie erhalten worden sind, so müssen in erster Linie die Rutherfurd'schen Arbeiten Berücksichtigung finden. Wie schon erwähnt, hat Rutherfurd einen grossen Theil seiner Aufnahmen selbst ausgemessen oder doch ausmessen lassen; aber zunächst sind nur drei Platten mit je zwei Plejadenaufnahmen durch Gould reducirt worden. Eine vorläufige Mittheilung*) hierüber und über die sehr befriedigende Uebereinstimmung der photographischen Messungen mit den Heliometermessungen Bessels ist 1867 durch Gould erfolgt, während infolge äusserer Umstände die ausführliche Publication**) erst 20 Jahre später bewirkt wurde. Die Messungen haben die Distanzen und Positionswinkel von 40 Sternen gegen Alcyone ergeben, und die Vergleichung***) derselben mit den revidirten Bessel'schen Heliometermessungen sowie mit denen Elkins (1885) führt zu sehr befriedigenden Resultaten, wenngleich eine nicht unbeträchtliche Correction sowohl des Nullpunktes der Positionswinkel als auch des Schraubenwerthes sich als nothwendig ergeben hat, was übrigens auch bereits Gould aus seiner Vergleichung mit Bessel erkannt hatte. Als w. Fehler einer Differenz zwischen Photographie und Heliometer ergiebt sich nämlich:

	helle Sterne	schwache Sterne
bei den Positionswinkeln	$\pm 0.''106$	$\pm 0.''137$
bei den Distanzen	± 0.086	± 0.131,

oder nach Massgabe der w. Fehler für die Heliometermessungen resultirt als w. Fehler einer photographisch bestimmten Coordinate

für die helleren Sterne	$\pm 0.''079$
für die schwachen Sterne	± 0.101 .

Die Eigenbewegungen sind hierbei durch die Vergleichung zwischen Bessel und Elkin ermittelt worden.

Im Jahre 1890 schenkte Rutherfurd seine sämmtlichen Negative der Sternwarte des Columbia College in New York, worunter sich 638 Platten mit Aufnahmen von Sternhaufen, Doppelsternen und vielfachen

---

*) Astr. Nachr. 68, 185.　　**) Mem. Nat. Acad. IV.
***) Elkin. Comparison .... Astr. Journ. 9, 33.

Sternen befinden. Von diesen Platten waren 190 ausgemessen, und unter der Leitung des Directors der Sternwarte K. Rees ist die sehr dankenswerthe Reduction der Messungen und die Publication der Resultate ins Werk gesetzt worden.

Die erste dieser Publicationen betrifft die Verwerthung von 10 Platten mit je zwei Aufnahmen der Plejadensterne durch H. Jacoby*). Es konnten im ganzen von 74 Plejadensternen die relativen Coordinaten gegen Alcyone gemessen werden, und diese Coordinaten beruhen für jede Platte auf je 20 Messungen der Distanzen und je 12 der Positionswinkel. Der grossen Zahl der Aufnahmen entsprechend, haben sich die w. Fehler der Positionen noch merklich kleiner ergeben als bei den Gould'schen Resultaten; sie stellen sich in Rectascension auf $\pm 0''06$ und in Declination auf $\pm 0''05$, sind also sehr nahe auf denselben Betrag herabgedrückt wie bei den Elkin'schen Heliometermessungen. Den besten Einblick in die Güte der Rutherfurd'schen Plejadenaufnahmen gewährt die Ableitung**) der Eigenbewegungen der fünf Sterne Anon. 14, 17, 21, 26 und 36 (Anon. 35 befindet sich nicht auf den Rutherfurd'schen Aufnahmen), für welche Elkin eine besonders starke und gemeinschaftliche Eigenbewegung abgeleitet hat. Hiernach beträgt für diese fünf Sterne die jährliche Eigenbewegung $- 0''040$ in Rectascension und $+ 0''032$ in Declination, während die übrigen Sterne im Mittel geben $- 0''004$ und $- 0''002$, die relative also $- 0''036$ und $+ 0''034$. Leitet man diese relative Bewegung aus der Vergleichung zwischen Rutherfurd und Elkin ab — 12 Jahre Zwischenzeit — so resultirt hierfür in fast vollkommener Uebereinstimmung $- 0''038$ und $+ 0''033$.

Von anderen Aufnahmen Rutherfurds sind bereits reducirt und publicirt die der Umgebungen der hellen Sterne β Cygni und η Cassiopejae. In der Umgebung von β Cygni, auf dem Areale von $19^h 21^m 53^s$ bis $19^h 29^m 32^s$ in A. R. und $+ 26^\circ 58'$ bis $+ 28^\circ 35'$ (1875.0) in Decl., wurden 42 Sterne bis zur 9.5ten Grösse herab gemessen und zwar auf 6 Platten mit je 2 Aufnahmen. Die Rechnungen hierzu und die Aufstellung des Catalogs dieser Sterne ist von H. Jacoby***) ausgeführt worden. Die relativen Positionen in Bezug auf β Cygni werden sehr genau sein; doch würden dieselben entschieden an Werth gewonnen haben, wenn mehr Sorgfalt auf die Ermittelung des Bogenwerthes gelegt worden wäre, für den einfach das Mittel der für die Plejadenaufnahmen gefundenen genommen worden ist.

---

*) H. Jacoby. The Rutherfurd Photographic Measures ... Ann. of New York Acad. 6.

** Siehe mein Referat in V. J. S. 27, 205.   *** a. o. a. O.

In der Umgebung von η Cassiopejae*) sind auf 27 Platten 62 Sterne gemessen worden. Das Areal erstreckte sich von $0^h 35^m 5^s$ bis $0^h 45^m 50^s$ in Rectascension und von $+ 56°22'$ bis $58°5'$ in Declination (1872.0). Auch hier gilt in Betreff des Schraubenwerthes das eben Gesagte.

Bis Ende der achtziger Jahre sind weitere Resultate der Fixsternphotographie nicht zu erwähnen; es sind zwar viele Aufnahmen erhalten worden, aber eine wissenschaftliche Bearbeitung derselben hat nicht stattgefunden. Mit diesem Zeitpunkte beginnt die Verwerthung der Photographie in der Fixsternkunde wieder aufzuleben, doch sind die ersten Arbeiten weniger als selbständige Untersuchungen zu betrachten; vielmehr suchen sie nur die Anwendbarkeit der Photographie zu den feinsten Präcisionsbestimmungen am Himmel zu beweisen, obgleich ein solcher Beweis kaum noch nöthig gewesen wäre im Hinblick auf die Resultate von Bond und Rutherfurd, die aber schon beinahe der Vergessenheit anheimgefallen waren.

Als die ersten zielbewussten Arbeiten sind die sehr sorgfältigen Positionsbestimmungen durch Renz zu erwähnen, die sich auf schwächere Sterne beziehen, deren Bedeckung durch den Mond bei totalen Mondfinsternissen beobachtet worden war. Besonders umfangreich sind die Untersuchungen in Betreff der bei der Mondfinsterniss vom 15. Novbr. 1891 bedeckten Sterne. Zunächst hat Renz nach vier zu Potsdam gemachten Aufnahmen einen Catalog**) der Sterne bis zur 11. Grösse aufgestellt. Als sich nachträglich herausstellte, dass auch Sterne bis zur 12. Grösse in Verwendung gekommen waren, hat Renz***) nach Aufnahmen auf der Helsingforser Sternwarte die Sterne bis zur 12. Grösse neu bestimmt und so einen Vergleich zwischen mit gleichartigen, aber doch verschiedenen Instrumenten erhaltenen Positionen ziehen können. Es hat sich hierbei ergeben, dass die systematischen Differenzen zwischen diesen Aufnahmen nicht grösser sind, als diejenigen zwischen verschiedenen Aufnahmen mit demselben Instrumente. Ueberhaupt sind derartige systematische Unterschiede nach Anbringung der persönlichen Correction nur sehr gering, aber doch noch immer deutlich vorhanden; photographische Messungen sind ebenso systematischen Fehlern ausgesetzt wie directe Messungen, nur sind diese Fehler im allgemeinen von geringerem Betrage und haben andere Ursachen.

---

* H. S. Davis. The Rutherfurd Phot. Meas. of 62 Stars about η Cass. Ann. New York Acad. S.
** Astr. Nachr. Nr. 3061.
*** Renz, F. Ueber die Ausmessung und Berechnung einiger photographischer Sternaufnahmen. Bull. St. Pétersburg. V. Serie, II, Nr. 4.

Die weiterhin erschienenen Arbeiten beziehen sich fast ausschliesslich auf die Ausmessung von Sternhaufen.

Als erste derselben ist die von mir durchgeführte Ausmessung*) des Sternhaufens im Hercules Messier 13 erschienen. Dieser Sternhaufen ist bekanntlich ein derartig dichter, dass eine directe Ausmessung desselben selbst in den mächtigsten Fernrohren unmöglich ist; auch in Bezug auf seine photographische Auflösbarkeit steht er an der Grenze des Möglichen, und erst nach mehreren Versuchen konnte ich zwei befriedigende Aufnahmen von zwei bezw. einer Stunde Expositionszeit mit dem Potsdamer Photographischen Refractor erhalten. Der Catalog der gemessenen Sterne, worunter übrigens auch Nebelknoten und dergl. mit einbegriffen sind, umfasst 833 Objecte, von denen 520 auch auf der nur eine Stunde exponirten Platte enthalten sind. Die Helligkeit der schwächsten Sterne entspricht etwa der 14. Grössenclasse, bezogen auf das Grössensystem der Plejadensterne von Charlier. Die Messung der Sterne ist sehr erschwert durch die ausserordentliche Gedrängtheit, die nach der Mitte sehr stark zunimmt, und durch das Vorhandensein von unauflösbarem Nebel, der das Innere erfüllt. Die w. Fehler der Catalogpositionen weisen folgende Werthe auf:

Abstand von der Mitte		w. Fehler α	δ
$- 6'30''$ bis $- 2'20''$		$\pm 0.''12$	$\pm 0.''14$
$- 2\ 20$ » $- 1\ 10$		0.13	0.17
$- 1\ 10$ » $- 0\ 40$		0.14	0.17
$- 0\ 40$ » $- 0\ 12$		0.14	0.21
$- 0\ 12$ » $+ 0\ \ 9$		0.20	0.21
$+ 0\ \ 9$ » $+ 0\ 30$		0.26	0.21
$+ 0\ 30$ » $+ 0\ 56$		0.23	0.18
$+ 0\ 56$ » $+ 1\ 19$		0.18	0.21
$+ 1\ 19$ » $+ 1\ 57$		0.16	0.16
$+ 1\ 57$ » $+ 6\ \ 6$		0.14	0.16

Will man diese w. Fehler mit denjenigen der eben besprochenen Rutherfurd'schen Aufnahmen vergleichen, so ist ausser den schon erwähnten die Messungen erschwerenden Gründen zu berücksichtigen, dass die Messungen sich auf nur eine Platte beziehen.

Ein Bild von der Gedrängtheit dieses Sternhaufens mag die Bemerkung liefern, dass weit über die Hälfte aller Sterne, nämlich über 500,

---

*) J. Scheiner. Der grosse Sternhaufen im Hercules Messier 13. Anhang der Abh. d. K. Akad. Berlin. 1892.

sich innerhalb eines Kreises von 2' Radius befinden, und es lässt sich leicht zeigen, dass die Zunahme der Dichtigkeit nach der Mitte hin eine ausserordentlich viel stärkere ist, als einer gleichmässigen Vertheilung der Sterne innerhalb einer Kugel, als welche die Form des Sternhaufens an-zunehmen ist, entspricht. Zieht man nämlich, vom Schwerpunkte aus-gehend, sechs concentrische Kreise, welche die Bedingung erfüllen, dass die Inhalte der diesen Kreisen zugehörenden und die Kugel durchdringenden conaxialen Cylinder von der Mitte aus gerechnet den Zahlen von 1 bis 6 proportional sind, so entsprechen die durch die Kreise begrenzten Ringe gleichen Inhalten im kugelförmigen Sternhaufen; bei gleichmässiger Ver-theilung müsste also jeder Ring die gleiche Anzahl Sterne enthalten. In Wirklichkeit aber fallen diese Zahlen folgendermassen aus:

Zahl der Sterne

$r_1 = 2.'0$ 501

$r_2 = 2.9$ 132

$r_3 = 3.65$ 66

$r_4 = 4.3$ 58

$r_5 = 5.0$ 38

$r_6 = 6.0$ 31

Der Ort des Schwerpunktes selbst, über dessen Lage sich hier zum ersten Male Untersuchungen anstellen liessen, ergab sich zu $16^h 37^m 47\overset{s}{.}1$ + 36°40'13" für 1891.0. Im Mittel aus den besseren Ortsbestimmungen des Sternhaufens als ganzen Objects erhält man den Werth $16^h 37^m 46\overset{s}{.}6$ + 36°40' 2" für eine etwa 30 Jahre zurückliegende Epoche. Die ziem-lich starke Abweichung der beiden Werthe in Declination dürfte aber weniger auf Eigenbewegung zurückzuführen sein als auf den Umstand, dass die Maximalhelligkeit des Haufens etwa 10" bis 15" südlicher liegt als der geometrische Schwerpunkt. Bei der Ausmessung dieses Stern-haufens habe ich zum ersten Male auf das Auftreten persönlicher Ein-stellungsfehler bei photographischen Messungen, die von der Helligkeit der Sterne abhängen, aufmerksam gemacht.

Der ziemlich grosse Sternhaufen Messier 36, G. C. 1166, ist unter Be-nutzung von drei Platten von S. Oppenheim*) ausgemessen worden. Die Aufnahmen wurden mit dem photographischen Refractor der v. Kuffner-schen Sternwarte erhalten, und zwar bei Expositionszeiten von 30^m, $1^h 24^m$, $1^h 32^m$. Auf letzterer Platte beträgt die Zahl der ausgemessenen Sterne 204 auf einem Areale, welches übrigens beträchtlich dasjenige des eigentlichen

---

*) Publ. d. v. Kuffner'schen Sternwarte in Wien. 3, 273.

Sternhaufens übersteigt. Die Einstellungen geschahen bei den helleren
Sternen nicht auf die Mitten der Sternscheibchen, sondern auf die Ränder;
eine völlige Elimination persönlicher Auffassungsfehler wird hierdurch
jedoch wohl nicht erreicht sein. Aus der Vergleichung der drei Platten
unter einander resultiren folgende mittlere Fehler:

	α	δ
Platte 3 und 2	$\pm 0^{s}\!.0184$	$\pm 0''\!.205$
» 3 » 1	± 0.0163	± 0.177
» 2 » 1	± 0.0196	$\pm 0.203.$

Die zwischen den Aufnahmen restirenden constanten Unterschiede
sind nur in Declination merklich. Eine Anzahl der gemessenen Sterne
ist auch in den Leydener Zonen durch Meridianbeobachtungen festgelegt,
sowie durch eine von Valentiner ausgeführte directe mikrometrische Ausmessung des Sternhaufens. Die constanten Unterschiede gegen letztere
sind ziemlich beträchtlich, gegen die ersteren dagegen recht klein; die
mittleren Fehler gestalten sich bei diesen Vergleichungen wie folgt:

	α	δ
Vergleich mit Leyden	$\pm 0^{s}\!.0429$	$\pm 0''\!.377$
» » Mannheim	± 0.0562	$\pm 0.783.$

Sie sind also ganz beträchtlich höher als aus der Vergleichung der Photographien unter einander.

Von Donner*) und Backlund ist der Sternhaufen 20 Vulpeculae
ausgemessen worden nach zwei mit dem Helsingforser Photographischen
Refractor aufgenommenen Platten von 20^m und 1^h Expositionszeit. Ein
wesentlicher Zweck dieser Untersuchung war die Feststellung der Genauigkeit, die bei einem möglichst geringen Aufwand an Zeit und Arbeit
zu erreichen ist. Trotzdem die Expositionszeiten der beiden Aufnahmen
sehr verschieden sind, und obgleich persönliche Einstellungsfehler nicht
berücksichtigt wurden, besteht eine merkliche constante Differenz zwischen
den beiden Platten nicht, und als w. Fehler einer gemessenen Coordinate
resultirt in $\cos \delta \varDelta \alpha \pm 0^{s}\!.0126$ und in $\varDelta \delta \pm 0''\!.11$.

Der Sternhaufen 20 Vulpeculae ist auch von Schulz in Upsala ausgemessen worden. Die Vergleichung mit den Schulz'schen Positionen
giebt den ziemlich grossen constanten Unterschied von $-0^{s}\!.040$ und $+0''\!.55$,

---

* Donner. A. und Backlund, O. Positionen von 140 Sternen des Sternhaufens 20 Vulpeculae nach Ausmessung photographischer Platten. Bull. de l'Acad.
Imp. St. Pétersbourg. V. Serie. 2, Nr. 2.

der wohl weniger auf Eigenbewegung zurückzuführen sein dürfte als auf einen Unterschied der beiderseitigen Nullpunkte, und zwar scheint es, als ob Schulz den hellen Stern 20 Vulpeculae anders aufgefasst habe als die übrigen schwächeren Sterne.

Auch zur Lösung der allerschwierigsten Messungsaufgaben der Astronomie, zur Ermittelung von Fixsternparallaxen, ist die Photographie bereits mit Erfolg verwendet worden. Ausser den bereits bekannten Vorzügen der photographischen Methode kommt gerade hierbei noch ein sehr wesentlicher hinzu, nämlich die Möglichkeit, schwächere und daher eventuell besser gelegene Vergleichssterne benutzen zu können.

Auch auf diesem Gebiete ist Rutherfurd bahnbrechend vorgegangen und hat eine grosse Anzahl systematischer Aufnahmen zur Parallaxenbestimmung hellerer Sterne hergestellt. Die Reduction einiger derselben ist allerdings erst in den letzten Jahren von Seiten der Columbia-Sternwarte erfolgt.

Die erste derselben bezieht sich auf den Stern μ Cassiopejae und ist in sorgfältiger Weise von H. Jacoby*) ausgeführt worden. Die Zahl der benutzten Platten mit je zwei Aufnahmen beträgt 28, aufgenommen in dem Zeitraum von 1870 Juli bis 1873 December. Jacoby hat nur die Distanzen in Rechnung gezogen und hierzu ursprünglich drei Paare von Vergleichssternen benutzt, später jedoch noch ein viertes Paar hinzugenommen, bei dem an Stelle des Sterns θ Cassiopejae ein anderer gewählt wurde, weil für ersteren selbst der Verdacht einer merklichen Parallaxe entstand. Die für die vier Paare erhaltenen Werthe der Parallaxe sind die folgenden nebst ihren w. Fehlern:

Vergleichssterne	π
a und b	$+ 0.''249 \pm 0.''045$
c » d	$+ 0.266 \pm 0.035$
e » f	$+ 0.324 \pm 0.050$
c » θ	$+ 0.151 \pm 0.026$.

Die starke Abweichung des Parallaxenwerthes für das Paar c und θ gab Veranlassung, für θ ebenfalls die Parallaxe zu rechnen, und als Endwerthe findet Jacoby:

Parallaxe von μ Cassiopejae $+ 0.''275 \pm 0.''024$
» » θ Cassiopejae $+ 0.232 \pm 0.067$.

Struve hat für die Parallaxe von μ Cassiopejae den Werth $0.''251$ aus Distanzmessungen und $0.''425$ aus Positionswinkeln abgeleitet. Der

---

*) Jacoby, H. The Parallaxes of μ and θ Cassiopejae .... Ann. New York Acad. 8.

Bessel'sche Werth der Parallaxe von — 0″12, abgeleitet aus Rect-ascensionsdifferenzen gegen θ Cassiopejae scheint die Existenz einer starken Parallaxe von θ Cassiopejae zu bestätigen, wenngleich ihr w. Fehler beträchtlich grösser ist als der Werth selbst, nämlich ± 0″29. Jedenfalls darf man den oben gegebenen Werthen für die Parallaxe von μ Cassiopejae dasselbe Vertrauen entgegenbringen, wie den bisher nach directen Beobachtungen gefundenen Parallaxen im allgemeinen.

In ganz entsprechender Weise ist die Parallaxe von η Cassiopejae von H. S. Davis*) abgeleitet worden. Die Zahl der Platten beträgt hier 27, in demselben Zeitraume aufgenommen wie diejenigen für μ Cassiopejae. Davis hat sogar sechs Paare von Vergleichssternen benutzt, von denen allerdings nur drei günstige Lage in Bezug auf die parallaktischen Coëfficienten besitzen. Die gefundenen Werthe sind:

Vergleichssterne	π
a und e	+ 0″349 ± 0″086
c » d	+ 0.385 ± 0.084
e » f	+ 0.568 ± 0.056
g » h	+ 0.662 ± 0.078
i » j	+ 0.660 ± 0.138
k » l	+ 0.297 ± 0.155.

Wenn auch die Einzelabweichungen recht stark sind, so darf doch der von Davis aus den drei ersten Paaren gewonnene Mittelwerth der Parallaxe von 0″443 ± 0″043 insofern als sicher angenommen werden, als er eine ziemlich grosse Parallaxe wahrscheinlich macht.

O. Struve hat aus Distanzmessungen allerdings nur einen sehr kleinen Werth erhalten: 0″096 ± 0″051, dagegen aus den Positionswinkeln den starken Werth 0″373 ± 0″098. Schweizer und Sokoloff haben folgende Parallaxen gefunden: aus den Distanzen 0″374 ± 0″072 und aus den Positionswinkeln 0″139 ± 0″085.

Sehr zahlreiche Parallaxenbestimmungen sind unter Pritchard**, in den Jahren 1887 bis 1892 durch Plummer und Jenkins ausgeführt worden. Die Aufnahmen wurden mit einem Spiegelteleskope von 13 Zoll Oeffnung und 10 Fuss Focalweite angefertigt und erstrecken sich für jeden Stern auf etwa ein Jahr. Es wurde nur je ein Paar Vergleichssterne benutzt, und allein die Distanzen wurden in Rechnung gezogen. Die erhaltenen Parallaxen sind die folgenden:

---

*) Davis, H. S. The Parallax of η Cassiopejae ... Ann. New York Acad. S.
** Pritchard, Ch. Researches in Stellar Parallax by the of Aid of Photographic Observ. Oxford Observ. 1889 und 1892.

α Androm.	+ 0."05S		β Leonis	+ 0."029
β Cassiop.	+ 0.157		γ Urs. Maj.	+ 0.095
α Cassiop.	+ 0.036		ε Urs. Maj.	+ 0.081
γ Cassiop.	+ 0.018		η Urs. Maj.	— 0.046
μ Cassiop.	+ 0.038		β Urs. Min.	+ 0.029
β Androm.	+ 0.074		α Coronae	— 0.037
α Urs. Min.	+ 0.078		γ Draconis	+ 0.050
α Arietis	+ 0.083		γ Cygni	+ 0.104
β Persei	+ 0.060		ε Cygni	+ 0.129
α Persei	+ 0.087		61_1 Cygni	+ 0.433
β Tauri	+ 0.063		61_2 Cygni	+ 0.435
β Aurigae	+ 0.062		α Cephei	+ 0.058
γ Gemin.	— 0.023		ε Pegasi	+ 0.083
β Urs. Maj.	+ 0.088		α Pegasi	+ 0.081
α Urs. Maj.	+ 0.046			

Die w. Fehler dieser Parallaxen sind sehr klein, was um so auffallender erscheint, als die Untersuchung nur als eine sehr schematische bezeichnet werden kann, wie sie im allgemeinen bei der Schwierigkeit des Problems nicht angebracht ist. Schon Jacoby*) hat darauf aufmerksam gemacht, dass systematische Fehler vorhanden sind, und dass man, mit Ausnahme der beiden Sterne 61 Cygni und vielleicht noch von β Cassiopejae, aus den vorstehenden Werthen nur schliessen kann, dass die betreffenden Sterne sehr starke Parallaxen nicht haben werden. Es kann nicht dringend genug darauf hingewiesen werden, dass die Discussion photographischer Messungen keineswegs eine leichtere ist, als diejenige directer Messungen am Fernrohr, sondern dass eben wegen der vermehrten Einzelgenauigkeit sie eine noch sorgfältigere und profundere sein muss.

Ein Beispiel für eine derartig sorgfältig durchgeführte Untersuchung liefert eine Parallaxenbestimmung von 61 Cygni durch J. Wilsing, die als solche aber zur Zeit noch nicht veröffentlicht ist, mit Ausnahme**) eines dabei unerwartet gefundenen Ergebnisses über die Veränderlichkeit des Abstandes der beiden Componenten. Die Untersuchung stützt sich auf ein Plattenmaterial von 110 Stück mit 386·Einzelaufnahmen, und es ergab sich im Laufe derselben das Vorhandensein einer Fehlerquelle, die

---

*) V. J. S. 28, 117.

**) Wilsing, J. Ueber eine auf photographischem Wege entdeckte periodische Veränderung des Abstandes der Componenten von 61 Cygni. Sitzungsb. der Berl. Acad. 1893.

nach sorgfältiger Discussion nur auf eine reelle periodische Veränderung
des Abstandes der beiden Componenten von 61 Cygni zurückgeführt
werden konnte.

Es liegen folgende Mittelzahlen für die Distanzen der Componenten vor:

		Distanz	Abweichung vom Mittel
1890	October 18	20.″99	+ 0.″041
»	November 5	20.91	— 0.039
»	December 17	20.95	+ 0.001
1891	Februar 4	20.98	+ 0.031
»	Mai 13	20.91	— 0.039
»	Juni 14	20.77	— 0.179
»	August 25	21.02	+ 0.071
»	September 17	20.98	+ 0.031
»	October 13	21.06	+ 0.111
»	November 11	21.08	+ 0.131
»	December 17	21.10	+ 0.151
1892	Januar 15	21.04	+ 0.091
»	Mai 16	20.94	— 0.009
»	Juni 15	20.96	+ 0.011
1893	Januar 13	20.94	— 0.009
»	März 24	20.79	— 0.159
»	April 15	20.78	— 0.169
»	Mai 14	20.86	— 0.089
»	Juni 11	20.90	— 0.049
»	Juli 18	20.97	+ 0.021
»	August 15	20.96	+ 0.011
»	September 8	20.98	+ 0.031

Eine hiernach gezogene Curve hat folgenden Verlauf. Bis April 1891
verläuft sie nahezu horizontal; alsdann nimmt die Distanz bis Ende Juni
um 0.″2 ab, wächst in den folgenden fünf Monaten wieder um mehr als
0.″3 und erreicht ein Maximum im December. Nunmehr nimmt die Entfernung bis zum Juni 1892 wieder um 0.″15 ab. Bis Ende 1892 liegen
keine Beobachtungen vor; dann folgt eine schnelle Abnahme von 0.″2 bis
zu einem Minimum im April 1893. Von da nimmt die Distanz wieder zu
und hat bis Juli 1893 den Minimalbetrag bereits wieder um 0.″2 überschritten. Hiernach scheint eine Distanzänderung von 0.″3 in einer Periode
von 22 Monaten vor sich zu gehen, deren Ursache nur in dem Vorhandensein
eines oder mehrerer unsichtbarer Begleiter der Sterne gesucht werden kann.

Eine nachträgliche Bestätigung dieser Entdeckung ist durch eine neue Discussion der Pritchard'schen Aufnahmen zur Bestimmung der Parallaxe von 61 Cygni gegeben worden, und zwar von Jacoby.

Von verschiedenen Seiten ist in neuerer Zeit in Vorschlag gebracht worden, Sterne mit stärkerer Parallaxe einfach dadurch zu entdecken, dass von derselben Gegend des Himmels zwei Aufnahmen mit einem halben Jahre Zwischenzeit gemacht würden, deren Betrachtung im Stereoskope ohne Weiteres die mit Parallaxe behafteten Sterne erkennen lassen würde. Die Unterscheidung von Eigenbewegungen würde durch eine dritte, wiederum ein halbes Jahr später angefertigte Aufnahme erfolgen. Oder es sollten die in den nämlichen Zwischenräumen zu machenden Aufnahmen auf derselben Platte erfolgen; nach der späteren Entwickelung würde dann eine längliche Gestalt der Sternscheibchen die Parallaxen verrathen. Praktische Anwendung scheinen diese Vorschläge bisher nicht gefunden zu haben, und man muss gestehen, dass die Wahrscheinlichkeit der Auffindung von Parallaxen auf diesem Wege nicht sehr gross ist, da bei dieser rohen Methode selbstverständlich nur sehr starke Parallaxen von mehreren Bogensecunden gefunden werden könnten, deren Existenz nach den bisherigen Erfahrungen unwahrscheinlich ist.

Die in der Fixsternastronomie durch die Photographie bisher gelieferten Resultate, deren hauptsächlichste eben in Kürze erwähnt worden sind, lassen bereits ein definitives Urtheil über die Bedeutung der nunmehr eingeführten photographischen Methoden für diesen Zweig der Astronomie zu. Dieses Urtheil kann nur dahin lauten, dass bei Verwendung von weit weniger Mühe und Arbeit als bei directen Beobachtungsmethoden sich doch die gleiche Exactheit erzielen lässt, dass aber bei etwa gleichem Aufwande von Arbeit und Sorgfalt die zu erreichende Genauigkeit eine merklich höhere wird als bei den feinsten bisher angewandten directen Messmethoden. Dazu kommt noch, dass die photographische Methode, selbst unter Verwendung von Fernrohren nur mittlerer Grösse, diese gesteigerte Genauigkeit auf so schwache Sterne ausdehnen lässt, wie sie selbst in den mächtigsten Instrumenten direct überhaupt nicht mehr der Messung unterworfen werden können.

Es wird sich schwerlich nur ein Astronom heute finden lassen, der dieses Urtheil nicht unterschriebe, und es muss sich daher die Anwendung der photographischen Methode in der Fixsternastronomie, speciell in den mikrometrischen Messungen, immer mehr einbürgern. Die Zeit kann nicht mehr sehr ferne sein, in der eine Umkehrung der jetzt bestehenden Verhältnisse eingetreten sein wird, in der es eine Ausnahme sein wird,

wenn man eine Untersuchung auf dem angeführten Gebiete durch directe
Beobachtung ausführt.

Aber noch in anderer Richtung zeigen die photographischen Methoden
gewaltige Vorzüge: in der Leichtigkeit, mit welcher für verhältnissmässig
grosse Flächen die Kartendarstellung des Himmels bis zu den allerschwächsten Sternen hin möglich ist. Es braucht nur daran erinnert zu
werden, dass es den Gebrüdern Henry gelang, in dem Sternbilde des
Schwans, allerdings in der reichsten Gegend der Milchstrasse, eine Aufnahme von vier Quadratgrad Fläche zu erhalten, die etwa 10000 Sterne
enthielt.

In der Umgebung von ε Orionis — bei ebenfalls ungefähr vier
Quadratgrad Flächenraum — erhielt ich mit einstündiger Expositionszeit
1100, mit achtstündiger über 7000 Sterne, während auf der gleichen
Fläche die Bonner Durchmusterung nur 125 enthält. Noch bessere Beispiele bieten die Aufnahmen von dichtgedrängten Sternhaufen, wie die
schon erwähnte des Sternhaufens im Hercules mit über 800 Sternen auf
einem Flächenraume, der dem 16. Theile der scheinbaren Mondoberfläche
entspricht, oder diejenige des Sternhaufens ω Centauri (Gill), dessen
Componenten nach Tausenden gezählt werden müssen.

Einen ganz ausserordentlichen Fortschritt hat durch die Photographie
die Darstellung der Milchstrasse gewonnen. Während die grösseren photographischen Instrumente die Milchstrasse vollständig auflösen, geben die
kleineren Objective mit verhältnissmässig kurzer Brennweite Bilder, auf
denen der allgemeine Zug der Milchstrasse und ihre gröbere Structur
viel contrastreicher und also deutlicher zu erkennen ist, als bei Betrachtung mit dem blossen Auge oder mit kleineren Fernrohren. Die in dieser
Beziehung besten Aufnahmen werden erhalten, wenn Oeffnung, Brennweite und Definition der Objecte in derartigem Verhältnisse zu einander
stehen, dass in den dichtesten Theilen der Milchstrasse die Scheibchen
der Sterne eben in einander fliessen. Diese Stellen werden dann im
Negativ fast schwarz, ohne dass die Auflösung in einzelne Sterne ganz
aufgehört hätte; in den weniger dichten Stellen bleibt der Himmelsgrund
völlig klar, und auf diese Weise kommt eine äusserst contrastreiche und
dabei doch völlig naturgetreue Darstellung zu Stande. Die besten Aufnahmen dieser Art sind von Barnard erhalten worden, und nächst den
Mondphotographien stellen dieselben wohl die schönsten je am Himmel
gemachten Aufnahmen dar. Sie lassen deutlich den äusserst complicirten
Bau der Milchstrasse und ihren Zusammenhang mit ausgedehnten Nebelflecken erkennen und zeigen vor allem die charakteristische Neigung der
Milchstrassensterne zu Gruppenbildungen, die oft derartig ausgeprägt sind,
dass sich Stellen allergrösster Sterndichtigkeit unmittelbar an fast gänzlich

sternlose Flächen anschliessen, die von einer solchen Ausdehnung sind, dass von zufälliger Gruppirung keine Rede sein kann, sondern dass in diesem Falle schon die blosse Betrachtung zu wichtigen Schlüssen über die Constitution der Milchstrasse führt.

Besonders ausgezeichnete Stellen dieser Art befinden sich bei γ Aquilae, ferner in der Nähe des Sternhaufens Messier 11, wo die Grenzen der Milchstrasse äusserst scharf und schroff sind und canalähnliche leere Stellen in den dichtesten Theilen auftreten. Die auffallendste Stelle ist aber bei $18^h 10^m$ und — $20°$. Sie ist schon auffallend in dem Atlas der Bonner südlichen Durchmusterung, wo nur die Sterne bis zur 10. Grösse eingezeichnet sind. Auch im Sternbilde des Schwans tritt die Erscheinung vielfach auf, besonders in der Nähe von α Cygni. Dagegen bietet die Gegend bei β Cygni das Beispiel einer grossen Ausdehnung der Milchstrasse in gleichförmiger Dichtigkeit; erst nach dem Rande zu tritt wieder merkliche Ungleichförmigkeit ein.

Es ist mir nicht bekannt, ob Schlüsse hieraus bereits schon von anderer Seite ausgesprochen worden sind; sie erscheinen mir aber als ganz selbstverständlich. Das unmittelbare Nebeneinander von sehr dichten und sehr leeren Stellen steht in völligem Widerspruche zu der ziemlich weit verbreiteten Ansicht, dass die Sterndichtigkeit der Milchstrasse wesentlich abhängig sei von der Strecke, durch welche wir hindurchsehen, dass also die Ausdehnung des Milchstrassenringes in der Ebene der Milchstrasse eine beträchtlich grössere sei als in der darauf senkrechten Richtung. Wäre dies der Fall, dann könnten auffallend leere Stellen inmitten grösster Dichtigkeit nur durch sternleere Räume von röhrenartiger Form, deren Axen ausserdem noch auf uns zu resp. auf das Centrum der Milchstrasse gerichtet sein müssten, erklärt werden, und das scheint mir bei der Häufigkeit des Vorkommens solcher Stellen äusserst unwahrscheinlich. Nimmt man dagegen an, dass wenigstens in den Theilen der Milchstrasse, wo diese Erscheinung auftritt, die Ausdehnung des Milchstrassengürtels höchstens von der Ordnung der Milchstrassenbreite ist, oder wohl noch geringer, dass also die Milchstrasse mehr einem wirklichen Gürtel ähnelt, als etwa dem Saturnsringe, so verschwindet jegliche Schwierigkeit in der Erklärung.

Auf eine andere Eigenthümlichkeit, welche die Milchstrassenphotographien zeigen, ist schon von verschiedenen Seiten hingewiesen worden, und man hat derselben, meines Erachtens ohne Berechtigung, besondere Wichtigkeit beigelegt. Es betrifft dies die häufig perlschnurähnliche Aneinanderreihung hellerer Sterne. Fast an jeder etwas dichteren Stelle der Milchstrasse fallen diese Aneinanderreihungen sehr auf; sie erstrecken sich häufig bis über 10 oder 12 oder noch mehr Sterne und bilden die

verschiedensten Curven. Derartige Gebilde aber haben zweifellos keine
reelle Grundlage. Sie entstehen stets bei durch Zufall vertheilten Scheibchen, deren Durchmesser nicht viel kleiner als die mittleren Distanzen
sind. So kann man sie sehr schön auf Steinplatten zu Beginn eines
Regens beobachten. Auch der Atlas der Bonner Durchmusterung zeigt
in den dichtesten Partien, wo die eben ausgesprochene Bedingung erfüllt
wird, die Kettenbildung. Sobald man Aufnahmen von der Milchstrasse
in grösseren Refractoren macht, verschwindet die Erscheinung vollständig,
weil dann die Scheibchen im Verhältniss zu den Distanzen klein werden
und damit das physiologische Bedürfniss zur Aneinanderreihung verschwindet. Die Wahrscheinlichkeit für die Realität von Sternketten in
der Milchstrasse würde gewinnen, wenn nicht beliebige Figuren der
Ketten oder Schnüre vorhanden wären, sondern ganz bestimmte, z. B.
geradlinige. Nun giebt es allerdings auch derartige, nicht allzu willkürlich gekrümmte, von denen besonders eine bei $18^h 10^m - 20^\circ$ sehr
auffallend ist. Hier befindet sich eine nur wenig gekrümmte, sich über
mehrere Grad hin erstreckende Kette hellerer Sterne, an deren einem
Ende als Fortsetzung eine sternleere Linie von ähnlicher Länge sich
ansetzt, so dass allerdings ohne Weiteres der Eindruck entsteht, als wenn
eine Reihe von Sternen sich fortbewegt und eine Lücke hinterlassen hätte.
Dazu kommt noch, dass gerade an dieser Stelle der Milchstrasse eine
Neigung zur Bildung von sternleeren Canälen herrscht, die in entschiedener Beziehung zu einer fast ganz sternleeren Stelle stehen.

Bei dieser Kette fällt es allerdings sehr schwer, sich dem Eindrucke
einer reellen Grundlage der Erscheinung zu entziehen, und doch möchte
ich dies thun. Man muss eben bedenken, dass eine Gruppirung, die für
sich betrachtet ohne allen Zweifel als durch inneren Zusammenhang gegeben erscheint, bei der ganz enorm hohen Zahl der vorhandenen Möglichkeiten noch durchaus unter das Gesetz des Zufalls fallen kann.

———

Wenngleich photometrische Ergebnisse in Betreff der Fixsterne
nicht in den Rahmen dieses Buches gehören, so mögen doch der Vollständigkeit halber die wichtigsten auf photographischem Wege erlangten
hier Erwähnung finden. Welche Leistungen man auf dem Gebiete der
Fixsternphotometrie von der Anwendung der Photographie berechtigtermassen erwarten darf, ist bereits in dem Capitel über die photographische Photometrie auseinandergesetzt worden.

Von positiven Ergebnissen liegen auf diesem Gebiete bisher nur wenige
vor. Als erstes dieser Art ist die photographische Durchmusterung von
Pickering zu betrachten, die jedoch nicht dazu herangezogen werden

kann, die Vorzüge der photographischen Methoden darzuthun, da sie nicht mit der Sorgfalt durchgeführt ist, wie man sie von astronomischen Arbeiten zu erwarten berechtigt ist.

Einen sehr werthvollen Specialcatalog der photographischen Helligkeiten von über 500 Plejadensternen hat Charlier*) geliefert. Die Aussetzungen theoretischer Natur, welche bereits in Kürze auf pag. 216 angegeben worden sind, beeinträchtigen die Güte des Catalogs nicht in merklicher Weise, und da gerade in der Plejadengruppe die Sterne im allgemeinen von einer sehr gleichartigen Constitution (I. Spectralclasse) zu sein scheinen, so wird dieser Catalog bei allen späteren photographischphotometrischen Untersuchungen von grundlegender Bedeutung sein.

Das umfangreichste, auf photographischem Wege gewonnene Material ist dasjenige, welches Kapteyn**) in der südlichen Durchmusterung erhalten und bearbeitet hat, und welches, ähnlich wie die Grössen der Bonner Durchmusterung für den nördlichen und den südlichen Himmel bis — 23°, für alle astronomischen Untersuchungen am südlichen Himmel von — 23° bis zum Pole Verwendung finden wird. Auf Grund eines Theiles dieses Materials hat nun Kapteyn eine Untersuchung über die Abhängigkeit der Sternfarbe von der Position der Sterne in Bezug auf die Milchstrasse durchgeführt, für welche allerdings noch eine Bestätigung durch andere Methoden sehr erwünscht sein würde — die übrigens bereits an der Cap-Sternwarte angebahnt ist —, deren Resultate aber auch ohne diese Bestätigung schon von hohem Interesse sind. Dieselben sind von Kapteyn in folgenden Sätzen kurz zusammengefasst:

»1. Die Variation der Sterndichtigkeit in den verschiedenen Gegenden des Himmels, wie sie aus den Zählungen auf den photographischen Platten folgt, ist sehr verschieden von derjenigen, wie sie sich aus den directen Beobachtungen von Schönfeld und Gould ergiebt. In einigen Gegenden enthält die photographische Durchmusterung dreimal mehr Sterne als die Schönfeld'sche südliche Durchmusterung auf demselben Areal, während in anderen Gegenden Schönfelds Catalog der reichere ist und hier die doppelte Zahl der Sterne des photographischen Catalogs enthalten würde, wenn nicht die sternärmsten Aufnahmen mit etwas grösseren Expositionszeiten wiederholt worden wären. Ein analoges Resultat ergiebt sich durch die Vergleichung mit Goulds Catalog.

»2. Entsprechend diesem Unterschied in der Zahl der Sterne findet man, dass gleiche Durchmesser der Sternscheibchen von Sternen sehr

---

*) Publ. der Astron. Gesellsch. 19.
**) Cape Photographic Durchmusterung. London 1895. Bull. du Comité. 2, 131—158.

ungleicher Helligkeit in den verschiedenen Gegenden des Himmels hervorgebracht worden sind.

»3. Die Differenz zwischen directer und photographischer Helligkeit ist
zum Theil entstanden infolge meteorologischer Zustände und Verschiedenheiten in der Empfindlichkeit der photographischen Platten; aber hauptsächlich hängt sie ab von der Stellung der Sterne relativ zur Milchstrasse,
und zwar beträgt die Variation für jeden Grad der galaktischen Breite
ungefähr 0.01 Grössenclassen.

»4. Diese Variation der Differenz, directe — photographische Helligkeit,
muss abhängen

a) von systematischen Fehlern der directen Grössenschätzungen
von Schönfeld und Gould;

b) von systematischen Differenzen in der Farbe der Sterne.

»Es ist sehr zu bedauern, dass keine genügende Uebereinstimmung in
der Bestimmung der ersten dieser Fehlerquellen vorhanden ist; das Einzige,
was genügend festgestellt zu sein scheint, ist, dass diese Fehler, falls
sie überhaupt einen merklichen Betrag haben, 0.2 bis 0.3 Grössenclassen
nicht übersteigen.   Wenn dies so ist, so kann man sich der Folgerung
kaum entziehen, dass Differenzen der Art b) eine reelle Existenz haben.

»Die von Pickering entdeckte Erscheinung, dass die Milchstrasse
reicher als andere Gegenden des Himmels an Sternen ist, deren Spectra
zur ersten Classe gehören, kann nur einen kleinen Theil der beobachteten
Thatsachen erklären.   Wir werden so zu dem Schlusse geführt, dass,
wenn man auch nur Sterne von ein- und demselben Spectraltypus betrachtet, die Sterne der Milchstrasse im allgemeinen blauer sind als die
Sterne in anderen Gegenden des Himmels.«

Der Kapteyn'sche Ausdruck, dass ein Stern blauer sei als ein
anderer, besagt, dass bei dem einen Stern das Verhältniss der Intensität des blauen Theiles des Spectrums zum weniger brechbaren
grösser ist als bei dem anderen.   Soll dies nicht mit einer Aenderung
des Spectraltypus zusammenhängen, also nicht auf dem verschiedenen
Auftreten von Linien beruhen, so bleiben nur zwei Erklärungsarten übrig.
Es könnte erstens bei den Sternen im Blau und Violett eine allgemeine
Absorption vorhanden sein, die bei den der Milchstrasse näher gelegenen
Sternen geringer wäre, als bei den entfernteren.   Ueber eine derartige
allgemeine Absorption ist bei den Sternen, besonders bei den bei weitem
zahlreichsten des ersten Spectraltypus, nichts bekannt; ihr Nachweis würde
auch bedeutende Schwierigkeiten bieten, vielleicht sogar unmöglich sein.
Zweitens könnte infolge von Temperaturverschiedenheiten thatsächlich die
Emission die angegebene Eigenthümlichkeit zeigen.   Dass bei geringen

Temperaturen, die nicht allzuweit über der Glühtemperatur liegen, dies wirklich der Fall ist, ist allgemein bekannt; ob aber bei den hier allein in Frage tretenden sehr hohen Temperaturen noch merkliche Unterschiede in dem Emissionsverhältniss der verschiedenen Strahlungsarten auftreten, ist nicht nachzuweisen.

Man muss deshalb der Kapteyn'schen Hypothese etwas vorsichtig gegenüber treten und zunächst lieber noch nach anderen Erklärungen suchen. Zwei derselben hat Kapteyn bereits erwähnt, davon eine physiologische, wonach bei Zonenbeobachtungen die Sterndichtigkeit einen Einfluss auf die Schätzungen der Grössen ausübt, in dem Sinne, dass bei grösserer Dichtigkeit die Sterne zu schwach geschätzt werden, d. h. dass also zu wenig Sterne aufgenommen werden. Kapteyn dürfte diese Ursache vielleicht etwas unterschätzt haben; ich habe nachgewiesen[*], dass z. B. bei der Bonner südlichen Durchmusterung dieser physiologische Unterschied bis zu 0.3 Grössenclassen beträgt, und das würde in der Zahl der Sterne für die reichsten Gegenden nahe die Hälfte ausmachen, also bereits einen sehr merklichen Theil der von Kapteyn gefundenen Erscheinung deuten. Die zweite, ebenfalls von Kapteyn schon angegebene Ursache, eine Anhäufung der Sterne der ersten Spectralclasse in der Gegend der Milchstrasse, würde, falls richtig, in demselben Sinne wirken.

Damit sind aber die möglichen Erklärungen noch nicht erschöpft; auch in den photographischen Aufnahmen selbst muss ein Theil der Erscheinung begründet sein. In der Milchstrasse ist an sehr vielen Stellen der Himmelshintergrund durch ausgedehnte Nebelmassen schwach erhellt; infolge der grösseren Sterndichtigkeit ist auch unsere Atmosphäre in der Richtung nach der Milchstrasse hin durchweg etwas stärker aufgehellt als nach den Polen hin, und infolge beider Umstände findet bei lange dauernden Aufnahmen in der Gegend der Milchstrasse eine theilweise oder völlige Vorbelichtung der Platte statt, durch welche dieselbe in merklicher Weise empfindlicher wird, also schwächere und damit mehr Sterne abbildet. Es scheint mir durchaus nicht unmöglich, dass die erste und die dritte dieser Erklärungen, vielleicht auch noch in Verbindung mit der zweiten, für das Kapteyn'sche Phänomen ausreichen.

---

[*] Astr. Nachr. 116, 81.

Capitel VI.

Die Nebelflecken.

Die Bestrebungen, photographische Nachbildungen von Nebelflecken
zu erhalten, hängen in ihren ersten Anfängen so eng mit den gleichzeitigen Versuchen über die Aufnahme der Fixsterne zusammen, dass
sie hier nur kurz unter Anlehnung an die Darlegungen im Capitel der
Fixsterne behandelt zu werden brauchen. Naturgemäss begannen diese
Versuche erst, als durch die Benutzung der Trockenplatten die Empfindlichkeit des photographischen Processes sowohl direct, als auch
indirect, durch die Möglichkeit einer längeren Exposition gegen früher
eine sehr bedeutende Steigerung erfahren hatte.

Im Jahre 1880 erhielt H. Draper die erste gelungene Aufnahme
des Orionnebels bei einer Expositionszeit von 51 Minuten. Er benutzte
hierzu ein für die chemischen Strahlen achromatisirtes Objectiv von 18 cm
Oeffnung. Während diese Aufnahme nur die allerhellsten Theile des
Nebels in der unmittelbaren Nähe des Trapezes aufweist, gelang es
Draper schliesslich im Jahre 1882, durch beträchtliche Verlängerung der
Expositionszeit bis zu über zwei Stunden den ganzen mittleren Theil des
Nebels zur Abbildung zu bringen. In demselben Jahre erhielt Common
mit seinem grossen Spiegelteleskope bereits bei einer Expositionszeit von
nur 37 Minuten eine Aufnahme des Orionnebels, welche sich der Dra-
per'schen noch beträchtlich überlegen zeigte. Common vermochte auch
mit dem kleineren Objective von 10 cm Durchmesser, welches er zur
Herstellung von Himmelskarten benutzte, in etwa 20 Minuten bereits ein
deutliches Bild des Orionnebels aufzunehmen, eine Folge der grossen
Lichtstärke dieses Objectivs für Flächenabbildungen wegen der verhältnissmässig kurzen Brennweite desselben.

Von dieser Zeit an hat sich eine grosse Zahl von Astronomen mit
der Aufnahme von Nebelflecken beschäftigt, und es mögen hier zunächst
nur die Namen derselben Platz finden: Roberts, Pickering, Henry,
Gill, v. Gothard, der Verfasser dieses Buches, u. a. m. Infolge dieser
vielseitigen Bemühungen sind die Regeln für die Benutzung bestimmter
Instrumente für die Aufnahmen der Nebelflecken durchaus klar gestellt.
Für die allerhellsten Nebel, wie Orionnebel, die inneren Theile des An-
dromedanebels, Ringnebel in der Leier, den Nebel um η Argus u. s. w.,
und die helleren planetarischen Nebel sind bei verhältnissmässig langen
Expositionszeiten die für die Herstellung der Himmelskarte bestimmten

Refractoren von 34 cm Oeffnung und 3.4 m Brennweite noch sehr gut geeignet. Sie sind vortheilhaft wegen ihrer grossen trennenden Kraft, so dass sie noch in den kleinen planetarischen Nebeln, deren Durchmesser meist weit unter einer Bogenminute liegt, deutliche Einzelheiten erkennen lassen. Um schwächere Nebel zu photographiren, muss man Objective von verhältnissmässig viel kürzerer Brennweite benutzen; man geht hierbei mit Vortheil bis zu dem Verhältnisse von 1 : 3 für Oeffnung zu Brennweite hinunter und verwendet die aplanatisch construirten Porträtobjective oder Euryskope. Bei den schwächsten und dabei ausgedehnten Nebeln geben diese Objective ganz überraschende Resultate; bei allen kleineren Objecten gehen wegen des kleinen Massstabes der Abbildung bei verhältnissmässig schlechter Vereinigung der Strahlen alle Einzelheiten verloren, und dann, also in der Mehrzahl der Fälle, treten die Reflectoren an ihre Stelle. Unter Verzichtleistung auf ein grosses Gesichtsfeld kann man bei Spiegeln bis auf Brennweitenverhältnisse von 1 : 8 oder noch darunter gehen, und dann sind dieselben thatsächlich lichtstärker für Flächenabbildungen als die Porträtlinsen mit relativ kürzeren Brennweiten, weil bei letzteren bereits eine sehr beträchtliche Absorption der ultravioletten Strahlen stattfindet.

Es giebt heute wohl kaum — wenigstens am nördlichen Himmel — noch irgend einen durch Grösse, Form oder Helligkeit ausgezeichneten Nebelfleck, der nicht photographisch abgebildet wäre, und wenn auch hierbei von der Ausmessung der einzelnen Objecte noch keine Rede gewesen ist, so hat doch schon die blosse Betrachtung der Photographien zu sehr wichtigen Resultaten geführt. Es liegt in der Natur der Sache, dass eine Darstellung dieser Resultate eigentlich nur durch Reproduction der Aufnahmen erfolgen kann; da dies aber in diesem Werke nur auf wenige Fälle beschränkt bleiben muss, so will ich im Folgenden versuchen, in Kürze durch Hervorhebung der wesentlichsten Punkte ein ungefähres Bild von dem grossen Fortschritte zu geben, den die Kenntniss der Formen der Nebelflecken und ihrer Beziehung zu Fixsternen durch die Einführung der Photographie erfahren hat.

Bei den grösseren, helleren, früher schon vielfach direct optisch untersuchten Objecten ist photographisch ausserordentlich viel mehr Detail zu erkennen als optisch; in vielen Fällen ist die wahre Gestalt und Structur früher überhaupt nicht festzustellen gewesen. Ein classisches Beispiel hierfür gewährt der grosse Andromedanebel. Derselbe erscheint in Fernrohren mittlerer Grösse als nahe elliptischer Nebel mit ziemlich gleichmässig zunehmender Helligkeit bis zum Kerne hin. In den mächtigsten Instrumenten sind dann noch ein oder zwei canalartige dunklere Streifen gesehen worden, die nahe parallel zur grossen Axe liegen. Eine Vor-

stellung über die wahre Gestalt des Nebels im Raume liess sich hierdurch
nicht gewinnen. Die erste gelungene Aufnahme des Nebels in dem
Spiegelteleskope von Roberts gab diese Aufklärung ohne Weiteres.
Der Andromedanebel ist ein flacher Spiralnebel, gegen dessen Kante wir
unter einem ziemlich spitzen Winkel sehen. Unter der Annahme, dass
die äussere Begrenzung annähernd kreisförmig sei, würde dieser Winkel
ungefähr 25° betragen. Die Ellipticität des inneren, sehr hellen Kerns
ist beträchtlich geringer als die der Spiralstreifen, und hieraus könnte
man schliessen, dass dieser Kern gegenüber den sehr flachen Spiralen
eine merkliche Dickenausdehnung hat, nahe kugelförmig ist. In den
Spiralen selbst ist eine Neigung zur Bildung von Knoten sehr deutlich
ausgesprochen. Die zahlreichen in dem Nebel und um ihn herum befindlichen schwachen Sterne zeigen ziemlich gleichförmige Vertheilung
und scheinen nicht mit dem Nebel in physischem Zusammenhange zu
stehen. Das Gleiche dürfte wohl von dem in der Nähe befindlichen
kleinen hellen Nebel G. C. 117 gelten. Auch er ist elliptisch geformt, mit
hellem Kerne, zeigt aber keine feinere Structur und befindet sich ganz
ausserhalb der Spiralen; seine grosse Axe ist gegen die des Andromeda-
nebels um etwa 60° geneigt.

Damit ist der Andromedanebel seiner wahren Gestalt nach erkannt;
er gehört zur Classe der Spiralnebel, die eine verhältnissmässig einfache
mechanische Deutung zulassen.

Beim Orionnebel lassen die Aufnahmen mit grösseren Instrumenten
einen ungeheuren Reichthum an Detail im mittleren hellen Theile erkennen.
Aber die Anordnung dieses Details verräth nichts Gesetzmässiges; das
Innere des Nebels ist eine chaotische Masse im vollsten Sinne des Wortes.
Erst bei der Betrachtung der äusseren Partien beginnt eine einigermassen geregelte Structur kenntlich zu werden, die sich darin äussert,
dass sich gekrümmte Strahlen von der Hauptmasse ablösen, die, nach
Innen fortgesetzt gedacht, etwa den hellsten Theil des Nebels treffen
würden. Eine völlige Aufklärung hierüber liefern aber die Aufnahmen
des Nebels mit lichtstarken Instrumenten, die uns auf das deutlichste
zeigen, dass die äussersten gekrümmten Strahlen nach Aussen hin sich
zu einem Ringe zusammenschliessen, so dass der Nebel als Ganzes die
Gestalt eines Siegelringes zeigt, bei dem allerdings die Masse, welche
den Stein dieses Siegelringes darstellt, ganz ausserordentlich überwiegt.
Ich glaube aber nicht, dass dies die wahre Gestalt des Nebels im Raume
ist; vielmehr scheinen mir die von anderen Stellen des inneren Theiles aus-
gehenden Strahlen, deren Fortsetzungen nach dem entgegengesetzten Punkte
des Ringes führen, anzudeuten, dass auch eine Drehung der jetzigen
Projectionsebene immer wieder zu einer ähnlichen Gestalt führen würde,

dass also die Nebelmaterie eine Art von Kugelschale bildet, die an einer Stelle eine ganz ausserordentlich starke Verdichtung hat, deren innere Structur unseren Sinnen regellos erscheint.

Auf der nordwestlichen Seite des inneren Theiles sind sehr charakteristische Anordnungen der Nebelmaterie zu bogenförmigen Gebilden vorhanden, und diese Bogen oder Strahlen treffen so auffallend in ihren Endpunkten mit schwachen Sternen zusammen, dass kaum an einer physischen Verbindung dieser Objecte mit den betreffenden Sternen gezweifelt werden kann. Aber auch für andere Sterne lässt sich ein solcher Zusammenhang mit dem Nebel nachweisen. Im Gegensatze zu den directen Beobachtungen, die infolge einer Contrastwirkung die nächste Umgebung der Trapezsterne als nebelfrei erscheinen lassen, befindet sich gerade das Trapez in einem hellen und dichten Theile des Nebels, ebenso einige andere helle Sterne. Durch successive Verminderung der Expositionszeit lassen sich nun leicht Aufnahmen herstellen, welche nur noch die hellsten Theile des Nebels schwach angedeutet zeigen, und die dann sichtbar werdende Form dieser hellsten Theile lässt ohne Weiteres ihre directe Verbindung mit den betreffenden Sternen erkennen. Dasselbe gilt auch für den in unmittelbarer Verbindung mit dem Orionnebel stehenden Nebel Messier 43, dessen Hauptstern diesem Nebel deutlich erkennbar physisch angehört.

Beim Orionnebel ist es auch zum ersten Male möglich gewesen, die Exactheit der photographischen Methode in Anwendung zu bringen. Ich habe eine Ausmessung dieses Nebels in der Art versucht, dass ich die Positionen einer Anzahl hervorragender Punkte, als Maxima der Helligkeit oder Dunkelheit, geometrische Mitten von Nebelknoten, Ecken, Einbuchtungen u. s. w., bestimmt habe. Die wiederholte Ausführung dieser Messungen hat ergeben, dass sich über 150 solcher Punkte mit einem w. Fehler von unter 1″ festlegen lassen, und es ist die Hoffnung vorhanden, dass die so ermittelten Positionen nach einem allerdings wohl erst sehr langen Zeitraume als Grundlage zur Ermittelung systematischer Bewegungen im Nebel zu dienen und damit einen weiteren Fortschritt in der Erkenntniss seiner Natur zu bringen vermögen.

Einen ganz ausserordentlich complicirten Bau zeigen die Aufnahmen des Nebels um η Argus, welche Gill mit dem 13 zölligen photographischen Refractor der Cap-Sternwarte unter Anwendung von Expositionszeiten bis zu 25 Stunden erhalten hat. Die Nebelmassen bedecken eine Fläche von ungefähr 4 Quadratgrad und sind in einer Weise angeordnet, dass es ganz unmöglich ist, durch Beschreibung ein Bild dieses Nebels zu geben. Er zerfällt in zwei durch einen dunklen, fast ganz nebelfreien Canal getrennte Theile, von denen der hellere und kleinere Theil ziemlich scharf begrenzt erscheint und annähernd die Form eines Dreiecks besitzt.

Der andere Theil ist von ganz unregelmässiger und zerrissener Form. Die in dieser Gegend des Himmels sehr zahlreich vorhandenen Sterne scheinen an einzelnen Stellen ihrer Vertheilung nach mit dem Nebel in Connex zu stehen, indessen ist ein bestimmtes Urtheil hierüber nicht möglich.

Völlige Klarheit hat die Photographie über die Form der Spiralnebel gebracht (siehe Andromedanebel). Die Spiralform dieser Objecte ist direct nur mit Mühe unter Benutzung der mächtigsten Fernrohre zu erkennen, so dass die Rosse'schen Beobachtungen lange Zeit angezweifelt worden sind. In der That sind die Rosse'schen Zeichnungen ganz ungeeignet, mehr zu geben als die Richtung der Spiralen, und erst H. C. Vogel hat am Wiener Refractor eine Zeichnung des Spiralnebels in den Jagdhunden, G. C. 3572—74, gefertigt, die eine deutliche Aehnlichkeit mit den Ergebnissen der Photographie besitzt. Die besten Aufnahmen hat v. Gothard mit einem nur 10zölligen Spiegelteleskope erhalten; eine genaue Reproduction derselben durch Zeichnung findet sich in Astr. Nachr. Nr. 2854 (Vogel). Das Charakteristische der beiden daselbst wiedergegebenen Spiralnebel, G. C. 3572—74 und 2838, besteht darin, dass die Spiralen verhältnissmässig sehr dünn sind und vielfach Unterbrechungen und Verdichtungsknoten zeigen.

Bei dem ersten der beiden Nebel gehen vom Kerne aus zwei Spiralen dicht neben einander ab; die eine wird sehr hell und verwaschen und scheint nach einem halben Umlauf zu verschwinden oder sich mit der anderen zu verbinden. Bei der anderen lassen sich deutlich $2\frac{1}{2}$ Umläufe verfolgen, doch hat sie an der Stelle, wo sie mit der ersten zusammenstösst, eine ziemlich complicirte Structur; von einzelnen hier befindlichen Knoten gehen sogar neue gekrümmte Arme ab. Das letzte Stück der Spirale ist äusserst schwach, endigt aber in einer helleren, breiten, dreieckigen Nebelmasse, die mit dem sehr hellen bekannten Knoten G. C. 3574 in Verbindung steht. Der Kern besteht aus einer fast kreisrunden Scheibe mit hellerem Rande und Verdichtung in der Mitte. Die Projectionsebene scheint mit der Ebene der Spirale ziemlich zusammenzufallen. Bei dem Nebel G. C. 1838 ist die Spiralform weniger scharf ausgesprochen. Die Arme zeigen starke Knickungen, und ihr Zusammenhang mit dem unregelmässig geformten Kerne ist weniger deutlich zu erkennen. In Bezug auf die Abbildung anderer Gothard'scher Nebelfleckaufnahmen möge auf die an derselben Stelle publicirten Reproductionen der Nebel G. C. 2373, 3321 und 2377 hingewiesen werden.

Noch bei einigen anderen Nebeln ist ähnlich wie beim Andromedanebel durch die Photographie*) eine spiralige Structur mit Sicherheit

---

*) Roberts, J. A Selection of Photographs of Stars, Star Clusters and Nebulae. London 1895.

nachgewiesen worden. Hierher gehören z. B. die folgenden: G. C. 1861, 63, bei dem mehrere kräftige Spiralen von einem ziemlich scharfen hellen Kern abgehen, die übrigens bereits von Rosse erkannt worden sind; G. C. 1949: ein heller verwaschener Kern von einer schwächeren, ziemlich grossen Hülle umgeben, in der die Spiralform zwar deutlich, aber doch nur sehr zart angedeutet ist; G. C. 2052 besitzt einen völlig stern-artigen Kern, von dem zwei vollständig symmetrische Spiralen abgehen, die aber ihrerseits in ebenfalls sternähnliche Knoten abgeschnürt sind; in der Rosse'schen Zeichnung ist die spiralige Structur angedeutet, aber in der Beschreibung nicht erwähnt; G. C. 3770, 71: sehr ausgeprägter Spiralnebel mit hellem, scharfem Kern; die Spiralen selbst zerfallen in äusserst zahlreiche sternähnliche Verdichtungen, so dass der Nebel fast ganz in Sterne aufgelöst erscheint; von Rosse bereits als Spiralnebel erkannt.

Die bisher besprochenen Nebel, deren Zahl sich noch sehr erweitern liesse, gehören sämmtlich zu den helleren Objecten, so dass sie sich zum Theil noch zu Aufnahmen mit den für Nebelflecken nicht besonders lichtstarken photographischen Refractoren eignen. Aber auch bei den schwachen und dabei meist ziemlich ausgedehnten Nebeln hat die Photographie zu einer wesentlichen Vermehrung unserer Kenntnisse bei-getragen. Als erstes Beispiel möchte ich den von Barnard optisch entdeckten Nebel bei ξ Persei, N. G. C. Nr. 1499, erwähnen, der sich durch Aufnahmen von Archenhold, mir und neuerdings Barnard als einer der grössten Nebel entpuppt hat. Seine Längenausdehnung beträgt über 3°, seine Breite über 1°. Die Anordnung der schwächeren Sterne lässt recht deutlich einen physischen Zusammenhang mit dem Nebel, der im Wesentlichen aus zwei durch Brücken verbundenen Streifen besteht, er-kennen.

Ganz besonderes Interesse wegen ihres innigen Zusammenhanges mit den Sternen bieten die grossen Nebel in der Milchstrasse. An sehr vielen dichten Stellen derselben lehrt die Photographie die Existenz von nicht auflösbarem Nebel kennen, der im allgemeinen seiner Form nach sich den durch die verschiedene Dichtigkeit gebildeten Configurationen der Sterne an-schliesst und also zweifellos den interstellaren Raum der Sternanhäufungen in der Milchstrasse ausfüllt. Das beste Beispiel dieser Art bietet der von M. Wolf entdeckte grosse Nebel bei α Cygni; fernere Beispiele bilden einige Nebel bei γ Cassiopejae. Die Gestalt dieser grossen Milchstrassen-nebel ist sehr verschieden; nach Wolf*) ist die typischste Form diejenige eines Trichters, dessen Spitze in einer der im vorigen Capitel erwähnten

*) Zur Erklärung der Kettenbildung der Gestirne. Astr. Nachr. 135, 11.

Sternketten endigt. Ich habe bereits erwähnt, dass ich derartige Sternketten nicht für reelle Systeme halte, und kann mich deshalb auch
nicht der Wolf'schen Erklärung dieser Ketten im Zusammenhange mit
der Trichterform der Nebel anschliessen. Wolf nimmt an, dass sich der
Nebel in einer Rotation befindet und sich infolge dessen die Materie
trichterartig abschnürt und so Aneinanderreihungen von Sternen an der
Spitze des Nebels entstehen. Auch aus mechanischen Gründen dürfte diese
Hypothese sehr wenig Wahrscheinlichkeit besitzen.

Ein anderer sehr grosser Milchstrassennebel befindet sich Ende
17^h und $-28°$. Die Structur dieses Nebels entspricht vollständig der
der Milchstrasse selbst. Derartige Beispiele liessen sich ausserordentlich
vermehren, besonders hat Barnard*) viele solcher Stellen aufgefunden.
Barnard macht darauf aufmerksam, dass es besonders die helleren
Sterne der Milchstrasse seien, deren Configurationen sich die Nebel anschliessen. Dies dürfte aber durchaus nicht überall die Regel bilden;
vielmehr scheint mir die Sterndichtigkeit überhaupt der massgebende
Factor zu sein; gerade an den dichtesten Stellen befinden sich auch
naturgemäss die meisten helleren Sterne.

Ein ganz merkwürdiges Object befindet sich in der Nähe von k Cygni.
Schon J. Herschel hat die eigenthümliche schlangenartige Form dieses
sehr langen Nebelstreifens erkannt; aber die charakteristische Structur
des Streifens, seine Zusammensetzung aus ganz dünnen Nebelfäden, ist
erst durch die Photographie (Roberts) zu Tage getreten. Der Streifen
beginnt etwa 25' nördlich von k Cygni als einzelner heller Faden, theilt
sich dann bald in mehrere durch einander verflochtene Fäden, die nach
Süden gehend immer schwächer werden und schliesslich etwa 30' südlich
von k Cygni verschwinden. Er liegt gerade an der Grenze der Milchstrasse, scheint aber mit den dort befindlichen Sternen in keiner Verbindung zu stehen.

Ein Nebel, dessen grosse Ausdehnung und complicirte Structur erst
durch die Photographie bekannt geworden ist, ist der Nebel um ζ Orionis;
auf ihn ist zuerst von Wolf aufmerksam gemacht worden. Nach meinen
Aufnahmen scheint er weder mit ζ Orionis, noch mit anderen Sternen in
Verbindung zu stehen. Er erstreckt sich in Form eines spitzwinkeligen
Dreiecks, dessen folgende Seite ziemlich scharf begrenzt ist, etwa $1^1/_2°$
nach Süden; eine kleinere, aber hellere Partie folgt nördlich auf ζ Orionis
und besteht aus regellos zusammengesetzten Nebelknoten, in Form ·und
Structur an den Omeganebel erinnernd.

---

*) Photographic Nebulosities and Star Clusters connected with the Milky Way.
Astr. and Astrophys. 1894.

Höchst interessante Nebel befinden sich in der Plejadengruppe, von denen vor Anwendung der Photographie nur der den Stern Merope umgebende bekannt war, während jetzt noch diejenigen um Maja und Alcyone hinzugekommen sind. Diese Nebel sind besonders merkwürdig durch ihre streifige oder faserige Natur; sie liegen zwar ziemlich symmetrisch um die betreffenden Sterne herum, bestehen aber aus nur schwach gekrümmten, unter sich parallelen Fasern; ausserdem liegt das Faserbündel bei Merope noch parallel zu dem bei Alcyone, während die Faserrichtung beim Majanebel einen Winkel von etwa 60° gegen die anderen bildet. Eine Vorstellung von der wahren Gestalt dieser Nebel im Raume lässt sich nur schwer gewinnen, besonders in Rücksicht auf ihre Stellung zu den Centralsternen. Durch schwache Streifen scheinen die drei Nebel mit einander verbunden zu sein, und wenn man nur nach dem Anblicke urtheilen wollte, so müsste man annehmen, dass hier ein grösserer Nebel vorhanden ist, der sich wesentlich vor den erwähnten Sternen befindet und weniger durch eigenes Licht, als durch das hindurch passirende Licht der betreffenden Sterne leuchtet. Dem widerspricht aber das Verhalten des Meropenebels in lichtschwächeren Instrumenten; bei Aufnahmen im photographischen Refractor erscheint bei etwa 30^m Expositionszeit die erste Spur dieses Nebels als ein etwa 1' langer, dünner und scharf begrenzter Streifen, der ganz genau von Merope ausgeht, also zweifellos mit ihr in physischem Connexe steht. Die Plejadenaufnahmen von Roberts deuten übrigens darauf hin, dass eine beträchtliche Erweiterung der Lichtstärke oder Vermehrung der Expositionszeit schliesslich die ganze Plejadengruppe mit Nebel erfüllt erscheinen lassen würde. Ueberhaupt gewinnt man aus der Betrachtung der jetzt vorhandenen Nebelaufnahmen den Eindruck, dass bei noch etwa verzehnfachter Empfindlichkeit der photographischen Methoden ein sehr grosser Theil des Himmelshintergrundes, vielleicht ein Drittel oder noch mehr desselben, mit nebliger Materie bedeckt erscheinen würde.

Auch bei den kleinen, regelmässig gestalteten Nebeln, den planetarischen Nebeln, hat die Photographie zu neuen Kenntnissen geführt, allerdings nur bei den helleren Objecten. Die Aufnahmen des Ringnebels in der Leier, um dieses Object zu den planetarischen Nebeln zu rechnen, zeigen in völliger Uebereinstimmung mit den directen Beobachtungen den Nebel als elliptischen Ring, der an den beiden Enden der grossen Axe merklich lichtschwächer ist als an den übrigen Stellen. Als unerwartetes Ergebniss fand v. Gothard, der die ersten Aufnahmen dieses Nebels erhalten hat, ein schwaches Sternchen genau in der Mitte des Nebels, welches trotz aller Bemühungen bisher in keinem Fernrohr direct wahrnehmbar gewesen ist. Denza, der den Nebel mit dem photographischen

Refractor des Collegio Romano aufgenommen hat, giebt an, dass derselbe sich bei stärkerer Vergrösserung in Hunderte von Sternen auflösen lasse. Es liegt hier eine unbegreifliche Verwechslung mit dem Silberkorn der Platte vor. Verhältnissmässig kurz exponirte Aufnahmen mit dem Potsdamer Refractor deuten übrigens auf eine streifige Structur des Ringes, die bei kräftigeren Aufnahmen verschwindet.

Von den beiden typischen planetarischen Nebeln*) G. C. 4628 und 4964 habe ich mit dem photographischen Refractor Aufnahmen erhalten, die trotz der Kleinheit dieser Nebel noch ziemlich viel Detail zeigen. Beide Nebel sind Ringnebel, und beide zeigen centrale Kerne, die auf der Photographie heller erscheinen als die Ringe, während sie von Burnham mit dem Refractor der Licksternwarte kaum erkannt werden konnten. Diese centralen Verdichtungen sind nun keineswegs Sterne, sondern wirkliche nebelige Verdichtungen von unregelmässiger Form. So gehen von dem Nebelcentrum in G. C. 4628 Streifen aus, welche die Figur eines X bilden; bei G. C. 4964 ist der Kern länglich und durch nebelige Ansätze mit dem äusseren Ringe verbunden. Auch der sonst wohl sternartige Kern des Ringnebels in der Leier erscheint etwas deformirt, so dass diese drei Objecte einander zweifellos äusserst ähnlich sind. Während es Schwierigkeiten machen würde, sich einen Stern vorzustellen, der wesentlich nur blaues oder violettes Licht aussendet und daher photographisch heller sein würde als optisch, macht dies bei einer gasförmigen Verdichtung keine Schwierigkeiten. Es braucht nur angenommen zu werden, dass ein Gas, welches wesentlich brechbareres Licht emittirt, im Kerne in grösserer Menge vorhanden ist, als im Ringe, oder dass Temperaturunterschiede die Erscheinung hervorrufen.

Mit Hülfe der Photographie ist auch zum ersten Male der Versuch einer Parallaxenbestimmung bei Nebelflecken möglich gewesen. Wilsing**) hat hierzu zwei planetarische Nebel von möglichst kleinem Durchmesser bei symmetrischer Form gewählt, den Webb'schen Nebel (B. D. + 41°4004) und den bereits oben erwähnten Nebel G. C. 4964. Die w. Fehler der Messungen sind zwar etwas grösser als bei Sternen, aber doch immerhin klein genug, um Unsicherheiten der Parallaxen von mehr als 0".2 auszuschliessen. Für den Webb'schen Nebel konnte eine bestimmte Andeutung einer Parallaxe nicht gefunden werden; für den anderen resultirt gegen zwei Sterne der 11. Grösse eine negative Parallaxe von ungefähr 0".1, so dass also folgt, dass diese beiden planetarischen Nebel eine messbare Parallaxe nicht besitzen.

---

* Astr. Nachr. 129, 239.   **) Astr. Nachr. 133, 353 und 136, 349.

Anhang.

Litteraturverzeichniss.

Die bei Aufstellung des Litteraturverzeichnisses massgebend gewesenen Gesichtspunkte sind bereits kurz im Vorworte angedeutet worden. Ich habe demnach die sämmtlichen in den Rahmen dieses Buches gehörenden Publicationen, welche ich auffinden konnte, in das Verzeichniss aufgenommen. In den zahlreichen Fällen, in denen Autoren ihre Arbeiten gleichzeitig an mehreren Stellen publicirt haben, sind dieselben auch bei verschieden lautendem Titel unter einem Titel hier aufgeführt. Wenn hierbei die Zahl der Publicationsstellen sehr gross war, habe ich häufig die Hinweisung auf einige derselben unterdrückt. In einzelnen Fällen, in denen mir eine dieser Veröffentlichungen nicht direct zugänglich war und ich wegen der Verschiedenheit der Titel nicht über eine Identität der Publicationen ins Klare kommen konnte, habe ich dieselben unter den besonderen Titeln aufgenommen. Es wird daher vorkommen können, dass im Wesentlichen identische Publicationen zweimal angeführt sind.

Referate sind im allgemeinen nur aufgeführt, wenn dieselben kritische oder sachliche Zuthaten von Seiten der Referenten enthalten. Die rein referirenden Journale, wie die Beiblätter der Physik, Fortschritte der Physik etc., die man zur ersten Orientirung immer hinzuziehen wird, und deren Benutzung eine sehr bequeme ist, sind bei der vorliegenden Zusammenstellung nicht berücksichtigt worden.

Eine Entscheidung darüber, welche Artikel aus populären Zeitschriften aufzunehmen sind, ist sehr schwierig zu treffen. Ein ganz consequentes Vorgehen ist daher hierbei nicht erfolgt; doch habe ich wesentlich nur ältere Artikel berücksichtigt, und es sind deshalb manche Zeitschriften gar nicht hinzugezogen worden. Ein Versuch, alle einschlägigen Artikel auch nur der gangbareren Zeitschriften dieser Art aufzunehmen, würde etwa zu dem dreifachen Umfange des Verzeichnisses geführt haben.

Abhandlungen, welche die photographische Technik betreffen, sind nur ganz ausnahmsweise aufgeführt, wenn sie in directem Zusammenhange mit in diesem Buche benutzten Angaben stehen. Der Umfang der zum grösseren Theile gänzlich werthlosen Litteratur dieses Gebietes ist überhaupt ein kaum zu bewältigender.

Das bereits in meiner »Spectralanalyse der Gestirne« eingeführte Princip, die Litteraturangaben nach den Namen der Autoren zu ordnen, habe ich auch hier als das meiner Ansicht nach zweckentsprechendste beibehalten. Zur Erleichterung des Auffindens wird das Verzeichniss wieder in mehrere, sachlich von einander geschiedene Abschnitte getrennt, und zwar in die folgenden:

I. Allgemeines, Geschichtliches, Theoretisches.

II. Instrumente, Messungen, Reductionsmethoden.

III. Photographische Photometrie.

IV. Sonne, Sonnenfinsternisse, Protuberanzen, Corona.

V. Venusdurchgänge (Instrumente, Methoden, Resultate).

VI. Mond.

VII. Planeten, Satelliten.

VIII. Cometen.

IX. Sternschnuppen, Meteore.

X. Fixsterne, Sternhaufen, Nebelflecken.

Bei der umfangreichen Arbeit des Sammelns der Litteraturangaben habe ich mich der eifrigen Unterstützung des Herrn Hirayama zu erfreuen gehabt, was ich hier dankbar hervorheben möchte.

Erklärung der häufiger vorkommenden Abkürzungen.

Amer. Journ. = The American Journal of Science and Arts, by Silliman etc.

Ann. Bur. Long. = Annuaire du Bureau des Longitudes. Paris.

Arch. des Sciences Phys. et Nat. = Bibliothèque Universelle de Genève. Archives des Sciences Physiques et Naturelles. Genève.

A. and A. = Astronomy and Astrophysics (Fortsetzung des Sidereal Messenger). Northfield, Minn.

Astr. Nachr. = Astronomische Nachrichten.

Astr. Journ. = The Astronomical Journal (Gould). Boston.

Astrophys. Journ. = The Astrophysical Journal. Chicago.

Athen. = The Athenäum, Journal of English and Foreign Literature, Science .... London.

Ber. k. Sächs. Ges. d. Wiss. = Berichte über die Verhandlungen der Königl. Sächsischen Gesellschaft der Wissenschaften. Leipzig.

Brit. Journ. Phot. = The British Journal of Photography. London.

Bull. Acad. St. Pétersbourg. = Bulletin de l'Académie Impériale de St. Pétersbourg.

Bull. Astr. = Bulletin Astronomique. Paris.

Bull. du Comité = Bulletin du Comité Permanent International pour l'Exécution Photographique de la Carte du Ciel. Paris.

Bull. Soc. Franç. Phot. = Bulletin de la Société Française de Photographie.

Carls Rep. = Repertorium für Experimentalphysik von Carl (später von Exner).

C. R. = Comptes Rendus Hebdomadaires des Séances de l'Académie des Sciences. Paris. ·

Engl. Mech. = The English Mechanic and Mirror of Science and Arts. London.

Institut = L'Institut, Journal des Académies et Sociétés Scientifiques. Paris.

Journ. of Astr. Assoc. = The Journal of the British Astronomical Association. London.

Journ. Phot. Soc. = Journal of the Photographic Society of London. London.

Mem. Manch. = Memoirs of the Literary and Philosophical Society of Manchester.

Mem. Spettr. = Memorie della Società degli Spettroscopisti Italiani.

Mem. of Nat. Acad. = Memoirs of the National Academy of Science. Washington.

M. N. = Monthly Notices of the Royal Astronomical Society. London.

Nature = Nature, a weekly illustrated Journal of Science. London.

Obs. = The Observatory, a monthly Review. London.

Pac. = Publications of the Astronomical Society of the Pacific. San Francisco.

Philadelphia Phot. = The Philadelphia Photographer.

Philos. Mag. = The London, Edinburgh and Dublin Philosophical Magazine and Journal of Science.

Pogg. Ann. = Annalen der Physik und Chemie (z. Z. von Wiedemann).

Proc. Amer. Acad. = Proceedings of the American Academy of Sciences and Arts. Boston.

Proc. Amer. Assoc. = Proceedings of the American Association for the Advancement of Sciences. Washington.

Proc. Manch. = Proceedings of the Literary and Philosophical Society of Manchester.

Proc. R. Soc. = Proceedings of the Royal Society of London.

Rec. de Mém. Rapp. = Recueil de Mémoires, Rapports et Documents Relatifs à l'Observation du Passage de Vénus sur le Soleil. Paris 1874—1878.

Rep. Brit. Assoc. = Report of the Meeting of the British Association for the Advancement of Science.

Réun. du Comité = Réunion du Comité Permanent International pour l'Exécution Photographique de la Carte du Ciel. Paris.

Sid. Mess. = Sidereal Messenger.

Sirius = Sirius, Zeitschrift für populäre Astronomie. Leipzig.

Trans. R. Dublin Soc. = The Scientific Transactions of the Royal Dublin Society.

Trans. R. Soc. = Philosophical Transactions of the Royal Society of London.

V. J. S. = Vierteljahrsschrift der Astronomischen Gesellschaft.

Z. f. Instr. = Zeitschrift für Instrumentenkunde. Berlin.

I. Allgemeines, Geschichtliches, Theoretisches.

Abney, W. de W. Celestial photography. A treatise on photography. London 1878.
—— Conférence donnée à l'association . . . . Bull. de l'Assoc. Belge de Phot. 6, 115.
—— Dry plate process for solar photography. M. N. 34, 275.
—— Ueber die Lichtempfindlichkeit photogr. Platten. Eders Jahrb. 1894, 36.
Airy, G. B. Remarks on the application of photogr. to Astronomy . . . M. N. 18, 17.
Babcock, A. H. Astronomical photography at the mid winter fair. Pac. 6, 152.
Barnard, E. E. A simple method of detecting changes . . . Astr. Nachr. 130, 77.
—— Ueber die Photographie mit einem gewöhnlichen Fernrohr. Sid. Mess. 1891;
     Bull. Astr. 9, 69.
Bond, G. P. Allgemeine Bemerkungen über die Erlangung photogr. Bilder. Astr·
     Nachr. 48, 1.
Brothers, A. Celestial photography. Engl. Mech. 19, 90.
Burnham, S. W. Cölestische Aufnahmen für Nichtfachmänner. Sid. Mess. 1891;
     Bull. Astr. 9, 68.
Chacornac. Sur l'héliographie et la sélénographie. Bull. Acad. Bruxelles 23.
Chapman. (Ueber Himmelsphotographie.) Bull. de l'Assoc. Belge de Photogr. 3,
     143, 176, 205; Photogr. News 19, 305, 316; Journ. de Photogr. 1877, Nr. 12.
Common, A. A. Lecture on astron. photography. Obs. 12, 123.
Cornu, A. Travaux de Photographie astronomique . . . . C. R. 82, 1365.
—— Études de photographie astronomique. C. R. 83, 43; Photogr. News 15, 473.
Deike. Ueber astronomische Photographie. Phot. Archiv 14, 49; Photogr. News
     17, 236, 244.
De la Rue, W. Celestial photography. M. N. 19, 138, 353.
—— Application of photography to astronomy. M. N. 18, 16, 54.
—— Report on the present state of celestial photography in England. Rep. Brit.
     Assoc. (29, 1859, 130; M. N. 19, 352.
—— Report of the progress of celestial photography . . . Rep. Brit. Assoc. 31, 1861.
—— Die Photographie des Himmels. Carls Rep. 2, 202.
—— Notice of experiments in celestial photography. M. N. 14, 134.
—— Erection of au observatory at Crawford. M. N. 18. 110.
—— De la netteté des images photographiques des objets célestes. Moniteur de
     la Photogr. 8, 92.
—— Astronomical photography. Rep. Brit. Assoc. 1872, II, 1; Photogr. News 16,
     134, 400.
Draper, H. Photographie astron. Moniteur de la Photogr. 1877, Nr. 20.
Durien. Reproductions photographiques de l'image des corps célestes. Bull. Soc.
     Franç. Phot. 2, 314.
Eder, J. M. Handbuch der Photographie. Halle.
Elder, H. M. Zur Wirkung des Lichtes auf photogr. Platten. Eders Jahrb. 1893, 23.
Fabre, C. et Andoyer. Sur l'emploi des plaques orthochromatiques en photogr.
     astr. C. R. 114, 60; Bull. Astr. 9. 244.
Faye. Sur l'état de la photogr. astron. en France. C. R. 50, 965.
—— Bericht über die astron. Zeichnungen und photogr. Bilder von W. de la Rue.
     C. R. 54, 545.
Flammarion, C. Sur la comparaison des resultats de l'observation astron. avec
     ceux de la photogr. C. R. 102, 911.
—— La photogr. céleste à l'Observatoire de Paris. L'Astronomie 1886, Févr.

Fleming, M. Ein astronomisches Feld für Frauenarbeit. A. and A. 1893, 683.

Fleury. Lettre concernant une application qu'il croit possible de faire de la photographie pour faciliter l'étude du ciel. C. R. 31, 497.

Gautier, A. Sur quelques applications récentes de la photographie à l'astronomie. Arch. des Sciences Phys. et Nat. 1, 176.

Gill, D. The application of photography in Astronomy. Obs. 10, 267; Bull. Astr. 4, 361.

—— Ueber die photogr. Arbeiten am Cap. Journ. of Astron. Assoc. 1891; Bull. Astr. 9, 232.

v. Gothard, E. Erfahrungen auf dem Gebiete der Himmelsphotographie. Eders Jahrb. 1888, 238; 1894, 291.

—— Ueber Himmels- und Spectralphotographie. V. J. S. 22, 336.

—— Ueber astronomische Photographie. Eders Jahrb. 1887, 128.

Gould, B. A. Memoir of L. M. Rutherfurd. Mem. of Nat. Acad. 1895.

Gregory's and Taylor's History of celestial photography. Obs. 17, 375.

Hall, A. Astron. Photography. Bull. Philos. Soc. Washington. 1874, 28.

—— Application of photogr. to the determination of astr. dates. Amer. Journ. (3), 2, 25; (3), 11, 25, 154.

Harkness, W. Application of photogr. to astr. Washington Obs. 1882, App. 3.

Herschel, J. F. W. On the application of photogr. to astron. observation. M. N. 15, 158.

Holden, E. S. Astronom. photogr. at the Lick Observatory. Pac. 2, 152.

—— On photographing and seeing stars in day-time. Astr. Journ. 9, 73.

Hussey, W. J. Latent image of exposed dry plates. Pac. 7, 102.

Huster, P. and Driffield, V. C. Der Spielraum in der Exposition und die Lichtempfindlichkeit photogr. Platten. Eders Jahrb. 1894, 157.

Janssen, J. Application de la photogr. à l'astron. C. R. 82, 13·3.

—— Sur le rôle de la photogr. en astronomie. Moniteur de la Phot. 1876, Nr. 20 u. 22.

—— Photogr. Astronomy. Photogr. News 1878, Nr. 1009.

—— La méthode photogr. comparée à la vision. Ann. Bur. Long. 1879, 652.

—— Sur les transformations successives des images photogr. ... Rep. Brit. Assoc. 1880, II, 500.

Janssen, J. and Common, A. A. Astronomical photography. Obs. 11, 386.

Kaiser, F. Berigt omtrent de photographische ondersoekingen aan der Sterrewacht te Leiden. Amsterdam. Versl. and mededeel. Akad. vetens. 16, 13.

Kaiser, P. J. De Toepassing der Photography op de Sterrekunde. Leiden 1862.

Klein, H. J. Die Anwendung der Photogr. in der Astr. Gaea 22.

Konkoly, N. v. Anleitung zur Himmelsphotographie. Halle 1887.

Lacan. L'Observatoire de Meudon. Moniteur de la Photogr. 16, 53; Photogr. News 21, 151.

Laugier. Rapport sur les travaux de phot. céleste de W. de la Rue. C. R. 62, 476.

Ledger. Astron. photogr. Brit. Journ. Phot. 25, 222.

Lee. Address on the progress of astron. photogr. M. N. 22, 132.

Liais. Histoire des applications de la photogr. à l'astronomie de précision .... Ann. l'Observatoire de Rio de Janeiro. 1, 29.

Michalke. Actinometrische Untersuchungen. Photogr. Mittheil. 27, 123, 261, 290, 305.

Müller, J. Ueber astronomische Photogr. Photogr. Archiv 7, 56; Phot. Corresp. 3, 115.

Newall, H. F. Notes on some photographs taken with a visual telescope. M. N. 54, 373.

Newall, H. F.   On the formation of photographic star-disks. M. N. 54, 515.

Niesten. La photographie céleste. Ciel et Terre 1, 145.

Phipson. Photogr. astronomique. Moniteur de la Phot. 2, 70; 5, 85.

Pickering, H. C. Astronomical photography. Obs. 6, 149.

—— Circular concerning astron. photogr. Proc. R. Soc. 35, 260.

Porro. Photographies des corps célestes. Bull. Soc. Franç. Phot. 2, 117.

Pritchard, Ch. Present state of celestial photography. M. N. 47, 322.

Quetelet, A. Sur l'Héliographie et la Sélénographie. Bull. Acad. Bruxelles 23.

Radau, R. La photographie et ses applications scientifiques. Paris, 1878.

Ranyard, A. C. Celestial photography. M. N. 46, 305.

—— Comparison of the sensitiveness of the eye and of the phot. plate. Pac. 2, 195.

Rayet, G. Notes sur l'histoire de la photographie astronomique. Ann. de l'Observ. de Bordeaux 3; Bull. Astr. 4, 165, 262, 307, 344, 449.

Reeves. Astronomical photography. Photogr. News 16, 419.

Rutherfurd, L. M. On astronomical photography. Am. Journ. 39, 304; Heis Woch. 9, 51.

Schroeder, H. (Beschreibung seines photogr. Observatoriums.) Phot. Mittheil. 7, 8.

Smith, C. P. Ordinary photographics, from an astronomers point of view. Brit. Journ. Phot. 1873, 54.

—— Photogr. as both a high and low helper. Brit. Journ. Phot. 1878, 40.

Spitaler, R. Fortschritte der astron. Photographie. Eders Jahrb. 1887, 288; 1888, 458; 1889, 354; 1890, 290; 1891, 258; 1892, 146; 1893, 268; 1894, 304.

—— Vorschlag zum Photographiren des Zodiakallichtes. Eders Jahrb. 1889, 157.

Stein. Das Licht im Dienste wissenschaftlicher Forschung. Leipzig 1876; V. J. S. 12, 167.

—— Die Photographie im Dienste der Astronomie. Halle.

Stone, O. Die Photogr. im Gegensatze zur directen Beob. Sid. Mess. 6; Bull. Astr. 4, 157.

Struve, O. La photographie au service de l'astronomie. Bull. Acad. St. Péters-bourg 1886.

Tissandier. Les merveilles de la photographie. Paris 1874.

Turner, H. H. What shall we do with our photographs. Obs. 17, 257, 287.

Vogel, H. W. Astron. Photogr. in Boston. Photogr. News 14, 449; 15, 31, 39; Phot. Mittheil. 7, 222.

—— (Himmelsphotographie.) La photographie et la chimie de la lumière. Paris 1876, 128.

—— Ueber neue Fortschritte in dem farbenempfindlichen Verfahren. Z. f. Instr. 7, 99.

Weiss, E. Ueber die Anwendung der Photographie in der Astron. Phot. Corresp. 6, 66.

Wellmann, V. Hülfsmittel zur Erkennung von Bewegungserscheinungen. Astr. Nachr. 131, 31.

Wolf, M. Aus der astrophotogr. Praxis. Eders Jahrb. 1892, 257.

—— The change of sensitiveness of dry plates. Pac. 5, 182.

Wortley. On photography in connection with astronomy. Rep. Brit. Assoc. 1874.

Young. Celestial photography .... Obs. 10, 239.

Zenger, Ch. Celestial photography. M. N. 36, 80.

—— Études astrophotographiques. C. R. 97, 552.

—— Études photogr. pour la reproduction du ciel. C. R. 102, 408.

Astronomical photography. Obs. 9, 317.
Astronomical photography at Harvard College Observatory. Proc. Amer. Acad. (2)
    21, 410.
Celestial photography. M. N. 27, 135.
Astronomical photography. M. N. 55, 256.
Astronomical photography. Sid. Mess. 7, 138, 181, 409.
Astronomical photographs taken by De la Rue. Obs. 17, 346.

II. Instrumente, Messungen, Reductionsmethoden.

Airy, G. B. Distorsion of the photoheliograph. Obs. 2, 122.
Angot, A. Sur les images au foyer des lunettes .... C. R. 82, 1180, 1305;
    M. N. 37, 387.
Avenir-Delagrée. Note sur une méthode destinée à augmenter l'intensité lumi-
    neuse de l'image .... C. R. 47, 214.
Bakhuyzen, Van de Sande. Note sur l'étude des images photogr. des étoiles
    à de grandes distances du centrè des plaques. Réun. du Comité 1889, App. 3.
—— Mesure des clichés d'après la méthode des coordonnées rectangulaires. Bull.
    du Comité 1, 164.
—— Quelques considérations sur le nombre et le choix des étoiles de repère. Bull.
    du Comité 2, 65.
Barnard, E. E. Photogr. with a non-photogr. telescope. A. and A. 10, 331.
Batho. Latitude and longitude by photography. Photogr. News. 19, 119.
Battermann. Erwiderung auf die Bemerkung des Dr. Scheiner ... Astr. Nachr.
    121, 217.
Bigelow, F. H. Registrirendes Passageninstrument. Sid. Mess. 1888.
—— Photogr. method of determining star transits. A. and A. 10, 42.
—— The Photochronograph and its application to star transits. Georgetown College
    Observatory Publ. 1891.
Bond, G. P. Ueber die Genauigkeit der Messungen der photogr. Bilder von α Lyrae
    und Mizar. Astr. Nachr. 48, 3, 7; M. N. 18, 71.
Brachet. Application de l'héliostat à la photographie. C. R. 31, 64.
Ceraski. Ueber den Photoheliographen. Ann. Obs. de Moscou (1), 4, 2. Lief. 115.
Chandler, S. C. On the refraction correction of photogr. measures. Astr. Journ.
    10, 175.
—— A device for diminuating refraction in micrometer or photogr. measures. Astr.
    Journ. 12, 14.
de Chardonnet. Sur la transformation actinique des miroirs de Foucault ....
    C. R. 94, 1171.
Chase, H. S. Comparison of the positions of stars in Praesepe derived from photo-
    graphs with observations by Prof. Hall. Astr. Journ. 8, 167.
Christie, W. H. M. A micrometer for photogr. measures. A. and A. 12, 588.
—— Photographisches Correctionssystem. Obs. 1877, July.
Christie and Dyson, F. W. Measures of plates for the photogr. chart. M. N.
    55, 60, 102.
(Christie, Henry ...) Rapport de la commission chargée de la distribution des
    écrans. Bull. du Comité ... 2, 43.
Common, A. A. Note on a method of giving long exposures .... M. N. 45, 25.
—— Note on an apparatus for correcting the driving clocks .... M. N. 49, 297.

Common, A. A.   Astronomical telescopes for photogr.   Nature 31, 38, 270.
—— Sur un instrument permettant de comparer et de mesurer les clichés d'images·
stellaires.   Bull. du Comité 1, 330; Obs. 13, 268.
Conroy, J.   Some observations on the amount of light reflected and transmitted.
by certain kinds of glass.   Trans. R. Soc. 1889, 245.
Cornu, A.   Examen micrométrique d'une épreuve Daguerrienne . . . .   Rec. de
Mém. Rapp. 1, 403.
—— Études de photogr. astron.   C. R. 33, 43.
—— Méthode pratique pour transformer les objectifs achromatisés pour la vision
directe en . . . . photogr.   Bull. Soc. Franç. Phot. 1874, Nr. 8 und 9.   Rec. de
Mém. Rapp. 1874.
—— Sur le halo photographique . . . .   C. R. 110;   Bull. Astr. 7, 234.   Eders Jahrb.
1892, 52.
Dallmeyer.   Description of a photoheliograph Wilna . . . .   Journ. Phot. Soc..
9, 33; Photogr. News 8, 243.
De la Rue, W.   Comments on Major Tennant's note . . . .   M. N. 29, 282.
—— On a piece of apparatus for carrying . . .`   M. N. 34, 347.
Donner, A.   Sur le rattachement de clichés astrophotographiques.   Acta Soc. Scient.
Fennicae 21, Nr. 8.
Draper, H.   ,Reflector für Himmelsphotographie.)   Rep. Brit. Assoc. 1860, 2.
—— On the construction of a silvered glass telescope . . . .   Washington 1864.
Philos. Mag. 28, 249; Smithsonian Contributions to Knowledge 14, 131a.
Dryer.   Note on the effect of refraction in stellar photogr.   M. N. 47, 421.
Dunér, N. C.   Sur les nouveaux verres fabriqués à Jéna.   Congrés Astroph. 1887,
App. 3.
Dyson, F. W.   Note on Prof. Turner's paper on the reduction of phot. measures.
M. N. 54, 573.
—— The determination of right asc. and decl. on a photogr. plate.   Obs. 18, 328.
Eder.   La photographie dans la mesure des corps célestes.   Bull. Assoc. Belge
Phot. 7, 66.
Elkin, W. L.   The Rutherfurd phot. measures of the Pleiades.   Pac. 4. 134.
—— Comparison of positions in the Pleiades . . . . .   Astr. Journ. 9, 33.
—— Instrument for the photogr. of meteors.   A. and A. 13, 626.
Gassiot, J. P.   Heliograph in Kew.;   Rep. Brit. Assoc. 1857, 34.
Gautier.   Description d'un appareil parallactique de mesure.   Bull. du Comité 1, 382.
Gerrich, W. P.   Transit observations by photogr.   A. and A. 9, 111; Bull. Astr.
8, 213.
Gill, D.   Méthode de montage des plaques . . . . .   Bull. du Comité 1, 7.
—— Note on some investigations of the accuracy . . . .   Obs. 11, 292.
—— Note relative au mémoire de M. Kapteyn.   Bull. du Comité 1, 115.
—— Reductionsmethode in Polarcoordinaten.   Bull. du Comité 1, 30.
—— Catalogue of stars to the eleventh magnitude.   Obs. 13, 89.
—— Note relative aux communications de M. Vogel et M. M. Henry . . . .   Bull. du
Comité 1, 207.
—— Exposé d'un projet de M. Kapteyn relatif à la détermination des mouvements
propres et des parallaxes.   Bull. du Comité 1, 262.
—— Sur l'orientation de l'axe optique et du plan de la couche sensible.   Bull. du
Comité 2, 102.
v. Gothard, E.   Anwendung der Photogr. zu Meridianbeob.   Astr. Nachr. 115, 315.

Litteratur. 347

v. Gothard, E. Ueber einige Apparate zur Himmelsphotogr. Eders 'Jahrb. 1888, 232; Z. f. Instr. 6, 5.
—— Universalcamera für Himmelsphotographie. Z. f. Instr. 8, 41.
—— Ueber Beugungserscheinungen bei Sternphotographien. Eders Jahrb. 1892, 18.
Gould, B. A. Ueber photogr. Messungen der Plejadensterne. Astr. Nachr. 68, 184.
—— Photogr. determinations of positions of stars. Amer. Journ. 32, 369; Obs. 9, 32.
—— Comparison of the photogr. with the instrumental determination of star places. Astr. Journ. 9, 36.
Grubb, H. Télescope pour l'Observatoire de Melbourne. Bull. Soc. Franç. Phot. 13. 200.
—— Construction of telescopic object-glasses for the international survey of the heavens. Trans. R. Dublin. Soc. (2) 4, 475; Z. f. Instr. 8, 328.
—— Telescope for stellar photogr. Obs. 11, 240; Z. f. Instr. 10, 104.
—— On the choice of instruments for stellar photogr. M. N. 47, 309.
Gurley, W. C. Electrical control of equatorials in photography. A. and A. 13, 641.
Hagen, S. J. Photographische Rectascensionsbestimmungen des Sirius. Astr. Nachr. 132, 23.
—— The photochronograph and its applications. Publ. Georgetown Obs. 1891; Astr. Nachr. 128, 177.
Hansen, P. A. Beschreibung eines Fernrohrstativs, welches dem in Bezug auf den Horizont aufgestellten Fernrohr eine parallaktische Bewegung mittheilt. Ber. K. Sächs. Ges. d. Wiss. 1870.
Harkness, W. Theory of the horizontal photoheliograph. M. N. 37, 93.
—— Astron. photogr. with commercial lenses. A. and A. 10, 641.
Hasselberg, B. Ueber die Erzielung einer gleichmässigen Exposition bei Sonnen-aufnahmen. Bull. de l'Acad. St. Pétersbourg 5.
Hastings. A new combined visual and photogr. objective. A. and A. 10, 928.
Henry, P. et Pr. (Instrument für die Himmelskarte.) C. R. 100, 1177.
—— Sur la suppression des halos dans les clichés photogr. C. R. 110; Obs. 13. 187; Bull. Astr. 7, 234.
Henry, Pr. Sur une méthode de mesure de la dispersion atmosphérique. C. R. 112; Bull. du Comité 1, 464; Bull. Astr. 8, 170.
——, Mesure et réduction des clichés photogr.... Bull. du Comité 2. 303, 359.
Hills, E. H. Preliminary note on the determination of terrestrial longitudes by photography. M. N. 55, 89.
Holden, E. S. The use of trails of stars in measurements of position ... Pac. 1, 83.
—— The photogr. apparatus of the great equatorial. M. N. 50, 101.
Jacoby, H. On the reduction of astron. photographic measures. Astr. Journ. 10, 129.
—— On the correction of refraction .... Astr. Journ. 10, 163, 191.
Kapteyn, J. C. Exposé de la méthode parallactique de mesure. Bull. du Comité 1, 94.
—— Addition à l'exposé .... Bull. du Comité 1, 125.
—— Note relative au mémoire de M. Bakhuyzen .... Bull. du Comité 1, 242.
—— Plan et détails de l'appareil parallactique de mesure. Bull. du Comité 1, 377.
—— Théorie des erreurs de l'instrument parallactique .... Bull. du Comité 1, 401.
—— Ueber eine photogr. Methode der Breitenbestimmungen .... Z. f. Instr. 11, 101.
Keeler, J. Photographisches Correctionssystem. Astrophys. Journ. 1, 101.
Knopf, O. Der Photochronograph. Z. f. Instr. 13, 151; 14, 79.

Knopf, O. Photogr. Zenithteleskop . . . . Z. f. Instr. 15, 97.

Koppe, C. Photogrammetrie und internationale Wolkenmessung. Braunschweig 1896, 30.

Krüss, H. Ueber den Lichtverlust in durchsichtigen Körpern. Abh. des Naturw. Vereins in Hamburg. 11, Heft 1.

Kummell. Ueber die Anwendung der Photographie zur Erkennung der Parallaxe. Astr. Nachr. 117, 247.

Lacan. Astron. photogr. apparatus. Philadelphia Photogr. 11. 311.

Liais. Note sur la longitude de Panaragua. C. R. 53, 29.

Lindsay. Lord. Description of the photogr. apparatus . . . . Journ. Photogr. Soc. 15, 78.

Lindsay and Ranyard. On photogr. irradiation. M. N. 32, 313.

Lohse, O. Chemischer Achromatismus. Photogr. Archiv 18, 58.

—— Beschreibung des Heliographen. Publ. des Astrophys. Obs. Potsdam. 4, II, 473.

Loewy, M. Méthode pour la détermination des coordonnées équatoriales des centres des clichés . . . . Bull. du Comité 2, 1.

—— Second mémoire sur la construction du catalogue . . . . Bull. du Comité 2, 159.

Marcuse, A. Ueber die Anwendung photographischer Methoden zu Polhöhenbestimmungen. V. J. S. 27, 314.

Monckhoven. Ueber den chemischen Brennpunkt. Photogr. Corresp. 1871, 177.

Paschen. Verzerrung photographischer Schichten. Astr. Nachr. Nr. 1884.

Petzval. The camera lense in a telescope. Journ. Photogr. Soc. 5, 210.

Phipson. (Astr. Messungen mit dem Stereoskope.) Moniteur de la Photogr. 1874, Nr. 17.

Pickering, E. C. The Bruce photogr. telescope. Sid. Mess. 8, 304.

Pigott. On photogr. solar transits . . . . M. N. 37, 271.

Porro. Définition exacte du foyer des objectifs photographiques . . . . C. R. 33, 50.

Prazmowsky. Sur l'achromatisme chimique. C. R. 79, 107.

Pritchard, Ch. The heliograph. Companion to the Almanac 1880, 82.

—— Admissibility of photogr. to accurate measures . . . . Obs. 5, 40.

—— On a remarkable instance of distorsion in a phot. film. M. N. 46, 442.

—— Note on the application of photogr. to stellar parallax. M. N. 47, 87.

—— On the parallax of 61 Cygni by photogr. M. N. 47, 444; Obs. 10, 137.

—— Further researches in stellar parallax . . . . M. N. 48, 27.

—— Researches in stellar parallax . . . . Publ. Oxford Univ. Observ. fasc. 3; M. N. 50, 238.

—— Parallax of β Aurigae. Astr. Nachr. 127. 201.

—— Researches in stellar parallax. Publ. Oxford Univ. Observ. 1889, fasc. 4; Obs. 15, 411.

Radau, R. Sur la théorie des héliostats. Bull. Astr. 1, 153.

Rambaut, A. A. The correction of refraction to measures of stellar photogr. Astr. Nachr. 131, 63.

—— Additional note on the corrections for refraction . . . . Astr. Nachr. 136, 245.

—— To adjust the polar axis of an equatorial . . . . M. N. 54. 85.

Ranyard, A. C. and Lindsay, Lord. On photogr. irradiation in overexposed plates. M. N. 32, 313.

Ranyard, A. C. Teleskop für Sternphotographie. Obs. 1888, 253; Z. f. Instr. 8, 328.

Renz, E. Mesures effectuées sur un cliché . . . . Bull. du Comité 1, 265.

Roberts, J. On the measurement of celestial photogr. M. N. 48, 31.

Roberts, J. Description d'un instrument et exposé d'une méthode permettant de mesurer les positions et les grandeurs . . . . et de les graver sur des plaques métalliques. Bull. du Comité 1, 151; M. N. 49, 5, 118.

Rogers, W. A. Expansion of glass plates used at Cordoba . . . . Astr. Journ. 7, 123.

Roger Sprague. Photography with a visual telescope. A. and A. 12, 648.

Royston-Pigot. On photographing solar transits by the use of the »starlit transit eye-piece« . . . . M. N. 37, 271.

Runge. Ueber die Best. der Länge auf photogr. Wege. Zeitschr. f. Vermess. 22.

Russel, H. C. Telescope for celestial photogr. Nature 8, 284.

Rutherfurd, J. M. Centrirung von Heliographen. Papers relating to the transit of Venus 1872, Part. I, 11.

—— Verzerrung photographischer Schichten. Amer. Journ. of Science 1872.

Safford, T. H. Photogr. und Meridianbeobachtungen. Sid. Mess. 9, 193; Bull. Astr. 8, 215.

Schaeberle, J. M. and Barnard, E. E. Simple method for pointing a telescope during a long exposure. Pac. 2, 259.

Scheiner, J. Ueber den Einfluss der Expositionszeit auf die Exactheit . . . . . Astr. Nachr. 118, 153; Bull. du Comité 1, 67.

—— Bemerkung auf die Entgegnung des Herrn Dr. Battermann. Astr. Nachr. 121, 303.

—— Vorarbeiten für die photogr. Himmelskarte. Zeitschr. f. Instr. 11, 394.

—— Sur une méthode très simple permettant d'orienter un instrument à monture parallactique plus exactement . . . . Bull. du Comité 1, 385.

—— Christies Mikrometer zur Ausmessung photographischer Platten. Z. f. Instr. 14, 215.

—— Zusatz zu Herrn Rambauts Note über Refraction. Astr. Nachr. 136, 247.

Schlichter. Eine neue Präcisionsmethode zur Bestimmung geogr. Längen . . . . Verhandl. des Deutschen Geographentages. Berlin 1893.

Schröder, H. Aus einem Schreiben des Herrn Rutherfurd. Wien. Ber. 53 (I), 191.

—— Ueber eine neue Linsencombination für photogr. Sternaufnahmen. Astr. Nachr. 112, 297.

—— Die Elemente der photogr. Optik. Berlin 1891; Z. f. Instr. 12, 175.

Searle, G. M. Probable advantages of short focus lenses . . . . A. and A. 12, 577.

Seidel. Bemerkungen über die Möglichkeit, mit Hülfe der Photographie die directen Leistungen der optischen Apparate in Ansehung der Vergrösserung zu verstärken. Sitzungsb. der Münch. Acad. d. Wiss. 2, 290.

Stein. Der Heliopictor, automatischer Apparat . . . . Astr. Nachr. 83, 65.

Steinheil, A. Note sur les objectifs photographiques. Congrès Astrophys. 1887, App. 2.

—— Ueber Objective zur Himmelsphotographie. Eders Jahrb. 1889, 167.

—— Ueber den Einfluss der Objectivconstruction auf die Lichtvertheilung in seitlich von der optischen Axe gelegenen Bildpunkten. Sitzungsb. der Münch. Acad. d. Wiss. 19.

Tennant. Note on the preparations desirable for phot. obs. M. N. 29, 280.

—— Photogr. images of bright stars. M. N. 48, 104.

Teynard. Du calcul des éléments numériques d'un objectif achromatique pour la photographie. C. R. 64, 1013.

Thiele, T. N. Note sur l'application de la photographie aux mesures micrometriques des étoiles. Bull. du Comité 1, 5.

Thollon. Theorie der Heliostaten. C. R. 96, 1200.

Trépied, Ch. Sur une manière de déterminer l'angle de position d'un point de la surface d'un astre à l'aide d'une lunette horizontale. C. R. 96, 1198.

—— Sur l'application de la photographie aux nouvelles méthodes de M. Loewy pour la détermination des éléments de la réfraction et de l'aberration. C. R. 103; Bull. Astr. 4, 79.

Turner, H. H. How to obtain a star's rightascension and declination from a photograph. Obs. 16, 373.

—— On the reduction of astronomical photographs. Obs. 17, 141.

—— Formulae for converting measures on a photograph into A. R. and Decl. Obs. 18, 351.

—— Preliminary note on the reduction of measures . . . . M. N. 54. 11.

Vogel. H. C. Einige Beobachtungen mit dem grossen Refractor der Wiener Sternwarte. Publ. Astrophys. Observ. Potsdam. 4, 2. Theil.

—— Bemerkung zu Wolf (Trennung der Objectivlinsen,. Astr. Nachr. 119, 297.

—·· Communication relative à la dimension des réseaux. Bull. du Comité 1. 205.

—— Le réfracteur photographique de Potsdam. Bull. du Comité 1, 251.

—— Note sur les dimensions des réseaux de repère . . . . Bull. du Comité 1, 257.

Weinek, L. Die Photographie in der messenden Astronomie. Nov. Acta d. Kais. Leop. Car. Acad. 1879, 41, 1.

Wilsing, J. (Theorie des Heliographen.) Publ. Astrophys. Obs. Potsdam. 4, 2. Theil, 490.

Wilson. On a method of recording the transits of stars . . . . M. N. 50. 82.

Winlock. On the horizontal photogr. telescope of long focus. Nature 12, 273.

Winstanley. On the correction of the clock error. Photogr. News 1875, Nr. 876

Wolf, M. Trennung der Objectivlinsen für photogr. Zwecke. Astr. Nachr. 119, 161.

—— Astrophotographisches Ocular. Astr. Nachr. 118. 79.

—— On certain technical matters relating to stellar photogr. A. and A. 12. 622.

Zenger, Ch. Ueber Heliophotographie . . . . Sitzungsb. d. Böhm. Gesellsch. d. W. Prag 1875. 160.

—— Sur une méthode d'agrandissement photographique pour les observations astronomiques. C. R. 78. 894; M. N. 34, 364.

———————

Measurement of stellar photographs. Obs. 11, 132.

Solar photographic lenses. Obs. 14, 417.

Photographic lenses. A. and A. 12, 464.

Adjustement of a photogr. equatorial. Obs. 18, 252.

Photographic halation and its remedy. A. and A. 10. 236.

Photographic refraction. Obs. 14. 135.

III. Photographische Photometrie.

Abney, W. de W. On the atmospheric transmission of visual . . . . M. N. 47, 260.

—— On the value of a scale of density . . . . M. N. 49, 285.

—— Note on the scale of Dr. Spitta's wedge by photographing . . . . M. N. 50, 515.

—— Photographic stellar magnitude. Obs. 14, 208.

—— On errors that may arrise in estimating stars magnitudes by photography. M. N. 54, 65.

—— Chemical action and exposure. Photogr. Journ. 18, 56.

Bigelow, F. H. Standarding a photogr. film without the use of a standard light. A. and A. **10**, 385.

—— Ueber die Intensität der Bilder auf der empfindlichen Schicht. Bull. Astr. **9**, 70.

Bond, G. P. On the results of photometric experiments upon the light of the moon and of the planet Jupiter .... Cambridge 1861.

Charlier, C. V. L. Ueber die Anwendung der Sternphotographie zu Helligkeitsbestimmungen der Sterne. Publ. d. Astr. Gesellsch. 1889; Pac. **3**, 288.

Christie, W. H. M. Note on the determination of the scale in photographs .... M. N. **35**, 347.

—— Relation between the diameter of images, duration of exposure .... M. N. **52**, 125.

—— Veränderung der Sternbildchen mit der Expositionsdauer. Obs. 1888, 62; Z. f. Instr. **8**, 178.

—— Photogr. magnitudes of Nova Aurigae. M. N. **52**, 480.

Common, A. A. Note on some variable stars near cluster M. 5. M. N. **50**, 517.

Dunér, N. C. Analyse d'un mémoire de M. Charlier sur les grandeurs photographiques des étoiles. Réun. du Comité 1889, App. 5.

—— Sur les clichés types des étoiles de la 11e et 14e grandeur. Bull. du Comité **1**. 393.

—— Sur la détermination des grandeurs photographiques des étoiles. Bull. du Comité **1**. 453.

—— Experiments on the effectiveness of photogr. telescopes of different focal length. Pac. **3**, 369.

—— Lettre (Anwendung der Gitter vor dem Objective). Bull. du Comité **2**, 107.

—— Experimentelle Prüfung der atmosphärischen Verhältnisse .... Astr. Nachr. **128**, 217.

Espin, T. E. Actinic magnitudes of the stars. Proc. Liverpool Astr. Soc. 1883.

Fizeau et Foucault. Application des procédés daguerriens à la photométrie. C. R. **43**, 746, 860.

Gill, D. Note on some experiments with the new Cape astrophotogr. telescope. Obs. **13**, 351.

—— Note relative aux grandeurs stellaires. Bull. du Comité **2**, 127.

Harzer, P. Ueber Sternphotographien .... Astr. Nachr. **130**, 113.

Holden, E. S. Sur la détermination des grandeurs stellaires à l'aide de la photographie. Sid. Mess. **9**; Bull. du Comité **1**, 291.

—— Remarques relatives au mémoire de M. Charlier .... Bull. du Comité **1**, 308.

—— On the determination of the brightness of stars by means of photography. Pac. **1**, 112.

(——) Photographic photometry Pac. **2**, 17.

—— On photographing stars in day-time. Astr. Journ. **10**, 72.

—— Some photographic experiments with the great equatorial. Pac. **2**, 256.

Holden, E. S. and Campbell, W. W. Photographs of Venus, Mercury and « Lyrae in day-light. Pac. **2**, 240.

Janssen, J. Sur la photométrie photographique et son application à l'étude des pouvoirs rayonnants comparés du soleil et des étoiles. C. R. **92**, 821; Mem. Spettr. **10**, 101.

Kapteyn, J. C. Determination of variable stars by photography. Obs. **13**, 335.

—— Différence systématique entre les grandeurs photographiques et visuelles dans les différentes régions du ciel. Bull. du Comité **2**, 131.

Knobel, E. B.　Remarks on Dr. Roberts's photogr. of star clusters. M. N. 54, 509.

Leuschner, A. O.　Determination of the relation between the exposure time and the consequent blackening of a photogr. film.　Pac. 2, 7.

Lindemann, E.　The photographic photometry of stars.　Obs. 6, 363.

Pickering, E. C.　Faint stars for standards of stellar magnitude. M. N. 45, 124.

—— A photographic determination of the brightness of the stars.　Ann. of Harvard Coll. Observ. 18, 119.

—— Recherches sur les résultats photométriques auxquels peut conduire la photographie céleste.　Bull. du Comité 1, 133, 355.

Pritchard, Ch.　Law of aperture in relation to stellar photometry. M. N. 42, 1.

—— Photographic magnitudes of stars. M. N. 51, 430.

—— On the intensity of images of stars . . . .　Obs. 15, 106.

—— Note sur les effets de diffraction produits par les écrans placés devant les objectifs photographiques . . . .　C. R. 113, 1016; Bull. Astr. 9, 77; Bull. du Comité 2, 73.

—— Report on the capacities in respect of light and photogr. action.　Proc. R. Soc. 44, 168; Obs. 11, 329.

Ranyard, A. C.　On the connection between photographic action, the brightness of the luminous object . . . .　M. N. 46, 305; Obs. 12, 184.

Roberts, J.　On a photographic method of determining variability.　Proc. R. Soc. 47, 137.

—— Suspected variability during short periods in certain stars in Orion. M. N. 50, 316.

Schaeberle, J. M.　Résumé d'une notice sur l'éclat photographique des étoiles. Bull. du Comité 1, 302.

—— On the photographic brightness of fixed stars.　Pac. 1, 51.

—— Note on Charlier's paper . . . .　Pac. 2, 290.

—— Atmospheric absorption of the photogr. rays.　Pac. 3, 296.

—— Preliminary note on terrestrial atmospheric absorption of the photographic rays. Pac. 4, 270.

—— Photographic magnitudes of the new star in Auriga.　Astr. Journ. 12, 36.

—— Terrestrial atmospheric absorption of the photographic rays of light.　Contributions from the Lick Observatory.　Sacramento 1893.

—— Remarks on the photogr. observations of Algol (Townley).　Pac. 6, 208.

Scheiner, J.　Ueber die Bestimmung der Sterngrössen aus photogr. Aufnahmen. Astr. Nachr. 121, 49.

—— Application de la photographie à la détermination des grandeurs stellaires. Bull. du Comité 1, 227.

—— Absorption of the photographic rays of light in the earth's atmosphere.　Pac. 2, 250.

—— Ueber die Bestimmung von Sterngrössen.　Astr. Nachr. 124, 273.

—— Photographisch-photometrische Untersuchungen.　Astr. Nachr. 128, 113; Réun. du Comité 1890, 81.

—— Ueber die Verbreiterung der photogr. Sternscheibchen.　Astr. Nachr. 133, 73; Bull. Astron. 10, 482.

Trépied, Ch.　Sur la nécessité de constituer des types photographiques conventionnels des étoiles des grandeurs 11 et 14.　Bull. du Comité 1, 343.

—— Sur la relation entre les grandeurs . . . .　Réun. du Comité 1890, 77.

Trépied et Henry.　Reponse à la note de M. Dunér.　Bull. du Comité 2, 110.

Townley, S. D. Photographic observations of Algol. Pac. 6, 199.
Turner, H. H. Star disks on stellar photographs. M. N. 49, 292.
Wilson, E. L. Sunlight and moonlight. The Philadelphia Photogr. 5, 231.
Wilson. Photographic photometry. M. N. 52, 153.
—— A new photogr. photometer for determining star magnitudes. A. and A. 10, 307.
Wolf, M. Ueber die Durchmessergesetze bei Sternaufnahmen. Astr. Nachr. 126, 81.
   Bull. du Comité 1, 389.
—— Photogr. Messung der Sternhelligkeiten im Sternhaufen G. C. 1410. Astr. Nachr.
   126, 294.

Photographic and visual magnitudes of stars. A. and A. 10, 482.
Photographische Photometrie. M. N. 50, 245.
Report of the comittee of stellar magnitudes. M. N. 45, 124; Obs. 7, 436; Obs. 8, 51.
Ueber den neuen Stern im Fuhrmann. Astr. Nachr. 129, 75.

IV. Sonne, Sonnenfinsternisse, Protuberanzen, Corona.

D'Abbadie. Bemerkungen über Janssens Sonnenaufnahmen. C. R. 82, 1365.
Abney, W. de W. Photographs of solar corona. Am. Journ. (3) 25, 135. Nature 30, 57.
—— Notes on solar photography. Photogr. News 17, 572.
—— A dry plate process for solar photography. M. N. 34, 275; Engl. Mech. 21, 59.
Airy, G. B. On the bright band, bordering the moon's limb in photographs of eclipses. M. N. 24, 188.
Alexander, St. Sonnenfinsterniss vom 18. Juli 1860. Coast Survey Report for 1861.
Anderson. The photographs of the late eclipse taken in India. Photogr. News 12, 539.
Angot. Note sur l'éclipse du soleil du 28—29 Aug. 1875. C. R. 81, 589.
Ashe. On the photographs taken during solar eclipse 1869. M. N. 30, 173.
Backhouse, J. W. The uses of public observatories and solar photography. The Astron. Register 19, 145.
Baudouin. Sur divers appareils de photographie automatique déstinés aux observations de l'éclipse totale de 1860. C. R. 49, 680.
Baxendell. On the phenomena of a group of solar spots. Mem. Manch. 1, 186.
Beckley. Photographie du soleil. Mondes (2) 1, 417; Athen. 1866, févr. 24.
—— Photographic records of a remarkable cluster of spots on the sun. Journ. Photogr. Soc. 14, 6.
Belopolsky, A. Essai d'une détermination du rayon apparent du soleil au moyen de la photographie. Ann. Obs. Mosc. (1) 10, livrais. 2.
—— Ueber die Corona-Photographie 1887. Astr. Nachr. 124, 183.
—— Positions apparentes des taches solaires, photographiées par Hasselberg 1881 —88. Obs. 17, 310.
—— Observations photohéliographiques. Ann. Obs. Mosc. (1) 4, 2. Lief. 102; 5, 2. Lief. 16; 6, 2. Lief. 144; 7, 2. Lief. 28; 8, 2. Lief. 94; 9, 2. Lief. 1; 10, 2. Lief. 60; (2) 1, 2. Lief. 58; 2, 2. Lief. 103.
Bernstein. Ueber die Sonnenfinsterniss am 18. Aug. Photogr. Archiv 9, 142.
Bertsch. Photographies solaires, prises pendant l'éclipse 1860. Bull. Soc. Franç. Phot. 6, 211.

Blanford. Janssen's new method of solar photography. Nat. 18, 643.

Boesinger. The late solar eclipse in India. Photogr. News 16, 95.

Braun. Ueber directe Photographie der Sonnenprotuberanzen. Astr. Nachr. 80, 31; Pogg. Ann. 148, 477.

Brooke. Photograph of the late eclipse. Photogr. News 10, 515.

Brothers. A. Solar eclipse 1867. M. N. 27, 186.

—— Observations on the 1870 eclipse. Mem. R. Astr. Soc. 41, 648; Nat. 3, 327, 369; 4, 121.

—— On the photographs taken at Syracuse. M. N. 31, 167.

—— Eclipse photography. M. N. 32, 290.

—— Photography as applied to eclipse observations. Proc. Manch. 14. 143; Phot. News 20, 182.

—— The recent eclipse. Brit. Journ. Photogr. 19, 320, 501; Photogr. News 16, 334, 512, 539.

—— Photographing the Corona. Photogr. News 20, 35.

Bruhns. Ueber die Photographie der Sonne. Astr. Nachr. 67, 256.

Burckhalter, Ch. On a method of photographing the corona during a total eclipse by which each part may be given any exposure . . . . Pac. 7, 157.

Busch. Beobachtungen der totalen Sonnenfinsterniss 1851 zu Rixhöft. Beob. der Sternw. in Königsberg 28, 17.

Campbell. W. W. Photographing the corona without an eclipse. Referat.; Pac. 5, 101.

—— Experiments in photographing the corona. (Referat.) Pac. 5, 137.

Ceraski. Photographische Beobachtungen. Ann. Obs. Mosc. '1 2, 2. Lief. 51.

Challis. On a photograph of the sun taken with the Northumberland Telescope. M. N. 21, 36.

Charropin, S. J. Coronal extension. Pac. 3, 26.

Coffin. J. H. C. Reports of the Philadelphia photographic expedition. 1869. Aug.

Crookes. On a means of obtaining large photographs of the coming eclipse of the sun. Journ. Photogr. Soc. 4, 171.

—— Note on the american eclipse. Journ. Photogr. Soc. 14, 179.

—— Curious note on the american eclipse photographs. Phot. News 13, 588.

Curtis. How the solar eclipse was photographed. Philadephia Photogr. 6; Brit. Journ. Photogr. 16, 472.

—— Report on the total solar eclipse. Photogr. News 14, 98.

C . . . . . E. Application de la photographie aux observations astronomiques. La Lumière 4, 147.

Darwin. L. Preliminary account of the eclipse observation. Proc. R. Soc. 41, 469.

Darwin, L., Schuster, A. and Maunder. W. On the total solar eclipse 1886. Trans. R. Soc. 1889, 291.

Davis, M. S. Report of the 1871 expedition. Mem. R. Astr. Soc. 41, 702.

Davis, H. C. Eclipse photography and the spectroscope. Photogr. News 15, 491.

De la Rue, W. On the solar eclipse of July 1860. Phil. Trans. 1862; Journ. Photogr. Soc. 6, 296.

—— Lettre accompagnant l'envoi d'images photographiques relatives à l'éclipse de 1860. C. R. 54, 384.

—— Photographies du soleil. C. R. 62, 708.

De la Rue, W. Une photographie du soleil faite au moment où une forte tache était arrivée au bord du disque de l'astre. C. R. **67**, 1000.
—— Comparison of de la Rue's and Secchi's eclipse photographs. Proc. R. Soc. **13**. 442; Philos. Mag. (4) **27**, 477; Cosmos **25**, 268.
—— On the Aden and Guntoor photographs of the eclipse of the sun. M. N. **29**, 193.
—— Letter to Prof. Stokes, relative to the observations with the Kew heliograph. Proc. R. Soc. **20**, 199.
—— Photograph of the solar eclipse. M. N. **21**. 177.
—— On heliotypography. M. N. **22**, 278; Heis Woch. Schrift 1862, 391.
—— Photographie montrant la forme concave d'une tache solaire. Institut **36**, 319.
—— Solar eclipse of 1868. M. N. **29**, 73, 143.
—— Work done with the photoheliograph at Kew. Amer. Journ. (2) **49**, 431; Phil. Trans. **159**. 1.
—— Photohéliographie. Mondes (2, **15**, 197.
Deslandres, H. Contribution à la recherche de la couronne solaire en dehors des éclipses totales. C. R. **116**, 126, 1184.
—— Sur la photographie de la chromosphère. C. R. **118**, 842; Obs. 1895.
—— Images spéciales du soleil données par les rayons simples qui correspondent aux raies noires du spectre solaire. C. R. **119**, 148.
—— Recherches photographiques sur les flammes de l'atmosphère solaire. Bull. Astr. **11**, 55.
—— Sur l'enregistrement des éléments variables du soleil. C. R. **117**, 716.
—— Sur la recherche de la partie de l'atmosphère coronale du soleil projetée sur le disque. C. R. **117**, 1053.
—— Recherches sur les mouvements de l'atmosphère solaire. C. R. **119**, 457.
Dietrich. Deux photographies de l'éclipse totale 1871. (Batavia., C. R. **75**, 349; Photogr. Arch. **13**, 81.
Draper, H. Fotografie della corona solare. Mem. Spettr. **7**, 141.
Engelmann, R. Bericht über die von der Norddeutschen Expedition in Aden aufgenommenen Photographien. V. J. S. **7**, 245.
Evershed, J. Some recent attempts to photograph the faculae and prominences. A. and A. **12**. 628.
Farnet. Photographies de l'éclipse du soleil 1867. Moniteur de la Photogr. **7**, 18.
Faye. Indications soumises aux photographes relativement à l'éclipse de 1858. C. R. **46**, 479.
—— Photographie de l'éclipse du soleil. Institut **37**, 305.
—— Sur les photographies de l'éclipse de 1858. C. R. **46**. 705; Bull. Soc. Franç. Phot. **4**. 132.
—— Sur l'éclipse totale du 18 Juillet. C. R. **49**. 569; Bull. Soc. Franç. Phot. **6**. 54.
—— Rapport sur les dessins astronomiques et les épreuves photographiques de M. W. de la Rue. C. R. **54**, 545.
—— Sur les études photographiques du soleil entreprises à l'observatoire de l'Infant Don Luiz. C. R. **74**, 1082. Amer. Journ. (3, **6**, 15.
Fedarb. The recent eclipse of the sun. Journ. Photogr. Soc. **4**, 187.
Figuier. Expériences photographiques de M. Foucault sur l'éclipse de 1860. Journ. Phot. Soc. **6**, 223.
Flammarion, C. Éclipse du soleil de 1870; mesure de la variation de la lumière. C. R. **71**. 941.

Forster, R. W. The solar eclipse of March 15. Journ. Photogr. Soc. 4, 165.
Franz. Ueber eine Photographie der Sonnenfinsterniss von 1851. V. J. S. 26, 264.
Frisiani. Elioscopia e fotografia celeste. Mem. Acad. Scien. Mil. 7, 411.
Gazan. Quelques observations au sujet des photographies solaires. C. R. 85, 978.
Girard. Emploi de la photographie pour l'éclipse de 1860. Bull. Soc. Franç.
    Phot. 6, 225.
—— Observations de l'éclipse de 1860. Bull. Soc. Franç. Phot. 6, 295; Phot. Journ.
    15, 23.
Godbold. Photographing the eclipse. Brit. Journ. Phot. 14, 141; Phot. News
    11, 131.
G . . . ., A. The eclipse at Aden. Brit. Journ. Phot. 15, 441.
Gussew. Ueber Photographien der Sonne. Astr. Nachr. 65, 233.
Hale, G. E. Photographie de la couronne solaire en dehors des éclipses totales.
    C. R. 116, 623.
—— Méthode spectroscopique pour l'étude de la couronne solaire. C. R. 116, 865.
—— Sur les facules solaires. C. R. 118, 1175.
—— Résultats et conclusions déduits de l'étude photogr. du soleil. Bull. Astr.
    10, 338.
—— Note on the exposure required in photographing the solar corona without an
    eclipse. Astrophys. Journ. 1, 438.
—— Recent results in solar prominences photography. A. and A. 11, 70.
—— Solar photography at the Kenwood Astro-Physical Observatory. A. and A.
    11, 407.
—— Photographs of solar phenomena. A. and A. 11, 603.
—— A remarkable solar disturbance. A. and A. 10.
—— Some results and conclusions derived from a photogr. study of the sun. A.
    and A. 11, 811.
—— The spectroheliograph. A. and A. 12, 241.
—— Photography of the corona without an eclipse. A. and A. 12.
Harrison. The photographing of the eclipse. Brit. Journ. Photogr. 17, 591. 602.
Hasselberg, B. Ueber die Erzielung einer gleichmässigen Exposition bei photo-
    graphischen Aufnahmen der Sonne. Bull. Acad. St. Pétersbourg 5.
Hatch. How to take pictures of the sun and its spots at a very low cost. Phot.
    News 15. 4; Anthony's Phot. Bull. 1.
Herschel. J. F. W. Wichtigkeit der täglichen Sonnenaufnahmen. Rep. Brit. Assoc.
    (24) 1854, 33.
Himes. Aufnahmen der Sonnenfinsterniss 1869. Mem. R. Astr. Soc. 41, 607;
    Photogr. Arch. 10, 277.
Holden, E. S. On the photographs of the corona at total eclipse 1889. M. N.
    49, 137; Pac. 2, 93.
—— Photometry at the corona of Dec. 1889. Pac. 2, 69.
—— Photographs of the sun. Pac. 7, 30.
Hough and Burnham. Aufnahmen der partiellen Sonnenfinsterniss 1885. Sid.
    Mess. 1885; Bull. Astr. 2, 479.
Howlett. Great solar spot of 1862. M. N. 23, 107; Cosmos 25, 177.
—— Comparison between the Ely and Kew photographs. M. N. 24, 142.
Huggins, W. On a cyclonic arrangement of the solar granules. M. N. 28, 101.
—— Method of photographing the solar corona without an eclipse. Proc. R. Soc.
    34, 409; M. N. 42, 231; 44, 203; 45, 258; C. R. 96, 31; Astr. Nachr. 104, 113,

315; **115**, 191; Amer. Journ. **25**, 126; **27**, 27; Obs. **8**, 377; **9**, 342; Rep. Brit. Assoc. 1883, 346.
Huggins, W. On the corona of the sun. Proc. R. Soc. 1885, Nr. 239.
Janssen, J. Suite des recherches sur la photographie solaire. Rep. Brit. Ass. 1879, 282.
—— Présentation de quelques spécimens de photographies solaires .... C. R. **78**, 1730.
—— Note accompagnant la présentation de plaques micrométriques .... C. R. **81**, 1173.
—— Présentation de photographies solaires de grandes dimensions. C. R. **82**, 1362.
—— Note sur le passage des corps hypothétiques intra-mercuriels sur le soleil. C. R. **83**, 650.
—— Sur une tache solaire .... C. R. **84**, 732.
—— Note sur la réproduction par la photographie des grains du riz de la surface solaire. C. R. **85**, 373.
—— Sur le réseau photosphérique solaire. C. R. **85**, 775; Ann. Bur. Long. 1878, 689.
—— Sur la constitution de la surface solaire et sur la photographie envisagée comme moyen de découverte en astronomie physique. C. R. **85**, 1249.
—— Sur les spectres photographiques de courte pose, sur la photographie et la granulation de la surface du soleil. Bull. Soc. Franç. Phot. **24**, 174.
—— Note sur des faits nouveaux touchant la constitution du soleil. Bull. Soc. Franç. Phot. **24**, 22; Phot. News **22**, 28.
—— Photographs of the sun. Obs. **1**, 255.
—— Sur une nouvelle méthode de la photographie solaire .... Rep. Brit. Ass. 1878, 443.
—— Sur l'éclipse du 19 Juillet 1879 .... C. R. **89**, 340.
—— Note sur la photographie solaire. Ann. Bur. Long. 1879.
—— Sur la photographie de la chromosphère. C. R. **91**, 12.
—— Note sur les résultats des observations de l'éclipse totale de 1882. V. J. S. **18**, 263.
—— Photographie der Corona .... C. R. **97**, 586.
—— Note sur la constitution des taches solaires .... C. R. **101**; Bull. Astr. **3**, 93.
—— Note sur les travaux récents exécutés à l'observatoire de Meudon. C. R. **105**; Bull. Astr. **4**, 527.
—— Remarques sur la communication précédente (Stannoiéwitsch). C. R. **105**; Bull. Astr. **5**, 160.
—— Sur l'éclipse partielle du soleil du 17 Juillet. C. R. **110**; Bull. Astr. **7**, 400.
—— Note sur une tache solaire .... C. R. **114**, 389; Bull. Astr. **9**, 229.
—— Sur la méthode spectrophotographique qui permet d'obtenir la photographie de la chromosphère, des facules, des protubérances .... C. R. **116**, 456.
Joule. On photographs of the sun .... Proc. Manch. Soc. **7**, 132.
Keeler, J. E. On photographing the corona in full sunshine and on photographs of the moon in day-light. Pac. **1**, 32.
Krone. Drei Lichtbilder der Sonnenfinsterniss 1851. Unt. **5**, 276.
—— Ueber Refractionserscheinungen bei Sonnenphotographien. Helios **3**, 40.
La Baume Pluvinel, A. de, Note sommaire sur l'observation de l'éclipse totale du 22 déc. 1889. C. R. **110**; Bull. Astr. **7**, 118.
Lacan. Photographien der Sonne von Janssen. Photogr. News **21**, 58.
Lamey. Sur l'analogie du réseau photographique du soleil et des cratères de la lune. C. R. **86**, 312.

Langley. On the Janssen solar photographs and optical studies. Amer. Journ. 15, 297; Engl. Mech. 27. 211; Heis Wochenschr. 21. 237, 245.

Le Verrier. Rapport sur l'observation de l'éclipse totale 1860. Moniteur universel du 25 Juill. 1860.

Liais. Sonnenfinsternissaufnahmen. Astr. Nachr. 44, 293.

—— Préparations des images solaires photographiques. Astr. Nachr. 49, 292.

Lindsay, Lord. Photographic operations in Spain. Journ. Phot. Soc. 15, 72.

—— Photography and the eclipse. Phot. News 15, 3.

Lockyer, N. On the use of the reflexion grating in eclipse photography. Proc. R. Soc. 27, 107.

—— The forth-coming eclipse. Nature 17, 481, 501; Brit. Journ. Phot. 25, 412.

—— The late solar eclipse. Phot. News 16, 63.

Lockyer and Seabroke. On a new method of viewing the chromosphere. Proc. R. Soc. 21, 106; Moniteur de la Photogr. 12, 23.

Lohse, O. Methode der Fixirung der Sonnenfleckenbestände. Astr. Nachr. 85, 1.

—— Photographie der Corona der Sonne. Astr. Nachr. 104, 209.

Majocchi. Aufnahme der totalen Sonnenfinsterniss 1892. Ann. der K. K. Sternw. Wien. Neue Folge 2, 38.

Mann. Rutherfurd's photographs of the sun and fixed stars. Journ. Phot. Soc. 15, 86; Photogr. Mittheil. 8, 130; Bull. Soc. Franç. Phot. 17, 220.

Mansel. The solar eclipse. Journ. Phot. Soc. 4, 205.

Mayer, A. Observations photographiques de l'éclipse totale 1869. C. R. 49, 1017; Proc. Amer. Phil. Soc. 11, 204.

—— The total eclipse of 1869. Mem. R. Astr. Soc. 41, 610.

Metzger. Ueber die Photographie der Sonnenfinsterniss. Astr. Nachr. 79, 247.

Monserrat. Photographs of the sun during the eclipse 1868. M. N. 21, 51.

Morton, H. De l'origine de la bande lumineuse que l'on aperçoit sur les épreuves photographiques des éclipses .... C. R. 69, 1234.

—— Die amerikanische Sonnenfinsternissexpedition. Phot. Mittheil. 7, 207.

—— Eclipse photography. Journ. Phot. Soc. 14, 100; Philadelphia Phot. 1870.

—— Photographic observations of the solar eclipse. Photogr. News 13, 428.

—— Photographic records of solar observations. Photogr. News 14, 507.

Newbegin, G. J. Solar eclipse 1895, March 25. M. N. 55, 337.

Niépce de Saint-Victor. Note sur des images du soleil et de la lune. C. R. 30, 709.

Ogier. Photographies du soleil et de la lune. Brit. Journ. Phot. 17, 438; Moniteur de Photogr. 10, 90.

Oudemans. The dutch photographs of the eclipse of 1871. Nature 9, 61. Bemerkungen von Ranyard dazu pag. 102.

Perrine, C. D. Memorandum on negatives of the sun. Pac. 7, 30.

Perry. Manila photographs of the sun. M. N. 36, 53.

Peters, C. F. W. Ueber ein Daguerreotypebild der Sonnenfinsterniss 1851. V. J. S. 26, 274.

Phipson. Sur les découvertes les plus récentes concernant la nature de la surface du soleil. Revue Photogr. 10, 103.

—— Sur les différences que présentent les photographies du soleil. Moniteur de la Photogr. 4, 79.

Pickering, E. C. Photographing the corona. Obs. 8, 218; Photogr. News 15, 355.

—— An attempt to photograph the solar corona. Amer. Journ. 5, 266; 6, 131, 143, 362, 387.

Pickering, W. H. Total eclipse of the sun 1886. Ann. Harvard Coll. Obs. 18. 85.

Porro. Eclipse de 1851 .... C. R. 33, 128.

—— Observations photographiques de l'éclipse de 1858 .... C. R. 46, 507.

Pritchard, Ch. The forth-coming solar eclipse. Photogr. News 12, 107.

—— The recent eclipse. Photogr. News 21, 420.

Pritchett, H. S. The solar corona 1889 .... Pac. 3, 155.

Proctor. The lesson of the eclipse photographs. Photogr. News 14, 599.

—— Photographs of the recent eclipse. Photogr. News 16, 342.

Ranyard, A. C. Note on the cause of the blurred patches in solar photographs. M. N. 44, 418.

—— On a remarkable structure upon the photographs of the eclipse 1871. M. N. 34, 365.

Respighi, L. Sulle ragioni della chiarezza delle imagini fotografiche del sole. Atti Reale Accad. Lincei Transunti. Roma. 5, 179.

Riccò, A. Sulle fotografie dell' eclisse 1889. Mem. Spettr. 18, 190.

—— On some attempts to photograph the solar corona without an eclipse. Astrophys. Journ. 1, 18.

Rutherfurd, L. On a solar photography. M. N. 38, 410.

—— Sonnen- und Sternphotographien. Photogr. Mittheil. 8, 130.

Schaarwächter. De corona en de photogram van den Heer Dietrich. De Navorscher 8, 48.

Schaeberle, J. M. Cometary structure in the corona. A. and A. 13, 307.

Schultz-Sellack. Ueber directe Photographie der Sonnenprotuberanzen. Astr. Nachr. 84, 90.

Schuster. The late eclipse. Photogr. News 19, 611.

Schuster and Abney. Total solar eclipse 1881. Proc. R. Soc. 35, 151; Rep. Brit. Assoc. 1882.

Secchi, A. Expériences photographiques faites pendant l'éclipse 1851. C. R. 33, 285; Astr. Nachr. 33, 72.

—— Lettre accompagnant l'envoi de nouvelles images photogr. de l'éclipse de 1860. C. R. 56, 173.

—— Photogr. Sonnenbilder der totalen Finsterniss von 1861. Astr. Nachr. 64, 40.

—— Sur la photographie de l'auréole solaire. C. R. 70, 79.

Selwyn. Photographs of the sun. M. N. 24, 183.

—— Photographs of the sun. Amer. Journ. (2) 34, 436; Rep. Brit. Assoc. 1862, 17.

Shearness. Photography of the corona. Obs. 8, 278.

Sonrel. Étude photographique du soleil à l'obs. de Paris. C. R. 71, 225.

—— Sur des photographies du soleil. Annuaire de la Soc. Météor. de France 18, 61.

Spiller. The late eclipse of the sun. Journ. Phot. Soc. 4, 205.

—— Photogr. Observations of the solar eclipse 1860. Journ. Phot. Soc. 7, 42; Phil. Mag. 20, 192.

Stannoiéwitch, G. M. Sur l'origine du réseau photographique solaire. C. R. 102; Bull. Astr. 3, 291.

—— L'éclipse totale du soleil de 1887 .... C. R. 106; Bull. Astr. 5, 160.

Stokes, G. G. On coronal photography without an eclipse. Rep. Brit. Assoc. 1883.

Tacchini, P. Le fotografie del sole fatte all' osservatorio di Mendon. Mem. Spettr. 5, 163; 6, 141; 7, 1; 9, 1, 215.

—— Solar photography. Obs. 3, 26.

Tacchini. P. Fotografie della corona atmosferica attorno al sole. Mem. Spettr. 16, 200.
—— Sulle fotografie dell' eclisse totale di sole 1889. Mem. Spettr. 18, 124; 19, 93.
Taylor, A. Eclipse photography. ·A. and A. 12, 267; Obs. 16, 95.
Tennant. Report of the total eclipse of the sun 1868 .... Mem. R. Astr. Soc. 37.
—— The total solar eclipse 1868. Photogr. News 11, 483; 12, 562.
—— Report on observations of total eclipse 1871. Mem. R. Astr. Soc. 42.
—— Photographs taken during the total eclipse 1871. M. N. 33, 23, 467.
Trouvelot. Photographs of the corona without an eclipse. Obs. 9, 394.
Vernier. Image photographique de l'astre éclipsé. C. R. 51, 148.
—— Images photographiques de l'éclipse partielle de 1861. C. R. 54, 43, 159.
—— Images photographiques des différentes phases de l'éclipse solaire partielle
      de 1863. C. R. 56, 1023.
Vogel, H. C. Sonnenaufnahmen. Bothkamper Beob. 1.
Vogel, H. W. Photographie der Sonne. V. J. S. 6, 265.
—— Bericht über die photographischen Arbeiten der Adener Expedition. V. J. S.
      7, 241; Photogr. Not. 4, 101.
—— Ueber photographische Sonnenfinsternissbeobachtungen. Eders Jahrb. 1888, 424.
—— Die Sonnenfinsterniss vom 21. Dec. vorigen Jahres. Phot. Not. 7, 4.
—— Die englische Sonnenfinsternissexpedition. Photogr. Mittheil. 12, 10, 35, 60;
      Photogr. News 19, 261, 319, 330, 357. The Philadelphia Photogr. 12, 195.
—— Ueber die Sonnenfinsterniss (1875). Photogr. Not. 1870; Photogr. News 1875.
      Photogr. Mittheil. 1875.
—— Von der photographischen Expedition nach Ober-Aegypten. Photogr. Mittheil.
      5, 178, 201.
Waterhouse. Photographs of the late eclipse. Photogr. News 17, 34.
—— The recent eclipse. Photogr. News 16, 499; Brit. Journ. Phot. 19, 500.
—— Notes on the photographic operations connected with the Indian expedition ....
      Journ. Photogr. Soc. 15, 155; Brit. Journ. Photogr. 19, 291.
Webb. American photographs of the total solar eclipse 1869. M. N. 30, 4.
Wesley. The solar corona as shown in photographs .... M. N. 47, 499.
Wilson, E. L. Die amerikanische Sonnenfinsterniss vom 7. Aug. Phot. Mitth. 6, 162.
—— Photographs of the protuberances of the sun. Photogr. News 14, 498.
Winlock, J. Sonnenfinsterniss von 1869. Coast Survey Report for 1869.
—— Sonnenfinsterniss von 1870. Coast Survey Report for 1870. Appendix 16.
—— Sonnenaufnahmen. Ann. Harvard Coll. Observ. 8, 37.
Winstanley. The eclipse photographs. Photogr. News 15, 275.
Wood. Photography of the solar corona. Obs. 7. 376.
—— Huggins' method of photographing the solar corona. M. N. 45, 258.
Young, C. A. Photographs of the solar prominences. Amer. Journ. '2, 50, 404.
—— Spectroscop. and photograph. observations of the sun. Franklin Journ. 60, 232.
Zantedeschi, F. Di due resultamenti ottenuti fotografigamente del Sign. W. de
      la Rue, durante l'eclisse totale .... Annal. Télégraphiques 6, 807.
Zenger, Chr. Sur l'héliophotographie. Rev. Scient. 1886, 530.
—— Études astrophotographiques. C. R. 97, 552.
—— Fotografie solari. Mem. Spettr. 8, 47.
—— Photographische Sonnenbeobachtungen. C. R. 98, 407.
—— Photographie directe des protubérances solaires sans l'emploi du spectroscope.
      C. R. 88. 374.

Suggestions to astronomers for the observation of the total eclipse of the sun 1851. Rep. Brit. Assoc. (20) 1850.
Sonnenfinsterniss vom 18. Aug. 1868. Norddeutsche Expedition. V. J. S. **3**, 186, 209.
Sonnenfinsternissexpedition von 1868. V. J. S. **4**, 288.
Die amerikanische Sonnenfinsterniss von 1869. Photogr. Not. **5**, 151.
Die Photographien der letzten Sonnenfinsterniss (1869). Photogr. Corresp. **7**, 182.
The great solar eclipse. Brit. Journ. Photogr. **15**, 410.
Totale Sonnenfinsterniss von 1874. Sirius 8.
The total eclipse of the sun. Journ. Photogr. Soc. **6**, 271.
Failure of photographing the eclipse in India. Photogr. News **12**, 507.
The eclipse. Photogr. News **23**, 383.
Photography and the eclipse. Photogr. News **15**, 109.
The eclipse expedition. Photogr. News **15**, 611.
The late eclipse controversy. Photogr. News **17**, 33.
M. Janssen on solar photography; the Oroheliograph. Anthony's Photogr. Bull. **9**, 39.
Photographs of the eclipse of July 19, 1879. Obs. **3**, 212.
The solar eclipse. Photogr. News **19**, 179.
Total eclipse of the sun. Photogr. News **22**, 325, 367, 373, 383, 394.
Photographs of the great solar eclipse. Journ. Photogr. Soc. **11**, 114.
Successful observations of the great solar eclipse. Brit. Journ. Phot. **16**, 415.
The eclipse of the sun. Brit. Journ. Phot. **25**, 367.
Report on the solar eclipse of Aug. last. Brit. Journ. Phot. **17**, 159,
Neue Beobachtungen auf der Sonnenoberfläche. Photogr. Mitth. **15**; Photogr. News **22**, 327.
Photographie der Protuberanzen ohne Sonnenfinsterniss. Photogr. Mitth. **7**, 209.
Solar photography simplified. Brit. Journ. Phot. **17**, 551.
Photography and the sun's surroundings. Photogr. News **23**, 458, 509.
Photographs of the sun. Photogr. News **14**, 419.
Solar photography in France. Photogr. News **20**, 253.
Solar photography. Photogr. News **18**, 371.
M. Janssen's solar discoveries. Photogr. News **22**, 7, 92.
Sunspots studied by photography. Phot. News **21**, 603. Anthony's Phot. Bull. **9**, 52.
Reports on the observations of the total eclipse of the sun 1889. Lick Observatory. Sacramento 1889.
Reports on the observations of the total eclipse of the sun, Dec. 1889 .... Lick Observatory. Sacramento 1891.

V. Venusdurchgänge (Instrumente, Methoden, Resultate).

Abney, W. de W. Photography in the transit of Venus. M. N. **35**, 309.
—— On photographic operations connected with the transit of Venus. Rep. Brit. Assoc. 1874, II. 20. Photogr. News **18**, 429; **19**, 160. Journ. Brit. Soc. Photogr. **16**.
—— Beobachtung des Venusdurchgangs.) Brit. Journ. Phot. 1875, 777.
Airy, G. B. Account of observations of the transit of Venus 1874. App. 18. London 1881.
—— On the observations of the transit of Venus 1874. V. J. S. **4**, 190.
André, Ch. Resultats des observations du passage de Mercure 1878. C. R. **86**, 1380.
Angot, A. Sur l'application de la photographie à l'observation du passage de Vénus. C. R. **84**, 109, 294. M. N. **37**, 392.

Anwers, A. Die Venusdurchgänge von 1874 und 1882. Berlin. Band VI.

Bouquet de la Grye. Sur l'établissement d'un observatoire pour le mesurage des plaques photogr. du passage de Vénus. C. R. 101; Bull. Astr. 2, 577.

—— Note sur la mesure des plaques photogr. du passage de Vénus. C. R. 104; Bull. Astr. 4, 148.

Capello. On an apparatus designed for the photogr. record of the transit of Venus. M. N. 34, 354.

Christie, W. H. M. Note on the determining of the scale in photogr. of the transit of Venus. M. N. 35, 347.

Clarke, T. The albumen and Beer process and the recent transit of Venus. Phot. News 19, 78.

Cornu, A. Note sur l'approximation en valeur absolue des pointés sur les épreuves daguerriennes du disque solaire. Rec. de Mém. Rapp. 1, 299.

—— Resultats numériques relatifs à l'observation photogr. de l'éclipse partielle du soleil de 1873. Rec. de Mém. Rapp. 2, 429.

Dallmeyer. Janssen's apparatus for time photogr. the transit of Venus. Year Book of Phot. 1875, 23.

Deicke. Ergebnisse einer photogr. Aufnahme des Venusdurchganges 1874. Phot. Arch. 18, 31.

De la Rue, W. On the observations of transit of Venus by photography. M. N. 29, 48; V. J. S. 4, 190.

—— Appareil pour les observations photographiques du passage de Vénus. Bull. Soc. Franç. Phot. 1874, Nr. 8.

Döllen. Venusdurchgang .... V. J. S. 6, 37.

Dumas, Fizeau, Faye. Observations à propos de la lettre de M. Laussedat. C. R. 79, 455, 456.

Dumas. Présente le fascicule A des mesures .... C. R. 86, 755.

—— Présente le fascicule B des mesures .... C. R. 88, 837.

Ellery, R. J. Transit of Venus. M. N. 35, 90.

Faye. Sur l'observation photogr. des passages de Vénus. C. R. 70. 541.

—— Sur les procédés d'observation photogr. proposés par M. Paschen .... C. R. 70, 892.

—— Sur le rôle de la photogr. dans l'observation du passage de Vénus .... C. R. 75, 561.

Fizeau. Rapport sur l'appareil photogr. Rec. de Mém. Rapp. 2.

—— Programme des opérations photographiques .... Rec. de Mém. Rapp. 1, 2. Theil, Suppl. 1.

—— Note pratique sur les opérations de la photogr.... Rec. de Mém. Rapp. 1, 2. Theil, Suppl. 11.

Flammarion, C. Application de la photogr. à l'observation du passage. Flammarion, Études et Lectures 4, 42.

Hall. Ueber photogr. Beob. des Venusdurchganges. Astr. Nachr. 78, 168.

Harkness, W. On the transits of Venus. Proc. Amer. Assoc. 31.

—— On the value of the solar parallax .... Astr. Journ. 8, 108.

Hasselberg, B. Bearbeitung der photogr. Aufnahmen im Hafen Possiet. St. Petersburg 1877; V. J. S. 12, 294.

Hatt. Note sur la manière de déterminer l'orientation du chassis .... Rec. de Mém. Rapp. 1, 2. Theil, Suppl. 89.

Herschel, J. Application of photogr. to astronomical observations. M. N. 15, 158.

Holetschek. (Ueber die Photographie bei Venusdurchgängen.) Photogr. Corresp. 1850, August.

Janssen, J. Photogr. observation of transit of Venus. M. N. 33, 350.

—— Passage de Vénus, méthode pour obtenir photogr. l'instant des contacts.... C. R. 76, 677.

—— Présentation d'un spécimen de photographie d'un passage artificiel.... C. R. 75, 6; 79, 6.

Kardaetz. Ueber die Beobachtung des Venusdurchganges. Photogr. Mittheil. 11, 295.

Krone. Ueber stabile photogr. Schichten. Helios 3, 109; 4, 89.

—— Die deutsche Expedition zur Beobachtung des Venusdurchganges. Phot. Mitth. 12, 167, 192.

Lacan et de Fonvielle. Nouvelles photographiques relatives au passage de Vénus. Moniteur de la Photogr. 1874, Nr. 24.

Laussedat. Sur l'observation photographique des passages de Vénus. C. R. 70, 541.

—— Sur l'appareil photographique adopté par la commission.... C. R. 79, 22.

—— Réclamation de priorité au sujet du principe de l'appareil.... C. R. 79, 455.

McMahon. Transit of Venus. Photogr. News 19, 299.

Monckhoven, van. (Photogr. des Venusdurchganges betreffend.) Bull. Soc. Franç. Phot. 2, 187.

Moran. The transit of Venus. Philadelphia Photogr. 12, 112, 183, 261, 336.

Newcomb, S. Observations of the transit of Venus 1874. Gen. discussion of results. Washington 1880.

—— On the mode of observing the coming transit of Venus. V. J. S. 6, 44; Phot. Mittheil. 10, 18, 128.

—— The elements of the four inner planets. Washington 1895.

Obrecht. Discussion des résultats obtenus avec les épreuves daguerriennes.... C. R. 100; Bull. Astr. 2, 89.

—— Sur la parallaxe solaire déduite des épreuves daguerriennes.... C. R. 100; Bull. Astr. 2, 183.

—— Sur une nouvelle méthode permettant de déterminer la parallaxe du soleil.... C. R. 104; Bull. Astr. 4, 148.

—— Passage de Vénus 1874. Application d'une nouvelle méthode.... C. R. 105; Bull. Astr. 5, 65.

—— Discussion des mesures faites sur les épreuves daguerriennes.... C. R. 107; Bull. Astr. 6, 218.

Paschen. Anwendung der Photogr. auf die Vennsvorübergänge. Astr. Nachr. 75, 307; 79, 161.

—— Sur les procédés d'observation photographique.... C. R. 70, 892.

Perry. Photographie der Venusdurchgänge. M. N. 36, 53.

Proctor. Application of photogr. to determination of solar parallax. M. N. 30, 62.

—— Photography in transit of Venus. M. N. 35, 321, 379.

Rutherfurd, L. M. (Betreffend Venusdurchgang.) Papers relating to the transit of Venus; Photogr. Mittheil. 9, 278.

Todd, D. P. The solar parallax as derived from the american photographs of the transit of Venus. Amer. Journ. 1881 Juni.

Tupman, C. L. On the photographs of transit of Venus. M. N. 38, 452, 508.

Villarceau. Recherche sur l'emploi des photographies recueillies dans les observations du passage de Vénus. Connaissance des Temps 1877.

Brothers, A. Photographs of the moon. M. N, 26, 60.
—— Photographs of the eclipse of the moon. Proc. Manch. Soc. 5, 3.
Burnham, S. W. Moon negatives taken at the Lick Observatory. Pac. 3, 62.
—— Lunar photography. A. and A. 12, 377.
Burton. Note on lunar photographs. M. N. 42, 423.
Common, A. A. Lunar photographs. Obs. 13, 403.
Crookes. On the photography of the moon. Proc. R. Soc. 8, 363.
De la Rue, W. On lunar photography. M. N. 14, 134.
—— Photographie de la lune, du soleil .... Cosmos 21, 173; Heis W. S. 1862, 292.
—— Note accompagnant la présentation d'une double image photographique de la lune, prise le 22 févr. 1863. C. R. 57, 694.
—— Notice of stereoscopic photograms of the moon. M. N. 18, 237.
—— Stereoscopic photographs of the moon. M. N. 19, 40, 138, 353.
—— Lunar photographs. M. N. 23, 99; Athen. 1863, 194.
—— Images photographiques de la lune. C. R. 61, 1063.
—— On a photo-engraving of a lunar photograph. M. N. 25, 172.
—— Lunar eclipse 1865. M. N. 25, 276.
Draper, J. W. Note on lunar photography. Scientific Memoirs, London 1878, 213.
Edwards, E. On collodion photographs of the moon's surface. Rep. Brit. Assoc. (24) 1854, 2. Theil, 66.
Elger. T. W. A recent lunar photograph. Obs. 16, 293.
Ellery, R. Account of Melbourne Observatory. M. N. 33, 229.
Encke. Vorlegung photographischer Zeichnungen des Mondes von Secchi. Monatsbericht der Berliner Academie 1856, 449.
Falb, R. Die Mondphotographien in der Weltausstellung. Phot. Corr. 10, 92.
Fauth, Ph. Ueber die Verwerthung photographischer Mondaufnahmen. Astr. Nachr. 137, 203.
Faye. Sur les photographies de la lune de M. Rutherfurd. C. R. 75, 1071; Bull. Soc. Franç. Phot. 19, 53.
—— Sur les photographies agrandies de la lune de M. Weinek. C. R. 116, 421.
—— Note de M. M. Fizeau, Mascart, Cornu, concernant ces clichés qui semblent retouchés. C. R. 116, 422.
Foucault. Photographie de la lune par Rutherfurd. C. R. 61, 516; Bull. Soc. Franç. Phot. 11, 304.
Franz. Photographische Aufnahme des Mondes und Beobachtung von Mondkratern. V. J. S. 26, 265.
Fry. Photographs of the moon. Phot. News 12. 309.
—— Lunar photography. Journ. Phot. Soc. 7, 80.
Gaudibert, C. M. La photographie lunaire. Astr. Nachr. 138, 363.
Gautier, A. Remarques à propos de l'observation de M. Rayet de la possibilité des photographies de la lune durant son éclipse totale. C. R. 113, 735; Bull. Astr. 9, 75.
v. Gothard, E. Photographische Aufnahmen der Mondfinsterniss. Astr. Nachr. 122, 351.
Grubb, H. On lunar photography. Journ. Phot. Soc. 3, 279; Lumière 7, 105.
Gussew. Ueber die Figur des Mondes. Bull. Acad. St. Pétersbourg 1, 204.
Hansen. P. A. Aspetto del globo lunare prodotto delle imagine fotografiche. Bulletino Nautico e Geografico di Roma 1, 63.
Hartnup. Note on lunar photography. M. N. 14, 224.

Heis. Mondphotographien. Heis Woch.-Schrift 16, 147.
[Holden, E. S.] Lick observatory photographs of the moon. Pac. 1, 125.
—— Examination of the Lick observatory negatives of the moon. Pac. 3, 249.
—— Note on Prof. Weinek's drawings of moon negatives. Pac. 3, 344.
—— The system of bright streaks on the moon. Pac. 4, 81.
—— Dr. Henry Draper's photographs of the moon. Pac. 5, 103.
—— Large scale photographic maps of the moon. Obs. 17, 142.
—— Selenographical notes. Obs. 17, 144.
Janssen, J. Photographie de la lumière de la lune. C. R. 71, 3.
—— Sur la photographie de la lumière cendrée de la lune. C. R. 92, 496.
—— Remarques sur la communication de M. Rayet. C. R. 113, 736; Bull. Astr.
    9, 75.
Klein, H. J. Photographie der Mondoberfläche. Ausland 1877, 661.
Knorr. Photographie der Mondbahn. Pogg. Ann. 65, 66.
Lemmon, G. F. Einfache Methode, um den Mond zu photographiren. Journ. Astr.
    Assoc. 1891; Bull. Astr. 9, 232.
Lichtenberger. Photographie auf den Mond angewandt. Unterh. der Astr. 4, 233.
L..... A. F. La photographie appliquée aux observations astronomiques. La Lu-
    mière 4, 50.
—— Images photographiques de l'éclipse de la lune du 13 Oct. 1856 par M. M. de
    Lespine et Quinet. La Lumière 6. 165.
Loewy et Puiseux. Sur la photographie de la lune.... C. R. 119, 254.
—— —— Études photographiques sur quelques points de la surface lunaire. C. R.
    119, 875.
—— —— Sur les photographies de la lune.... C. R. 121, 6.
—— —— Sur la constitution physique de la lune. C. R. 121, 80.
Marth, A. List of published lunar sketches and photographs. M. N. 51, 164.
Morton. Photographs of the moon.... Brit. Journ. Phot. 15. 341.
—— Bemerkung hierzu von Brothers. A. Ibid. 15. 355.
Mouchez. Nouvelles photographies lunaires de M. M. Henry. C. R. 110; Bull.
    Astr. 7, 239.
Müller, J. Die stereoskopischen Mondphotographien. Pogg. Ann. 107, 660.
Neison. Note on the photographic diameter of the moon. M. N. 40, 330.
Neyt. Essai de cartes photographiques de la lune. Bull. de Brux. (2) 28, 28.
—— Photographie lunaire. Institut 37, 327.
Nielsen, V. Enlargements from a Lick moon negative. Obs. 16, 56. 349, 378.
Niépce de Saint-Victor. Mondphotographie. C. R. 33, 709.
Pazienti. Dell' azione chimica della luce lunare.... Annali di Fisica. Padova.
    1849—50, 365.
Phillips, J. On photographs of the moon. Rep. Brit. Assoc. 23 1853. 2. Theil, 14.
Pickering, E. C. Total eclipse of the moon 1888.... Ann. of Harvard Coll.
    Obs. 18, 73.
Prinz, W. Le nouveau cratère près de Chladni et la limite de définition des
    photographies lunaires actuelles. Astr. Nachr. 137, 91, 293.
Pritchard, Ch. On the photographic semi-diameter of the moon. M. N. 39, 447.
—— On lunar photographs. M. N. 40, 167.
—— Moon's photographic semi-diameter. Obs. 3, 283.
—— Remarks on Dr. Hartwig's recent determination of lunar libration. M. N. 41, 306.
—— Moon's photographic diameter.... Mem. R. Astr. Soc. 47, 1.

Pritchard, Ch. Photographic diameter of the moon.... M. N. 41, 405.

Quinet, A. et de l'Épine, E. Images photographiques de la lune, prises en divers moments de l'éclipse du 13 Oct. 1856. C. R. 43, 766.

Rayet, G. Observation de l'éclipse totale de la lune du 15 Nov. 1891. C. R. 113, 733; Bull. Astr. 9, 74.

Reade, J. B. On photographs of the moon and of the sun. Rep. Brit. Assoc. (24) 1854, 2. Theil, 10.

Regnauld. Épreuves photographiques de l'éclipse lunaire du 14 Oct. 1865, par W. de la Rue. C. R. 61, 1063.

Rosse, Earl of. Notes on experiments relative to lunar photography and the construction of reflecting speculae. M. N. 14, 199.

Rutherfurd, L. M. Photographie de la lune. C. R. 41, 516.

Santarelli. Propos de former au moyen d'une l'unette parallactique une image photographique de la lune. C. R. 33, 402.

Secchi, A. Lettre à M. E. de Beaumont en lui adressant une image photographique d'une portion de la lune. C. R. 42, 958.

—— Images photographiques de la lune. C. R. 46, 199.

—— Lettre accompagnant l'envoi d'images photographiques de la lune et de Saturne. C. R. 46, 793.

—— Images photographiques des phases lunaires. C. R. 47, 362.

—— Sulle fotografie lunari. Il nuovo Cimento 4, 198; Ber. d. K. Akad. d. Wiss. Berlin 1856, 449.

—— Fotografie lunari e degli altri corpori celesti. Mem. Osserv. Collegio Romano 1857—59, 158.

Spitaler, R. Photographien des Mondes. Eders Jahrb. 1891, 264.

Sprague. Notes on the Lick Observatory lunar photographs. Obs. 15. 254, 348.

Struve, O. Rapport concernant le mémoire de M. Gussew sur la figure de la lune. Bull. Acad. St. Pétersbourg 1, 204.

Towler. Photograph of the moon. Philadelphia Phot. 5, 421.

[De Vylder.] Photographie de la lune par M. Neyt. Bull. de l'Assoc. Belge de Photogr. 8, 167.

Weinek, L. Photographische Entdeckung eines Mondkraters. Astr. Nachr. 131, 159.

—— Discovery of new craters on the moon. Pac. 3, 285; 4, 96, 177.

—— Enlarged drawings from lunar photographs. Pac. 3, 333.

—— Discovery of new rills on the moon. Pac. 4, 78.

—— Ueber die Verwerthung photographischer Mondaufnahmen. Astr. Nachr. 137, 291.

—— Photographic verification of the most delicate details on the moon. Pac. 5, 158.

—— Selenographical studies based on negatives of the moon taken at the Lick Observatory. Publ. of the Lick Observatory 3, Part. 1.

Weiss, E. Ueber Mondphotographien. V. J. S. 26, 274.

Whipple and Jones. Daguerreotyps taken at Harvard College. M. N. 11, 165.

Williams, A. St. The present value of photography in selenography. Obs. 16, 410.

Wilt. How I photographed the moon. Philadelphia Phot. 11, 348.

Wolf, M. Aufnahme der Mondfinsterniss 1888. Astr. Nachr. 118, 307.

—— Aufnahme der partiellen Mondfinsterniss 1889. Astr. Nachr. 121, 37.

Mr. W. de la Rue's photographs of the moon. Brit. Journ. Phot. 15, 256, 270, 279.

Astronomie photographique (à l'observatoire de Paris). Cosmos 27, 649; Bull. Soc. Franç. Phot. 12, 80.

Photogrammen van de Maan. De Navorscher **8**. 7S.
Photographs of the moon. Phot. News **16**, 611.
Photographs of the full moon. Selen. **3**, 65.
Photography of the moon. Anthony's Phot. Bull. 1877, Dec.
Photographs of the moon exhibited to the society. M. N. **16**, 46.

VII. Planeten und Satelliten.

Browning, J. Photographs of Jupiter. M. N. **31**, 33.
Campbell, W. W. Discovery of asteroids by photography. Pac. **4**, 264; **5**, 109.
—— The Lick Observatory photographs of Mars. Pac. **6**, 139.
Christie, W. H. M. Photographs of Mars .... M. N. **40**, 32.
Common, A. A. On the desirability of photographing Saturn and Mars ... M. N. **39**, 381.
—— Photographs of Jupiter. Obs. **3**, 314.
—— Note on photographs of Jupiter. M. N. **41**, 47.
—— Note on photographs of Jupiter. M. N. **52**, 18.
Draper, H. Photographs of Jupiter. Amer. Journ. '3 **20**, 118; M. N. **40**, 433.
—— Planetary and stellar photography. Obs. **7**, 210.
Fort. Application du microscope aux images photographiques des corps planétaires. C. R. **27**, 298.
Gerrish, W.P. Photographic observations of eclipses of Jupiter's satellites. Astroph. Journ. **1**, 146.
Holden, E. S. Negatives of Jupiter taken at the Lick Observatory. Pac. **3**, 65.
—— Photographs of the phenomena which accompany the ingress of the shadows of the satellites of Jupiter. Pac. **4**, 260.
Pickering, W. H. Photographie des Mars. Sid. Mess. 1890; Bull. Astr. **8**, 216.
Roberts, J. Photographic search for the minor planet Sappho. M. N. **47**, 265.
—— Photograph of Neptune and its satellite. M. N. **51**, 439.
—— Photographic researches for a planet beyond Neptune. M. N. **52**, 501; A. and A. **10**, 554.
Soubrany. Note concernant un procédé qui permettrait de photographier sur une grande échelle les planètes les plus voisines de la terre. C. R. **73**. 962.
Williams, A. St. On the determination of the positions of markings on Jupiter by photography. Astr. Nachr. **139**, 203; M. N. **51**, 402.
—— Note of a preliminary examination of photographs of Jupiter. Pac. **4**, 166.
Wilson, H. C. A photograph of the pleiades and two asteroides. A. and A. **13**, 192.
Wolf, M. Photographische Aufnahme von kleinen Planeten. Astr. Nachr. **129**. 337.
—— Die Photographie der Planetoiden. Astr. Nachr. **139**, 97.
—— Photographing minor planets. A. and A. **12**, 109.

De la découverte des planètes au moyen de la photographie. Brit. Journ. Phot. 1873, Mai.

VIII. Cometen.

Archenhold, F. S. Photographische Aufnahmen des Cometen 1892. Astr. Nachr. **131**, 215.
Barnard, E. E. Photographic discovery of comet 1892e. Astr. Journ. **12**. 102; Obs. **16**, 92.

Barnard, E. E. Photographic and visual observations of Comet 1892 f. Astr. Journ. 12, 127.
—— Photographs of Brooks' comet. A. and A. 12, 937.
—— Photographs of Gale's comet. A. and A. 13, 421.
—— Photographs of a remarkable comet. A. and A. 13, 789.
Belopolsky, A. Ueber die Photographie der Cometen. Ann. de l'Obs. Mosc. (2) 1, 99; Astr. Nachr. 110, 35.
Christie, W. H. M. Possible photograph of comet 1892 III. Astr. Nachr. 132, 107.
Common, A. A. Photography as applied to comet 1881 b. Obs. 4, 232.
[De la Rue, W.] Essais de reproductions photographiques de la comète de 1861. Phot. News 5, 1861 July 2.
Draper, H. Cometenphotographie. Obs. 4, 239, 252; Engl. Mech. 33, 517.
Frič, Jos. und Jan. Photographische Aufnahmen des Cometen 1895 IV. Astr. Nachr. 139, 287.
Gill, D. Photographs of comet 1882 b. M. N. 43, 53.
v. Gothard, E. Photographische Aufnahmen des Cometen 1888 I. Astr. Nachr. 119, 93.
Holden, E. S. Photographs of the Davidson comet. Pac. 1, 34.
—— Der Sonnenfinsterniss-Comet 1893, April 16. Astr. Nachr. 136, 203.
Horn. Ueber photographische Abbildung von Cometen. Phot. Journ. 16, 72.
Hussey, W. J. Photographs of comet 1893 b. Pac. 5, 143; A. and A. 12, 661.
Janssen, J. Photographs of comets. Copern. 1, 204.
—— Note sur la photographie de la comète 1881 b, obtenue à l'observatoire de Meudon. Ann. Bur. Long. 1882; V. J. S. 16, 308.
—— Photographie de la comète actuellement visible. C. R. 92, 1483.
—— Sur les photographies de la comète 1881 b et sur les mesures photographiques prises sur cet astre. C. R. 93, 28.
Quessinet, F. Photographie et observations physiques de la comète 1893 b. C. R. 117, 277.
Russel. Photography of comet 1892 (Swift. M. N. 52, 512.
Schaeberle, J. M. The coronal comet of April 16, 1893. Pac. 6, 237; Obs. 17, 304.
Trépied. Ch. Observations photographiques de la comète Brooks. C. R. 111; Bull. Astr. 7, 408.
Usherwood. Photographie des Donati'schen Cometen. M. N. 19, 138.
[Whipple, J. A.] Photogenische Lichtschwäche des Cometen 1861. Phot. Journ. 16, 103.
Wolf, M. Ueber eine merkwürdige cometenartige Erscheinung. Astr. Nachr. 129, 181.
—— Die Photographie der Cometen. Eders Jahrbuch 1893, 310.
—— Ueber den Schweif des Cometen 1894. Astr. Nachr. 135, 257.
—— Photographische Wiederauffindung des Encke'schen Cometen. Astr. Nachr. 136, 351, 367.

IX. Sternschnuppen und Meteore.

Gaudier. Reproduction des étoiles filantes par la photographie. La Lumière 16, Nr. 21.
Jesse, O. Die Bestimmung von Sternschnuppenhöhen durch die Photographie. Astr. Nachr. 119, 153.
Lewis, J. E. Photograph of a bright meteor. Pac. 5, 107.

Liais. Sur la possibilité d'appliquer la photographie à la mesure de la hauteur des nuages.... et des bolides. C. R. 33, 521.

Weinek, L. Anwendung der Photographie bei Sternschnuppenfällen. Astr. Nachr. 113, 374.

Wolf, M. Photographie einer Sternschnuppe. Journ. of Astr. Assoc. 1891; Bull. Astr. 9, 357.

—— Notiz über die Photographie der Meteoriten.... Astr. Nachr. 129. 101.

Zenker, Ch. Die Anwendung der Photographie bei Sternschnuppenfällen. Astr. Nachr. 113, 228.

—— Sternschnuppenphotographie. (Mit Bemerkungen von Förster und Kleffel., Phot. Mitth. 4, 219, 222.

X. Fixsterne, Sternhaufen, Nebelflecken.

Archenhold, F. S. Ueber Photographie von Nebelflecken. Astr. Nachr. 129, 153.

Backhouse, J. W. Examination of stellar photographs. Obs. 10, 196.

Bailey, S. J. ω Centauri. A. and A. 12, 689.

Baillaud, B. Sur une épreuve photographique obtenue après 9 heures. C. R. 111; Bull. Astr. 8, 85.

—— Variable star clusters.... Astr. Nachr. 139, 137.

Bakhuyzen, Van de Sande. Rapport fait au nom de la commission. chargée d'examiner la question des deux poses. Réun. du Comité 1889. App. 6.

Barnard, E. E. (Fortschritte in der Fixsternphotographie. Sid. Mess. 6; Bull. Astr. 4, 157.

—— On the photographs of the milky way. A. and A. 10. 207; Pac. 2, 240.

—— On some celestial photographs. M. N. 50, 310.

—— Photograph of Swift's nebula in Monoceros. A. and A. 13. 642.

—— Photograph of Mess. 8 and the trifid nebula. A. and A. 13, 791.

—— The great photographic nebula of Orion. A. and A. 13, 811.

—— On the nebulosity of Pleiades.... Astr. Nachr. 126, 293.

—— A new nebulous star.... Astr. Nachr. 130, 77.

—— Photographic nebulosities.... Astr. Nachr. 130, 233.

—— On the exterior nebulosities of the Pleiades. Astr. Nachr. 136, 193.

—— On a great photographic nebula near Antares. Astr. Nachr. 138, 211; M. N. 55, 453.

—— Photographs of the milky way.... Astrophys. Journ. 1, 10.

Beuf. Rapport fait au nom de la commission de la répartition des zones.... Réun. du Comité 1889; App. 4.

Bond, G. P. Ueber die photogr. Bilder von α Lyrae und Mizar.... Astr. Nachr. 49, 84.

—— Examination of the photographs of the star Mizar... Proc. Amer. Acad. 3, 386.

—— The future of stellar photography (1857). Pac. 2, 300.

Bond, W. Stellar photography. M. N. 17, 230.

—— Note respecting stellar photogr. M. N. 18, 20.

Brothers, A. On celestial photography. Proc. Manch. 5, 68.

Christie, W. H. M. Sur la choix des positions des centres des plaques. Bull. du Comité 1, 332.

—— Note on the preparations for the work of the photogr. chart... M. N. 51, 278.

Common, A. A. Note on the nebula near Merope. M. N. 41, 48.

Common, A. A. Note on a photograph of the great nebula in Orion. M. N. 43, 255.
—— Note on stellar photography. M. N. 45, 22; Z. f. Instr. 5, 93.
—— Nebulae in the Pleiades. M. N. 46, 341.
—— The international astr. congress. Obs. 11, 205.
—— Photographs of nebulae. Obs. 11, 390.
—— Sur la carte du ciel. Bull. du Comité 1, 321.
—— The photogr. chart of the heavens. Obs. 13, 174.
Common, A. A. and Turner, H. H. The photogr. chart of the heavens. Obs. 11, 224.
Davis, H. S. The Rutherfurd photogr. measurements of 62 stars about η Cassiopeae. Ann. New York Acad. 8.
—— The parallax of η Cassiopeae. Ann. New York Acad. 8.
De la Rue, W. (Ueber Fixsternphotographie.) Rep. Brit. Assoc. 1861.
Denza, P. F. Photographies de l'étoile Nova Aurigae .... C. R. 114, 406; Bull. Astr. 9, 229.
—— Photographie de la nébuleuse de la Lyre. C. R. 114, 972; Bull. Astr. 9, 347.
Donner, A. und Backlund, O. Positionen von 140 Sternen des Sternhaufens 20 Vulpeculae nach Ausmessung photogr. Platten. Bull. Acad. St. Pétersbourg. 5, Série 2, Nr. 2.
Draper, H. Photogr. nebulae. Amer. Journ. (3), 20, 433; C. R. 91, 688; Phil. Mag. 5), 10, 388.
—— Photographs of the nebula in Orion. Cop. 1, 160.
—— Présentation d'une épreuve photogr. de la nébuleuse d'Orion. C. R. 92, 173, 261; Amer. Journ. (3) 22, 75.
—— On photographs of the nebula in Orion. M. N. 42, 367.
—— Sur la photographie stellaire. C. R. 92, 964.
Dunér, N. C. Liste préliminaire des questions à traiter par le comité permanent. Bull. du Comité 1, 276.
—— Ueber einige photographische Versuchsaufnahmen. Astr. Nachr. 127, 365; Obs. 14, 291.
Elkin. Photogr. survey of Pleiades. Astr. Journ. Nr. 197; Obs. 12, 358.
Ellery. Note on photographs of $\varkappa$ Crucis. M. N. 43, 395.
Espin. T. E. A remarkable-configuration of stars in milky way. M. N. 45, 27.
—— Stellar photography. Obs. 7, 247.
—— Photogr. observations of the nebula in Andromeda. Journ. of Liverpool Astr. Soc. 1885; Bull. Astr. 2, 353.
Flammarion, C. Détermination de la position du pôle par la photogr. C. R. 120, 421.
Gill, D. Photogr. Durchmusterung des südlichen Himmels. Astr. Nachr. 119, 257.
—— Note concernant la carte du ciel. Réun. du Comité 1889, App. 1.
—— Notes relatives à différents mémoires contenus dans les premiers fascicules du bulletin. Bull. du Comité 1, 128.
—— Extrait d'une lettre (carte du ciel). Bull. du Comité 1, 136.
—— Photographie stellaire. C. R. 114, 867; Bull. Astr. 9, 344.
—— The photographic chart of the heavens. Obs. 11, 320.
—— Lettre (carte du ciel). Bull. du Comité 2, 116.
Gill, D. and Kapteyn, J. C. The Cape photographic Durchmusterung. Part. I. (—18° bis — 37°.) Ann. of the Cape Observatory 3. (1896.)
Gothard, E. von. Photographie von Nebelflecken. Astr. Nachr. 115, 221.

Gothard, E. von. Studien auf dem Gebiete der Stellarphotographie. Ungar. Ber. 5, 72.
—— Photographie von Nebelflecken. Astr. Nachr. 119, 337.
—— Der kleine Barnard'sche Nebel bei Mess. 57. Astr. Nachr. 135, 11.
Gould, B. A. Photographie der Plejaden. Astr. Nachr. 68, 183.
—— Star photographs at Cordoba. Amer. Journ. 6, 399.
—— Reduction of Rutherfurd's photographs of stellar groups. Mem. of Nat. Acad. 4.
—— On the comparisons of the photographic with the instrumental determinations of star places. Astr. Journ. Nr. 197.
—— On photographic determinations of stellar positions. Proc. Amer. Assoc. 35, 74.
—— Celestial photography. Observatory 2, 13.
—— Bemerkungen zu Schultz-Sellack .... Astr. Nachr. 93, 124.
Hagen, S. J. Messungen an Doppelsternen mittels Photographie. Astr. Nachr. 136, 303.
Hall. Note on the ring nebula in Lyra. Astr. Journ. 9, 64.
Henry, P. et Pr. Photographie in der Milchstrasse. Astr. Nachr. 112, 111.
—— Photographs of a new nebula in the Pleiades. M. N. 46, 98.
—— The photographic nebula in the Pleiades. M. N. 46, 281.
—— L'astronomie photographique. C. R. 102, 145.
—— Sur une carte photographique du groupe des Pléiades. C. R. 102, 848; Amer. Journ. (3) 31, 318; Bull. Astr. 3, 290.
—— Photograph of the nebulae in Pleiades. Obs. 11, 98.
—— Étude du champ des clichés photographiques .... Bull. du Comité 1, 139.
Holden, E. S. Photographing the milky way. Pac. 1, 74.
—— Examination of stellar photographs. Pac. 1, 75.
—— On some of the features of the arrangements of stars. M. N. 50, 61.
—— Photographing stars in day-time. Astr. Journ. 9, 73.
—— Comparison of some photographs and drawings of the nebula in Orion. Pac. 3, 57.
—— Schmidt's drawings of nebula Orionis compared with photographs. Pac. 3, 68.
—— Photograph of the cluster Mess. 34. Pac. 3, 62.
—— Photographs of the nebula of Orion. Pac. 3, 141.
—— Ueber die Keeler'schen Photographien der Nebel. Astr. Nachr. 125, 289.
Hopkins. Photography of the Pleiades. Obs. 9, 194.
Jacoby, H. The Rutherfurd photogr. measurements of the Pleiades. Ann. New York Acad. 6; V. J. S. 27, 206.
—— The Rutherfurd photogr. measurements of the stars about β Cygni. Ann. New York Acad. 6.
—— The parallax of μ and θ Cassiopejae. Ann. New York Acad. 8.
—— Researches in stellar parallax made at Oxford. Pac. 5, 174.
—— The astrophotographic chart. A. and A. 12, 117.
—— The periodic variation in the motion of 61 Cygni. M. N. 54, 117.
Janssen, J. Sur les photographies des nébuleuses. C. R. 91, 713.
—— Sur les photographies des nébuleuses. C. R. 92, 261.
—— Photographs of nebulae. Amer. Journ. 21, 401.
Ingall. Note on the nebulous stars in Roberts' photogr. M. N. 49, 420.
Johnson. Photogr. of Mess. 42. Obs. 10, 100.
Kapteyn, J. C. Bericht über die zur Herstellung einer Durchmusterung des südlichen Himmels ausgeführten Arbeiten. V. J. S. 24, 213; 25, 240; 27, 218.

Keeler, J. Note on a cause of difference between drawings and photographs of nebulae. Pac. 7, 279.

Knobel, E. B. Examination of stellar photographs. Obs. 10, 231.
—— On the photographic chart of heavens. Obs. 11, 256.

v. Kövesligéthy, R. Ueber unsichtbare Sterne mit photogr. Wirkung. Phot.
. Corr. 1888, 3; M. N. 48, 144.

Lohse, O. Ueber photogr. Aufnahmen des Sternhaufens χ Persei. Astr. Nachr.
111, 147.
—— Ueber Stellarphotographie. Astr. Nachr. 115, 1.

Monck. Stellar photographs. Obs. 13, 90.

Mouchez, E. Proposal for photographing the heavens. M. N. 46, 1.
—— Carte photographique du ciel à l'aide des nouveaux objectifs.... C. R. 100;
Bull. Astr. 2, 289.
—— Photographies astronomiques de M. M. Henry. C. R. 101; Bull. Astr. 3, 93.
—— Photographie céleste. C. R. 102; Bull. Astr. 3, 192.
—— Travaux préparatoires pour l'exécution de la carte.... C. R. 106; Bull.
Astr. 5, 315.
—— Photography as a means of charting the stars. Obs. 7, 305.
—— Photographic chart of the heavens. Obs. 11, 255, 296.
—— Photogr. Aufnahmen in der Milchstrasse. Astr. Nachr. 112, 111.
—— Note (carte du ciel). Bull. du Comité 1, 81, 221.
—— Photographie d'étoiles.... C. R. 99, 305.
—— (Himmelskarte.) Obs. 14, 232.
—— Circulaire relative à l'essai des écrans.... Bull. du Comité 2, 45.
—— Photographie de la nébuleuse 1180 du G. C. par M. M. Henry. C. R. 103;
Bull. Astr. 4, 76.
—— Nouvelles nébuleuses remarquables dans les Pléiades. C. R. 106; Bull. Astr.
5, 314.
—— Sur une photographie de la nébuleuse de la Lyre. C. R. 111; Bull. Astr. 8, 85.

Oppenheim, S. Ausmessung des Sternhaufens Mess. 36. Publ. der von Kuffner-
schen Sternwarte. Wien. 3, 273.

Peirce, B. Stellar photography. Amer. Journ. (3, 3, 157; Brit. Journ. Phot. 19, 165.

Peters, C. H. F. Mittheilungen über photogr. Aufnahmen von Himmelskörpern.
V. J. S. 16, 277.

Pickering, E. C. Propositions relatives à la carte du ciel. Réun. du Comité 1887,
App. 5.
—— Chart of the heavens. Obs. 12, 375.
—— A photographic study of the nebula of Orion. Proc. Amer. Assoc. 20, 407.
—— The great nebula in Orion. Sid. Mess. 1890; Bull. Astr. 8, 211.
—— Photographic determinations of stellar motions. A. and A. 13, 521.
—— Detection of new nebulae by photography. Ann. Harvard Coll. Obs. 18, 113.
—— Ueber photogr. Aufnahmen vor der Entdeckung der Nova Aurigae. Astr. Nachr.
129, 59, 111.
—— An investigation in stellar photography.... Mem. of Amer. Acad. 11, 179.

Pritchard, Ch. Researches in stellar photography. Proc. R. Soc. 30, 449; 41, 195.
—— Lettre (Himmelskarte betreffend). Réun. du Comité 1887, App. 4.
—— A newly discovered Merope nebula. Astr. Nachr. 126, 397.
—— Researches in stellar parallax by the aid of photography. Obs. of Oxford
Observatory 1889 and 1892.

Pritchard, Ch. Researches in stellar parallax. (Referat. Bull. Astr. 10, 63.
Ranyard, A. C. Aufnahmen der südlichen Milchstrasse. Knowledge 1891; Bull.
    Astr. 9, 358.
Rayet, G. Sur une photographie de la nébuleuse de la Lyre.... C. R. 111, 31;
    Bull. Astr. 7, 402.
Renz, F. Ueber die Ausmessung und Berechnung einiger photogr. Sternaufnahmen.
    Bull. St. Pétersbourg (5), 2, Nr. 4.
Roberts, J. Star photography .... Proc. R. Soc. 40, 566.
—— Photographic maps of the stars.· M. N. 46, 99.
—— Photographs of nebulae in the Pleiades. M. N. 47, 24.
—— Photographs of nebulae in Orion and Pleiades. M. N. 47, 89.
—— Photographs of stars in Cygnus. M. N. 47, 22.
—— Photographs of the nebulae Mess. 57 .... M. N. 48, 29.
—— Photographs of the nebulae Mess. 31 .... M. N. 49, 65.
—— Photographs of nebulae in the Pleiades and in Andromeda. M. N. 49, 120.
—— Photographic analysis of the great nebula Mess. 42 .... M. N. 49, 295.
—— Photographs of the nebulae Mess. 81 .... M. N. 49, 362.
—— Stellar pantograver. M. N. 49, 5, 118.
—— Photographs of the clusters Mess. 33 and 34. M. N. 50. 315.
—— Photographs of stars in the region of Tycho's nova. M. N. 50, 359.
—— Photographic evidence of variability in the nucleus of the great nebula in
    Andromeda. M. N. 51, 116.
—— Photographs of the region of Hind's variable nebula in Taurus. M. N. 51, 440.
—— Photographs of the cluster Mess. 44 Cancri. M. N. 51, 441.
—— Photographs of nebulae. M. N. 52, 502, 543, 544. 545.
—— Photographs of nova Aurigae. M. N. 52, 371.
—— Photographs of nebulae and clusters. M. N. 54, 92, 93, 136, 137.
—— Photographs of nebulae. M. N. 55, 12, 13, 398. 399.
—— A selection of photographs of stars, star clusters and nebulae. London 1895.
Russel. Photographs of the milky way and nubeculae. Obs. 14. 382.
—— Celestial photography. M. N. 51, 39, 96, 494.
Rutherfurd, L. M. On astronomical photography. Amer. Journ. 39.
—— (Aus einem Briefe Goulds über Plejadenaufnahmen. Astr. Nachr. 68, 184.
Scheiner, J. Resultate der Vorarbeiten zur Herstellung der photogr. Karte.
    Z. f. Instr. 11, 366, 394.
—— Ueber planetarische Nebel nach photogr. Aufnahmen. Astr. Nachr. 129, 239.
—— Der grosse Sternhaufen im Hercules, Mess. 13 .... Anhang zu den Abhand-
    lungen der Berliner Akad. d. Wiss. 1892.
—— Ueber den grossen Nebel bei ξ Persei. Astr. Nachr. 132, 203.
Schultz-Sellack. Ueber Photographien südlicher Sterngruppen. Astr. Nachr.
    82, 65; Amer. Journ. 6, 15, 399; Brit. Journ. Phot. 21, 305.
Schur, W. Ueber die Bestimmung der Parallaxe der Sterne der Praesepe-Gruppe
    durch photographische Aufnahmen. Astr. Nachr. 137, 221.
Tacchini, P. Fotografia celeste. Mem. Spettr. 18, 179.
Turner, H. H. Sur la carte du ciel. Bull. du Comité 1, 326.
—— The photographic chart of the heavens. Obs. 11, 254; 13, 233.
—— Measures of photographs of the Pleiades. M. N. 54, 489.
—— Council note on the astrophotographic chart. M. N. 55, 255.
Turner and Common. Photographic chart of the heavens. Obs. 11. 259, 333.

Vogel, H. C. Mittheilungen über die von dem astrophysikalischen Observatorium übernommenen Vorarbeiten .... Astr. Nachr. **119**, 1; Bull. du Comité **1**, 86.
—— Ueber die Bedeutung der Photographie zur Beob. von Nebelflecken. Astr. Nachr. **119**, 337.
—— Propositions et remarques concernant la carte du ciel. Réun. du Comité 1889, App. 2.
Wilsing, J. Ueber eine auf photogr. Wege entdeckte periodische Veränderung des Abstandes der Componenten von 61 Cygni. Sitzungsb. der Berl. Akad. 1893.
Wilson. Photographic chart of the sky. A. and A. **10**, 632.
Wolf, C. Sur la comparaison des resultats de l'observation directe avec ceux de l'inscription photographique. C. R. **102**, 476; Bull. Astr. **3**, 194.
Wolf, M. Der Sternhaufen G. C. 4410. Astr. Nachr. **126**, 297.
—— Ueber den grossen Nebel um ζ Orionis. Astr. Nachr. **127**, 39.
—— Ueber grosse Nebelmassen im Sternbilde des Schwans. Astr. Nachr. **127**, 427; Bull. Astr. **9**, 232.
—— Die Anzahl der Sterne .... Astr. Nachr. **129**, 321; Pac. **4**, 155.
—— Photogr. Aufnahmen der Nova Aurigae. Astr. Nachr. **131**, 157.
—— Photographies célestes. C. R. **114**, 940; Bull. Astr. **9**, 345.
—— Ueber einige neue Nebelflecken. Astr. Nachr. **134**, 365.
—— Notiz über die Plejadennebel. Astr. Nachr. **137**, 175.
Zenger, Chr. V. Études phosphorographiques pour la reproduction photographique du ciel. C. R. **102**; Bull. Astr. **3**, 193.

———

Photography among the Pleiades. (Rutherfurd). Anthony's Photogr. Bull. **1**, 90.
Photographie der Sterne. (Rutherfurd). Phot. Mittheil. **7**, 270.
Photographs of southern star clusters. M. N. **34**, 194.
Congrès astrophotographique international tenu à l'observatoire de Paris pour la levé de la carte du ciel. Paris 1887.
Réunion du comité permanent pour l'exécution de la carte photographique du ciel. Paris 1889.
Réunion du comité permanent pour l'exécution de la carte photographique du ciel. Paris 1891.
Bulletin du comité permanent pour l'exécution photographique de la carte du ciel. **1** (1892); **2** (1895).
Photographische Himmelskarte betreffend.) Astr. Nachr. **116**, 383; Obs. **10**, 190; **11**, 409; **12**, 120, 266, 329, 361, 388, 438; **14**, 184; **16**, 208, 407; **18**, 279; Amer. Journ. **111**, 57; M. N. **48**, 212, 351; **50**, 245; **51**, 261, 278; **52**, 289.
Stellar photography at Paris. Obs. **8**, 219; **10**, 205.
Stellar photography. Obs. **9**, 170, 203.
Photographische Astronomie. Mem. Spettr. **14**, 59.
Stellar photography. M. N. **47**, 184.
Stellar photography at Harvard College. Obs. **10**, 76.
Note on astronomical photography. M. N. **49**, 232.

Namen- und Sachregister.

Seite

Fackeln, photogr. Aufnahme der 87, 274
Farbenempfindliche Platten . . 31, 39, 43
Farbenfehler, Hebung des 25
Fassung der Objective 223
Faye, H. Sonne 268
Federpendel 98
Fehler der Stundenaxe 99; der Objec-
  tive, unregelmässige 222; persönliche
  122; wahrscheinliche 123.
Fehlerquelle bei Venusdurchgängen . 280
Feinbewegung der Fernrohre 102
Feinheit des Silberkorns 11, 12
Feststellung der Expositionszeit . . 234
Flächenhelligkeit der Corona 88
Flauwerden der Bilder 15
Figur des Mondes 261
Fixsterne, Aufnahme der 302
Fizeau Sonne) 267; (Venusdurch-
  gänge) 286, 292.
Focalbestimmung durch lauf. Sterne 45
Focussirung 44, 226
Fothergill photogr. Technik . . . 10
Foucault, L. Heliostat; 66; Sonne)
  267, 277.
Fry Mond) 260

Gambay Heliostat 66
Gaudin photogr. Technik 9
Gauss'sche Sinusbedingung . . 25, 116
Gautier Gitter 112
Gelatine-Emulsionen 10
Gelatineplatten, kornlose . . . 18, 71, 273
Genauigkeit der Orientirung . . . 101
Geschichte der Himmelsphotographie 257
Geschwindigkeit der Momentver-
  schlüsse 71
Gill, D. Distorsion 116; Reductions-
  methode) 186; (Cometen 299; Fix-
  sterne 308; (südl. Durchmusterung
  309; Nebelflecken 330, 333.
Gitter, Copiren der 111
Gleichmässige Exposition bei Sonnen-
  aufnahmen 72
v. Gothard, E. Spiegelteleskop 110;
  Plejadenaufnahmen 215; Nebel-
  flecken 330, 334, 337.
Gould, B. (Fixsterne . . 307, 313, 327
Granulation der Sonne 270; Ursprung
  der 272.
Grösse des Silberkorns 239; der Stern-
  scheibchen ausserhalb der optischen
  Axe 226.
Grössenscala, photogr. 235
Grössenschätzungen, photogr. . . . 233
Grubb Objectiv) 31; Mond 260;
  Spiegelteleskop 308.
Gruel Heliostat 67
Gruppenbildung der Sterne in der
  Milchstrasse 324
Gussew, H. Figur des Mondes . . 261

Seite

Hale, G. E. Spectroheliograph 78,
  82; Coronaaufnahmen 91; Sonne
  273.
Halo um helle Sterne 254
Haltbarkeit der Platten 16
Haltefernrohr 96
Halten der Sterne . . . 94, 97, 102, 120
Haltesterne 101, 127
Hansen, P. Fernrohrstativ 60, 287;
  Figur des Mondes. 261.
Harkness, W. Corona) 88; Venus-
  durchgänge, 284, 292.
Hasselberg, B. Momentverschluss
  72; Vennsdurchgänge 290.
Hastings. C. S. Corona) 92
Hebung des Farbenfehlers 25; des
  Kugelgestaltfehlers 25.
Heliographen 55, 268
Heliogravüre 18
Heliopictor 72
Heliostaten 65, 69, 74
Helle K-Linie 87
Helligkeit des Randes der Stern-
  scheibchen 221; der Plejadensterne
  327; des Himmelshintergrundes 53.
Helligkeitsbestimmung schwacher
  Sterne 239
Hennessy Sonne 278
Henry, P. und Pr. Sternkarten 21,
  309; Halten der Sterne, 96; Refrac-
  tion 125; Reductionsmethode 175;
  Photometrie, 250; Planeten 294;
  Fixsterne) 308; Nebelflecken 330.
Herschel, F. W. Mond 262; Sonne,
  265; Nebelflecken 336.
Himes Sonne 277
Himmelskarte, photogr. 308, 311.
Höhenbestimmung der Sternschnuppen 300
Höheninstrument. schwimmendes . . 194
Holden, E. S. und Schaeberle
  Photometrie 253
Huggins, W. Achromasie 35; Co-
  rona 90; (Mond 260; Sonne 271.
Huster Photometrie 245

Jacoby, H. Reductionsmethode) 159;
  Fixsterne 314; Parallaxen 319, 321,
  323.
Janssen, J. Spectroheliograph 78;
  Chromosphäre 82; Corona 88;
  Photometrie 252; Sonne, 269; Co-
  meten 299.
Jenkins Parallaxen 320
Jesse, O. Sternschnuppen 301
Instrumentalconstanten, photome-
  trische 216
Instrumente zur Aufnahme der Venus-
  durchgänge 280
Intensität und Durchmesser der Stern-
  scheibchen 211

Berichtigungen.

Seite 66, Fig. 12. Die Dreiecksecke rechts unten muss bezeichnet werden mit S' statt S.

Seite 263, Zeile 12 v. o., Seite 264. Zeile 2 v. u., Seite 266, Zeile 8 v. o. lies Puiseux statt Puyseux.

Druck von Breitkopf & Härtel in Leipzig.

Aelteste coelestische Aufnahme von wissenschaftlichem Werthe
darstellend: Totale Sonnenfinsterniss vom 18. Juli 1851;
Daguerreotyp, aufgenommen von DF Busch.

Verlag von Wilhelm Engelmann in Leipzig.

ATLAS

ZU

„DIE PHOTOGRAPHIE DER GESTIRNE"

VON

Dr. J. SCHEINER

A. O. PROFESSOR DER ASTROPHYSIK AN DER UNIVERSITÄT BERLIN UND ASTRONOM
AM KÖNIGL. ASTROPHYSIKALISCHEN OBSERVATORIUM ZU POTSDAM

11 TAFELN IN HELIOGRAVÜRE NEBST KURZEN TEXTLICHEN ERLÄUTERUNGEN

LEIPZIG

VERLAG VON WILHELM ENGELMANN

1897.

Erläuterungen zu den Tafeln.

Tafel I.

Aufnahme des Mondes von Loewy und Puiseux mit dem grossen Aequatoreal coudé der Pariser Sternwarte, 1894, Febr. 13, 6ʰ 55ᵐ mittl. Z. Paris. Bei einer Focalweite von 19 m beträgt der Durchmesser des Brennpunktbildes des Mondes 18 cm. Reproduction in Originalgrösse.

Ungefährer Massstab 1 cm = 2′. Siehe pag. 263 ff. des Buches.

Tafel II.

Das Mondringgebirge Maurolycus. Originalaufnahme von Loewy und Puiseux mit dem Aequatoreal coudé der Pariser Sternwarte, 1894, März 14, 6ʰ 34ᵐ mittl. Z. Paris. Von L. Weinek in Prag 24 mal vergrössert. (Nach dieser Vergrösserung auf das Format der Tafel gebracht durch eine Verkleinerung im Verhältnisse 4:3.)

Dieses Ringgebirge ist auch auf Tafel I zu sehen, und zwar im Durchschnittspunkte der Verticallinie 6·8 mit der Horizontallinie 7·7, jedoch unter etwas weniger schräger Beleuchtung.

Ungefährer Massstab 1 cm = 7″. Siehe pag. 263 ff.

Tafel III.

1. Aufnahme der Sonne von O. Lohse mit dem Heliographen des Potsdamer Observatoriums, 1892, Febr. 13. Specimen der täglichen Sonnenaufnahmen. Der auf der Sonnenscheibe sichtbare Fleck ist einer der grössten seiner Art. Die Granulation ist schwach angedeutet; die in der Nähe des Randes befindlichen Fackeln sind auf der Reproduction kaum zu erkennen; die Abnahme der allgemeinen Helligkeit von der Mitte zum Rande hin ist dagegen sehr deutlich sichtbar.

Ungefährer Massstab 1 cm = 3.̍2. Siehe pag. 269 ff.

2. Sonnengranulation. Aufnahme von Janssen mit dem Heliographen des Mendoner Observatoriums, 1886, Aug. 29. Nach dem Originalnegativ von Janssen dreimal vergrössert, in der Heliogravüre hiernach wieder um nahe die Hälfte verkleinert. Das photosphärische Netz mit der an den verschiedenen Stellen sehr wechselnden Schärfe der Granulation ist deutlich erkennbar.

Ungefährer Massstab 1 cm = 30.̍ Siehe pag. 269 ff.

Tafel IV.

1. Aufnahme der Sonnenfackeln von Hale mit dem Spectroheliographen der Kenwood-Sternwarte, 1892 im Februar. Aufnahme in der K-Linie. Die Fackeln sind über die ganze Sonnenscheibe sichtbar, ihr Vorkommen ist wesentlich auf die Fleckenzonen beschränkt. Der auf der Aufnahme sichtbare Sonnenfleck ist identisch mit dem auf Tafel III Nr. 1 dargestellten. Die Sonnenscheibe selbst erscheint wegen der starken Distorsion des Spectroheliographen als Ellipse.

Ungefährer Massstab in horizontaler Richtung 1 cm = 7′. Siehe pag. 274.

2. Aufnahme einer Sonnenprotuberanz von Hale mit dem Spectroheliographen. Nach dem Originalnegativ etwa 4 bis 5 mal vergrössert. Ebenfalls in der hellen K-Linie aufgenommen, zeigt also die Form einer Calciumprotuberanz.
Ungefährer Massstab 1 cm = 1".5. Siehe pag. 273 ff.

3. Sonnencorona, aufgenommen auf der Lick-Sternwarte während der totalen Sonnenfinsterniss vom 16. April 1893. Einige grössere Protuberanzen, sowie die strahlige Structur der Corona sind sehr deutlich erkennbar.
Ungefährer Massstab 1 cm = 8'. Siehe pag. 275 ff.

4. Aufnahme des Planeten Jupiter mit dem grossen Refractor der Lick-Sternwarte, 1891, Aug. 19. Stark vergrössert. Die Aequatorealstreifen sind sehr kräftig zu sehen, ebenso der rothe Fleck; der helle Punkt unten am Rande (nur schwierig und auf manchen Abzügen gar nicht sichtbar) repräsentirt einen Jupitermond im Momente seiner Berührung mit dem Rande. Alle feineren Details der Jupiteroberfläche sind nicht wahrnehmbar, auch nicht auf der Originalaufnahme.
Ungefährer Massstab 1 cm = 20". Siehe pag. 294.

Tafel V.

1. Aufnahme des Cometen Brooks 1893 von Barnard mit einem sechszölligen Porträtobjectiv von sehr kurzer Brennweite, 1893, Nov. 10. 16ʰ 35ᵐ. Expositionsdauer 2ʰ. Starke Vergrösserung. Da der Kopf des Cometen gehalten ist, so sind die Sterne als Striche aufgenommen, aus deren Richtung und Länge die Bewegung des Cometen erkannt werden kann.
Ungefährer Massstab 1 cm = 20'. Siehe pag. 298 ff.

2. Photographische Entdeckung des kleinen Planeten Svea. Exposition 2ʰ mit einem Porträtobjective, 1892, März 21 von M. Wolf in Heidelberg. Die Planetenspur befindet sich 1½ cm vom oberen Rande in der Mitte.
Ungefährer Massstab 1 cm = 40". Siehe pag. 295 ff.

Tafel VI.

Aufnahme des Sternhaufens ω Centauri von Gill mit dem photographischen Refractor der Cap-Sternwarte, 1892, Mai 25. 3ʰ Exp. Nach der Originalaufnahme etwa 5 bis 6 mal vergrössert. ω Centauri ist der sternreichste Sternhaufen am südlichen Himmel; am nördlichen Himmel entspricht ihm am meisten der grosse Sternhaufen im Hercules.
Ungefährer Massstab 1 cm = 2'. Siehe pag. 316.

Tafel VII.

Aufnahme der Milchstrasse bei A. R. 18ʰ 10ᵐ, Decl. —20°, von Barnard mit einer sechszölligen Porträtlinse, 1892, Juni 19; Expositionszeit 4ʰ 7ᵐ. Stellt eine Gegend der Milchstrasse dar, die von Nebel gänzlich frei ist. Die sehr contrastreiche Wiedergabe zeigt den ausserordentlich schroffen Wechsel zwischen sternreichen und sternarmen Theilen. Auffallend ist in der mittleren, sehr sterndichten Gegend die ovale sternfreie Stelle, die in Verbindung mit sternarmen Canälen steht. Der horizontale Durchmesser der Platte entspricht ungefähr 12° am Himmel. Die Ecken der Platte müssten abgedeckt sein, da hier infolge der starken Distorsion des Objectivs die Sternscheibchen stark verzerrt erscheinen.
Ungefährer Massstab 1 cm = 48'. Siehe pag. 324 ff.

Tafel VIII.

Aufnahme der Milchstrasse bei A. R. 18^h 30^m, Decl. — 7°, von Barnard mit einer sechszölligen Porträtlinse, 1892, Juni 24. Expositionszeit 3^h 25^m. Zeigt einen Theil der Milchstrasse, der stark mit Nebel untermischt ist. Etwas links von der Mitte befindet sich der Sternhaufen Messier 11. Diese Stelle der Milchstrasse ist ungefähr die contrastreichste, die es giebt. In Betreff des brauchbaren Gesichtsfeldes gilt dasselbe wie für Tafel VII.

Ungefährer Massstab 1 cm = 48′. Siehe pag. 324 ff.

Tafel IX.

Aufnahme des Orionnebels von Scheiner mit dem photographischen Refractor der Potsdamer Sternwarte, 1893, Jan. 11. Exposition 3½ Stunden. Viermalige Vergrösserung. Der innerste Theil in der Gegend des Trapezes ist bereits überexponirt und zeigt daher keine Details. Die Aufnahme kann auch als Probe einer Sternaufnahme mit den neueren photographischen Refractoren gelten.

Ungefährer Massstab 1 cm = 2′.5. Siehe pag. 330 ff.

Tafel X.

Aufnahme des Nebels um η Argus von Gill mit dem photographischen Refractor der Cap-Sternwarte, 1894, April 2 bis 12. Expositionszeit 24^h 53^m. Nicht ganz zweimalige Vergrösserung. Dürfte wohl die am längsten exponirte von allen bisherigen Aufnahmen sein und stellt den schönsten Nebel des ganzen Himmels dar. Infolge der langen Expositionszeit sind die Sterne nicht mehr rund geworden.

Ungefährer Massstab 1 cm = 6′. Siehe pag. 330 ff.

Tafel XI.

Aufnahme der Plejadennebel von Roberts mit seinem 20zölligen Spiegelteleskope, 1888, Dec. 8. Expositionszeit 4^h. Das Roberts'sche Spiegelteleskop ist zur Zeit das lichtstärkste Instrument für Nebelflecken. Die sehr starken regelmässigen Strahlen um die hellen Sterne sind verursacht durch Interferenz infolge der in dem Fernrohr befindlichen Plattenhalter.

Massstab 1 cm = 4′. Siehe pag. 332.

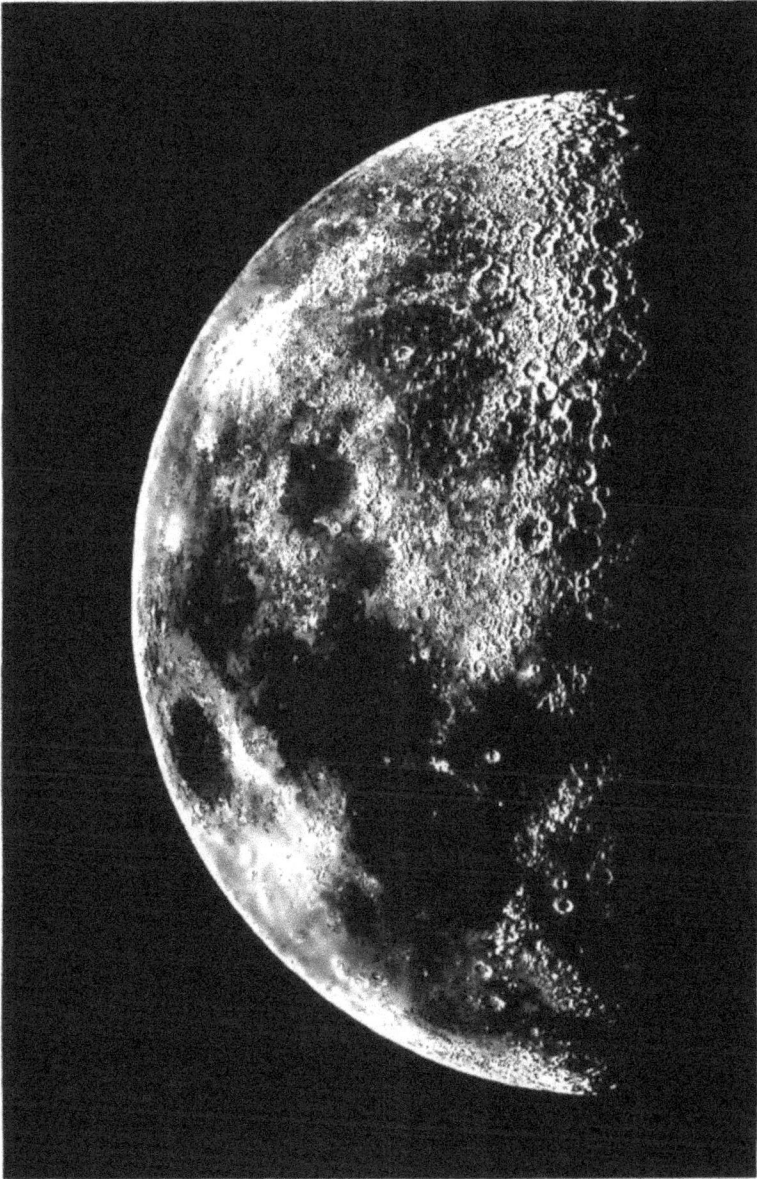

Verlag von Wilhelm Engelmann in Leipzig.

DER MOND.

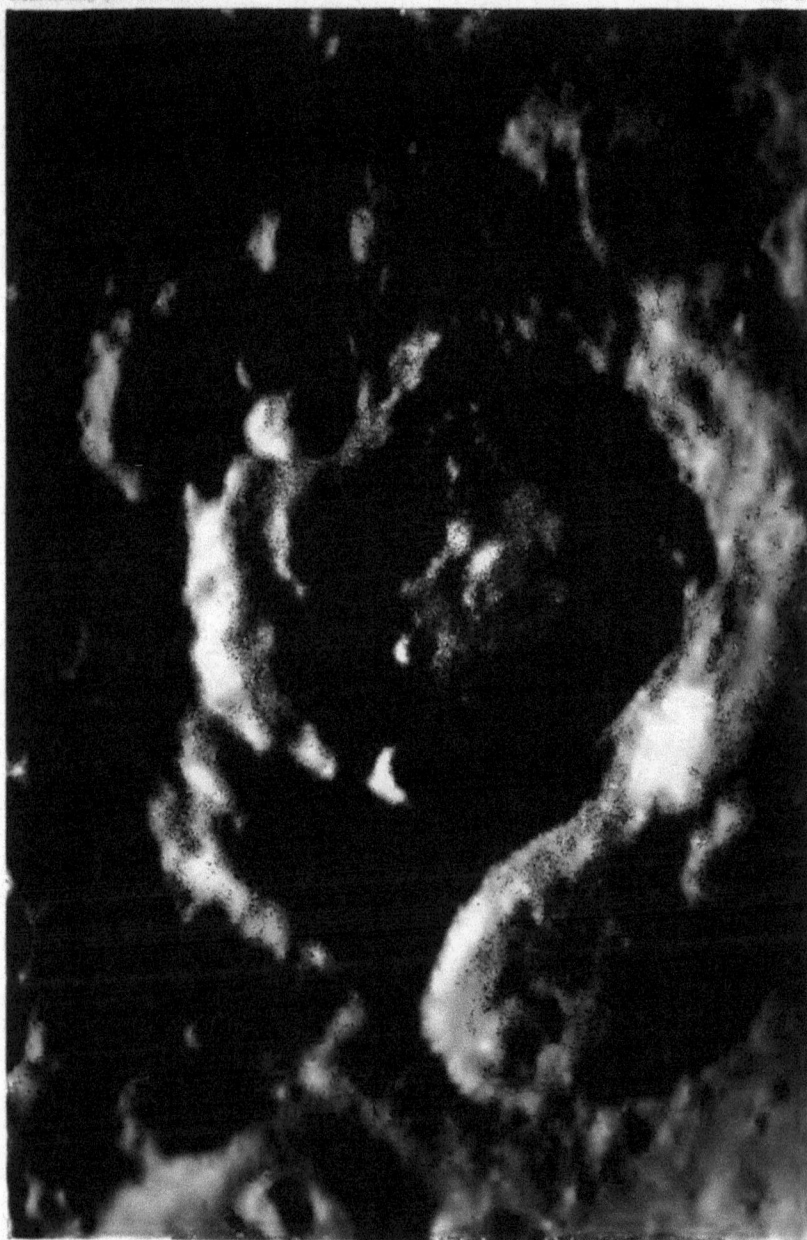

Meisenbach Riffarth & Co., Leipzig imp. Verlag von Wilhelm Engelmann, Leipzig.

MONDRINGGEBIRGE.

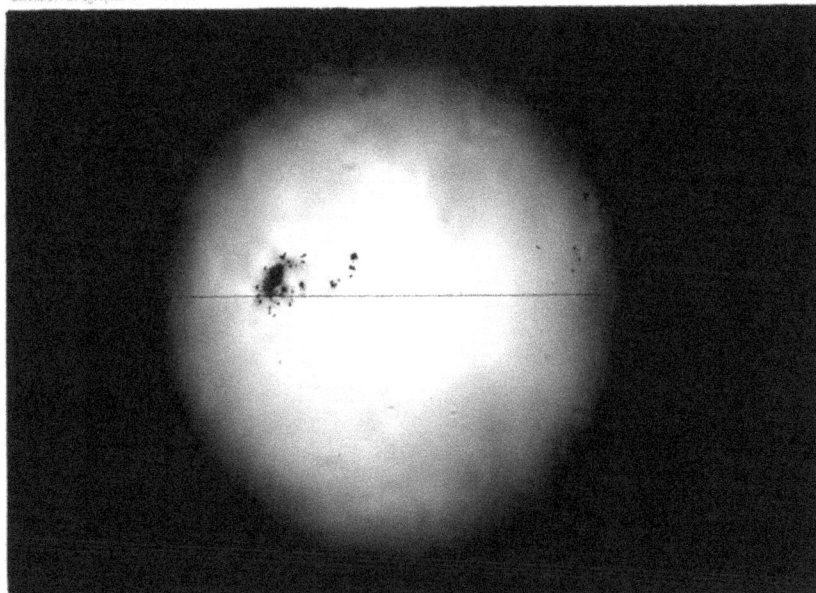

SONNE

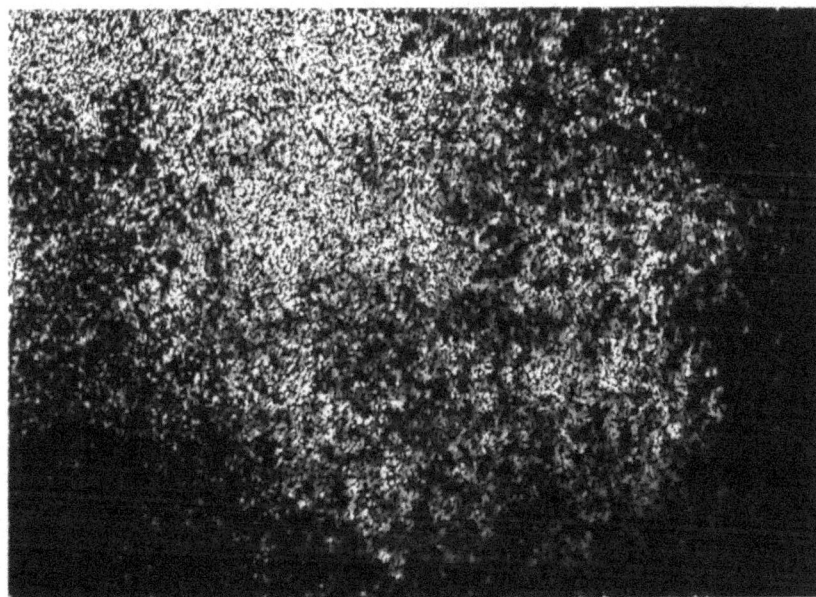

Gedruckt bei Piflarth & Co., Leipzig bei   Verlag von Wilhelm Engelmann, Leipzig

SONNENGRANULATION.

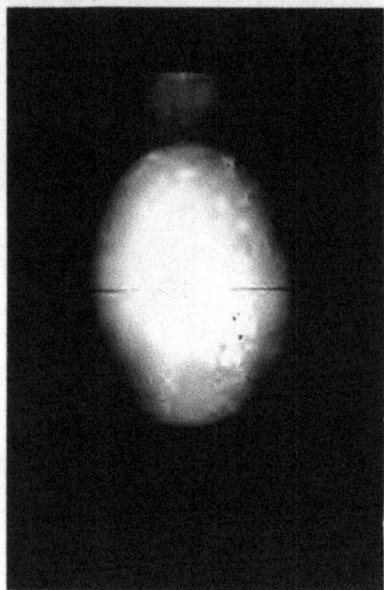

Sonnenfackeln.

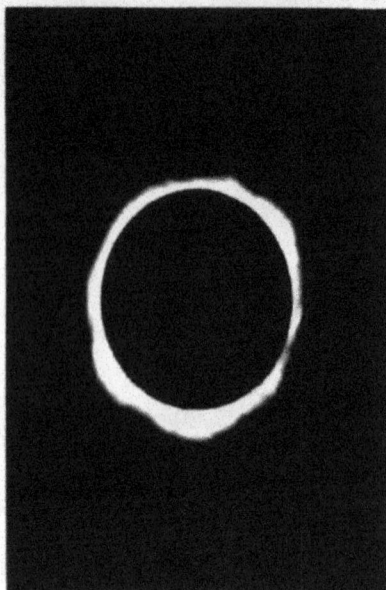

Corona.

Protuberanzen.

Jupiter.

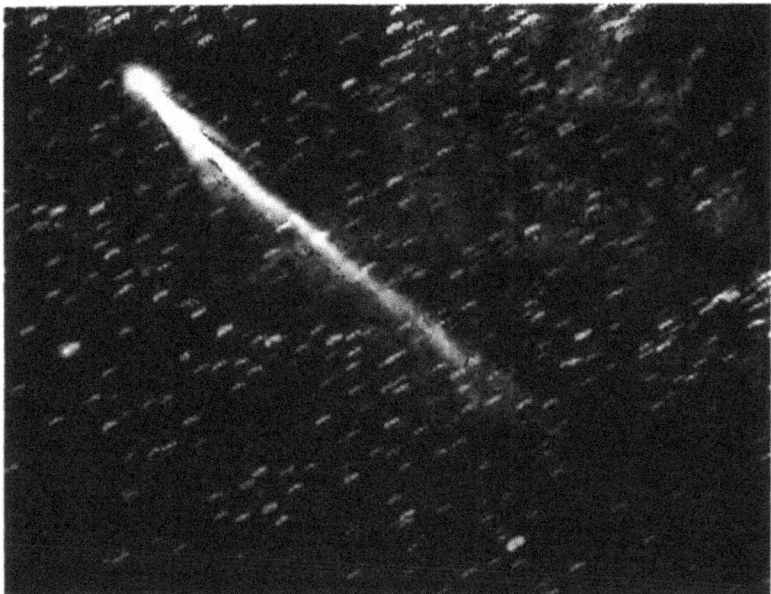

Comet

Inner Plan.

Verlag von Wilhelm Engelmann, Leipzig

Meisenbach Riffarth & Co.Leipzig. hel.   Verlag von Wilhelm Engelmann, Leipzig

S. KUGELHAUFEN ω CENTAURI.

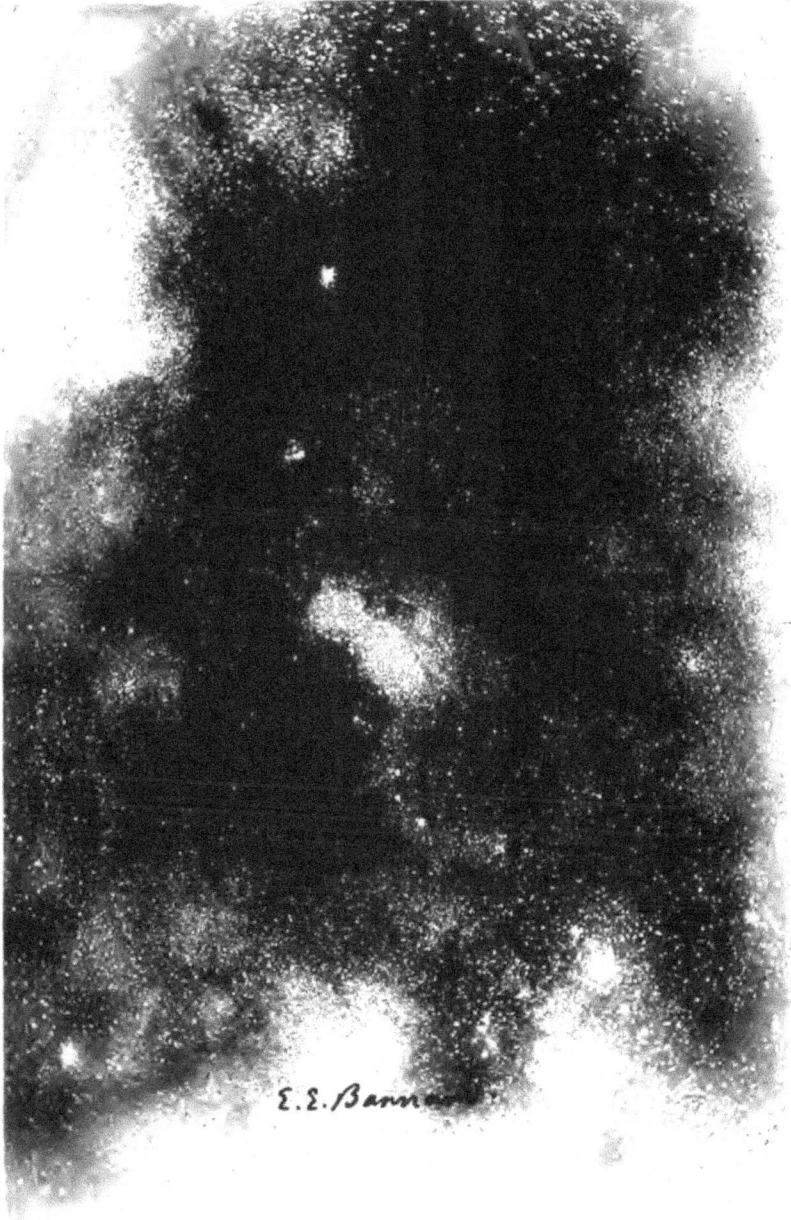

E. E. Barnard

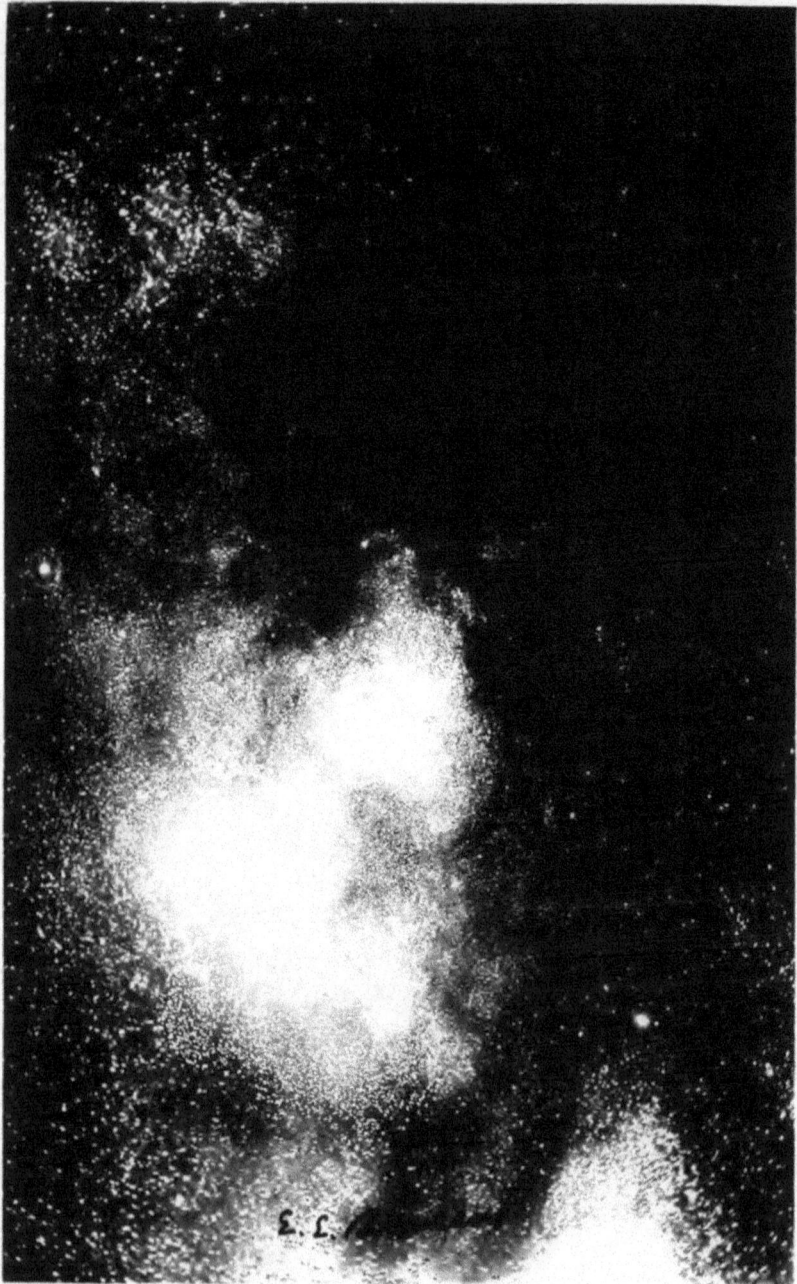

Meisenbach Riffarth & Co. Leipzig, lith.   Verlag von Wilhelm Engelmann, Leipzig

MILCHSTRASSE.

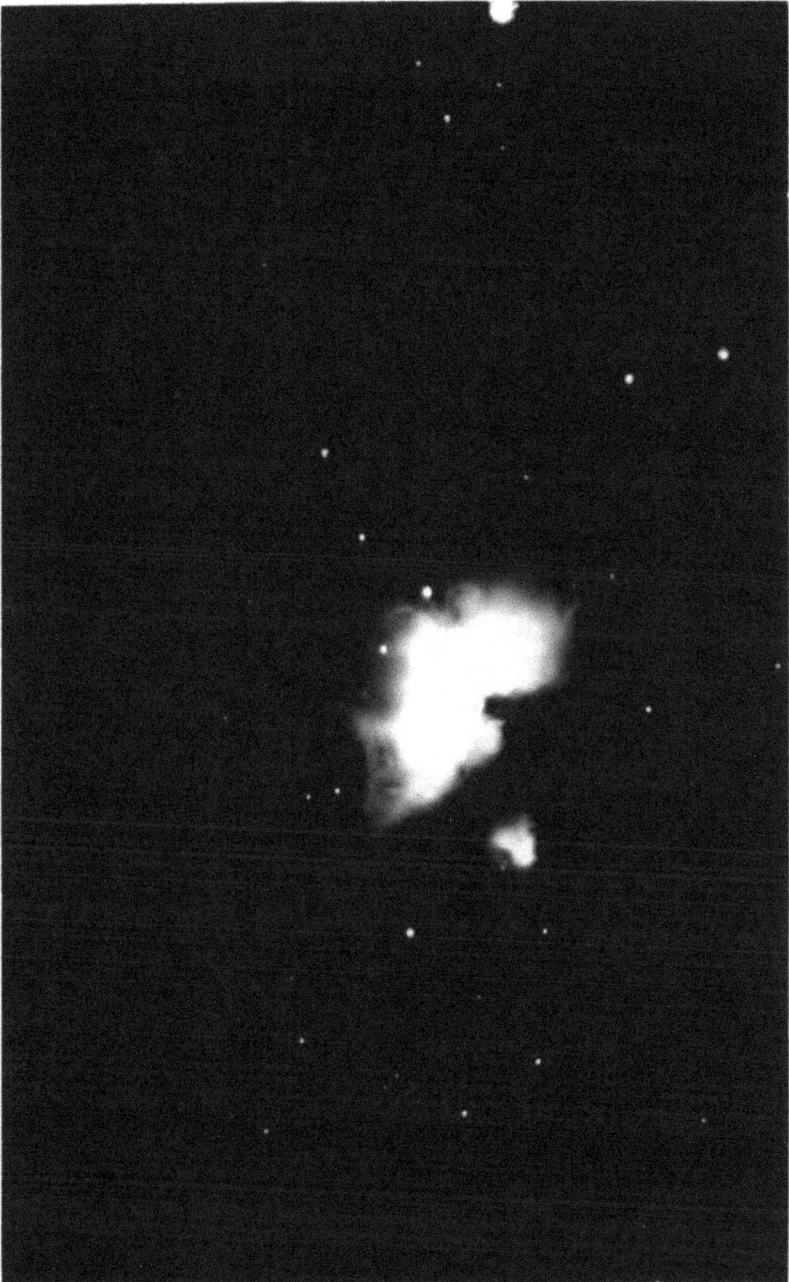

Lichtdruck Römmler & Co. Dresden hof   Verlag von Wilhelm Engelmann, Leipzig

DER ORIONNEBEL

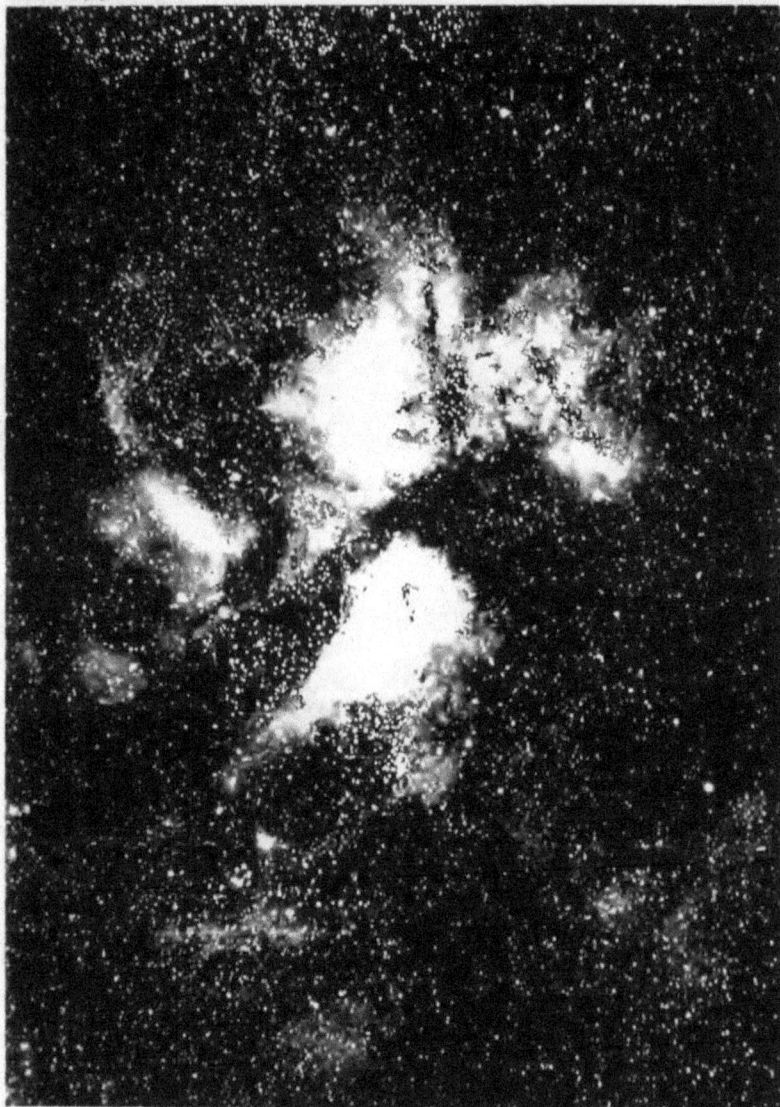

Meisenbach Riffarth & Co. Leipzig. del. Verlag von Wilhelm Engelmann, Leipzig.

NEBEL UM η ARGUS.

Meisenbach Riffarth & Co.Leipzig del

Verlag von Wilhelm Engelmann Leipzig

NEBEL IN DEN PLEJADEN

www.ingramcontent.com/pod-product-compliance
Lightning Source LLC
Chambersburg PA
CBHW020909210326
41598CB00018B/1818